Reinforcement Learning and Dynamic Programming Using Function Approximators

基于函数逼近的强化学习与动态规划

【罗】卢西恩·布索尼（Lucian Buşoniu）【荷】罗伯特·巴布斯卡（Robert Babuška）
【荷】巴特·德·舒特（Bart De Schutter）【比】达米安·厄恩斯特（Damien Ernst） 著
刘全 傅启明 章宗长 译

人民邮电出版社
北京

图书在版编目（CIP）数据

基于函数逼近的强化学习与动态规划 / （罗）卢西恩·布索尼等著 ; 刘全 傅启明 章宗长译. -- 北京 : 人民邮电出版社, 2019.4
ISBN 978-7-115-50830-0

Ⅰ. ①基… Ⅱ. ①卢… ②刘… Ⅲ. ①机器学习一研究②动态规划一研究 Ⅳ. ①TP181

中国版本图书馆CIP数据核字(2019)第029751号

◆ 著 [罗] 卢西恩·布索尼（Lucian Buşoniu）
[荷] 罗伯特·巴布斯卡（Robert Babuška）
[荷] 巴特·德·舒特（Bart De Schutter）
[比] 达米安·厄恩斯特（Damien Ernst）
译 刘 全 傅启明 章宗长
责任编辑 李 强
责任印制 彭志环

◆ 人民邮电出版社出版发行 北京市丰台区成寿寺路 11 号
邮编 100164 电子邮件 315@ptpress.com.cn
网址 http://www.ptpress.com.cn
固安县铭成印刷有限公司印刷

◆ 开本：800×1000 1/16
印张：16.5 2019 年 4 月第 1 版
字数：308 千字 2019 年 4 月河北第 1 次印刷

著作权合同登记号 图字：第 01-2018-8089 号

定价：129.00 元

读者服务热线：(010)81055488 印装质量热线：(010)81055316
反盗版热线：(010)81055315

内容提要

本书讨论大规模连续空间的强化学习理论及方法，重点介绍使用函数逼近的强化学习和动态规划方法。该研究已成为近年来计算机科学与技术领域中最活跃的研究分支之一。

全书共分 6 章。第 1 章为概述；第 2 章为动态规划与强化学习介绍；第 3 章为大规模连续空间中的动态规划与强化学习；第 4 章为基于模糊表示的近似值迭代；第 5 章为用于在线学习和连续动作控制的近似策略迭代；第 6 章为基于交叉熵基函数优化的近似策略搜索。

本书可以作为理工科高等院校计算机专业和自动控制专业研究生的教材，也可以作为相关领域科技工作者和工程技术人员的参考书。

作者简介

Lucian Buşoniu：荷兰代尔夫特理工大学代尔夫特系统与控制中心博士后研究员。2009 年获得代尔夫特理工大学博士学位，2003 年获得罗马尼亚克卢日·纳波卡科技大学硕士学位。他目前的主要研究方向包括强化学习与近似动态规划、面向控制问题的智能与学习技术以及多 Agent 学习等。

Robert Babuška：荷兰代尔夫特理工大学代尔夫特系统与控制中心教授。1997 年获得代尔夫特理工大学控制专业博士学位，1990 年获得布拉格捷克技术大学电机工程专业硕士学位。他目前的主要研究方向包括模糊系统建模与识别、神经模糊系统的数据驱动结构与自适应、基于模型的模糊控制和学习控制，并将这些技术应用于机器人、机电一体化和航空航天等领域。

Bart De Schutter：荷兰代尔夫特理工大学代尔夫特系统与控制中心海洋与运输技术系教授。1996 年获得比利时鲁汶大学应用科学博士学位。他目前的主要研究方向包括多 Agent 系统、混杂系统控制、离散事件系统和智能交通系统控制等。

Damien Ernst：分别于 1998 年和 2003 年获得比利时列日大学理学硕士及博士学位。他目前是比利时 FRS-FNRS 的助理研究员，就职于列日大学的系统与建模研究院。Damien Ernst 在 2003—2006 年为 FRS-FNRS 的博士后研究人员，并在此期间担任剑桥管理机构、麻省理工学院和美国国立卫生研究院的访问研究员，2006—2007 学年在高等电力学院（法国）担任教授。他目前的主要研究方向包括电力系统动力学、最优控制、强化学习和动态治疗方案设计等。

译者序

近年来，机器学习已成为人工智能研究的核心和主要的发展方向之一。它与统计学、心理学、机器人学等各个学科都有着紧密的联系，牵涉面也相对较广，许多理论和技术尚处于探索阶段。按照学习机制分类，常见的机器学习方法可以分为监督学习（Supervised Learning）、无监督学习（Unsupervised Learning）和强化学习（Reinforcement Learning）。其中，强化学习的主要思想是以环境的反馈作为输入，并与周围的环境进行交互，利用接收到的评价奖赏信号实现决策，获得最大期望回报，从而达到优化的目的。强化学习源自于模仿自然界中人类和动物的学习方式，并在20世纪80年代开始在人工智能、自动控制领域中得到广泛的研究和应用。尤其是随着深度学习（Deep Learning）研究的不断深入，将深度学习与强化学习相结合的深度强化学习（Deep Reinforcement Learning）技术，已成为目前机器学习领域的主要研究热点之一。

本书讨论大规模连续空间的强化学习理论，重点介绍使用函数逼近的强化学习和动态规划方法。该研究已成为近年来计算机科学与技术领域中最活跃的研究分支之一。

本书译者多年来一直从事强化学习的研究工作，并以该书作为主要教材，多次在研究生、本科生中开设强化学习系列课程。译者在翻译过程中力求忠于原著。由于本书涉及多个学科内容，因此，其中许多的专业术语尽量遵循其所在学科的标准译法，并在有可能引起歧义和冲突之处做了适当的修改。

全书翻译由刘全、傅启明、章宗长合作完成，其中的图表绘制由范静宇、代珊珊完成。参加翻译的还有王艺深、钟珊、黄蔚、王浩、金海东、于俊、周鑫、穆翔、陈桂兴等，对以上译者付出的艰辛劳动表示感谢！本书也得到了苏州大学计算机学院及智能计算与认知软件学科组部分老师和同学们的大力支持和协助，在此一并表示感谢。他们是：凌兴宏、朱斐、伏玉琛、张海飞、章晓芳、陈冬火、周小科、王辉、闫岩、姜玉斌、胡智慧、何斌、张琳琳、时圣苗、李斌、陈红名、吴金金、张琳婧、蔡佳润、武震等。

强化学习是一个快速发展、多学科交叉的研究方向，其理论及应用均存在大量亟待解决的问题。限于译者的水平，书中难免有不妥和错误之处，敬请同行专家和读者指正。

译者
2018年8月

前　言

控制系统正在对当今社会产生着巨大的影响。虽然控制系统不被大多数用户所见，但从基本的家用电器到飞机、核电站，对设备的操纵大都离不开控制系统。除了技术系统之外，控制原理在经济学、医学、社会科学和人工智能等多门学科中都得到了广泛的应用和发展。

在各种各样的控制系统应用中，一个共同的特点是需要影响或修改动态系统的行为以达到预期的目标。具体的实现方法之一是将数值性能指标分配给系统轨迹中的每个状态，然后通过寻找控制策略来解决控制问题，该控制策略沿着与性能指标最佳值相对应的轨迹来驱动系统。这种方法本质上将寻找好的控制策略问题转化为寻找数学最优化问题的解。

在最优控制领域，早期工作可追溯到 20 世纪 40 年代 Pontryagin 和 Bellman 的开创性研究。Bellman 提出的动态规划（DP）至今仍然是很先进的工具之一，当系统模型可用时，通常用它来解决最优控制问题。另一种思想起源于 20 世纪 60 年代，在模型不存在的情况下，寻找解决方案。在 20 世纪 80 年代，兴起了对这种模型无关模式的研究热潮，也从而导致了强化学习（RL）领域的快速发展。RL 的中心主题是：研究仅从迁移样本或轨迹知识中学习控制策略的算法设计，这些知识是预先收集的或通过与系统的在线交互而得到的。大多数解决 RL 问题的方法与 DP 算法密切相关。

DP 和 RL 中的一个核心问题是无法对大规模离散状态-动作空间或连续空间的问题进行精确表示和求解，而必须使用依赖于函数逼近的紧凑表示。在本书最先阐述的 DP 技术中，就已经充分认识到了这一挑战。然而也就是在最近几年，随着 RL 研究的不断升温，基于近似的方法在多样性、成熟度和效率等方面不断发展，也使得 RL 和 DP 能够逐步应用于实际问题。

本书对使用函数逼近器的强化学习和动态规划方法由浅入深地展开讨论。首先对经典的 DP 和 RL 进行简要介绍，这一部分是本书后续章节的基础。然后对基于函数逼近的 DP 和 RL 最新方法做了比较详尽的阐述，对所得到的解给出了理论上的保证，并使用数值算例，通过比较来说明各种方法的性能。第 4 ~ 6 章分别介绍了三大类主要技术中的代表性算法，其中的三大类技术包括值迭代、策略迭代和策略搜索，通过一系列控制应用方面的仿真和实验研究，进一步体现出了这些算法的特点和性能。

本书的每一章节都力求做到实用算法、理论分析、综合实例等方面相辅相成。这使得本书不仅适合于最优和自适应控制、机器学习和人工智能等领域的研究者、教师和研究生，还适合于解决现实控制问题的从业者，为他们在解决具有挑战性的问题时提供一些创新思路。

这本书可以采取以下几种方式来阅读。针对不熟悉该领域的读者，建议从第 1 章一般性的介绍开始，然后继续阅读第 2 章（讨论经典的 DP 和 RL）和第 3 章（考虑基于近似的方法）。针对熟悉 RL 和 DP 基本概念的读者，可以先参考本书末尾给出的缩略语，然后直接从第 3 章开始。本书的第一部分（1 ~ 3 章）是一个对该领域非常全面的概述。读者可以根据自己的兴趣选择性地阅读第 4 ~ 6 章的内容：近似值迭代（第 4 章）、近似策略迭代和在线学习（第 5 章）以及近似策略搜索（第 6 章）。

与本书有关的一些补充材料，包括在实验研究中使用的计算机代码及完整的文档，可在网站上获得。欢迎对本书或网站提出您的意见、建议或问题，也希望有兴趣的读者通过网站上的联系人信息与作者联系。

多年来，本书的几位作者一直受到许多科学家的鼓励和启发，因此，这些科学家无疑也在这本书上留下了他们的印记。他们是：Louis Wehenkel、Pierre Geurts、Guy-Bart Stan、Rémi Munos、Martin Riedmiller 以及 Michail Lagoudakis。Pierre Geurts 还提供了用于构建回归树集合的计算机程序，在本书中有几个例子用到了这些程序。如果没有我们的同事及学生的支持和帮助，没有荷兰代尔夫特理工大学代尔夫特系统与控制中心、比利时列日大学蒙特菲尔学院和法国雷恩高等电力学院为我们提供的优质的专业环境，这项工作也不可能顺利完成。在代尔夫特的同事中，需要重点提出的是 Justin Rice，他对本书的手稿做了认真的校对。对于在本书出版过程中给予支持和帮助的所有朋友，在此一并表示感谢。

感谢 Sam Ge 给了我们在泰勒弗朗西斯出版集团（CRC）出版该书的机会，同时也感谢泰勒弗朗西斯集团的编辑和制作团队给予我们的帮助。我们诚挚地感谢 BSIKICIS 项目“交互式协作信息系统”（批准号：BSIK03024）以及荷兰资助组织 NWO 和 STW 的经费支持。Damien Ernst 是 FRS-FNRS 的助理研究员，感谢 FRS- FNRS 对他的经费支持。感谢 IEEE 提供的许可，允许我们从以前的著作中复制相应的内容。

最后，感谢我们的家人一贯的理解、耐心和支持。

Lucian Buşoniu

Robert Babuška

Bart De Schutter

Damien Ernst

2009 年 11 月

目　录

第1章 概述

动态规划（DP，Dynamic Programming）和强化学习（RL，Reinforcement Learning）都是用于解决控制问题的计算方法。该类控制问题可以具体地描述为：在一段时间内，为达到预期目标，Agent 在系统中如何选择动作（决策）。DP 方法需要系统的行为模型，而 RL 方法则不需要。在控制问题中，时间变化通常是离散的。在每个离散的时间步，采取相应的动作，到达新的场景，这样循环往复就形成了一个序贯决策任务。动作是闭环执行的，这意味着当选择新动作时，需要观察并考虑先前动作的结果。奖赏用于评价系统的一步决策性能，而目标是优化系统的长期性能，即通过交互过程中的累积奖赏对性能进行评估。

在自动控制、人工智能、运筹学、经济学和医学等很多领域中都存在着这样的决策问题，如图 1.1（a）所示，在自动控制领域中，“控制器”从一个“过程”中接收到一些输出测量值，并对这个“过程”采取相应的动作，以便使其行为满足某些特定的要求（Levine, 1996）。在这种情况下，DP 和 RL 方法都可用于解决最优控制问题，这里“过程”的行为使用代价函数来评估，代价函数与奖赏起着类似的作用。决策者是“控制器”，系统是受控的“过程”。

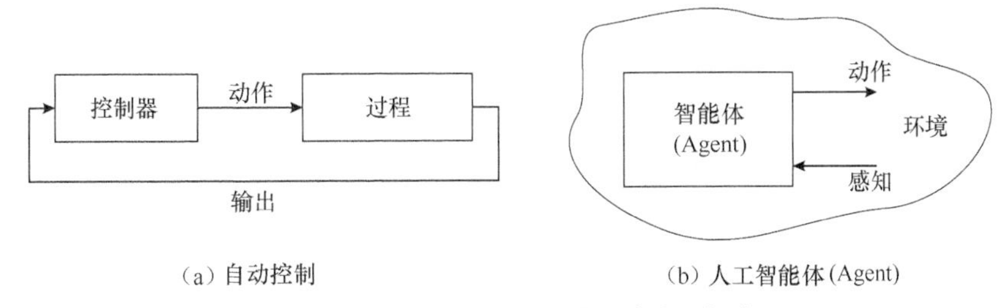

（a）自动控制　　（b）人工智能体(Agent)

图1.1　动态规划和强化学习的两个应用领域

在人工智能领域中，DP 和 RL 都可用于智能体（Agent）的行为优化，如图 1.1（b）所示。

Agent 通过感知器来监测它所处的“环境”，并通过执行所选择的动作影响其所处的“环境”（Russel 和 Norvig, 2003）。这里的决策者是 Agent，而系统是 Agent 所处的“环境”。

应用 DP 方法解决问题的必要条件是需要获得系统模型。DP 方法的主要优点是无论系统是否具有非线性和随机性，都不需要对系统作任何假设（Bertsekas，2005a，2007）。相比较而言，自动控制领域中的一些经典技术，需要对系统强加一些限制性假设，如线性和确定性的假设。此外，许多 DP 方法不需要模型的解析表达式，而只要仿真模型就可以很好地工作。一般来说，构造一个仿真模型比推导出一个解析模型要容易得多，尤其在系统行为是随机的情况下，更是如此。

然而，有时根本无法获得系统模型，例如，事先对系统无法全面感知、理解不够或获得模型需要花费的代价太大等。在这种情况下，RL 方法会体现出更大的优势。因为 RL 只是利用从系统中得到的数据来工作，而不需要行为模型（Sutton 和 Barto，1998）。如果事先能得到数据，可以采用离线 RL 方法；如果事先不能得到数据，可以采用在线 RL 算法，通过与系统交互，也可以学习到问题的解。例如，智能体 Agent 被放到一个事先未知的环境中，且无法提前得到数据时，可以使用在线 RL 方法来学习。当然，RL 方法也可以用于模型已知的任务，这里只需要简单地使用模型而不是使用真实系统所产生的数据来学习。

本书我们主要采用控制理论的观点，借用其概念和术语，并选用控制系统作为实例来说明 DP 和 RL 算法的性能。然而我们也引用其他领域的，特别是人工智能领域关于 RL 方面的一些研究成果。更进一步说，我们阐述的方法可应用于许多其他领域的序贯决策问题。

本章的组织安排如下：1.1 节概述 DP/RL 问题及求其解方法；1.2 节介绍近似求解面临的挑战，这也是本书的核心；1.3 节阐述本书的组织结构。

1.1 动态规划与强化学习问题

在 DP 和 RL 问题中，3 个主要要素是通过它们之间的交互流联系在一起的，如图 1.2 所示。“控制器”通过状态、动作与过程进行交互，并根据奖励函数获得奖赏。对于本书中的 DP 和 RL 方法，都遵循一个重要条件：所获得的信号可以完全描述当前过程的状态（这个条件将在第 2 章中

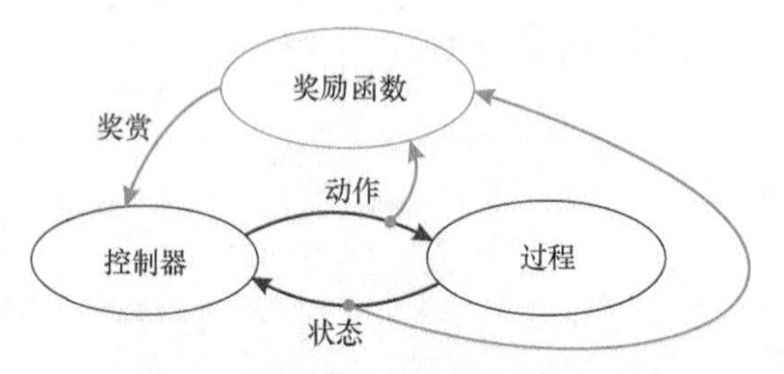

图1.2 DP和RL的主要要素及其交互流

给出形式化的描述）。这就是在图 1.2 中，过程的输出是一个状态信号的原因。

为了进一步阐述图 1.2 中每个要素的含义，我们以概念机器人导航为例来进行说明。由于移动机器人与其环境构成一个能被控制的过程，而机器人是在其环境中用来完成任务的人工 Agent，因此，自主移动机器人是将自动控制与人工智能两个领域自然融合的一个典型任务。图 1.3 给出了一个机器人导航实例，任务要求将底端区域的机器人导航到最右上方的目标区域。例如，在救援机器人领域，目标可能表示一个需要救助的伤员。在移动过程中，要避开“灰方块”障碍物。控制器为机器人的软件部分。过程包括与机器人自身密切相联的环境（如承载机器人移动的地面、障碍物及目标等）。在 DP 和 RL 中强调：用于决策的物理实体（如果存在）、传感器和执行器，包括一些固定的低级控制器，都被看作过程的组成部分，而控制器只是决策算法。

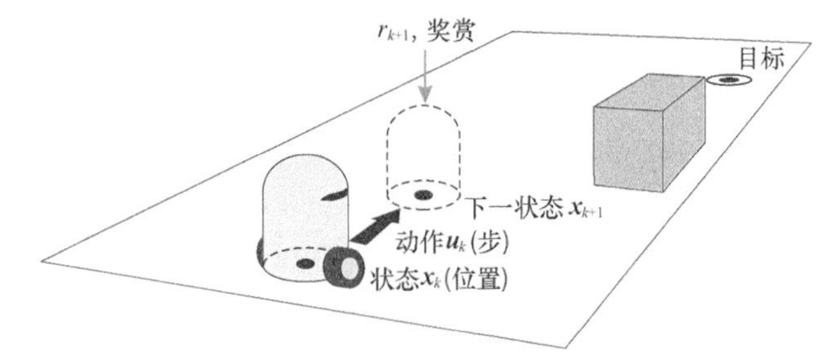

图1.3 机器人导航实例图

（注：图中给出了机器人的一步迁移，这里目前状态和下一状态都用黑色圆点表示，动作用黑色粗箭头表示，奖赏用灰色细箭头表示。虚线轮廓的机器人表示的是下一个状态的机器人）

在导航实例中，状态是机器人在地面上的位置，可以用直角坐标表示。动作是机器人移动的一步，同样是采用直角坐标表示。根据迁移函数，从目前位置迁移一步，就到达下一个位置。本例中，因为位置和移动都是用直角坐标表示的，因此，迁移可以用加法来表示：下一个位置是目前的位置与其迁移步数的和。如果机器人遇到障碍物，迁移就变得更复杂了。为简单起见，机器人的许多动力学特性，如轮子移动中出现打滑等现象，在这里不作考虑。也就是说，如果轮子在地面上打滑，迁移将变得具有随机性。在这种情况下，下一个状态是随机的。

每一步迁移的质量都是通过奖赏来衡量的，这里奖赏是根据奖励函数产生的。例如，如果机器人到达目的地，给一个值为+10 的正奖赏；如果机器人碰到障碍物，给一个表示惩罚的、值为−1 的负奖赏；对其他情况，都给一个中性的 0 值奖赏。另外利用机器人与目标、障碍物的距离，可以构造出更多的带额外信息的奖赏。

控制器的行为受控于其策略：策略是一个从状态到动作的映射。这里策略表示为在每一个状态（位置）下所采取的动作（移动）。

通常，状态表示为 $\boldsymbol{x}$，动作表示为 $\boldsymbol{u}$,[1] 奖赏表示为 r。这些量可以用离散的时间索引作为下标，这里 k 表示目前的时间索引（如图 1.3 所示）。迁移函数表示为 f，奖励函数表示为 ρ，策略表示为 h。

在 DP 和 RL 中，目标是使回报最大化，其中回报是由交互过程中的累积奖赏构成的。这里我们主要考虑折扣无限期回报，即累积奖赏开始于初始时间步 k=0，沿（可能）无限长的轨迹，对得到的奖赏值进行累积，并通过一个因子对奖赏加权，这个因子随着时间步的增长呈指数地减少，即

$$\gamma^0 r_1 + \gamma^1 r_2 + \gamma^2 r_3 + \cdots \tag{1.1}$$

折扣因子 $\gamma \in [0,1)$ 引起指数加权，可以看作：考虑奖赏时，对控制器"远视"程度的度量。关于图 1.3 所示的导航问题，图 1.4 对其折扣回报的计算进行了说明。

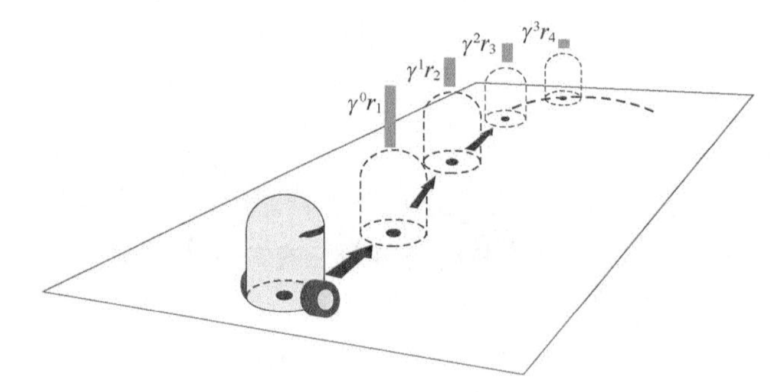

图1.4　机器人沿轨迹的折扣回报示意图

（注：灰色矩形条减少的高度表明，在折扣的影响下，奖赏呈幂指数递减）

奖赏依赖于所遵循的状态-动作轨迹，同时，状态-动作轨迹依赖于所采取的策略。

$$\boldsymbol{x}_0, \boldsymbol{u}_0 = h(\boldsymbol{x}_0),\ \boldsymbol{x}_1, \boldsymbol{u}_1 = h(\boldsymbol{x}_1),\ \boldsymbol{x}_2, \boldsymbol{u}_2 = h(\boldsymbol{x}_2) \cdots$$

每个奖赏 r_{k+1} 是迁移 $(\boldsymbol{x}_k, \boldsymbol{u}_k, \boldsymbol{x}_{k+1})$ 的结果。从每个初始状态 $\boldsymbol{x}_0$，可以很方便地计算出各自的回报，这就意味着，回报是关于初始状态的函数。值得注意的是，如果状态迁移是随机的，本书考虑的目标是：考虑从 $\boldsymbol{x}_0$ 开始的所有随机轨迹的回报［公式（1.1）］，并使该回报的期望最大化。

因此，DP 和 RL 的核心挑战是如何找到一个解决方案：只利用描述立即性能的奖赏信息构造回报，通过回报优化长期性能。这样，解 DP/RL 的问题转化为寻找最优策略 h^* 的问题，即对每个初始状态，在策略 h^* 下，使公式（1.1）的回报最大化。得到最优策略的方法之一是先计算最大回报，比如最大回报可以是所谓的最优 Q 值函数 Q^*，Q^* 中包含每个状态-动作对 $(\boldsymbol{x}, \boldsymbol{u})$ 的回报，即第一步，在状态 $\boldsymbol{x}$ 中选取动作 $\boldsymbol{u}$，从第二步开始，选择最优动作。

---

[1] 本书状态 $\boldsymbol{x}$ 和动作 $\boldsymbol{u}$ 均作为向量，即状态和动作都可以是 n 维的。当状态和动作是一维（n=1）时，向量和标量可以混用，如：$\boldsymbol{x}$=3，$\boldsymbol{u}$=–1。

$$Q^*(\boldsymbol{x}, \boldsymbol{u}) = \gamma^0 r_1 + \gamma^1 r_2 + \gamma^2 r_3 + \cdots \tag{1.2}$$

这里 $\boldsymbol{x}_0 = \boldsymbol{x}, \boldsymbol{u}_0 = \boldsymbol{u}$ ，且对 $\boldsymbol{x}_1, \boldsymbol{x}_2 \cdots$ 采取最优动作。

如果迁移是随机的，通过公式（1.2）右端，可以计算出所有随机轨迹的回报，最优 Q 值函数定义为这些回报的期望。使用合适的 DP 或 RL 算法可以得到最优 Q 值函数。那么对于每个状态 $\boldsymbol{x}$ ，最优策略可以通过选择一个动作 $h^*(\boldsymbol{x})$ 得到，对于这个状态来说， $h^*(\boldsymbol{x})$ 就是使最优 Q 值函数最大的动作，即

$$h^*(\boldsymbol{x}) \in \arg\max_{\boldsymbol{u}} Q^*(\boldsymbol{x}, \boldsymbol{u}) \tag{1.3}$$

从最优策略 h^* 得到的过程可以看出，在 Q 值函数中，已经包含了从第二步开始的最优回报。在公式（1.3）中，第一步选择的动作也是最大化回报的动作，因此，得到的整体回报也是最大的，这样可以得到最优 Q 值函数。

1.2 动态规划与强化学习中的逼近

考虑 Q 值函数的表示问题，无法保证计算出的 Q 值函数一定是最优的。在没有得到关于 Q 值函数先验知识的情况下，为保证表示的精确性，唯一的方法是，对每个状态-动作对，存储各自的 Q 值函数值（Q 值）。图 1.5 就是对 1.1 节中导航实例描绘的示意图：对于机器人的每个位置，以及相应位置可能采取的每个走步，都必须存储其 Q 值。然而，由于位置和走步都是连续变化的，因此可能得到无穷多个不同的值。因此，对于这样一个简单的例子，存储每个状态-动作对各自的 Q 值，也显然是不可能的。唯一可行的方法是，使用一种 Q 值函数的紧凑表示方法。

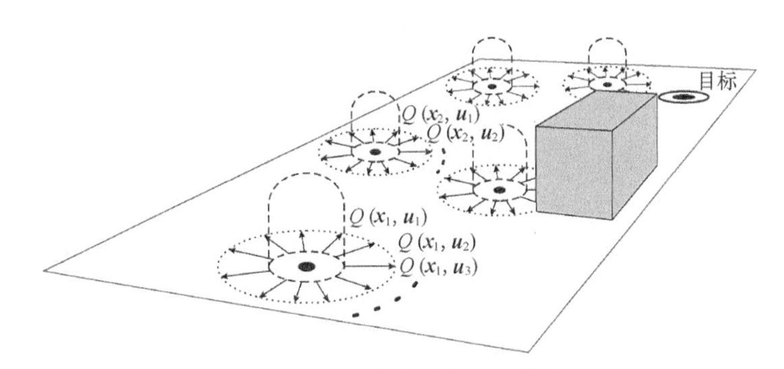

图1.5 对导航实例的精确Q值函数表示

（注：每个状态-动作对，有一个相应的 Q 值。Q 值无法全部标注出来，只是象征性地对就近的几个状态-动作对进行了标注）

在后续章节中经常用到一类 Q 值函数的紧凑表示方法，通常依赖于状态-依赖基函数（BF, Basis Function）和动作离散化。针对导航问题，图 1.6 给出了对这种表示方法的图解。在状态空间中，定义有限个 BF，$\phi_1, \cdots, \phi_N$，动作空间被离散化为有限多个动作，本例中离散化为 4 个动作：左（left）、右（right）、前（forward）和后（back）。对于每个状态-动作对，不再需要存储各自的 Q 值，而是存储参数 $\boldsymbol{\theta}$。在 $\boldsymbol{\theta}$ 中，每个离散动作都对应一组 BF。为了得到连续状态-动作对 $(\boldsymbol{x}, \boldsymbol{u})$ 的 Q 值，动作需要被离散化（例如，使用最近邻离散化）。假设动作离散化之后的结果是"forward"，通过对该离散动作相关参数 $\theta_{1,\text{ forward}}, \cdots, \theta_{N,\text{ forward}}$ 进行加权求和来计算 Q 值，其中权重是 $\boldsymbol{x}$ 所对应的 BF 值。

$$\widehat{Q}(\boldsymbol{x}, \text{forward}) = \sum_{i=1}^{N} \phi_i(\boldsymbol{x})\, \theta_{i,\text{ forward}} \tag{1.4}$$

因此，DP/RL 算法只需要保存 $4N$ 个参数，当 N 不太大时，这一点很容易做到。值得注意的是，这种 Q 值函数的表示方法可以泛化到任意 DP/RL 问题。即使对有穷离散状态和动作问题，紧凑表示仍然可以减少所需要存储的值的数量。

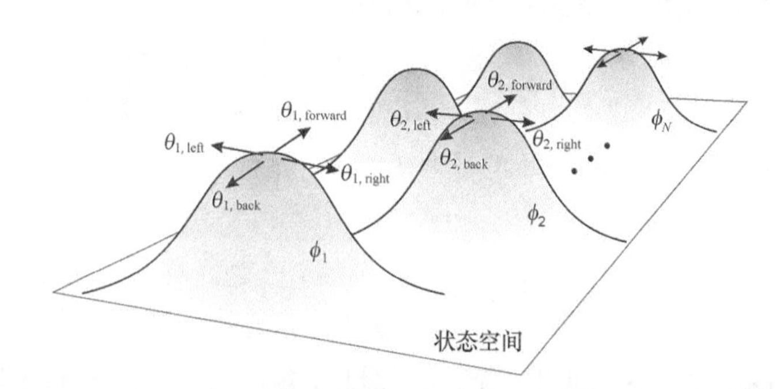

图1.6　对导航实例的压缩Q值函数表示

虽然并非所有的 DP 和 RL 算法都使用 Q 值函数，但它们通常也需要紧凑表示，因此，图 1.6 可以推广到一般情况。例如，考虑策略 h 的表示问题，对每个可能的状态，精确表示通常需要存储各自的动作。当状态连续变化时，这是不可能的。对于策略表示方法，连续动作将不再是一个问题。

通常应该重点强调的是，紧凑表示只能表示为逐步逼近到某一近似误差的目标函数，这一点需要说明。因此，后续章节中这类表示通常被称为"函数逼近器"或简称"逼近器"。

在 DP 和 RL 中，近似不仅仅是表示问题。假设有一个实例，已经得到了最优 Q 值函数的逼近，为了找到近似最优策略，必须应用公式（1.3），该公式要求最大化关于动作变量的 Q 值函数。在大的或连续的动作空间中，这种优化问题存在着很大的困难，通常只能被近似地解决。然而，当使用公式（1.4）的离散动作 Q 值函数时，足以计算所有的离散动作的 Q 值，使用枚举就可以找到这些值中的最大值，这就是使用离散化动作的动机。另外，除了近似最大化操作，也存在其他方面的近似困难，例如对样本期望值的估计。这些其他方面的挑战超出了本章的范围，将在第3章中具体讨论。

经典的 DP 和 RL 算法在使用精确表示时只能保证得到一个最优解。因此，当使用函数逼近时，必须重点考虑以下几方面的问题。

- 如果算法是迭代式的，使用逼近算法能否收敛？或者说如果算法不是迭代式的，它能得到一个有意义的解吗？
- 如果得到有意义的解，该解接近最优吗？更确切地说，该解距离最优解有多远？
- 算法是否具有一致性，即随着逼近能力的增强，算法是否逐渐收敛到最优解？

当讨论近似 DP 和 RL 算法时，上述问题必须要考虑到。

对给定的问题，选择一个适当的函数逼近器，是一个非常重要的任务。由于函数逼近器的复杂性直接影响到 DP 和 RL 算法的存储和计算代价，因此，必须对其进行合理设计。在近似 DP 和 RL 中，这都是需要重点关注的。通常在计算精确解时，由于越复杂的逼近器需要的数据量越大，因此，在近似 RL 中，逼近器的选择受到数据量（得到的）的限制。如果能得到所关注函数的先验知识，可以用它来实现设计一个低复杂度、但仍能保证精度的逼近器。例如，可以定义更具有直观意义的 BF（例如，在导航问题中，用 BF 表示机器人与目标或障碍物之间的距离）。然而通常很难得到先验知识，在无模型的 RL 中更是如此。本书中我们特别关注的是自动寻找适合特定问题的低复杂度的逼近器，而不是依靠手工设计。

1.3 关于本书

本书针对连续变化的控制问题，重点集中在近似动态规划（DP）和强化学习（RL）方面，主要面向系统与控制（特别是优化、自适应和学习控制）、计算机科学（特别是机器学习和人工智能）、运筹学和统计学领域的研究者、工作人员和研究生。本书也可以作为学习 DP 和 RL 方法课程的辅助教材。

图 1.7 给出了本书后续章节的脉络图，下面给出详细的解释。第 2、3 章给出了后续章节的先导必备知识，应按顺序阅读。特别是第 2 章，对 DP 和 RL 问题及其求解作了形式化的描述，介绍了几个有代表性的经典算法，并通过一个离散状态和动作的实例对这些算法性能进行了说

明。第 3 章给出了带函数逼近的 DP 和 RL 方法的一个广义的阐述，适合于大的、连续的空间任务。本章对算法进行了全方位的介绍，并给出了关于近似解的理论保证。通过一个连续变化系统控制的数值化实例，对几种典型算法的性能进行了说明。

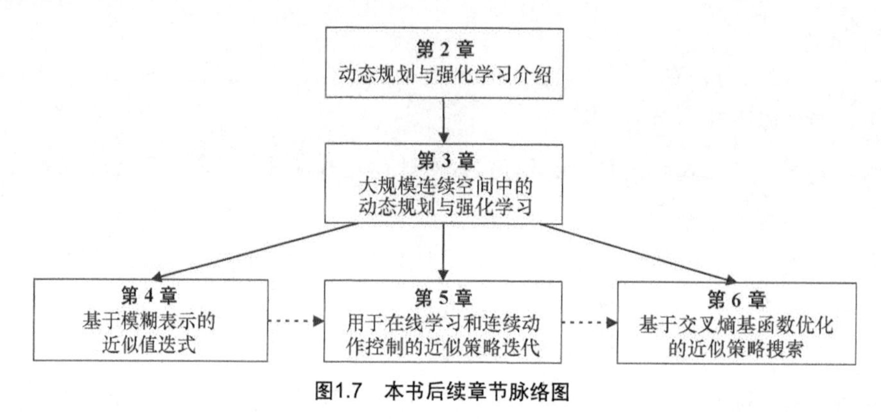

图1.7　本书后续章节脉络图

（注：实箭头表示建议阅读的顺序，虚箭头表示阅读顺序可选）

第 2、3 章的内容以 3 种类型的 DP 和 RL 算法为线索，包括值迭代、策略迭代和策略搜索。为了加强对这 3 类算法的理解，本书的后 3 章分别对这 3 类算法进行了详细的阐述。具体地，第 4 章对带模糊逼近的值迭代算法进行了讨论，算法给出了更广义的理论分析，保证近似 DP 的收敛性和一致性。第 5 章讨论了近似策略迭代算法，特别是给出了该算法的在线版本，在此基础上，强调了在线 RL 中存在的一些重要问题。第 6 章给出了一种基于交叉熵优化的策略搜索算法。该算法把计算聚焦在重要的初始状态上，可用于解决有较高维状态空间的问题。在这 3 章中每章的最后部分都包含了一个关于典型控制问题的实验，并进行了实验分析与评价。

第 4 ~ 6 章可以按任意顺序阅读，但建议还是按顺序阅读。

本书最后包含两个附录（在图 1.7 中没有显示）。附录 A 概述了极端随机树，用于第 3 章和第 4 章的逼近器。附录 B 描述了用于优化的交叉熵方法，用于第 4、6 章。在阅读第 4、6 章之前不必阅读附录 B，因为这两章中都简单、概要地介绍了交叉熵方法，因此可以独立地阅读。

第2章 动态规划与强化学习介绍

本章主要介绍动态规划和强化学习技术，以及应用这两类技术解决问题时需要的形式化模型：马尔可夫决策过程（MDP，Markov Decision Process）。MDP 主要包括确定马尔可夫决策过程和随机马尔可夫决策过程两种。本章将交替地对这两种模型进行讨论，并分别介绍它们的最优解的求解过程。另外本章主要讨论 3 类动态规划和强化学习算法：值迭代、策略迭代和策略搜索。

2.1 引言

动态规划（DP，Dynamic Programming）和强化学习（RL，Reinforcement Learning）是控制器（Agent，也称决策者）通过 3 种信号与过程（环境）进行交互的一个闭环系统。这 3 种信号分别是：（1）状态信号，用来描述过程所处的场景；（2）动作信号，控制器给出的用来影响过程的信号；（3）标量奖赏信号，传递给控制器一个关于立即性能的反馈。在每个离散的时间步，控制器接收来自过程的状态测量值，并采取动作，使得过程迁移到一个新状态，同时产生奖赏，这里奖赏值用来评估状态迁移的质量。系统从控制器接收到一个新的状态测量值开始，整个过程重复进行。3 种信号交互的流程如第 1 章图 1.2 所示。

控制器的行为由其策略指定，策略是将状态映射到动作的函数。过程的行为是由其动态性描述的。动态性决定当控制器给定一个动作时，所导致状态的变化情况。状态迁移可能是确定的，也可能是随机的。在确定性情况下，当状态采取给定动作后，迁移到的下一状态总是相同的。而在随机性情况下，迁移到的下一状态是随机变化的。根据奖励函数给出奖赏值的产生规则，过程的动态性、奖励函数、可能状态的集合以及可能动作的集合（分别称为状态空间和动作空间）共同构成了所谓的马尔可夫决策过程。

DP/RL 的目标是寻找最优策略，使得（期望）回报最大化。回报，就是在交互过程中的（期望）累积奖赏。本书主要考虑沿着无限长轨迹上的累积奖赏，即无限期回报。原因是无限期回报具有非常有用的理论性质。特别是通过无限期回报能得到稳定的最优策略，也就是说，对于给定的状态，选择的最优动作总是相同的，而与该状态出现的时机无关。

DP/RL 框架可以用来解决如自动控制、人工智能、运筹学和经济学等多种不同领域的问题。毋庸置疑，自动控制和人工智能是 DP 和 RL 最重要的发源地。在自动控制领域，DP 用于解决非线性和随机最优控制问题（Bertsekas，2007），而 RL 则用于解决自适应最优控制问题（Sutton 等，1992；Vrabie 等，2009）。在人工智能领域，RL 用于构建人工 Agent，使其在未知环境中生存并优化自身行为，而不需要任何先验知识（Sutton 和 Barto，1998）。由于这种混合的传承关系，在 DP 和 RL 中，一直并存着两套等价的名词和符号，即“控制器”与“Agent”含义相同，“过程”与“环境”含义相同。本书中，我们使用前者，即使用自动控制领域的术语和符号。

图 2.1 给出了 DP 与 RL 算法的分类，本节其余部分将对此进行详细阐述。

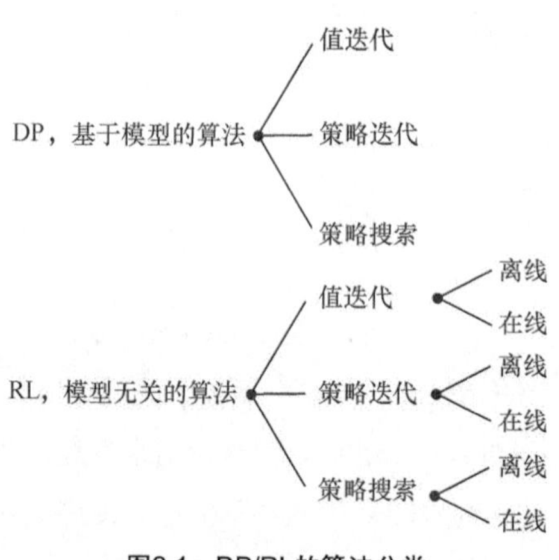

图2.1 DP/RL的算法分类

DP 算法在寻找最优策略时，需要一个 MDP 模型（Bertsekas，2007；Powell，2007），MDP 模型包括迁移动态性和奖励函数。基于模型的 DP 算法工作于离线状态，产生一个用于控制过程的策略。[1] DP 算法通常不需要动态性的解析表达式，而是在给定状态和动作后，模型只需要产生下一状态及其相应的奖赏。一般来说，构建这样的生成模型比推导出动态性的解析表达式更容易，在随机动态性情况下更是如此。

RL 算法是模型无关的（Bertsekas 和 Tsitsiklis，1996；Sutton 和 Barto，1998），因此，RL 算法在模型难以构建或构建成本很高的情况下非常有用。RL 算法使用从过程中获得的数据，这些数据以一组样本、一组过程轨迹或者单个轨迹等形式给出。因此，RL 可以被视为模型无关、基

[1] 也有一种基于模型的、类似 DP 的在线算法称为模型-预测控制（Maciejowski，2002；Camacho 和 Bordons，2004）。为了限制本书的范围，我们对此不做讨论。要了解更多关于 DP/RL 与模型-预测的相关内容，参见文献（Bertsekas，2005b；Ernst 等，2009）。

于样本或基于轨迹的 DP 算法，而 DP 可以看作基于模型的 RL 算法。通过使用模型，DP 算法可以方便地得到任何状态-动作迁移样本，而 RL 算法只能使用从过程中得到的有限样本数据进行学习，这对 RL 算法来说也是一个较大的挑战。值得注意的是，有些 RL 算法从数据中构建模型，我们称这类算法为“模型学习”。

根据寻找最优策略时采取的方法，DP 和 RL 算法可以分为 3 种类型，分别是值迭代、策略迭代和策略搜索，具体描述如下。

- 值迭代算法寻找最优值函数，最优值函数由每个状态或者每个状态-动作对的最大回报构成。最优值函数用于计算最优策略。
- 策略迭代算法通过构建值函数（而不是最优值函数）来评估策略，然后利用这些值函数，寻找新的、改进的策略。
- 策略搜索算法使用最优化技术，直接寻找最优策略。

注意在本书中，我们使用 DP 这个名词，泛指所有的基于模型的 MDP 求解算法，包括基于模型的策略搜索。这比传统的 DP 算法涵盖的范围要大，传统 DP 算法仅仅包括基于模型的值迭代和策略迭代（Bertsekas 和 Tsitsiklis，1996；Sutton 和 Barto，1998；Bertsekas，2007）。

在这 3 种 RL 算法中，每种算法都可以进一步分为离线算法和在线算法。离线算法使用事先收集的数据，而在线算法通过与过程的交互来学习求解。在线 RL 算法通常不需要事先提供任何数据，而只是依赖交互学习过程中收集到的数据，因此，在事先难以获得数据或获取数据成本很高的情况下是非常有用的。大部分在线 RL 算法都采用增量方式工作，例如，在线增量式值迭代算法在每次收集样本数据后，都要更新其对最优值函数的估计。在未达到之前估计精度，根据这些最优值函数对最优策略进行估计，然后利用这个估计来收集新的数据。

在线 RL 算法必须在收集信息数据的需求（通过探索新动作选择或状态空间中新部分）与更好地控制过程的需求（利用当前可用知识）之间作平衡。这种探索与利用之间的平衡使得在线 RL 算法比离线 RL 算法更具挑战性。值得注意的是，虽然只有当过程不随时间改变时才能保证在线 RL 算法收敛到最优策略（在适当条件下），但在实际应用中，有时在线 RL 算法也可应用于缓慢变化的过程中，这种情况下需要调整解决方案以将这个变化考虑在内。

本章其余部分的结构如下：2.2 节分别在确定和随机背景下，阐述 MDP 及 MDP 的最优解求解方法；2.3 节介绍值迭代算法；2.4 节介绍策略迭代；2.5 节介绍策略搜索；2.6 节对本章进行总结和讨论。在介绍值迭代和策略迭代时将交替阐述 DP 算法和 RL 算法，而在介绍策略搜索时只关注基于模型的 DP 算法。在整个章节中，通过使用高度抽象的机器人任务作为仿真实例来说明某些理论观点，以及几个典型算法的性能。

2.2 马尔可夫决策过程

DP 和 RL 方面的任务可以借助 MDP（Puterman，1994）来形式化描述。我们首先阐述一种简单的 MDP 情况，即具有确定状态迁移的 MDP，然后将相关理论扩展到随机性情况。

2.2.1 确定性情况

确定 MDP 由过程的状态空间 X、控制器的动作空间 U、过程的状态迁移函数 f，以及奖励函数ρ组成。f 用于描述控制动作引起的状态变化，ρ用于评估即时控制性能。[2] 在每个离散时间步 k，动作 $\boldsymbol{u}_k$ 作用于状态 $\boldsymbol{x}_k$ 的结果是：根据状态迁移函数 $f: X \times U \to X$，状态迁移到 $\boldsymbol{x}_{k+1}$。

$$\boldsymbol{x}_{k+1} = f(\boldsymbol{x}_k, \boldsymbol{u}_k)$$

同时，根据奖励函数ρ：$X \times U \to \mathbb{R}$，控制器接收到标量奖赏信号 r_{k+1}。

$$r_{k+1} = \rho(\boldsymbol{x}_k, \boldsymbol{u}_k)$$

这里假定$\|\rho\|_\infty = \sup_{\boldsymbol{x},\boldsymbol{u}} |\rho(\boldsymbol{x}, \boldsymbol{u})|$是有穷的。[3] 奖赏值用来评估动作的即时效果，即状态从 $\boldsymbol{x}_k$ 迁移到 $\boldsymbol{x}_{k+1}$ 的效果，通常奖赏与动作的长期效果无关。

控制器根据其策略 $h: X \to U$ 选择动作，即

$$\boldsymbol{u}_k = h(\boldsymbol{x}_k)$$

当给定 f、ρ、当前状态 $\boldsymbol{x}_k$ 和当前动作 $\boldsymbol{u}_k$ 时，就能确定下一状态 $\boldsymbol{x}_{k+1}$ 和奖赏值 r_{k+1}，这就是马尔可夫性质，该性质为 DP/RL 算法提供了必要的理论保证。

某些 MDP 存在终止状态，一旦达到终止状态后就无法离开。在终止状态下，不管采取什么动作，接收到的奖赏值恒为 0。RL 文献中通常使用“实验”或“情节”等术语来表示从初始状态到终止状态的轨迹。

例 2.1　确定清洁机器人的 MDP

考虑如图 2.2 所描述的确定问题：一个清洁机器人，一方面需要收集废弃易拉罐，另一方面需要对电池进行充电。

---

[2] 前面已经提到，这里使用控制理论符号来代替人工智能符号。例如，在关于 DP 和 RL 的人工智能文献中，表示状态空间的符号为 S，状态为 $\boldsymbol{s}$，动作空间为 A，动作为 $\boldsymbol{a}$，策略为π。

[3] 为简化符号表示，当遇到求极值、求和等运算时，根据上下文，如果变量的定义域很明显时，则在公式中省略定义域。例如，公式 $\sup_{\boldsymbol{x},\boldsymbol{u}} |\rho(\boldsymbol{x}, \boldsymbol{u})|$，$\boldsymbol{x}$ 和 $\boldsymbol{u}$ 的定义域明显是 X 和 U，则定义域省略不写。

该问题中，状态 x 表示机器人的位置，动作 u 表示机器人的运动方向。状态空间是离散的，包含 6 种不同的状态（位置），分别用整数 0 ~ 5 表示：$X=\{0,1,2,3,4,5\}$。机器人向左运动用 $u=-1$ 表示，向右运动用 $u=1$ 表示，因此，离散的动作空间为：$U=\{-1,1\}$。状态 0 和状态 5 为终止状态，机器人一旦到达该状态，无论采取什么动作，状态都不会发生改变。对应的状态迁移函数为

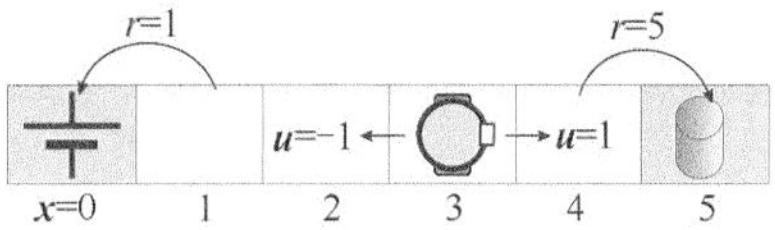

$$f(\boldsymbol{x},\boldsymbol{u})=\begin{cases}\boldsymbol{x}+\boldsymbol{u}, & \text{如果 } 1\leqslant \boldsymbol{x}\leqslant 4\\ \boldsymbol{x}, & \text{如果 } \boldsymbol{x}=0 \text{ 或者 } \boldsymbol{x}=5 \quad (\text{任意动作}\boldsymbol{u})\end{cases}$$

图2.2　确定清洁机器人问题

在状态 5，机器人找到一个易拉罐，迁移到该状态，得到 5 的奖赏；在状态 0，机器人可以充电，迁移到该状态，得到 1 的奖赏；其他情况，得到的奖赏都为 0。特别地，在终止状态下，采取任何动作得到的奖赏都为 0，即在终止状态不会重复地得到（不应得的）奖赏。因此，相应的奖励函数为

$$\rho(\boldsymbol{x},\boldsymbol{u})=\begin{cases}5, & \text{如果 } \boldsymbol{x}=4 \text{ 且 } \boldsymbol{u}=1\\ 1, & \text{如果 } \boldsymbol{x}=1 \text{ 且 } \boldsymbol{u}=-1\\ 0, & \text{其他}\end{cases}$$

1. 确定性情况下的最优化

DP 和 RL 的目标是寻找最优策略，使得从任意初始状态 $\boldsymbol{x}_0$ 开始得到的回报都最大。回报是指从状态 $\boldsymbol{x}_0$ 开始沿着一条轨迹得到的累积奖赏，它简明地表示了控制器在长期运行中获得的奖赏情况。根据奖赏的累积方式，有几种计算回报值的方法（Bertsekas 和 Tsitsiklis，1996，2.1 节；Kaelbling 等，1996）。这里采用无限期折扣回报方法，计算公式如下。

$$R^h(\boldsymbol{x}_0)=\sum_{k=0}^{\infty}\gamma^k r_{k+1}=\sum_{k=0}^{\infty}\gamma^k\rho[\boldsymbol{x}_k,h(\boldsymbol{x}_k)] \tag{2.1}$$

其中，$\gamma\in[0,1)$ 为折扣因子，当 $k\geqslant 0$ 时，$\boldsymbol{x}_{k+1}=f[\boldsymbol{x}_k,h(\boldsymbol{x}_k)]$。折扣因子可以直观地解释为控制器在考虑奖赏时的“远视”程度，或者解释为关于未来奖赏所增加的不确定性程度，该不确定性是随时间步增长而增加的。从数学观点看，如果奖赏有界，那么折扣因子就能确保回报也是有界的。因此，我们的目标是：在仅使用即时的、单步的性能（奖赏）反馈情况下，控制器也能最大化长期性能（回报）。这导致了延迟奖赏挑战（Sutton 和 Barto，1998）：当前采取的动作对未来获得好的奖赏具有的潜在影响，但是即时奖赏没有提供任何关于这些长期影响的信息。

还可以定义其他类型的回报，把公式（2.1）中的 γ 设置为 1，仅仅是简单地把奖赏相加，而不考虑折扣，这就得到了无折扣回报。遗憾的是，无限期的无折扣回报通常是无界的。取而代之

的方法是使用无限期平均回报。

$$\lim_{K\to\infty}\frac{1}{K}\sum_{k=0}^{K}\rho[\boldsymbol{x}_k, h(\boldsymbol{x}_k)]$$

这通常是有界的。不是沿无穷长的轨迹上累积奖赏，而是沿着长度固定为 K （界限）的一条轨迹累积奖赏，这样就能得到有限期回报。有限期折扣回报可以定义如下。

$$\sum_{k=0}^{K}\gamma^k\rho[\boldsymbol{x}_k, h(\boldsymbol{x}_k)]$$

在有限期情况下，无折扣回报 $(\gamma=1)$ 更便于使用，这种情况下当奖赏有界时，回报一定有界。

本书中，我们主要使用公式（2.1）无限期折扣回报，因为无限期折扣回报具有非常有用的理论性质。特别是这种类型的回报在一定的技术假设条件下，总是至少存在一个稳定的确定最优策略 $h^*: X\to U$ （Bertsekas 和 Shreve，1978，第 9 章）。相比较而言，在有限期情况下，最优策略通常取决于时间步 k，也就是说，这种情况是不稳定的（Bertsekas，2005a，第 1 章）。

理论上，折扣因子可以看作问题本身的一个给定部分，但是在实际应用中，需要人为选择一个比较好的 γ 值。γ 的选择经常涉及 DP/RL 求解质量与算法收敛速度之间的权衡问题。在一些重要的 DP/RL 算法中，γ 取值越小，则收敛越快（如 2.3 节将介绍的基于模型的值迭代），但是如果 γ 过小，有可能得不到满意的解，因为它会对很多步之后的奖赏考虑不足。

对于 γ 值选择，通常没有非常有效的方法。考虑一个实例，该实例是一个典型的自动控制中的稳定问题：从任意初始状态开始，过程都会达到一个稳定状态并保持不变。在该问题中，γ 值应该选得足够大，使得任意初始状态都能接收到达到稳定状态的奖赏，该奖赏对回报都有不可忽视的影响。比如，假定从初始状态 $\boldsymbol{x}$ 开始，根据一个合理的策略，到达系统稳定状态，采取的步数是 $K(\boldsymbol{x})$，那么 γ 值的选择应保证 $\gamma^{K_{\max}}$ 不至于太小，这里 $K_{\max}=\max_{\boldsymbol{x}}K(\boldsymbol{x})$。然而，寻找 $K_{\max}$ 本身就是一个困难的问题，需要用到相关领域知识或用其他手段得到次优策略来解决该问题。

2．确定性情况下的值函数与贝尔曼方程

一种用于描述策略的简便方法是使用值函数。有两种类型的值函数：状态-动作对值函数（Q 值函数）和状态值函数（V 值函数）。一些文献中，“值函数”这个名称通常用来表示 V 值函数而不是 Q 值函数。在本书中，我们使用“Q 值函数”和“V 值函数”对二者进行区分，而“值函数”这个名词是对二者的统称。这里首先定义和描述 Q 值函数，然后介绍 V 值函数。

一个策略 h 的 Q 值函数 Q^h：$X\times U\to\mathbb{R}$ 是从某一状态 $\boldsymbol{x}$ 开始，采取一个给定的动作 $\boldsymbol{u}$，遵循策略 h 得到的回报，即

$$Q^h(\boldsymbol{x},\boldsymbol{u})=\rho(\boldsymbol{x},\boldsymbol{u})+\gamma R^h[f(\boldsymbol{x},\boldsymbol{u})] \tag{2.2}$$

这里 $R^h[f(\boldsymbol{x},\boldsymbol{u})]$ 是从下一状态 $f(\boldsymbol{x},\boldsymbol{u})$ 开始的回报。该公式可以先将 $Q^h(\boldsymbol{x},\boldsymbol{u})$ 写为在状态 $\boldsymbol{x}$ 下采取动作 $\boldsymbol{u}$，然后遵循策略 h 得到折扣奖赏的累积和形式。

$$Q^h(\boldsymbol{x},\boldsymbol{u})=\sum_{k=0}^{\infty}\gamma^k\rho(\boldsymbol{x}_k,\boldsymbol{u}_k)$$

这里 $(\boldsymbol{x}_0,\boldsymbol{u}_0)=(\boldsymbol{x},\boldsymbol{u})$，当 $k\geqslant 0$ 时，$\boldsymbol{x}_{k+1}=f(\boldsymbol{x}_k,\boldsymbol{u}_k)$；当 $k\geqslant 1$ 时，$\boldsymbol{u}_k=h(\boldsymbol{x}_k)$。然后将第一项从总和中分离出来，得到

$$\begin{aligned}Q^h(\boldsymbol{x},\boldsymbol{u})&=\rho(\boldsymbol{x},\boldsymbol{u})+\sum_{k=1}^{\infty}\gamma^k\rho(\boldsymbol{x}_k,\boldsymbol{u}_k)\\&=\rho(\boldsymbol{x},\boldsymbol{u})+\gamma\sum_{k=1}^{\infty}\gamma^{k-1}\rho[\boldsymbol{x}_k,h(\boldsymbol{x}_k)]\\&=\rho(\boldsymbol{x},\boldsymbol{u})+\gamma R^h[f(\boldsymbol{x},\boldsymbol{u})]\end{aligned} \tag{2.3}$$

这里最后一步用到了公式（2.1）的回报定义，由此得到公式（2.2）。

在任意策略下得到的 Q 值函数中，将值最大的 Q 值函数定义为最优 Q 值函数。

$$Q^*(\boldsymbol{x},\boldsymbol{u})=\max_h Q^h(\boldsymbol{x},\boldsymbol{u}) \tag{2.4}$$

一个策略 h^* 是最优的（最大回报），即该策略在每个状态上都选择一个使最优 Q 值最大的动作，即满足

$$h^*(\boldsymbol{x})\in\arg\max_{\boldsymbol{u}} Q^*(\boldsymbol{x},\boldsymbol{u}) \tag{2.5}$$

通常对于给定的 Q 值函数 Q，如果策略 h 满足：

$$h(\boldsymbol{x})\in\arg\max_{\boldsymbol{u}} Q(\boldsymbol{x},\boldsymbol{u}) \tag{2.6}$$

则称策略 h 对于 Q 是贪心的。因此，通过寻找最优值 Q^*，然后使用公式（2.5）在 Q^* 中计算出贪心动作，就能找到最优策略。

注意：为简化符号表示，我们隐含地假定公式（2.4）及其后面的类似等式存在最大值。如果最大值不存在，使用"最小上界"运算符代替"max"运算符。为了计算贪心动作，公式（2.5）、公式（2.6）及后面的类似公式要求一定存在最大值，以确保存在贪心策略。通过一些技术假定，可以保证最大值的存在（Bertsekas 和 Shreve，1978，第 9 章）。

Q 值函数 Q^h 和 Q^* 可以用贝尔曼方程递归描述，这种描述方式在值迭代和策略迭代算法中，起到重要的作用。Q^h 的贝尔曼方程表示为：根据策略 h，在状态 $\boldsymbol{x}$ 采取动作 $\boldsymbol{u}$ 的 Q 值，等于立即奖赏与下一状态在策略 h 下的折扣 Q 值之和。

$$Q^h(\boldsymbol{x},\boldsymbol{u})=\rho(\boldsymbol{x},\boldsymbol{u})+\gamma Q^h\{f(\boldsymbol{x},\boldsymbol{u}),h[f(\boldsymbol{x},\boldsymbol{u})]\} \tag{2.7}$$

上式贝尔曼方程可通过公式（2.3）第二步推出，推导过程如下。

$$
\begin{aligned}
Q^h(\boldsymbol{x}, \boldsymbol{u}) &= \rho(\boldsymbol{x}, \boldsymbol{u}) + \gamma \sum_{k=1}^{\infty} \gamma^{k-1} \rho[\boldsymbol{x}_k, h(\boldsymbol{x}_k)] \\
&= \rho(\boldsymbol{x}, \boldsymbol{u}) + \gamma \left\{ \rho\{f(\boldsymbol{x}, \boldsymbol{u}), h[f(\boldsymbol{x}, \boldsymbol{u})]\} + \gamma \sum_{k=2}^{\infty} \gamma^{k-2} \rho[\boldsymbol{x}_k, h(\boldsymbol{x}_k)] \right\} \\
&= \rho(\boldsymbol{x}, \boldsymbol{u}) + \gamma Q^h\{f(\boldsymbol{x}, \boldsymbol{u}), h[f(\boldsymbol{x}, \boldsymbol{u})]\}
\end{aligned}
$$

这里$(\boldsymbol{x}_0, \boldsymbol{u}_0) = (\boldsymbol{x}, \boldsymbol{u})$，当$k \geqslant 0$时，$\boldsymbol{x}_{k+1} = f(\boldsymbol{x}_k, \boldsymbol{u}_k)$；当$k \geqslant 1$时，$\boldsymbol{u}_k = h(\boldsymbol{x}_k)$。

Q^*的贝尔曼最优方程表示为：在状态$\boldsymbol{x}$下采取动作$\boldsymbol{u}$的最优Q值，等于立即奖赏值加上下一状态最好动作的折扣最优Q值。

$$
Q^*(\boldsymbol{x}, \boldsymbol{u}) = \rho(\boldsymbol{x}, \boldsymbol{u}) + \gamma \max_{\boldsymbol{u}'} Q^*[f(\boldsymbol{x}, \boldsymbol{u}), \boldsymbol{u}'] \tag{2.8}
$$

一个策略h的V值函数V^h是一个从状态域X到实数域$\mathbb{R}$的映射：$X \to \mathbb{R}$，即在给定状态下遵从策略h所获得的回报值，V值函数也可以通过策略h的Q值函数计算得到。

$$
V^h(\boldsymbol{x}) = R^h(\boldsymbol{x}) = Q^h[\boldsymbol{x}, h(\boldsymbol{x})] \tag{2.9}
$$

所有策略中，具有最大V值的V值函数称为最优V值函数。最优V值函数可以通过最优Q值函数计算得到。

$$
V^*(\boldsymbol{x}) = \max_h V^h(\boldsymbol{x}) = \max_{\boldsymbol{u}} Q^*(\boldsymbol{x}, \boldsymbol{u}) \tag{2.10}
$$

根据下式，从V^*能够计算得到最优策略h^*。

$$
h^*(\boldsymbol{x}) \in \arg\max_{\boldsymbol{u}} \{\rho(\boldsymbol{x}, \boldsymbol{u}) + \gamma V^*[f(\boldsymbol{x}, \boldsymbol{u})]\} \tag{2.11}
$$

使用公式（2.11）比使用公式（2.5）难度要大，尤其是使用公式（2.11）需要动态f和奖励函数ρ形式的MDP模型。因为Q值函数与动作有关，所以Q值函数包含了与状态迁移有关的特征信息。而V值函数仅仅描述了状态特性，与状态迁移无关，所以为了推导出状态迁移特征，必须把MDP模型考虑进来。这就是公式（2.11）出现的情况，说明了为什么由V值函数计算策略要困难得多。由于这方面的差异，本书将优先考虑Q值函数而不是V值函数，尽管Q值函数需要依赖$\boldsymbol{x}$和$\boldsymbol{u}$两个变量，在表示上比V值函数花费的代价更大。

V值函数V^h和V^*满足下列贝尔曼方程，推导过程与公式（2.7）和公式（2.8）类似。

$$
V^h(\boldsymbol{x}) = \rho[\boldsymbol{x}, h(\boldsymbol{x})] + \gamma V^h\{f[\boldsymbol{x}, h(\boldsymbol{x})]\} \tag{2.12}
$$

$$
V^*(\boldsymbol{x}) = \max_{\boldsymbol{u}} \{\rho(\boldsymbol{x}, \boldsymbol{u}) + \gamma V^*[f(\boldsymbol{x}, \boldsymbol{u})]\} \tag{2.13}
$$

2.2.2 随机性情况

在随机MDP模型中，当前状态采取的动作得到的下一状态是不确定的。也就是说，下一状态是一个随机变量，该随机变量是关于当前状态和动作的概率密度。

在随机性情况中，使用状态迁移概率函数 $\tilde{f}: X \times U \times X \to [0, \infty)$ 来代替确定性情况的状态迁移函数 f。在状态 $\boldsymbol{x}_k$ 采取动作 $\boldsymbol{u}_k$ 后，下一状态 $\boldsymbol{x}_{k+1}$ 属于区间 $X_{k+1} \subseteq X$ 的概率为

$$\mathrm{P}(\boldsymbol{x}_{k+1} \in X_{k+1} \mid \boldsymbol{x}_k, \boldsymbol{u}_k) = \int_{X_{k+1}} \tilde{f}(\boldsymbol{x}_k, \boldsymbol{u}_k, \boldsymbol{x}')\mathrm{d}\boldsymbol{x}'$$

对任意 $\boldsymbol{x}$ 和 $\boldsymbol{u}$，$\tilde{f}(\boldsymbol{x}, \boldsymbol{u}, \cdot)$ 定义了一个有效的关于参数“·”的概率密度函数，这里的“·”符号代表随机变量 $\boldsymbol{x}_{k+1}$。因为奖赏与状态迁移有关，并且状态迁移不再完全由当前状态和动作决定，因此，奖励函数也一定依赖于下一个状态，$\tilde{\rho}: X \times U \times X \to \mathbb{R}$。每次迁移到状态 $\boldsymbol{x}_{k+1}$ 后，得到的奖赏 r_{k+1} 由下式确定

$$r_{k+1} = \tilde{\rho}(\boldsymbol{x}_k, \boldsymbol{u}_k, \boldsymbol{x}_{k+1})$$

其中，假定 $\|\tilde{\rho}\|_\infty = \sup_{\boldsymbol{x}, \boldsymbol{u}, \boldsymbol{x}'} \tilde{\rho}(\boldsymbol{x}, \boldsymbol{u}, \boldsymbol{x}')$ 是有穷的。注意 $\tilde{\rho}$ 为迁移（$\boldsymbol{x}_k, \boldsymbol{u}_k, \boldsymbol{x}_{k+1}$）的确定函数，这意味着 $\boldsymbol{x}_{k+1}$ 一旦产生，奖赏 r_{k+1} 也就完全确定。通常奖赏对整个迁移（$\boldsymbol{x}_k, \boldsymbol{u}_k, \boldsymbol{x}_{k+1}$）的依赖也是随机的，在这种情况下，为了简化符号表示，我们假定 $\tilde{\rho}$ 给出的是状态迁移后的期望奖赏。

当状态空间是有穷的（离散状态空间），存在迁移函数 $\bar{f}: X \times U \times X \to [0,1]$，这里在状态 $\boldsymbol{x}_k$ 下采取动作 $\boldsymbol{u}_k$，到达状态 $\boldsymbol{x}'$ 的概率是

$$\mathrm{P}(\boldsymbol{x}_{k+1} = x' \mid \boldsymbol{x}_k, \boldsymbol{u}_k) = \bar{f}(\boldsymbol{x}_k, \boldsymbol{u}_k, \boldsymbol{x}') \tag{2.14}$$

对任意的 $\boldsymbol{x}$ 和 $\boldsymbol{u}$，函数 $\bar{f}$ 必定满足 $\sum_{x'} \bar{f}(\boldsymbol{x}, \boldsymbol{u}, \boldsymbol{x}') = 1$。函数 $\tilde{f}$ 是 $\bar{f}$ 向不可数状态空间（例如连续状态空间）的泛化。在无穷状态空间下，到达给定状态 $\boldsymbol{x}'$ 的概率是 0，因此，不能再用 $\bar{f}$ 来描述迁移概率。

在随机性情况下，马尔可夫性质要求到达下一状态的概率密度完全由 $\boldsymbol{x}_k$ 和 $\boldsymbol{u}_k$ 决定。

一般情况下，构造迁移概率函数 $\tilde{f}$ 的解析表达式是一件非常困难的事情。所幸的是，正如前面 2.1 节提到的，大部分基于模型的 DP 算法都能够在生成模型下工作，即对于任意给定的当前状态和动作来说，只需要生成下一状态和相应奖赏的样本就可以了。

例 2.2　随机清洁机器人的 MDP

再来考虑例 2.1 中的清洁机器人问题。假定由于环境的不确定性，比如运动中的机器人在地板打滑，状态迁移就不再确定了。机器人试图往某个方向移动时，成功的概率为 0.8，原地不动的概率为 0.15，滑向相反方向的概率为 0.05（如图 2.3 所示）。

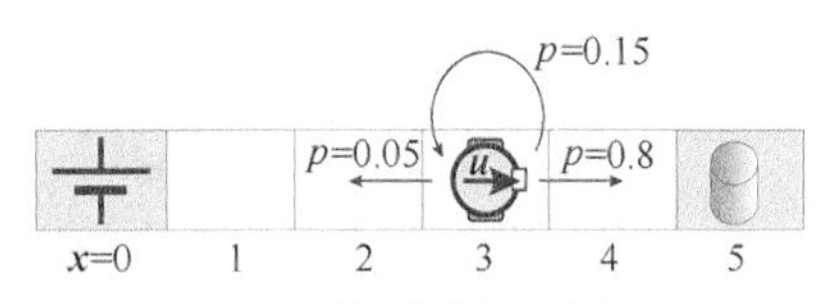

图2.3　随机清洁机器人问题

（注：机器人的意图是向右移动，但由于地面打滑等原因，最终可能以不同的概率原地保持不动或移向左端）

由于状态空间是离散的，迁移模型公式（2.14）适合于

该问题。用于构造概率迁移的函数 $\bar{f}$ 如表 2.1 所示。在表 2.1 中，行对应于当前状态与采取动作的不同组合，列对应于状态-动作下的未来状态。注意：在任意终止状态，不管采取什么动作，都以概率 1 在原地保持不动。

表 2.1　随机清洁机器人的 MDP 动态

(x, u)	$\bar{f}(x, u, 0)$	$\bar{f}(x, u, 1)$	$\bar{f}(x, u, 2)$	$\bar{f}(x, u, 3)$	$\bar{f}(x, u, 4)$	$\bar{f}(x, u, 5)$
(0, −1)	1	0	0	0	0	0
(1, −1)	0.8	0.15	0.05	0	0	0
(2, −1)	0	0.8	0.15	0.05	0	0
(3, −1)	0	0	0.8	0.15	0.05	0
(4, −1)	0	0	0	0.8	0.15	0.05
(5, −1)	0	0	0	0	0	1
(0, 1)	1	0	0	0	0	0
(1, 1)	0.05	0.15	0.8	0	0	0
(2, 1)	0	0.05	0.15	0.8	0	0
(3, 1)	0	0	0.05	0.15	0.8	0
(4, 1)	0	0	0	0.05	0.15	0.8
(5, 1)	0	0	0	0	0	1

机器人接收的奖赏值与确定性情况相同：到达状态 5，得到的奖赏值为 5，到达状态 0，得到的奖赏值为 1。相应地，$\tilde{\rho}: X \times U \times X \to \mathbb{R}$ 形式的奖励函数为

$$\tilde{\rho}(\boldsymbol{x}, \boldsymbol{u}, \boldsymbol{x}') = \begin{cases} 5, & \text{如果 } \boldsymbol{x} \neq 5 \text{ 且 } \boldsymbol{x}' = 5 \\ 1, & \text{如果 } \boldsymbol{x} \neq 0 \text{ 且 } \boldsymbol{x}' = 0 \\ 0, & \text{其他} \end{cases}$$

1．随机性情况下的最优化

在（确定的）策略 h 下，初始状态 $\boldsymbol{x}_0$ 的期望无限期折扣回报为[4]

$$\begin{aligned} R^h(\boldsymbol{x}_0) &= \lim_{K\to\infty} \mathrm{E}_{\boldsymbol{x}_{k+1}\sim\tilde{f}[\boldsymbol{x}_k,\, h(\boldsymbol{x}_k),\, \cdot]} \left\{ \sum_{k=0}^{K} \gamma^k r_{k+1} \right\} \\ &= \lim_{K\to\infty} \mathrm{E}_{\boldsymbol{x}_{k+1}\sim\tilde{f}[\boldsymbol{x}_k,\, h(\boldsymbol{x}_k),\, \cdot]} \left\{ \sum_{k=0}^{K} \gamma^k \tilde{\rho}[\boldsymbol{x}_k, h(\boldsymbol{x}_k), \boldsymbol{x}_{k+1}] \right\} \end{aligned} \tag{2.15}$$

其中，E 表示期望运算符，$\boldsymbol{x}_{k+1}\sim\tilde{f}[\boldsymbol{x}_k, h(\boldsymbol{x}_k), \cdot]$ 表示在每个时间步 k，随机变量 $\boldsymbol{x}_{k+1}$ 由概率密度函数 $f[\boldsymbol{x}_k, h(\boldsymbol{x}_k), \cdot]$ 确定。2.2.1 节关于折扣因子的解释和讨论同样也适用于随机性情况。对于任何随机或确定 MDP，使用公式（2.15）或公式（2.1）计算无限期折扣回报，并对 MDP 中的主要要素做某些技术假定，则能保证至少存在一个稳定的确定最优策略（Bertsekas 和 Shreve，1978，

[4] 我们假定 MDP 和策略 h 有合适的性质，保证本节后续部分的期望回报和贝尔曼方程都是定义明确的。参见如文献（Bertsekas 和 Shreve，1978，Chapter 9）和（Bertsekas，2007，Appendix A）对这些性质的讨论。

第 9 章)。因此，在后续章节中，我们主要讨论稳定的确定性策略。

类比公式(2.15)，可以定义随机性情况下的期望无折扣回报、期望平均回报和期望有限期回报(参见 2.2.1 节)。

2．随机性情况下的值函数和贝尔曼方程

为了得到策略 h 的 Q 值函数，公式(2.2)可以扩展到如下随机性情况。在随机迁移情况下，Q 值函数是在特定的状态采用特定的动作，遵循策略 h 得到的期望回报值

$$Q^h(\boldsymbol{x},\boldsymbol{u})=\mathrm{E}_{\boldsymbol{x}'\sim\tilde{f}(\boldsymbol{x},\boldsymbol{u},\cdot)}\left\{\tilde{\rho}(\boldsymbol{x},\boldsymbol{u},\boldsymbol{x}')+\gamma R^h(\boldsymbol{x}')\right\} \tag{2.16}$$

关于最优 Q 值函数 Q^* 的定义，与确定性情况公式(2.4)是相同的，为便于参考这里重复如下。

$$Q^*(\boldsymbol{x},\boldsymbol{u})=\max_h Q^h(\boldsymbol{x},\boldsymbol{u})$$

同样地，与确定性情况一样，最优策略可以通过 Q^* 计算得到，满足公式(2.5)。为便于参考这里重复如下。

$$h^*(\boldsymbol{x})\in\arg\max_{\boldsymbol{u}} Q^*(\boldsymbol{x},\boldsymbol{u})$$

在一步随机迁移期望的基础上，给出 Q^h 和 Q^* 的贝尔曼方程。

$$Q^h(\boldsymbol{x},\boldsymbol{u})=\mathrm{E}_{\boldsymbol{x}'\sim\tilde{f}(\boldsymbol{x},\boldsymbol{u},\cdot)}\left\{\tilde{\rho}(\boldsymbol{x},\boldsymbol{u},\boldsymbol{x}')+\gamma Q^h[\boldsymbol{x}',h(\boldsymbol{x}')]\right\} \tag{2.17}$$

$$Q^*(\boldsymbol{x},\boldsymbol{u})=\mathrm{E}_{\boldsymbol{x}'\sim\tilde{f}(\boldsymbol{x},\boldsymbol{u},\cdot)}\left\{\tilde{\rho}(\boldsymbol{x},\boldsymbol{u},\boldsymbol{x}')+\gamma\max_{\boldsymbol{u}'} Q^*(\boldsymbol{x}',\boldsymbol{u}')\right\} \tag{2.18}$$

策略 h 的 V 值函数 V^h 以及最优 V 值函数 V^* 的定义，与确定性情况下的公式(2.9)、(2.10)相同。

$$V^h(\boldsymbol{x})=R^h(\boldsymbol{x})$$

$$V^*(\boldsymbol{x})=\max_h V^h(\boldsymbol{x})$$

然而，在随机性情况下通过 V^* 计算最优策略比在确定性情况下更困难，涉及在确定性情况中无须考虑的期望。

$$h^*(\boldsymbol{x})\in\arg\max_{\boldsymbol{u}}\mathrm{E}_{\boldsymbol{x}'\sim\tilde{f}(\boldsymbol{x},\boldsymbol{u},\cdot)}\left\{\tilde{\rho}(\boldsymbol{x},\boldsymbol{u},\boldsymbol{x}')+\gamma V^*(\boldsymbol{x}')\right\} \tag{2.19}$$

比较而言，在随机性情况中，通过 Q^* 计算最优策略与确定性情况一样简单，这也是在实际应用中使用 Q 值函数的另一个原因。

根据公式(2.12)和公式(2.13)，考虑一步随机迁移的期望，可以得到 V^h 和 V^* 的贝尔曼方程。

$$V^h(\boldsymbol{x})=\mathrm{E}_{\boldsymbol{x}'\sim\tilde{f}(\boldsymbol{x},h(\boldsymbol{x}),\cdot)}\left\{\tilde{\rho}[\boldsymbol{x},h(\boldsymbol{x}),\boldsymbol{x}']+\gamma V^h(\boldsymbol{x}')\right\} \tag{2.20}$$

$$V^*(\boldsymbol{x})=\max_{\boldsymbol{u}}\mathrm{E}_{\boldsymbol{x}'\sim\tilde{f}(\boldsymbol{x},\boldsymbol{u},\cdot)}\left\{\tilde{\rho}(\boldsymbol{x},\boldsymbol{u},\boldsymbol{x}')+\gamma V^*(\boldsymbol{x}')\right\} \tag{2.21}$$

注意，关于 V^* 的贝尔曼方程(2.21)中，最大化操作在求期望运算符之外，而关于 Q^* 的贝尔曼

方程（2.18）中，期望运算和最大值运算的次序正好相反。

显然，用于确定 MDP 的所有方程都是用于随机 MDP 的一种特殊情况。确定性情况使用退化的密度函数 $\tilde{f}(\boldsymbol{x}, \boldsymbol{u}, \cdot)$，即所有概率质量都赋给状态 $f(\boldsymbol{x}, \boldsymbol{u})$。得到的确定奖励函数为 $\rho(\boldsymbol{x}, \boldsymbol{u}) = \tilde{\rho}[\boldsymbol{x}, \boldsymbol{u}, f(\boldsymbol{x}, \boldsymbol{u})]$。

2.3 节介绍的值迭代算法，都是围绕求解贝尔曼最优方程（2.18）或方程（2.21）来找到最优 Q 值函数或最优 V 值函数［对于确定性情况，则分别求解方程（2.8）或方程（2.13）］。同样地，在 2.4 节介绍的策略迭代算法中，作为其核心的策略评估也是围绕求解方程（2.17）或方程（2.20）来找到 Q^h 或者 V^h［对于确定性情况，则分别求解方程（2.7）或方程（2.12）］。

2.3 值迭代

值迭代使用贝尔曼最优方程，以迭代方式计算最优值函数，并由此推出最优策略。这里首先介绍基于值迭代的 DP 算法（基于模型），然后介绍基于值迭代的 RL 算法（模型无关）。DP 算法类似于 V 值迭代（Bertsekas，2007，1.3 节），使用迁移知识和奖励函数求解贝尔曼最优方程。RL 技术分为两类：一类是学习一个模型，比如 Dyna（Sutton，1990）；另一类根本就不使用明确的模型，比如 Q 学习（Watkins 和 Dayan，1992）。

2.3.1 基于模型的值迭代

下面介绍基于模型的 Q 值迭代算法，并将其作为示例来说明基于模型的一类值迭代算法。令所有 Q 值函数集合记为 $\mathcal{Q}$，则 Q 值迭代映射 $T{:}\mathcal{Q}\to\mathcal{Q}$ 为：任意 Q 值函数对贝尔曼最优方程（2.8）或方程（2.18）的右式进行计算，得到新的 Q 值函数。[5] 在确定性情况中，该映射为

$$[T(Q)](\boldsymbol{x}, \boldsymbol{u}) = \rho(\boldsymbol{x}, \boldsymbol{u}) + \gamma \max_{\boldsymbol{u}'} Q[f(\boldsymbol{x}, \boldsymbol{u}), \boldsymbol{u}'] \tag{2.22}$$

在随机性情况中，映射则为

$$[T(Q)](\boldsymbol{x}, \boldsymbol{u}) = \mathrm{E}_{\boldsymbol{x}' \sim \tilde{f}(\boldsymbol{x}, \boldsymbol{u}, \cdot)} \left\{ \tilde{\rho}(\boldsymbol{x}, \boldsymbol{u}, \boldsymbol{x}') + \gamma \max_{\boldsymbol{u}'} Q(\boldsymbol{x}', \boldsymbol{u}') \right\} \tag{2.23}$$

注意，如果状态空间是可数的（有穷的），则可以使用公式（2.14）的迁移模型，随机性情况 Q 值迭代映射（公式 2.23）可以写成更简单的求和形式。

[5] 术语“映射”用来表示一类函数，该类函数可以将其他的函数作为输入和/或输出，也用来表示函数合成。这里“映射”有别于普通函数，普通函数仅把数值标量、向量或者矩阵作为输入和/或输出。

$$[T(Q)](\boldsymbol{x},\boldsymbol{u})=\sum_{\boldsymbol{x}'}\bar{f}(\boldsymbol{x},\boldsymbol{u},\boldsymbol{x}')\left[\tilde{\rho}(\boldsymbol{x},\boldsymbol{u},\boldsymbol{x}')+\gamma\max_{\boldsymbol{u}'}Q(\boldsymbol{x}',\boldsymbol{u}')\right] \tag{2.24}$$

由于下面的分析适用于确定和随机两种 Q 值迭代映射，并且公式（2.22）对 T 的定义是公式（2.23）对 T 定义的一个特例［或是用于可数状态空间的公式（2.24）的一个特例］，所以对确定和随机两种情况下的 Q 值迭代映射使用相同的符号。

Q 值迭代算法从任意 Q 值函数 Q_0 开始，在每轮迭代 ℓ 中，根据公式（2.25）更新 Q 值函数。

$$Q_{\ell+1}=T(Q_\ell) \tag{2.25}$$

可以证明 T 以因子 $\gamma<1$ 在无穷范数内收缩，即对任意函数对 Q 和 Q'，下式成立。

$$\|T(Q)-T(Q')\|_\infty \leqslant \gamma\|Q-Q'\|_\infty$$

T 是收缩的，因此，T 有唯一的不动点（Istratescu，2002）。另外，如果用 Q 值迭代映射重写贝尔曼最优方程（2.8）或方程（2.18），则表明 Q^* 是 T 的一个不动点，即

$$Q^*=T(Q^*) \tag{2.26}$$

因此 T 的唯一不动点实际上就是 Q^*，当 $\ell\to\infty$ 时，Q 值迭代渐近收敛到 Q^*。此外，从 $\|Q_{\ell+1}-Q^*\|_\infty \leqslant \gamma\|Q_\ell-Q^*\|_\infty$ 表征的意义来看，Q 值迭代以速率 γ 收敛到 Q^*。根据 Q^* 应用公式（2.5）就可以计算出最优策略。

算法 2.1 详细地给出了确定 MDP 的 Q 值迭代过程，这里的 T 用公式（2.22）来进行计算。同样地，算法 2.2 给出了在可数状态空间下随机 MDP 的 Q 值迭代过程，这里使用公式（2.24）来计算 T 。

算法 2.1　确定 MDP 的 Q 值迭代

Input：动态性 f，奖励函数 ρ，折扣因子 γ

1. 初始化 Q 值函数，如 $Q_0\leftarrow 0$
2. **repeat**（在每一轮迭代 $\ell=0,1,2\cdots$ ）
3. 　　$Q\leftarrow Q_\ell$
4. 　　**for** 每对 $(\boldsymbol{x},\boldsymbol{u})$ **do**
5. 　　　　$Q(\boldsymbol{x},\boldsymbol{u})\leftarrow\rho(\boldsymbol{x},\boldsymbol{u})+\gamma\max_{\boldsymbol{u}'}Q[f(\boldsymbol{x},\boldsymbol{u}),\boldsymbol{u}']$
6. 　　**end for**
7. 　　$Q_{\ell+1}\leftarrow Q$
8. **until** $Q_{\ell+1}=Q_\ell$

Output：$Q^*=Q_\ell$

算法 2.2　可数状态空间中随机 MDP 的 Q 值迭代

Input：动态性 $\bar{f}$，奖励函数 $\tilde{\rho}$，折扣因子 γ

1. 初始化 Q 值函数，如 $Q_0 \leftarrow 0$
2. **repeat**（在每一轮迭代 $\ell = 0, 1, 2 \cdots$）
3. 　$Q \leftarrow Q_\ell$
4. 　**for** 每对 $(\boldsymbol{x}, \boldsymbol{u})$ **do**
5. 　　$Q(\boldsymbol{x}, \boldsymbol{u}) \leftarrow \sum_{\boldsymbol{x}'} \bar{f}(\boldsymbol{x}, \boldsymbol{u}, \boldsymbol{x}')[\tilde{\rho}(\boldsymbol{x}, \boldsymbol{u}, \boldsymbol{x}') + \gamma \max_{\boldsymbol{u}'} Q(\boldsymbol{x}', \boldsymbol{u}')]$
6. 　**end for**
7. 　$Q_{\ell+1} \leftarrow Q$
8. **until** $Q_{\ell+1} = Q_\ell$

Output：$Q^* = Q_\ell$

上述算法只能保证 Q 值迭代渐近收敛，因此，只能渐近满足算法 2.1 和算法 2.2 的终止条件。实际应用中，经常会在算法未收敛之前，经过有限次迭代后使算法强制终止，这种情况下确保 Q 值迭代的性能也是很重要的。给定一个次优界限 $\varsigma_{\mathrm{QI}} > 0$（下标“QI”表示“$Q$ 值迭代”），则有限迭代次数 L 可根据公式（2.27）来（保守地）确定，并且公式（2.27）在确定和随机性情况下都成立。

$$L = \left\lceil \log_\gamma \frac{\varsigma_{\mathrm{QI}}(1-\gamma)^2}{2\|\rho\|_\infty} \right\rceil \tag{2.27}$$

这样在关于 Q_L 贪心的策略 h_L 下，能保证存在最大次优界限 ς_{QI}，使得 $\left\|V^{h_L} - V^*\right\|_\infty \leqslant \varsigma_{\mathrm{QI}}$。此处 $\lceil\cdot\rceil$ 表示大于等于参数“·”的最小整数（即上界）。如果要求 $2\dfrac{\gamma^L\|\rho\|_\infty}{(1-\gamma)^2} \leqslant \varsigma_{\mathrm{QI}}$，方程（2.27）在策略 h_L 上的次优值满足下列界限范围（Ernst 等，2005）。

$$\left\|V^{h_L} - V^*\right\|_\infty \leqslant 2\frac{\gamma^L\|\rho\|_\infty}{(1-\gamma)^2}$$

另外，当连续两轮 Q 值迭代对应 Q 值之间的差值都小于给定的大于 0 的阈值 $\varepsilon_{\mathrm{QI}}$，即 $\|Q_{\ell+1} - Q_\ell\|_\infty \leqslant \varepsilon_{\mathrm{QI}}$ 时，停止 Q 值迭代。由于 Q 值迭代更新的收缩性，可以保证算法在有限次迭代后能够满足该要求。

计算最优 V 值函数的 V 值迭代算法，可以使用确定性情况的贝尔曼最优方程（2.13），或随机情况的贝尔曼最优方程（2.21），可以将计算最优 Q 值函数的研究思路扩展到最优 V 值函数方面。值得注意的是，在一些文献中，“值迭代”这一名称通常表示 V 值迭代算法，而本书用这个名称来表示使用贝尔曼最优方程计算最优值函数的一整类算法（同样地，使用“值函数”作为 Q 值函数和 V 值函数的统称）。

有限 MDP 的 Q 值迭代的计算代价

下面我们研究在有限状态和动作空间的 MDP 中，应用 Q 值迭代算法的计算代价。用 $|\cdot|$ 表示参数集“·”的基数，因此，$|X|$ 表示有穷状态的个数，$|U|$ 表示有穷动作的个数。

首先，考虑算法 2.1 的确定性情况。假定当更新一个给定的状态–动作对 $(\boldsymbol{x}, \boldsymbol{u})$ 的 Q 值时，通过对 $|U|$ 个元素的 Q 值枚举，得到动作空间上的最大 Q 值，则 $f(\boldsymbol{x}, \boldsymbol{u})$ 被计算一次，然后被存储和重新使用。因为被评估的函数是 f, ρ，因此，更新一个 Q 值就需要 $2+|U|$ 次函数评估。由于每轮迭代时，有 $|X||U|$ 个状态–动作对的 Q 值被更新，所以每轮迭代的计算代价是 $|X||U|(2+|U|)$。因此，对于确定有穷 MDP，L 轮 Q 值迭代的总计算代价为

$$L|X||U|(2+|U|) \tag{2.28}$$

迭代次数 L 是可以选择的，比如可以利用次优值界限范围 ς_{QI} 并运用公式（2.27）选择 L 值。

在随机性情况中，由于状态空间是有穷的，因此可以使用算法 2.2。假定采用枚举法获得动作 $\boldsymbol{u}'$ 上的最大值，则更新给定状态–动作对 $(\boldsymbol{x}, \boldsymbol{u})$ 的 Q 值的代价为 $|X|(2+|U|)$，这里需要评估的函数是 $\bar{f}$、$\tilde{\rho}$ 以及 Q_ℓ。每轮迭代的计算代价是 $|X|^2|U|(2+|U|)$，则随机有穷 MDP 的 L 轮 Q 值迭代总计算代价为

$$L|X|^2|U|(2+|U|) \tag{2.29}$$

这比确定性情况的代价计算公式（2.28）多了一个系数 $|X|$。

例 2.3 清洁机器人的 Q 值迭代

本例中，将 Q 值迭代算法应用于例 2.1 和例 2.2 的清洁机器人问题，折扣因子 γ 设置为 0.5。

首先把算法 2.1 所示的 Q 值迭代算法应用到确定性情况例 2.1 中。从初始状态都为 0 的 Q 值函数，即 $Q_0=0$ 开始，将算法产生的 Q 值函数序列填入表 2.2 中（虚线上方），这里每个单元格表示在某一状态下两个动作的 Q 值，中间用分号（;）隔开。例如，

$$Q_3(2,1)=\rho(2,1)+\gamma\max_{\boldsymbol{u}} Q_2[f(2,1),\boldsymbol{u}]=0+0.5\max_{\boldsymbol{u}} Q_2(3,\boldsymbol{u})=0+0.5\times 2.5=1.25$$

表 2.2 确定清洁机器人问题的 Q 值迭代结果

	x=0	x=1	x=2	x=3	x=4	x=5
Q_0	0; 0	0; 0	0; 0	0; 0	0; 0	0; 0
Q_1	0; 0	1; 0	0.5; 0	0.25; 0	0.125; 5	0; 0

续表

	x=0	x=1	x=2	x=3	x=4	x=5
Q_2	0; 0	1; 0.25	0.5; 0.125	0.25; 2.5	1.25; 5	0; 0
Q_3	0; 0	1; 0.25	0.5; 1.25	0.625; 2.5	1.25; 5	0; 0
Q_4	0; 0	1; 0.625	0.5; 1.25	0.625; 2.5	1.25; 5	0; 0
Q_5	0; 0	1; 0.625	0.5; 1.25	0.625; 2.5	1.25; 5	0; 0
h^*	*	−1	1	1	1	*
V^*	0	1	1.25	2.5	5	0

算法在经过 5 轮迭代后收敛：$Q_5 = Q_4 = Q^*$。表 2.2 中最后两行（虚线下面）给出了最优策略和最优 V 值函数，它们分别根据公式（2.5）和公式（2.10）由 Q^* 计算得到。在表示策略的一行中，“*”代表在该状态可以采取任意动作而不会影响策略。在该确定性情况的例子中，迭代算法总共需要进行的函数评估次数为

$$5|X||U|(2+|U|)=5\times 6\times 2\times 4 = 240$$

下面考虑例 2.2 介绍的随机清洁机器人问题。针对该随机变化，使用算法 2.2 进行 Q 值迭代，产生的 Q 值函数序列如表 2.3 虚线上面部分所示（表中没有列出所有轮次的迭代）。算法在 22 轮迭代后完全收敛。

表 2.3　随机清洁机器人问题的 Q 值迭代结果

（注：Q 值函数和 V 值函数的数值都精确到小数点后面 3 位）

	x=0	x=1	x=2	x=3	x=4	x=5
Q_0	0; 0	0; 0	0; 0	0; 0	0; 0	0; 0
Q_1	0; 0	0.800; 0.110	0.320; 0.044	0.128; 0.018	0.301; 4.026	0; 0
Q_2	0; 0	0.868; 0.243	0.374; 0.101	0.260; 1.639	1.208; 4.343	0; 0
Q_3	0; 0	0.874; 0.265	0.419; 0.709	0.515; 1.878	1.327; 4.373	0; 0
Q_4	0; 0	0.883; 0.400	0.453; 0.826	0.581; 1.911	1.342; 4.376	0; 0
…	…	…	…	…	…	…
Q_{12}	0; 0	0.888; 0.458	0.467; 0.852	0.594; 1.915	1.344; 4.376	0; 0
…	…	…	…	…	…	…
Q_{22}	0; 0	0.888; 0.458	0.467; 0.852	0.594; 1.915	1.344; 4.376	0; 0
h^*	*	−1	1	1	1	*
V^*	0	0.888	0.852	1.915	4.376	0

得到的最优策略和最优 V 值函数在表 2.3 中给出（虚线下方）。与确定性情况相比，虽然随机性情况中得到的 Q 值函数和 V 值函数都不同，然而得到的最优策略是相同的。随机性情况中，迭代算法需要进行函数评估的总次数为

$$22|X|^2|U|(2+|U|) = 22\cdot 6^2\times 2\times 4 = 6336$$

这比确定性情况中的函数评估次数多。

如果设置次优界限 $\varsigma_{\mathrm{QI}}=0.01$，应用公式（2.27）可以计算得出：为确保达到 ς_{QI}，Q 值迭代次数 $L=12$，这里最大绝对奖赏值 $\|\rho\|_\infty=5$，折扣因子 $\gamma=0.5$。因此，在确定性情况下，算法收敛到不动点的实际迭代次数要比公式（2.27）保守计算的迭代次数少。在随机性情况中，尽管经过 12 次迭代后算法没有完全收敛（需要 22 次迭代），但是 Q 值函数在第 12 次迭代时已经非常精确了（如表 2.3 所示），而且对该 Q 值函数采取贪心法得到的策略也已完全是最优的。该策略的次优界限值为 0，小于设置的次优界限 ς_{QI}。实际上，只要迭代次数 $\ell \geqslant 3$，Q 值函数 Q_ℓ 就能产生最优策略，这意味着在随机性情况中，取 $L=12$ 也是比较保守的。

2.3.2　模型无关的值迭代与探索的必要性

到目前为止我们已经讨论了基于模型的值迭代。本节将考虑 RL，即模型无关的值迭代算法，并重点讨论在该类算法中应用最广泛的 Q 学习算法。Q 学习从任意初始 Q 值函数 Q_0 开始，利用观察到的状态迁移和奖赏，即使用形如 $(\boldsymbol{x}_k, \boldsymbol{u}_k, \boldsymbol{x}_{k+1}, r_{k+1})$ 的数据元组来更新 Q 值函数，而不需要环境模型（Watkins，1989；Watkins 和 Dayan，1992）。每次迁移后，使用数据元组 $(\boldsymbol{x}_k, \boldsymbol{u}_k, \boldsymbol{x}_{k+1}, r_{k+1})$，并利用公式（2.30）来更新 Q 值函数。

$$Q_{k+1}(\boldsymbol{x}_k, \boldsymbol{u}_k) = Q_k(\boldsymbol{x}_k, \boldsymbol{u}_k) + \alpha_k [r_{k+1} + \gamma \max_{\boldsymbol{u}'} Q_k(\boldsymbol{x}_{k+1}, \boldsymbol{u}') - Q_k(\boldsymbol{x}_k, \boldsymbol{u}_k)] \tag{2.30}$$

其中，$\alpha_k \in (0,1]$ 为学习率，方括号中的项称为时间差分，即 $(\boldsymbol{x}_k, \boldsymbol{u}_k)$ 的最优 Q 值更新估计 $r_{k+1} + \gamma \max_{\boldsymbol{u}'} Q_k(\boldsymbol{x}_{k+1}, \boldsymbol{u}')$ 与当前估计 $Q_k(\boldsymbol{x}_k, \boldsymbol{u}_k)$ 之间的差值。在确定性情况下，新估计实际上是在状态-动作对 $(\boldsymbol{x}_k, \boldsymbol{u}_k)$ 上对 Q_k 应用公式（2.22）的 Q 值迭代映射，这里用观察到的奖赏值 r_{k+1} 来代替 $\rho(\boldsymbol{x}_k, \boldsymbol{u}_k)$，用观察到的下一状态 $\boldsymbol{x}_{k+1}$ 来代替 $f(\boldsymbol{x}_k, \boldsymbol{u}_k)$。在随机性情况中，通过一个样本来替换原来的随机量，这些随机量的期望值是通过公式（2.23）的 Q 值迭代映射计算得到的。因此，Q 学习可以看成是以该映射为基础，基于样本的随机近似过程（Singh 等，1995；Bertsekas 和 Tsitsiklis，1996，5.6 节）。

当状态和动作空间是离散且有穷的，在满足下列条件的情况下，随着状态迁移次数 k 趋近于无穷，Q 学习算法渐近收敛到 Q^*（Watkins 和 Dayan，1992；Tsitsiklis，1994；Jaakkola 等，1994）。

- $\sum_{k=0}^{\infty} \alpha_k$ 的值为无穷大，而 $\sum_{k=0}^{\infty} \alpha_k^2$ 为一个有穷值。
- 所有的状态-动作对能够（渐近地）被无限次访问到。

第一个条件不难满足。例如，公式（2.31）即满足该条件。

$$\alpha_k = \frac{1}{k} \tag{2.31}$$

在实际中，学习率的设置可能需要调整，因为学习率会影响 Q 学习算法找到最优解所需要的迁移样本的数量。学习率的选取取决于当前的问题。

如果控制器对于每个状态都能以非零概率选择所有动作，那么第二个条件就能得到满足。这就是“探索”。同时，为了获得更好的性能，控制器也必须利用当前掌握的知识，例如，在当前 Q 值函数中选择贪心动作。这是在线 RL 算法中，对探索和利用平衡的一个最有代表性的例证。在 Q 学习中，经典的平衡探索和利用的方法是 ε 贪心探索（Sutton 和 Barto，1998，2.2 节），该方法根据以下方式选择动作。

$$\boldsymbol{u}_k = \begin{cases} \boldsymbol{u} \in \arg\max_{\bar{\boldsymbol{u}}} Q_k(\boldsymbol{x}_k, \bar{\boldsymbol{u}}), & \text{以概率} 1-\varepsilon_k \\ \text{在} U \text{中均匀随机地选择动作}, & \text{以概率} \varepsilon_k \end{cases} \tag{2.32}$$

这里 $\varepsilon_k \in (0,1)$ 是在第 k 步的探索概率。另一种做法是采用 Boltzmann 探索（Sutton 和 Barto，1998，2.3 节），该方法在第 k 步选择动作 $\boldsymbol{u}$ 的概率为

$$P(\boldsymbol{u} \mid \boldsymbol{x}_k) = \frac{e^{Q_k(\boldsymbol{x}_k, \boldsymbol{u})/\tau_k}}{\sum_{\bar{\boldsymbol{u}}} e^{Q_k(\boldsymbol{x}_k, \bar{\boldsymbol{u}})/\tau_k}} \tag{2.33}$$

其中，温度参数 $\tau_k \geqslant 0$ 控制探索的随机性。当 $\tau_k \to 0$ 时，公式（2.33）等价于选择贪心动作；当 $\tau_k \to \infty$ 时，选择的动作是均匀随机的。如果参数 τ_k 是非零值，则选择高值动作的机会比选择低值动作的机会多。

通常探索会随着时间步的增加而减少，使得策略会逐渐变得贪心，因此（当 $Q_k \to Q^*$ 时）成为最优策略。这可以通过使 ε_k 或 τ_k 随着 k 的增长而逐步趋向于 0 来实现。例如，在 ε 贪心方法中，取 $\varepsilon_k = 1/k$，随着 $k \to \infty$，ε_k 会逐渐减小到 0，同时仍然满足 Q 学习的第二个收敛条件，即允许无穷多次访问所有状态-动作对（Singhet 等，2000）。注意学习率设置［公式（2.31）］与探索设置的相似之处。对于 Boltzmann 探索设置，温度参数 τ_k 逐步减少到 0，也满足收敛条件，参见文献（Singh 等，2000）。同学习率设置一样，探索设置对 Q 学习性能也有着重要影响。

算法 2.3 给出的是 ε 贪心探索的 Q 学习算法。算法考虑了理想的、无穷时间步的在线情况，没有指定终止条件，也没有给出确切的输出。但是在与过程的交互中，算法达到了对控制性能的改进。本书后续讨论的其他在线学习算法也有类似情况。在实际应用中，在有限时间步后算法必须停止。当算法停止时，得到的 Q 值函数及相应的贪心策略可以输出并重复利用。

算法 2.3　ε 贪心探索的 Q 学习算法

Input：折扣因子 γ，探索设置 $\{\varepsilon_k\}_{k=0}^{\infty}$，学习率设置 $\{\alpha_k\}_{k=0}^{\infty}$

1. 初始化 Q 值函数，如 $Q_0 \leftarrow 0$
2. 给出初始状态 $\boldsymbol{x}_0$
3. **for** 每个时间步 $k = 0, 1, 2 \cdots$ **do**
4. $\boldsymbol{u}_k = \begin{cases} \boldsymbol{u} \in \arg\max_{\bar{\boldsymbol{u}}} Q_k(\boldsymbol{x}_k, \bar{\boldsymbol{u}}), & \text{以概率} 1-\varepsilon_k \text{（利用）} \\ \text{在} U \text{中均匀随机地选择动作,} & \text{以概率} \varepsilon_k \text{（探索）} \end{cases}$
5. 应用 $\boldsymbol{u}_k$，观测下一状态 $\boldsymbol{x}_{k+1}$ 和奖赏值 r_{k+1}
6. $Q_{k+1}(\boldsymbol{x}_k, \boldsymbol{u}_k) \leftarrow Q_k(\boldsymbol{x}_k, \boldsymbol{u}_k) + \alpha_k[r_{k+1} + \gamma \max_{\boldsymbol{u}'} Q_k(\boldsymbol{x}_{k+1}, \boldsymbol{u}') - Q_k(\boldsymbol{x}_k, \boldsymbol{u}_k)]$
7. **end for**

注意，以上算法不包括所有情况：除 Q 学习算法外，ε 贪心和 Boltzmann 探索过程也可以应用到其他在线 RL 算法。算法也可以采用其他形式的探索，例如，策略可以倾向于采取最近没有访问过的那些动作，或者采取偏向访问状态空间较少访问到的区域的动作（Thrun，1992）。值函数可以初始化为比真实回报大得多的值，即采用我们所说的“乐观面对不确定性”的方法（Sutton 和 Barto 1998，2.7 节）。因为对任何已采取的动作，相应的回报估计值都会被向下调整，所以选择贪心动作就会导致探索新动作。由于可以估计回报的置信区间，因此，可以选择具有最大上置信界限的动作，即选择最有可能获得高回报的动作（Kaelbling，1993）。很多研究者也针对一些特定问题，研究了探索—利用的平衡问题，如具有线性迁移动态的问题（Feldbaum，1961），以及没有任何动态性的问题，其状态空间减少到只有一个元素（Auer 等，2002；Audibert 等，2007）。

2.4　策略迭代

在 2.3 节介绍了值迭代，现在考虑第二类 DP/RL 算法，即策略迭代。策略迭代算法通过构建策略的值函数来评估策略，并且利用这些值函数找到改进的新策略（Bertsekas，2007，1.3 节）。我们来讨论使用 Q 值函数进行策略评估的离线算法，这是策略迭代的一个非常有代表性的例子。该算法从任意策略 h_0 开始，在每一轮迭代 ℓ 中，确定当前策略 h_ℓ 的 Q 值函数 Q^{h_ℓ}，这一步称为策略评估。对于确定性情况，策略评估通过求解贝尔曼方程（2.7）来实现，而对于随机性情况，策略评估则是通过求解贝尔曼方程（2.17）来实现。完成策略评估后，通过寻找使 Q^h 贪心的动作，

得到新策略 $h_{\ell+1}$。

$$h_{\ell+1}(\boldsymbol{x}) \in \arg\max_{\boldsymbol{u}} Q^{h_\ell}(\boldsymbol{x}, \boldsymbol{u}) \tag{2.34}$$

这一步称为策略改进。算法 2.4 概括了策略迭代的整个过程。当 $\ell \to \infty$ 时，策略迭代产生的 Q 值函数序列渐近收敛到 Q^*，同时，得到最优策略 h^*。

算法 2.4　使用 Q 值函数的策略迭代

---

1. 初始化策略 h_0
2. **repeat** 在每一轮迭代 $\ell = 0, 1, 2\cdots$
3. 　　计算 h_ℓ 的 Q 值函数 Q^{h_ℓ}　　▷策略评估
4. 　　$h_{\ell+1}(\boldsymbol{x}) \in \arg\max_{\boldsymbol{u}} Q^{h_\ell}(\boldsymbol{x}, \boldsymbol{u})$　▷策略改进
5. **until** $h_{\ell+1} = h_\ell$

Output: $h^* = h_\ell$，$Q^* = Q^{h_\ell}$

策略迭代的关键部分是策略评估。而策略改进可以通过求解静态最优化问题来实现，例如，当使用 Q 值函数时根据公式（2.34）选择动作，通常比策略评估容易。

下面我们先讨论 DP（基于模型）策略迭代，随后讨论 RL（模型无关）策略迭代。这里我们更多关注于策略评估部分。

2.4.1 基于模型的策略迭代

在基于模型的情况下，策略评估用到了迁移函数和奖励函数的知识。用于策略评估的基于模型的迭代算法与 Q 值迭代类似，通常称为使用 Q 值函数的策略评估。与 Q 值迭代的映射 T［公式（2.22）］类似，定义策略评估映射为 $T^h\!:\mathcal{Q}\to\mathcal{Q}$，该映射对任意 Q 值函数，计算贝尔曼等式的右边。在确定性情况中，该映射为

$$\left[T^h(Q)\right](\boldsymbol{x}, \boldsymbol{u}) = \rho(\boldsymbol{x}, \boldsymbol{u}) + \gamma Q\{f(\boldsymbol{x}, \boldsymbol{u}), h[f(\boldsymbol{x}, \boldsymbol{u})]\} \tag{2.35}$$

而在随机性情况中，该映射为

$$\left[T^h(Q)\right](\boldsymbol{x}, \boldsymbol{u}) = \mathrm{E}_{\boldsymbol{x}'\sim \tilde{f}(\boldsymbol{x}, \boldsymbol{u}, \cdot)}\{\tilde{\rho}(\boldsymbol{x}, \boldsymbol{u}, \boldsymbol{x}') + \gamma Q[\boldsymbol{x}', h(\boldsymbol{x}')]\} \tag{2.36}$$

如果状态空间是可数的，则迁移模型适用于公式（2.14）的形式，随机性情况的策略评估映射公式（2.36）可以写为更简单的求和形式。

$$\left[T^h(Q)\right](\boldsymbol{x}, \boldsymbol{u}) = \sum_{\boldsymbol{x}'} \bar{f}(\boldsymbol{x}, \boldsymbol{u}, \boldsymbol{x}')\{\tilde{\rho}(\boldsymbol{x}, \boldsymbol{u}, \boldsymbol{x}') + \gamma Q[\boldsymbol{x}', h(\boldsymbol{x}')]\} \tag{2.37}$$

使用 Q 值函数的策略评估从任意 Q 值函数 Q_0^h 开始，在每一轮迭代 τ 中，都利用公式（2.38）

来更新 Q 值函数[6]：

$$Q_{\tau+1}^{h} = T^{h}(Q_{\tau}^{h}) \tag{2.38}$$

与 Q 值迭代映射 T 一样，策略评估映射 T^h 在无穷范数内以因子 $\gamma < 1$ 压缩，即任意函数对 Q 和 Q' 有

$$\left\| T^{h}(Q) - T^{h}(Q') \right\|_{\infty} \leqslant \gamma \left\| Q - Q' \right\|_{\infty}$$

因此，T^h 存在唯一不动点。改写映射 T^h，这样贝尔曼方程（2.7）或（2.17）的不动点实际上就是 Q^h。

$$Q^{h} = T^{h}(Q^{h}) \tag{2.39}$$

因此，使用 Q 值函数的策略评估公式（2.38）渐近收敛到 Q^h。此外，又因为 T^h 以因子 γ 收缩，从 $\left\| Q_{\tau+1}^{h} - Q^{h} \right\|_{\infty} \leqslant \gamma \left\| Q_{\tau}^{h} - Q^{h} \right\|_{\infty}$ 的意义上看，这种策略评估会以速率 γ 收敛到 Q^h。

算法 2.5 给出了在确定 MDP 中关于 Q 值函数的策略评估，算法 2.6 则用于可数状态空间的随机 MDP 情况。在算法 2.5 中，采用公式（2.35）计算 T^h，而算法 2.6 采用公式（2.37）计算 T^h。由于算法只能渐近满足收敛条件，在实际应用中，可以采取截断的方式结束算法的运行，例如，当连续两轮 Q 值函数的差值减小到低于某个给定阈值时，即当 $\left\| Q_{\tau+1}^{h} - Q_{\tau}^{h} \right\| \leqslant \varepsilon_{\mathrm{PE}}$ 时，停止算法的运行，其中，$\varepsilon_{\mathrm{PE}} > 0$。这里下标‘PE’代表“策略评估”。

关于 Q^h 的计算，也有一些其他的方法。例如，在确定性情况下，映射 T^h［公式（2.35）］以及与其等价的贝尔曼方程（2.7）关于 Q 值是线性的。在随机性情况下，由于状态空间 X 包含的状态数是有穷的，策略评估映射 T^h 以及与其等价的贝尔曼方程（2.39）可以写成公式（2.37）的求和形式，所以也是线性的。因此，如果状态和动作空间是有穷的，并且 $X \times U$ 的基数不太大（如最多几千个）时，则可以直接求解由贝尔曼方程构成的线性方程组来得到 Q^h 值。

算法 2.5　在确定 MDP 中，使用 Q 值函数的策略评估

Input：待评估的策略 h，动态性 f，奖励函数 ρ，折扣因子 γ

1. 初始化 Q 值函数，如 $Q_0^h \leftarrow 0$
2. **repeat** 在每轮迭代 $\tau = 0, 1, 2, \cdots$
3. 　　**for** 每个 $(\boldsymbol{x}, \boldsymbol{u})$ **do**
4. 　　　　$Q_{\tau+1}^{h}(\boldsymbol{x}, \boldsymbol{u}) \leftarrow \rho(\boldsymbol{x}, \boldsymbol{u}) + \gamma Q_{\tau}^{h}\{f(\boldsymbol{x}, \boldsymbol{u}), h[f(\boldsymbol{x}, \boldsymbol{u})]\}$
5. 　　**end for**
6. **until** $Q_{\tau+1}^{h} = Q_{\tau}^{h}$

Output：$Q^{h} = Q_{\tau}^{h}$

[6] 策略评估使用了不同的迭代索引符号 τ，是因为策略评估是包含在每个（离线）策略迭代 ℓ 内部的循环。

算法 2.6 在可数状态空间的随机 MDP 中，使用 Q 值函数的策略评估

Input：待评估的策略 h，动态性 $\bar{f}$，奖励函数 $\tilde{\rho}$，折扣因子 γ

1. 初始化 Q 值函数，如 $Q_0^h \leftarrow 0$
2. **repeat** 在每轮迭代 $\tau = 0, 1, 2, \cdots$
3. **for** 每个 $(\boldsymbol{x}, \boldsymbol{u})$ **do**
4. $Q_{\tau+1}^h(\boldsymbol{x}, \boldsymbol{u}) \leftarrow \sum_{\boldsymbol{x}'} \bar{f}(\boldsymbol{x}, \boldsymbol{u}, \boldsymbol{x}')\{\tilde{\rho}(\boldsymbol{x}, \boldsymbol{u}, \boldsymbol{x}') + \gamma Q_\tau^h[\boldsymbol{x}', h(\boldsymbol{x}')]\}$
5. **end for**
6. **until** $Q_{\tau+1}^h = Q_\tau^h$

Output：$Q^h = Q_\tau^h$

用 V 值函数替代 Q 值函数，可以得到类似的结果，这类算法在文献中更常见，参见文献（Sutton 和 Barto，1998，4.1 节）以及文献（Bertsekas，2007，1.3 节）。回顾前面章节，因为使用 V 值函数需要模型才能找到贪心策略，因此，进行策略改进变得更为棘手，我们在公式（2.11）中已经意识到这一问题。另外，在随机性情况中，必须通过计算一步随机迁移的期望值才能找到贪心策略，这一问题在公式（2.19）中也已经遇到过了。

与值迭代相比，策略迭代的一个主要优势在于：关于 Q^h 的贝尔曼方程的 Q 值具有线性特征。而关于 Q^* 的贝尔曼最优方程的右边，由于求解最大值而导致了高度非线性。这通常使得策略评估比值迭代更易于求解。另外，在实际应用中，离线策略迭代算法通常经过较少次数的迭代就能够收敛（Madani，2002；Sutton 和 Barto，1998，4.3 节），通常可能小于离线值迭代算法的迭代次数。但是这并不意味着策略迭代的计算复杂度比值迭代的要小。例如，尽管使用 Q 值函数的策略评估的计算复杂度通常比 Q 值迭代的小，但是每一轮单独的策略迭代都需要一次完整的策略评估。

在有限 MDP 中，使用 Q 值函数策略评估的计算代价

下面研究在有穷状态和动作的 MDP 中，使用 Q 值函数进行策略评估［公式（2.38）］的计算代价，并与 Q 值迭代的计算代价加以对比。值得注意的是，策略评估仅仅是策略迭代的一个组成部分。为了说明完整的策略迭代算法的计算代价，参见例 2.4。

在确定性情况下，使用 Q 值函数进行策略评估，具体实现如算法 2.5 所示。该算法一轮迭代的计算代价，用函数评估次数来表示，则为

$$4|X||U|$$

这里被评估的函数包括 ρ 、f 、h 以及当前的 Q 值函数 Q_τ^h 。在随机性情况下，可以使用算法 2.6，每轮迭代需要进行函数评估的次数为

$$4|X|^2|U|$$

这里被评估的函数包括 $\tilde{\rho}$ 、$\bar{f}$ 、h 以及当前的 Q 值函数 Q_τ^h 。因此，就策略评估的代价而言，随机性情况是确定性情况的 $|X|$ 倍。

表 2.4 列出了使用 Q 值函数的策略评估的计算代价，并与 Q 值迭代（2.3.1 节）的计算代价进行了比较。在确定性情况［公式（2.28）］下，单独一轮 Q 值迭代需要 $|X||U|(2+|U|)$ 次函数评估，在随机性情况［公式（2.29）］下，单独一轮 Q 值迭代需要 $|X|^2|U|(2+|U|)$ 次函数评估。因此，只要 $|U|>2$ ，单独一轮 Q 值迭代的代价大于一轮策略评估迭代的代价。

表 2.4　在单独一轮迭代中，使用 Q 值函数的策略评估与 Q 值迭代的计算代价比较

	确定性情况	随机性情况
策略评估	$4\|X\|\|U\|$	$4\|X\|^2\|U\|$
Q 值迭代	$\|X\|\|U\|(2+\|U\|)$	$\|X\|^2\|U\|(2+\|U\|)$

（注：这里用函数评估次数来评估计算代价）

值得注意的是，通过直接求解由贝尔曼方程构成的线性方程组来评估策略，通常计算复杂度为 $O(|X|^3|U|^3)$ ，这是对计算复杂度的渐近度量（Knuth，1976），而与函数评估次数并不直接相关。通过对比，完整的策略评估迭代算法计算复杂度：确定性情况为 $O(L|X||U|)$ ，随机性情况为 $O(L|X|^2|U|)$ ，这里 L 为迭代次数。

例 2.4　面向清洁机器人问题的基于模型的策略迭代

本例中，我们将策略迭代算法应用于例 2.1 和例 2.2 中介绍的清洁机器人问题。前面已经提到，每轮单独的策略迭代都需要对当前策略执行一次完整的策略评估，然后做一次策略改进。这里采用 Q 值函数的（基于模型的）策略评估［公式（2.38）］，初始 Q 值均为 0。每次策略评估都执行到 Q 值函数完全收敛。本例与例 2.3 中的 Q 值迭代算法使用相同的折扣因子，即 $\gamma=0.5$ 。

首先考虑例 2.1 的确定性情况，这里 Q 值函数策略评估采用算法 2.5。从一个总是向右移动的策略［对所有 $\boldsymbol{x}$ ，$h_0(\boldsymbol{x})=1$ ］开始，策略迭代产生的 Q 值函数序列及其策略如表 2.5 所示。在表中，对给定的策略进行评估产生的 Q 值函数序列位于第一条虚线下方，被评估的策略位于虚线上方，它们之间用虚线隔开，Q 值函数下方两条虚线之间为改进后的策略。在两次策略迭代后算法收敛。实际上，策略在首次改进后就已经是最优策略：$h_2=h_1=h^*$ 。

表 2.5 确定清洁机器人问题的策略迭代结果

	x=0	x=1	x=2	x=3	x=4	x=5
h_0	*	1	1	1	1	*
Q_0	0; 0	0; 0	0; 0	0; 0	0; 0	0; 0
Q_1	0; 0	1; 0	0; 0	0; 0	0; 5	0; 0
Q_2	0; 0	1; 0	0; 0	0; 2.5	1.25; 5	0; 0
Q_3	0; 0	1; 0	0; 1.25	0.625; 2.5	1.25; 5	0; 0
Q_4	0; 0	1; 0.625	0.313; 1.25	0.625; 2.5	1.25; 5	0; 0
Q_5	0; 0	1; 0.625	0.313; 1.25	0.625; 2.5	1.25; 5	0; 0
h_1	*	−1	1	1	1	*
Q_0	0; 0	0; 0	0; 0	0; 0	0; 0	0; 0
Q_1	0; 0	1; 0	0.5; 0	0; 0	0; 5	0; 0
Q_2	0; 0	1; 0	0.5; 0	0; 2.5	1.25; 5	0; 0
Q_3	0; 0	1; 0	0.5; 1.25	0.625; 2.5	1.25; 5	0; 0
Q_4	0; 0	1; 0.625	0.5; 1.25	0.625; 2.5	1.25; 5	0; 0
Q_5	0; 0	1; 0.625	0.5; 1.25	0.625; 2.5	1.25; 5	0; 0
h_2	*	−1	1	1	1	*

（注：Q 值精确到小数点后 3 位）

第一和第二个策略的评估都需要进行 5 轮迭代。回顾策略评估算法每轮迭代的计算代价，采用函数评估次数进行度量，可表示为 $4|X||U|$。两次策略迭代中，每次迭代的策略评估算法的计算代价为 $5\times4|X||U|$。策略改进时，假定采用枚举的方法求解动作空间 U 上的最大值，则每次策略改进的计算代价为 $|X||U|$。在两次策略迭代中，每次策略迭代由一次策略评估和一次策略改进组成，其函数评估的次数为

$$5\times4|X||U|+|X||U|=21|X||U|$$

因此，完整的两次策略迭代的计算代价为

$$2\times21|X||U|=2\times21\times6\times2=504$$

与例 2.3 中 Q 值迭代的计算代价 240 相比，在这个例子中策略迭代的计算代价更大。另外注意到单次策略评估的计算代价为 $5\times4|X||U|=240$，与 Q 值迭代的计算代价相同。这与理论（表 2.4）相符，表明当 $|U|=2$ 时，使用 Q 值函数的策略评估与 Q 值迭代具有相同的计算代价，此处即是这种情况。

现在考虑例 2.2 的随机性情况。对于这种情况，采用算法 2.6 进行 Q 值函数的策略评估。初始策略与确定性情况相同（总是向右移动），策略迭代产生的 Q 值函数及策略序列，如表 2.6 所示（没有列出所有 Q 值函数）。尽管 Q 值函数与确定性情况不同，却产生了相同的策略序列。

表 2.6　随机清洁机器人问题的策略迭代结果

	x=0	x=1	x=2	x=3	x=4	x=5
h_0	*	1	1	1	1	*
Q_0	0; 0	0; 0	0; 0	0; 0	0; 0	0; 0
Q_1	0; 0	0.800; 0.050	0.020; 0.001	0.001; 0	0.250; 4	0; 0
Q_2	0; 0	0.804; 0.054	0.022; 0.001	0.101; 1.600	1.190; 4.340	0; 0
Q_3	0; 0	0.804; 0.055	0.062; 0.641	0.485; 1.872	1.324; 4.372	0; 0
Q_4	0; 0	0.820; 0.311	0.219; 0.805	0.572; 1.909	1.342; 4.376	0; 0
…	…	…	…	…	…	…
Q_{24}	0; 0	0.852; 0.417	0.278; 0.839	0.589; 1.915	1.344; 4.376	0; 0
h_1	*	−1	1	1	1	*
Q_0	0; 0	0; 0	0; 0	0; 0	0; 0	0; 0
Q_1	0; 0	0.800; 0.110	0.320; 0.020	0.008; 0.001	0.250; 4	0; 0
Q_2	0; 0	0.861; 0.123	0.346; 0.023	0.109; 1.601	1.190; 4.340	0; 0
Q_3	0; 0	0.865; 0.124	0.388; 0.664	0.494; 1.873	1.325; 4.372	0; 0
Q_4	0; 0	0.881; 0.382	0.449; 0.821	0.578; 1.910	1.342; 4.376	0; 0
…	…	…	…	…	…	…
Q_{22}	0; 0	0.888; 0.458	0.467; 0.852	0.594; 1.915	1.344; 4.376	0; 0
h_2	*	−1	1	1	1	*

（注：Q 值精确到小数点后 3 位）

对初始策略的评估进行了 24 轮迭代，对第二个策略的评估进行了 22 轮迭代。回顾策略评估算法中每轮迭代的计算代价，采用函数评估次数进行度量，随机性情况的计算代价可表示为 $4|X|^2|U|$，策略改进的计算代价与确定性情况相同，也是 $|X||U|$。因此，第一轮策略迭代需要 $24\times4|X|^2|U|+|X||U|$ 次函数评估，第二轮需要 $22\times4|X|^2|U|+|X||U|$ 次函数评估。策略迭代的总代价为这两个代价之和，即

$$46\times4|X|^2|U|+2|X||U|=46\times4\times6^2\times2+2\times6\times2=13272$$

与随机问题的 Q 值迭代（参见例 2.3）需要 6336 次函数评估相比，随机性情况的策略迭代也比 Q 值迭代的计算代价大。而且，随机性情况比确定性情况的策略迭代的计算代价大，确定性情况的策略迭代只需要 504 次函数评估。

2.4.2　模型无关的策略迭代

以上讨论了基于模型的策略迭代，现在把注意力转向 RL，即模型无关的策略迭代算法。在这一类算法中，我们重点关注一种由 Rummery 和 Niranjan（1994）提出的在线 SARSA 算法，而在值迭代中我们关注的是 Q 学习算法。SARSA 这个名称源自算法采用的数据元组中每个要素的

首字母，即状态（State）、动作（Action）、奖赏值（Reward）、下一状态（State）及下一动作（Action）。形式上，该元组可表示为$(\boldsymbol{x}_k, \boldsymbol{u}_k, r_{k+1}, \boldsymbol{x}_{k+1}, \boldsymbol{u}_{k+1})$。SARSA 从一个任意的初始 Q 值函数 Q_0 开始，每一步使用公式（2.40）更新 Q 值函数的值。

$$Q_{k+1}(\boldsymbol{x}_k, \boldsymbol{u}_k) = Q_k(\boldsymbol{x}_k, \boldsymbol{u}_k) + \alpha_k \left[r_{k+1} + \gamma Q_k(\boldsymbol{x}_{k+1}, \boldsymbol{u}_{k+1}) - Q_k(\boldsymbol{x}_k, \boldsymbol{u}_k) \right] \tag{2.40}$$

其中，$\alpha_k \in (0,1]$为学习率。方括号中的项称为时间差分，为关于(x_k, u_k)的 Q 值的更新估计值 $r_{k+1} + \gamma Q_k(\boldsymbol{x}_{k+1}, \boldsymbol{u}_{k+1})$与其当前估计 $Q_k(\boldsymbol{x}_k, \boldsymbol{u}_k)$之间的差值。这与 Q 学习中用到的公式（2.30）的时间差分不同。Q 学习中的时间差分包含了下一状态的最大 Q 值，而 SARSA 的时间差分包含了下一状态实际采取动作的 Q 值。这意味着 SARSA 算法是对当前的策略采用在线的、模型无关的策略评估。在确定性情况下，关于$(\boldsymbol{x}_k, \boldsymbol{u}_k)$的 Q 值的新估计值 $r_{k+1} + \gamma Q_k(\boldsymbol{x}_{k+1}, \boldsymbol{u}_{k+1})$实际上是把公式（2.35）的策略评估映射应用到针对具体状态-动作对$(\boldsymbol{x}_k, \boldsymbol{u}_k)$的 Q_k 上。这里用观察到的奖赏值 r_{k+1} 替换了 $\rho(\boldsymbol{x}_k, \boldsymbol{u}_k)$，用观察到的下一状态 $\boldsymbol{x}_{k+1}$ 替换了 $f(\boldsymbol{x}_k, \boldsymbol{u}_k)$。在随机性情况下，这些替换用的是随机产生的一个样本，其期望值由策略评估映射公式（2.36）来计算。

下面考虑 SARSA 算法所采用的策略。与离线策略迭代不同，SARSA 无法等到 Q 值函数收敛后才改进策略。这是因为 Q 值函数收敛可能需要花费较长时间，在此期间 SARSA 可能一直在用未改进的（可能是不好的）策略。为了选择动作，SARSA 算法在当前 Q 值函数中使用贪心策略的同时结合了探索方法，例如 ε 贪心［公式（2.32）］或 Boltzmann 探索［公式（2.33）］。由于有贪心成分，SARSA 在每个时间步都隐式地进行了策略改进，因此，它是一种在线策略迭代。类似这种在每个样本之后都进行策略改进的策略迭代算法，有时也称为完全乐观的算法（Bertsekas 和 Tsitsiklis，1996，6.4 节）。

算法 2.7 给出了包含 ε 贪心探索的 SARSA 算法。在该算法中，由于时间步 k 的更新涉及动作 $\boldsymbol{u}_{k+1}$，而该动作必须在更新 Q 值函数之前被选择到。

算法 2.7　带 ε 贪心探索的 SARSA 算法

Input： 折扣因子 γ，探索设置 $\{\varepsilon_k\}_{k=0}^{\infty}$，学习率设置 $\{\alpha_k\}_{k=0}^{\infty}$

1. 初始化 Q 值函数，如 $Q_0 \leftarrow 0$
2. 观测初始状态 $\boldsymbol{x}_0$
3. $\boldsymbol{u}_0 \leftarrow \begin{cases} \boldsymbol{u} \in \arg\max_{\bar{\boldsymbol{u}}} Q_0(\boldsymbol{x}_0, \bar{\boldsymbol{u}}), & \text{以概率} 1-\varepsilon_0 \text{（利用）} \\ \text{在} U \text{中均匀随机地选择动作}, & \text{以概率} \varepsilon_0 \text{（探索）} \end{cases}$
4. **for** 每个时间步 $k = 0, 1, 2, \cdots,$ **do**
5. 　　应用 $\boldsymbol{u}_k$，观测下一个状态 $\boldsymbol{x}_{k+1}$ 和奖赏值 r_{k+1}

续表

6.	$u_{k+1} \leftarrow \begin{cases} u \in \arg\max_{\bar{u}} Q_k(x_{k+1}, \bar{u}), & \text{以概率} 1-\varepsilon_{k+1} \\ \text{在} U \text{中均匀随机地选择动作}, & \text{以概率} \varepsilon_{k+1} \end{cases}$
7.	$Q_{k+1}(x_k, u_k) \leftarrow Q_k(x_k, u_k) + \alpha_k[r_{k+1} + \gamma Q_k(x_{k+1}, u_{k+1}) - Q_k(x_k, u_k)]$
8.	**end for**

为了能收敛到最优 Q 值函数 Q^*，SARSA 算法需要的条件与 Q 学习算法类似，要求以一定的概率进行探索，另外，其探索策略必须逐渐变得贪心（Singh 等，2000）。例如，可以使用 ε 贪心探索［公式（2.32）］得到这种策略，其探索概率 ε_k 逐渐减小到 0，或者使用 Boltzmann 探索［公式（2.33）］，其探索温度参数 τ_k 逐渐减小到 0。注意，我们在 2.3.2 节已经解释过，Q 学习算法使用的具有探索性质的策略也会逐渐变得贪心，尽管 Q 学习算法的收敛不依赖此条件。

类似 SARSA 这样的算法，评估用于控制当前过程的策略，在 RL 文献中称之为"同策略"（Sutton 和 Barto，1998）。相比较而言，类似 Q 学习这样的算法，使用一个策略来控制过程，而用另一个策略来评估过程的算法，称之为"异策略"。在 Q 学习算法中，用于控制系统的策略通常包含了探索，其中，算法隐式地评估了一个关于当前 Q 值函数贪心的策略，因为公式（2.30）中 Q 值函数更新时用到了最大化 Q 值操作。

2.5 策略搜索

前面两节介绍了值迭代和策略迭代。在本节，我们考虑第 3 类重要的 DP/RL 方法，即策略搜索算法。该类算法使用最优化技术直接搜索最优策略，即从每个初始状态开始得到最大回报的策略。因此，应该把每个初始状态回报值的组合（例如平均值）作为最优化的评判标准。理论上，任何最优化技术都能用于搜索最优策略。但通常存在的问题是，最优化准则可能包含多个局部最优的不可微函数。也就是说，全局、梯度无关的最优化技术比局部、基于梯度的最优化技术更适合于搜索最优策略。全局、梯度无关技术包括遗传算法（Goldberg，1989）、禁忌搜索（Glover 和 Laguna，1997）、模式搜索（Torczon，1997；Lewis 和 Torczon，2000）、交叉熵最优化（Rubinstein 和 Kroese，2004）等。

我们来考虑基于模型的策略搜索算法的回报估计过程。回报是公式（2.1）、公式（2.5）的无限期折扣奖赏的累积总和。但是在实际应用中，回报必须在有限时间内被估计出来。为了达到这个目的，回报中无穷折扣奖赏值的总和可以使用最先 K 步（有限数量）奖赏值的总和来近似。

为确保用这种方法获得的近似值，与无穷数量折扣奖赏值总和的差值在 $\varepsilon_{\mathrm{MC}}(>0)$ 范围内，K 值可以用公式（2.41）来选择（Mannor 等，2003）。

$$K=\left\lceil \log_{\gamma}\frac{\varepsilon_{\mathrm{MC}}(1-\gamma)}{\|\rho\|_{\infty}}\right\rceil \tag{2.41}$$

注意，在随机性情况中，通常需要模拟很多样本轨迹，以获得回报期望值的精确估计。

评估策略搜索的最优化准则需要精确估计所有初始状态的回报值。这个过程可能需要很大的计算代价，随机性情况更是如此。由于最优化算法往往需要对优化准则进行多次评估，因此，策略搜索算法的计算代价非常大，通常远大于值迭代和策略迭代。

有限 MDP 穷举策略搜索的计算代价

下面我们研究包含有穷状态和动作确定 MDP 的策略搜索算法的计算代价。由于状态和动作空间是有穷的，则其一定是离散的，所以任何组合最优化技术都可以用来寻找最优策略。然而为了简单起见，我们考虑的是一种对整个策略空间进行穷举搜索的算法。

在确定性情况下，由 K 个模拟时间步组成的单一轨迹足以用来估计给定初始状态的回报值。可能的策略数量是 $|U|^{|X|}$，且必须对 $|X|$ 个初始状态估计回报值。为了找到最优策略，需要模拟的时间步最多为 $K|U|^{|X|}|X|$。由于 f、ρ 和 h 在每个模拟时间步都需要单独评估，因此，以函数评估次数来衡量的计算代价为

$$3K|U|^{|X|}|X|$$

与确定系统 Q 值迭代算法需要的代价［公式（2.28）］的 $L|X||U|(2+|U|)$ 相比，在多数情况下，执行策略搜索算法的计算代价明显要大得多。

在随机性情况下，从给定的初始状态 $\boldsymbol{x}_0$ 开始，计算期望回报时，穷举搜索算法需要考虑时间步长度为 K 的所有可能的轨迹。从初始状态 $\boldsymbol{x}_0$ 开始，采取动作 $h(\boldsymbol{x}_0)$，轨迹上一个时间步到达的状态 $\boldsymbol{x}_1$ 有 $|X|$ 个可能值。算法需要考虑所有的可能的值，以及它们各自到达的概率，即 $\bar{f}[\boldsymbol{x}_0,h(\boldsymbol{x}_0),\boldsymbol{x}_1]$。然后，对 $\boldsymbol{x}_1$ 中的每个值分别采取不同的动作 $h(\boldsymbol{x}_1)$，又有 $|X|$ 个可能到达状态 $\boldsymbol{x}_2$，每一步都有一定的可达概率，如此往复，直到 K 个时间步都被考虑到。用递归的方法实现，总共需要考虑 $|X|+|X|^2+\cdots+|X|^K$ 步。每步都需要评估 3 个函数，其中需要评估的函数是 $\tilde{f}$、$\tilde{\rho}$ 和 h。另外，$|X|$ 个初始状态需要评估 $|U|^{|X|}$ 个策略，因此，在随机性情况下，穷举搜索算法总的计算代价为

$$3\left(\sum_{k=1}^{K}|X|^k\right)|U|^{|X|}|X|=3\frac{|X|^{K+1}-|X|}{|X|-1}|U|^{|X|}|X|$$

大体上计算代价会随着 K 的增长呈指数增长，不再是确定性情况的线性关系。因此，对策略穷

举搜索来说，随机性情况的计算代价远大于确定性情况。在大多数问题中，随机性情况的策略穷举搜索的计算代价也大于 Q 值迭代计算代价［公式（2.29）］的 $L|X|^2|U|(2+|U|)$。

当然，与穷举搜索相比，可以找到更有效率的最优化技术，对期望回报的估计也可以加速。比如，估计了一个状态的回报期望值后，在随后的路径中只要出现该状态，就可以直接使用该状态的回报期望值，因而可以减少计算量。然而不管怎样，上面推导的计算代价，表示的是最坏情况，主要用于阐明策略搜索固有的计算复杂性。

例 2.5 面向清洁机器人的穷举策略搜索

再来考虑例 2.1 和例 2.2 中介绍的清洁机器人问题，假定采用上面介绍的穷举策略搜索方法。对回报进行评估时，取近似公差 $\varepsilon_{\mathrm{MC}}=0.01$，该公差与例 2.3 中 Q 值迭代的次优界限范围 ς_{QI} 相等。在公式（2.41）中使用 ς_{QI}，取最大绝对奖赏值 $\|\rho\|_\infty=5$，折扣因子 $\gamma=0.5$，计算得到时间步 $K=10$。因此，在确定性情况下，以函数评估次数来衡量的计算代价为

$$3K|U|^{|X|}|X|=3\times10\times2^6\times6=11520$$

而在随机性情况下为

$$3\frac{|X|^{K+1}-|X|}{|X|-1}|U|^{|X|}|X|=3\times\frac{6^{11}\text{-}6}{6\text{-}1}\times2^6\times6\approx8\times10^{10}$$

经观察得知，终止状态不需要寻找最优动作，也不需要评估回报值。这样确定性情况的计算代价可以进一步减少到 $3\times10\times2^4\times4=1920$，随机性情况可以减小到 $3\times\frac{6^{11}-6}{6-1}\times2^4\times4\approx1\times10^{10}$。另一种可以减少计算代价的方法是，一旦到达终止状态，就终止轨迹的模拟，这样通常会减少 10 个时间步。

表 2.7 对穷举策略搜索、例 2.3 的 Q 值迭代、例 2.4 的策略迭代的计算代价进行了对比。对于清洁机器人问题，用穷举方式直接搜索策略在计算代价方面很可能要大于 Q 值迭代和策略迭代。

表 2.7 用于清洁机器人的穷举策略搜索、Q 值迭代和策略迭代之间的计算代价的对比

	确定性情况	随机性情况
穷举策略搜索	11 520	8×10^{10}
终止状态不进行优化的策略穷举搜索	1 920	1×10^{10}
Q 值迭代	240	6 336
策略迭代	504	13 272

（注：计算代价以函数评估次数来衡量）

2.6 总结与讨论

本章介绍了确定 MDP 和随机 MDP，并阐述了求其最优解的方法。介绍了 3 类 DP 和 RL 算法：值迭代、策略迭代以及关于控制策略的直接搜索方法。这些介绍为本书后续部分内容提供了重要的背景知识，但并非十分详尽。对经典 DP 和 RL 算法细节有兴趣的读者，我们推荐 Bertsekas（2007）关于 DP 的教材，以及 Sutton 和 Barto（1998）关于 RL 的教材。

DP 和 RL 领域的核心挑战在于，它们的原型 DP 和 RL 算法并不能应用到一般性问题中，仅在状态和动作空间由离散且有穷个元素组成时才能使用，因为它们需要值函数和策略的精确表示（还有其他原因），这在无穷状态空间下通常是不可能的。使用 Q 值函数时，无穷动作也阻碍了值函数和策略的精确表示。例如，大多数自动控制领域问题，其状态和动作是连续的，可以取无穷多个不同的值。即使状态和动作取有穷个值，精确表示值函数和策略的计算代价，也会随着状态变量（以及 Q 值函数中动作变量）的数量增加呈指数增长。这个问题称为维数灾，这使得在较多状态和动作变量的情况下，经典 DP 和 RL 算法是不可行的。

为了解决这些问题，必须对经典算法进行改造，即近似表示值函数和（或）策略。近似 DP 和 RL 算法，是本书后续章节的主题。

在实际应用中，保证综合性能比简单地趋近最大回报更重要。例如，在线 RL 算法经过一定时间后，应该确保性能的提升。值得注意的是，探索有时会引起性能的暂时下降，因此，在整个过程中性能不是单调递增的。在工业自动控制领域，使用 DP 和 RL 算法，必须确保算法不干扰工业控制流程。例如，Perkins 和 Barto（2002）、Balakrishnan 等（2008）阐述的 DP 和 RL 方法，采用李雅普诺夫框架（Khalil，2002，第 4 章、第 14 章）保证算法过程的稳定性。

应用 DP 和 RL 算法时，设计较优的奖励函数是非常重要的。有关 RL 的经典文献都推荐把奖励函数设计得尽可能简单，仅在达到最终目标时才给予奖赏（Sutton 和 Barto，1998）。但是简单的奖励函数常常使得在线 RL 算法变慢，而成功的学习需要在奖励函数中包含更多信息。此外，除了达到最终目标，还必须考虑与控制器行为有关的其他高层需求。例如，在自动控制中，被控制的状态轨迹必须满足超调量及收敛速率到达均衡点等的要求。把这些要求翻译为奖赏语言，是一个非常大的挑战。

领域知识对 DP 和 RL 算法性能的提高也具有很大的帮助。尽管 RL 被想象为纯粹模型无关的，但是如果能够获得有关问题的先验知识，使用这些知识将对算法更为有利。如果有局部模型，为了给 RL 算法提供一个粗略的初始解，DP 算法也可以在局部模型下工作。在（基于模型或模型无关）策略迭代和策略搜索中，关于策略的先验知识也可以用来限定所需要考虑的策略范围。给 DP 或者 RL 算法提供领域知识的一个好方法是把领域知识编码进奖励函数（Dorigoand Colombetti，1994；Matarić，1997；Randløv 和 Alstrøm，1998；Ng 等，1999）。编码过程与前面讨论的奖励函数的设计问题有关。例如，如果掌握了"哪些动作有前途"这样的先验知识，就可以把那些高价值动作与高奖赏值联系起来，这就是利用先验知识的一种方法。应该小心细致地把这些先验知识编码进奖励函数，因为编码错误有时会引起意外或产生可能不符合要求的行为。

其他拓展 DP 和 RL 研究范围的工作包括状态不完全可观测问题，称为部分感知 MDP（Lovejoy，1991；Kaelbling 等，1998；Singh 等，2004；Pineau 等，2006；Porta 等，2006）、利用模块化和层次化的任务分解（Dietterich，2000；Hengst，2002；Russell 和 Zimdars，2003；Barto 和 Mahadevan，2003；Ghavamzadeh 和 Mahadevan，2007），以及把 DP 和 RL 方法应用到分布式、多 Agent 问题中（Panait 和 Luke，2005；Shoham 等，2007；Buşoniu 等，2008a）。

第3章 大规模连续空间中的动态规划与强化学习

本章主要讨论用于大规模连续空间问题的动态规划和强化学习方法。对于此类问题，通常无法求得精确解，因此，近似求解是必要的。第 2 章中介绍了基于表格的值迭代、策略迭代和策略搜索算法，这 3 类算法都不能直接用于大规模连续空间任务。针对该问题，本章将函数逼近引入到这 3 类算法中，形成了相应的近似版本，分别是近似值迭代、近似策略迭代和近似策略搜索。本章给出了这 3 类近似算法性能的理论保证，并通过数值算例来说明其性能。然后阐述了自动获取值函数逼近器的相关技术。最后对这 3 类近似算法的性能进行了分析和比较。

3.1 介绍

第 2 章中介绍了经典的动态规划（DP）和强化学习（RL）算法，这些算法都需要对值函数和策略精确表示。通常只有存储每个状态-动作对的回报估计值，才能获得 Q 值函数的精确表示，同样也必须存储每个状态的回报估计值，才能获得 V 值函数的精确表示。精确的策略表示也需要存储每个状态对应的动作。如果某些变量，比如状态或动作，存在大量或者无穷多个可能值（比如当它们是连续的）时，那么就无法精确表示对应的 Q 值函数或者 V 值函数。此时需要对值函数和策略近似表示。由于实际应用中大部分任务都存在大规模连续状态、动作空间的情况，因此，在动态规划和强化学习中，近似是必要的。

逼近器主要分为两类：带参逼近器和无参逼近器。带参逼近器是从参数空间到目标函数空间的映射。映射形式及参数个数由先验知识给定，参数值通过与目标函数相关的数据进行调整。典型的例子是对一组给定的基函数进行加权线性组合，这里的权重就是参数。无参逼近器的结构是由数据推导出来的。尽管将这类逼近器称为“无参”的，但通常无参逼近器也是带有参数的，只是与带参逼近器不同，参数个数及参数值是由数据决定的。例如，本书中所讨论的基于核的逼近器就是一种无参逼近器，把每一个数据点定义为一个核，并将目标函数表示为这些核的加权线性组合，这里的权重就是参数。

本章主要对大规模连续空间中近似动态规划和近似强化学习方法进行广泛而深入的讨论。第 2 章中所介绍的 3 类主要算法，值迭代、策略迭代和策略搜索，通过扩展到近似情况，得到 3 类算法的近似版本，分别是近似值迭代、近似策略迭代和近似策略搜索。本章将从算法性能的理论保证、数值算例的性能说明以及 3 类算法之间的比较等方面对近似算法进行阐述。关于值函数逼近与策略逼近的一些其他关键问题，本章也将予以讨论。为了帮助读者更好地阅读本章的内容，图 3.1 给出了后续部分的内容脉络图。

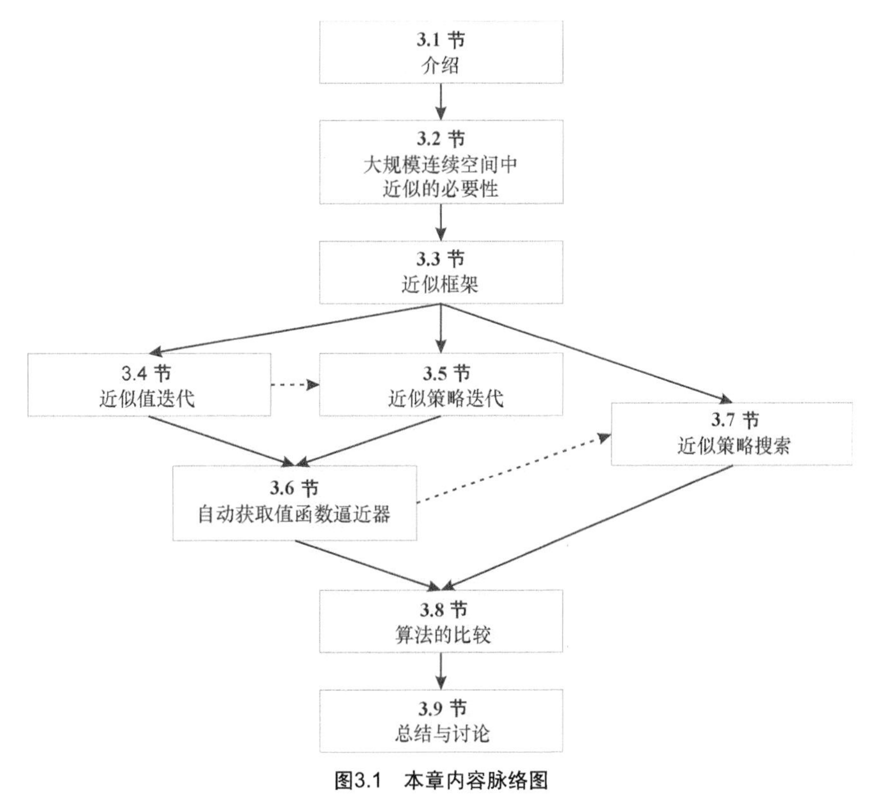

图3.1　本章内容脉络图

（注：这里实线指示的是推荐的阅读顺序，虚线指示的是可选的阅读顺序）

3.2 节对大规模连续空间的动态规划及强化学习方法中近似的必要性作出解释。近似不仅仅是关于值函数或策略的紧凑表示问题，在动态规划和强化学习算法的其他方面，还起着非常重要的作用。3.3 节将介绍带参的、无参的函数近似架构，并对两种逼近器进行对比分析。

3.4 节和 3.5 节将分别详细地介绍近似值迭代和近似策略迭代。在此基础上，3.6 节介绍自动获取值函数逼近器的方法，这种方法可用于近似值迭代和近似策略迭代。3.7 节对近似策略搜索给出详细的介绍。3 类代表性算法都以直流电机最优控制作为实例，并对其实验性能加以分析。3.8 节对近似值迭代、近似策略迭代和近似策略搜索 3 类算法进行对比分析。3.9 节对本章内容进行总结和讨论。

为了合理地限定本章所讨论的范围，对于本章的内容，给出以下 3 点限制。

- 由于本书大部分章节都是讨论关于 Q 值函数的算法，因此，这里所提到的值函数近似都特指 Q 值函数近似或基于 Q 值函数的近似算法。但是一些主要的概念和算法可以直接扩展到 V 值函数近似的情况。
- 由于本书的后续章节都是基于带参近似方法的，因此，这里主要介绍带参近似方法。但是我们也将提及在近似值迭代和近似策略迭代中的无参近似方法。
- 在介绍带参函数近似方法时，我们也将适当地考虑一些更一般的参数化方法，比如非线性的参数化方法。但是这里重点关注线性参数化方法，因为线性方法通常更容易从理论的角度保证其收敛性。

下面我们将进一步详细介绍本章核心内容的组织架构，主要包含 3.4 节的近似值迭代、3.5 节的近似策略迭代以及 3.7 节的近似策略搜索。另外，图 3.2 用图形树的方式给出了本章所介绍算法的组织结构图。树形结构中所有的终端（右侧）节点中给出的算法都将在 3.4 节、3.5 节及 3.7 节中加以讨论。但图 3.2 并没有给出所有算法的详细分类。

本章在近似值迭代方面，首先给出了带参近似值迭代算法，该算法分为基于模型的和模型无关的两类近似算法。然后，简单介绍无参近似值迭代算法。

近似策略迭代主要包含两方面的问题：近似策略评估和策略改进，其中，近似策略评估主要是对给定的策略求解近似值函数。在这两个问题中，近似策略评估能引出更多有意思的理论问题。因为与近似值迭代类似，它涉及求贝尔曼方程的近似解。因此必须给定一些特定的条件确保有意义的近似解的存在，并通过适合的算法求得这个近似解。相比较而言，策略改进仅仅是在动作空间上处理一个最大化问题，且这类问题通常在技术上更容易实现（当然在动作空间很大的时候，这类问题也较难求解）。因此，本章将重点放在近似策略评估上。首先，与介绍近似值迭代一样，给出一类近似策略评估算法。然后，介绍基于线性近似的模型无关策略评估算法，并简单介绍无参近似策略评估算法。另外，介绍一种基于模型的、直接模拟的策略评估算法，称为“回滚”，该算法使用蒙特卡罗方法对参数进行估计。

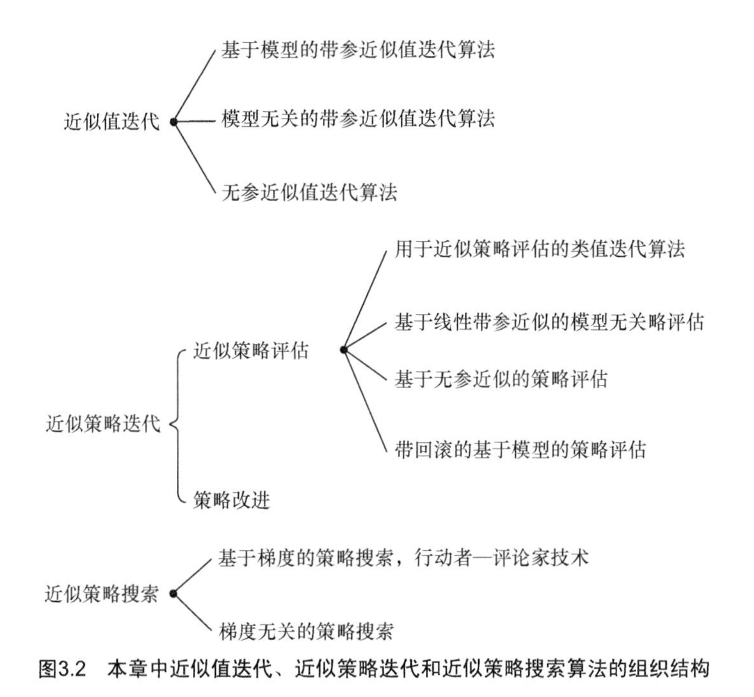

图3.2 本章中近似值迭代、近似策略迭代和近似策略搜索算法的组织结构

在 3.7 节的近似策略搜索方法中，将依次讨论基于梯度和梯度无关两类策略优化算法。在基于梯度的方法中，重点介绍行动者-评论家技术。

3.2 大规模连续空间中近似的必要性

2.3 节介绍的基于精确值的迭代算法，需要存储每个状态（如果用 V 值函数）或者状态-动作对（如果用 Q 值函数）相应回报的估计值。但是当状态变量存在大量或者无限多个可能的值（比如当状态空间是连续的）时，精确地存储每个状态或状态-动作对所对应的值函数是不可能的，因此，值函数只能被近似地表示。同样，大规模连续动作空间中 Q 值函数的表示问题，是目前存在的另一个挑战。在 2.4 节所介绍的策略迭代中，通常需要对值函数近似表示，有时也需要对策略近似表示。在 2.5 节的策略搜索中，当面对大规模连续状态空间任务时，也必须近似地表示策略。

在 DP/RL 中，近似并不只是表示问题，还存在着另外两类近似问题。第一，在 DP/RL 中，基于样本的近似是必需的；第二，值迭代及策略迭代需要在动作空间中反复求解具有潜在困难的非凹最优化问题，其中策略搜索在寻找最优策略参数时，也存在着同样的困难。一般来讲，这些最优化问题只能近似地求解。下面对这两类近似问题分别作详细介绍。

在值函数估计中，基于样本近似有两种情况。首先考虑第一种情况，我们来看一个例子，对于确定 MDP 问题的 Q 值迭代算法，也就是算法 2.1。在算法执行过程中，每一次迭代都需要根据公式（3.1）更新 Q 值：

$$\textbf{for every } (\boldsymbol{x}, \boldsymbol{u}) \textbf{ do}: Q_{\ell+1}(\boldsymbol{x}, \boldsymbol{u}) = \rho(\boldsymbol{x}, \boldsymbol{u}) + \gamma \max_{\boldsymbol{u}'} Q_\ell[f(\boldsymbol{x}, \boldsymbol{u}), \boldsymbol{u}'] \tag{3.1}$$

当状态-动作对无穷多时，我们无法在有限的时间里遍历更新所有的状态-动作对。而基于样本的近似更新，只需要考虑有限数量的状态-动作样本。

在随机 MDP 问题中，也是必须采用这种基于样本的更新。考虑第二种情况，随机性情况也需要采用基于样本的近似。比如，在一般随机问题的 Q 值迭代算法中，对于每一个状态-动作对 $(\boldsymbol{x}, \boldsymbol{u})$ 的 Q 值，都需要根据公式（3.2）进行更新。

$$Q_{\ell+1}(\boldsymbol{x}, \boldsymbol{u}) = \mathrm{E}_{\boldsymbol{x}' \sim \tilde{f}(\boldsymbol{x}, \boldsymbol{u}, \cdot)} \left\{ \tilde{\rho}(\boldsymbol{x}, \boldsymbol{u}, \boldsymbol{x}') + \gamma \max_{\boldsymbol{u}'} Q_\ell(\boldsymbol{x}', \boldsymbol{u}') \right\} \tag{3.2}$$

显然，我们通常无法精确地计算出公式（3.2）右侧的期望值，只能利用有限的样本通过某些方法求得期望的估计值，比如利用蒙特卡罗方法求估计值。因此，在很多 RL 算法中，期望的估计值无法明确给出，只能在处理样本时被隐式地计算。例如，Q 学习算法（算法 2.3）就是一个典型的例子，它通过随机近似的方法去评估期望值。

在公式（3.1）、公式（3.2）中（或者在其他值迭代算法中），对于每一个被选到的样本，都必须考虑关于动作空间的最大化操作。但是在大规模连续动作空间中，这种最大化操作存在潜在非凹最优化问题，这类问题很难求解，通常也只能近似地求解。为了简化这类问题的求解过程，许多算法将连续的动作空间离散为有限的动作空间，然后在有限的离散动作空间上计算每一个动作的值函数，最后通过枚举的方法得到最大值。

在策略迭代中，策略评估步需要利用基于样本的近似，其原因与前述相同。极大化操作影响策略改进步，可以利用公式（2.34）计算出改进的新策略 $h_{\ell+1}$。

$$h_{\ell+1}(\boldsymbol{x}) \in \arg\max_{\boldsymbol{u}} Q^{h_\ell}(\boldsymbol{x}, \boldsymbol{u})$$

注意：采样和最大化操作对基于 V 值的算法也存在同样的影响。

在策略搜索中，一些估计值函数的方法（比如行动者-评论家算法）也会受到上述采样问题的影响。甚至对于不需要使用值函数，但为了评估策略必须评估回报的算法，在评估回报时也需要基于样本的近似。原则上，对于每个初始状态都可以通过回报最大化找到一个策略。然而，对于可能无限的状态空间来说，只能对其初始状态（样本）的一个有限子集进行回报评估。此外，在随机 MDP 问题中，对于每个初始状态，只能通过一组有限的样本轨迹对期望回报[公式(2.15)]进行评估，例如，使用蒙特卡罗方法。

除了这些采样问题外，策略搜索方法必须能够在被考虑的策略范围内找到最优策略。这也是一个很难的最优化问题，只能通过近似的方法求解。但是这里只需要求解一次，不像值迭代和策略迭代中关于动作的最大化操作，需要对所考虑的每一个样本求一次解。从这方面来讲，与值迭代和策略迭代相比，策略搜索受到最大化问题的影响较小。

从另一个角度考虑，在模型无关的强化学习背景下，近似方法也有助于问题的求解。考虑用于评估 Q 值函数的值迭代算法，比如算法 2.3 的 Q 学习算法。如果不采用函数逼近方法，就必须单独评估每个状态-动作对的 Q 值（假设能够在有限的时间里，对所有的状态-动作对的 Q 值进行估计）。如果在学习过程中对于某些状态缺乏足够的信息或者没有任何信息，那么就无法很好地估计与这些状态相关的 Q 值，从而导致算法在这些状态上无法得到很好的控制策略。然而，如果利用函数逼近方法，可以设计一个关于 Q 值函数的函数逼近器，每一个状态的 Q 值可以影响其他状态的 Q 值，尤其对于邻近的状态更是如此（这里我们假设 Q 值函数足够光滑）。因此，通过函数逼近方法，如果能够对有限的状态取得很好的估计效果，那么可以认为对于邻近的状态也有很好的估计效果，最终能够得到较好的控制策略。这种现象在强化学习中通常称为“泛化”，它使得强化学习算法在有限样本的情况下可以获得很好的控制策略。

3.3 近似框架

目前，逼近器主要分为两类，分别是带参逼近器和无参逼近器。我们将在 3.3.1 节介绍带参逼近器，在 3.3.2 节介绍无参逼近器，并在 3.3.3 节对两类逼近器进行比较，3.3.4 节是关于逼近器的一些补充说明。

3.3.1 带参近似

带参逼近器是从参数空间到目标函数空间的映射（在 DP/RL 中，目标函数可以是值函数或者策略）。通常函数的形式以及参数的个数都是事先设定的，而不依赖于样本数据。逼近器的参数是通过关于目标函数的样本数据来调整的。

假设一个 Q 值函数逼近器包含一个 n 维的参数向量[1] $\boldsymbol{\theta}$。逼近器可以表示为近似映射 $F:\mathbb{R}^n \to \mathcal{Q}$，$\mathbb{R}^n$ 是 n 维参数空间，$\mathcal{Q}$ 是 Q 值函数空间。每一个参数向量 $\boldsymbol{\theta}$ 都对应一个近似 Q 值函数的紧凑表示。

$$\hat{Q} = F(\boldsymbol{\theta})$$

也可以等价地写成关于状态-动作对的形式

$$\hat{Q}(\boldsymbol{x}, \boldsymbol{u}) = [F(\boldsymbol{\theta})](\boldsymbol{x}, \boldsymbol{u})$$

其中，$[F(\boldsymbol{\theta})](\boldsymbol{x}, \boldsymbol{u})$ 表示对状态-动作对 $(\boldsymbol{x}, \boldsymbol{u})$ 评估的 Q 值函数 $F(\boldsymbol{\theta})$。因此，在这种情况下，不再需要存储每一个状态-动作对所对应的 Q 值（在很多情况下这么做也是不切实际的），只需要存储 n 个参数。假如状态-动作空间是离散的，n 通常远远小于 $|X|\cdot|U|$，这样就可以得到一种紧凑的表示方法（其中，$|\cdot|$ 表示基数）。然而，通过近似函数 F 所表示的 Q 值函数集合只是目标值函数空间 $\mathcal{Q}$ 的一个子集，通常对于任意 Q 值函数只能表示到接近某一近似误差，这一点也是必须要考虑的。

通常映射 F 可以是关于参数非线性的。前馈神经网络就是一种典型的非线性带参逼近器（Hassoun, 1995; Bertsekas 和 Tsitsiklis, 1996，第 3 章）。然而，在 DP/RL 中，一般更倾向于线性带参逼近器，因为线性带参逼近器实现简单，且易于对算法的理论性质进行分析。线性带参 Q 值函数逼近器包含 n 个基函数（BF），$\phi_1, \phi_2, \cdots, \phi_n : X \times U \to \mathbb{R}$，以及一个 n 维的参数向量 $\boldsymbol{\theta}$。状态-动作对所对应的近似 Q 值的计算如公式（3.3）所示。

$$[F(\boldsymbol{\theta})](\boldsymbol{x}, \boldsymbol{u}) = \sum_{l=1}^{n} \phi_l(\boldsymbol{x}, \boldsymbol{u})\theta_l = \boldsymbol{\phi}^{\mathrm{T}}(\boldsymbol{x}, \boldsymbol{u})\boldsymbol{\theta} \tag{3.3}$$

其中，$\boldsymbol{\phi}(\boldsymbol{x}, \boldsymbol{u}) = [\phi_1(\boldsymbol{x}, \boldsymbol{u}), \phi_2(\boldsymbol{x}, \boldsymbol{u}), \cdots, \phi_n(\boldsymbol{x}, \boldsymbol{u})]^{\mathrm{T}}$ 为 BF 向量。在一些文献中，BF 也被称作特征（Bertsekas 和 Tsitsiklis, 1996）。

例 3.1 基于状态-依赖 BF、离散动作的近似 Q 值函数。

正如 3.2 节所介绍的，为了简化在动作空间中的最大化问题，在许多 DP/RL 算法中，动作空间都被离散成数目较少的动作值。在这个例子中，就采取这种离散动作逼近器。此外，关于状态空间，使用状态-依赖的 BF 来近似表示。

从原始的动作空间 U 中选择有限个离散动作 $\boldsymbol{u}_1, \boldsymbol{u}_2, \cdots, \boldsymbol{u}_M$。离散动作空间可以表示为 $U_{\mathrm{d}} = \{\boldsymbol{u}_1, \boldsymbol{u}_2, \cdots, \boldsymbol{u}_M\}$。$N$ 个状态-依赖 BF 定义为 $\bar{\phi}_1, \bar{\phi}_2, \cdots, \bar{\phi}_N : X \to \mathbb{R}$，且动作空间 U_{d} 中每一个动作都对应一组 BF。对于任意状态-离散动作对，近似 Q 值函数的计算如公式（3.4）所示。

$$[F(\boldsymbol{\theta})](\boldsymbol{x}, \boldsymbol{u}_j) = \boldsymbol{\phi}^{\mathrm{T}}(\boldsymbol{x}, \boldsymbol{u}_j)\boldsymbol{\theta} \tag{3.4}$$

[1] 本书中所有的向量均为列向量。

这里 $\boldsymbol{\phi}^{\mathrm{T}}(\boldsymbol{x},\boldsymbol{u}_j)$ 是关于状态-动作对的 BF 向量，且所有与当前的离散动作无关的 BF 都设置为 0。

$$\boldsymbol{\phi}(\boldsymbol{x},\boldsymbol{u}_j)=[\underbrace{0,\cdots,0}_{\boldsymbol{u}_1},\cdots 0,\underbrace{\bar{\phi}_1(\boldsymbol{x}),\bar{\phi}_2(\boldsymbol{x}),\cdots,\bar{\phi}_N(\boldsymbol{x})}_{\boldsymbol{u}_j},0,\cdots,\underbrace{0,\cdots,0}_{\boldsymbol{u}_M}]^{\mathrm{T}}\in\mathbb{R}^{NM} \tag{3.5}$$

因此，参数向量 $\boldsymbol{\theta}$ 包含 NM 个元素。这类逼近器可以看成 Q 值函数中 M 个不同的状态-依赖切片，每个切片都与 M 个离散动作中的一个动作相对应。注意，这样的逼近器只对 U_{d} 中所包含的离散动作有意义，对于不属于 U_{d} 的动作，逼近器的输出为 0。因此，只有离散动作才能考虑使用公式（3.4）和公式（3.5）。

在本书中经常使用这类离散动作逼近器，例如归一化（椭圆）高斯径向基函数（RBF），定义如公式（3.6）所示。

$$\bar{\phi}_i(\boldsymbol{x})=\frac{\phi_i'(\boldsymbol{x})}{\sum_{i'=1}^{N}\phi_{i'}'(\boldsymbol{x})},\quad \phi_i'(\boldsymbol{x})=\exp\left(-\frac{1}{2}[\boldsymbol{x}-\boldsymbol{c}_i]^{\mathrm{T}}B_i^{-1}[\boldsymbol{x}-\boldsymbol{c}_i]\right) \tag{3.6}$$

其中，ϕ_i' 是非归一化的 RBF，向量 $\boldsymbol{c}_i=[c_{i,1},c_{i,2},\cdots,c_{i,D}]^{\mathrm{T}}\in\mathbb{R}^D$ 是第 i 个 RBF 的中心，对称正定矩阵 $\boldsymbol{B}_i\in\mathbb{R}^{D\times D}$ 表示其径向宽度。根据宽度矩阵 $\boldsymbol{B}_i$ 的结构，可以得到不同形状的 RBF。对于一般的宽度矩阵，RBF 呈椭圆形。如果宽度矩阵是一个对角阵，即 $\boldsymbol{B}_i=\mathrm{diag}(b_{i,1},\cdots,b_{i,D})$，则可以得到一个轴对称 RBF。在这种情况下，RBF 的宽度也可以表示为一个向量 $\boldsymbol{b}_i=[b_{i,1},\cdots,b_{i,D}]^{\mathrm{T}}$。此外，如果 $b_{i,1}=\cdots=b_{i,D}$，则可以得到一个球形 RBF。

另外一类离散动作逼近器，使用状态聚集技术（Bertsekas 和 Tsitsiklis, 1996, 6.7 节）。所谓的状态聚集，就是将状态空间划分为 N 个互不相交的子集。令 X_i 为这个划分中的第 i 个子集，$i=1,2,\cdots,N$。对于一个给定的动作，逼近器对 X_i 中所有状态赋予相同的 Q 值。对应于公式（3.5）的 BF 向量，状态-依赖 BF，只用二值（0 或 1）表示，如公式（3.7）所示。

$$\bar{\phi}_i(\boldsymbol{x})=\begin{cases}1, & \text{如果 } \boldsymbol{x}\in X_i\\ 0, & \text{其他}\end{cases} \tag{3.7}$$

由于子集 X_i 是互不相交的，因此，对于状态空间中的任何一点，只有一个 BF 是被激活的。所有属于 X_i 中的每个状态都可以被看成是一个单一的、大的聚集（量化）状态，因此，被称作“状态聚集”（或者“状态量化”）。另外，可以用一个原型状态 $\boldsymbol{x}_i$ 来标识一个子集 X_i，$\boldsymbol{x}_i\in X_i$，因此，我们也可以将状态聚集看成是状态的离散化，其中，被离散的状态空间为 $X_{\mathrm{d}}=\{\boldsymbol{x}_1,\boldsymbol{x}_2,\cdots,\boldsymbol{x}_N\}$。原型状态 $\boldsymbol{x}_i$ 可以是 X_i 的几何中心（假设该中心属于 X_i），当然也可以是其他代表性状态。

利用状态-依赖 BF 的定义［公式（3.7）］以及状态-动作 BF 的表达式（3.5），状态-动作的 BF 可以写成公式（3.8）。

$$\phi_{[i,j]}(\boldsymbol{x},\boldsymbol{u})=\begin{cases}1, & \text{如果 } \boldsymbol{x}\in X_i \text{ 且 } \boldsymbol{u}=\boldsymbol{u}_j \\ 0, & \text{其他}\end{cases} \tag{3.8}$$

其中，符号$[i,j]$表示对应于i和j的标量索引，$[i,j]=i+(j-1)N$。假设将n维BF向量排成一个$N\times M$的矩阵，则第一列由N个元素组成，第二列由后续N个元素组成，以此类推。因此，向量中下标为$[i,j]$的元素就是矩阵中第i行、第j列的元素。注意，对于$X\times U_{\mathrm{d}}$中的任意一个点，都能激活一个状态-动作BF，如果$\boldsymbol{u}\notin U_{\mathrm{d}}$，则没有BF被激活。

其他文献中所提到的线性函数逼近器包括瓦片编码（Watkins，1989；Sherstov 和 Stone，2005）、多线性插值（Davies，1997）及库恩三角划分（Munos 和 Moore，2002）。

3.3.2 无参近似

并不像名字描述的那样，无参逼近器依然是有参数的。只是与带参逼近器不同，在无参逼近器中，参数的个数以及逼近器的形式都需要从得到的数据中推导出来。

基于核的逼近器就是一类典型的无参逼近器。考虑关于Q值函数的基于核的逼近器，这里，核函数是一个定义在两组状态-动作对上的函数，$\kappa: X\times U\times X\times U\to\mathbb{R}$。

$$(\boldsymbol{x},\boldsymbol{u},\boldsymbol{x}',\boldsymbol{u}')\mapsto\kappa[(\boldsymbol{x},\boldsymbol{u}),(\boldsymbol{x}',\boldsymbol{u}')] \tag{3.9}$$

这里，必须满足一定的附加条件（Smola 和 Schölkopf，2004）。在这些条件下，核函数κ是在一个高维特征空间中由两个参数（两组状态-动作对）的特征向量的内积得到的。利用这个性质，不需要在确切的特征空间中计算，而只需要计算这些核就可以得到一个功能强大的逼近器。在公式（3.9）以及后续的介绍中，为清晰起见，状态-动作对都表示为一个整体。

高斯核是一种被广泛使用的核。针对近似Q值函数问题，高斯核函数如公式（3.10）所示。

$$\kappa[(\boldsymbol{x},\boldsymbol{u}),(\boldsymbol{x}',\boldsymbol{u}')]=\exp\left(-\frac{1}{2}\begin{bmatrix}\boldsymbol{x}-\boldsymbol{x}'\\ \boldsymbol{u}-\boldsymbol{u}'\end{bmatrix}^{\mathrm{T}}B^{-1}\begin{bmatrix}\boldsymbol{x}-\boldsymbol{x}'\\ \boldsymbol{u}-\boldsymbol{u}'\end{bmatrix}\right) \tag{3.10}$$

其中，核宽度矩阵$\boldsymbol{B}\in\mathbb{R}^{(D+C)\times(D+C)}$必须是对称正定矩阵，$D$表示状态的维数，$C$表示动作的维数。比如当核宽度矩阵$\boldsymbol{B}$是一个对角阵，即$\boldsymbol{B}=\operatorname{diag}(b_1,\cdots,b_{D+C})$，且当状态-动作对$(\boldsymbol{x}',\boldsymbol{u}')$固定时，公式（3.10）表示的核函数与以$(\boldsymbol{x}',\boldsymbol{u}')$为中心的高斯状态-动作RBF有相同的形状。

假设有一组状态-动作对样本，$\{(\boldsymbol{x}_{l_{\mathrm{s}}},\boldsymbol{u}_{l_{\mathrm{s}}})\mid l_{\mathrm{s}}=1,\cdots,n_{\mathrm{s}}\}$，则基于核的逼近器如公式（3.11）所示。

$$\hat{Q}(\boldsymbol{x},\boldsymbol{u})=\sum\nolimits_{l_{\mathrm{s}}=1}^{n_{\mathrm{s}}}\kappa[(\boldsymbol{x},\boldsymbol{u}),(\boldsymbol{x}_{l_{\mathrm{s}}},\boldsymbol{u}_{l_{\mathrm{s}}})]\theta_{l_{\mathrm{s}}} \tag{3.11}$$

其中，$\theta_1, \cdots, \theta_{n_s}$ 为参数。从形式上看，该公式与公式（3.3）所表示的线性带参逼近器是相似的。然而，其实两者之间有着本质的区别。对于带参逼近器，BF 的个数及形式是预先定义的，因此，所得到的函数 F 的形式也是固定的。而对于无参逼近器，核的个数及核的形式，也就是参数的个数以及逼近器的函数形式都是由样本决定的，而不是事先给定的。

样本集在事先选定的情况下，基于核的逼近器可以看成是带参逼近器。在这种情况下，核可以预先定义为 BF。

$$\phi_{l_s}(\boldsymbol{x}, \boldsymbol{u}) = \kappa[(\boldsymbol{x}, \boldsymbol{u}), (\boldsymbol{x}_{l_s}, \boldsymbol{u}_{l_s})], \quad l_s = 1, \cdots, n_s$$

这样基于核的逼近器等价于公式（3.3）的线性带参逼近器。但是在很多情况下，比如在线 RL 算法中，样本是无法事先得到的。

用于 DP/RL 中的无参逼近器主要包括基于核的方法（Shawe-Taylor 和 Cristianini，2004），其中最著名的方法是支持向量机（Schölkopf 等，1999；Cristianini 和 Shawe-Taylor，2000；Smola 和 Schölkopf，2004）、使用核的高斯过程（Rasmussen 和 Williams，2006）以及回归树方法（Breiman 等，1984；Breiman，2001）。目前，基于核的及其相关的逼近器已经成功用于值迭代（Ormoneit 和 Sen，2002；Deisenroth 等，2009；Farahmand 等，2009a）以及策略评估与策略迭代（Lagoudakis 和 Parr，2003b；Engel 等，2003，2005；Xu 等，2007；Jung 和 Polani，2007a；Bethke 等，2008；Farahmand 等，2009b）；Ernst 等将回归树方法用于值迭代（Engel 等，2005，2006a）；Jodogne 等将回归树方法用于策略迭代（Jodogne 等，2006）。

注意，本质上无参逼近器还是受某些元参数所驱动的，比如公式（3.10）中高斯核函数的宽度矩阵 $\boldsymbol{B}$。这些元参数影响函数逼近器的精度，且很难进行人工调整。目前，也出现一些自动调整元参数的方法（Deisenroth 等，2009；Jung 和 Stone，2009）。

3.3.3　带参与无参逼近器的比较

由于带参逼近器的参数个数及函数形式是事先设计好的，因此，这类函数逼近器必须足够灵活才能通过调整参数精确地逼近目标函数。一般非线性的带参逼近器可以获得高度灵活的逼近效果，比如人工神经网络。然而在 DP/RL 算法逼近值函数时，非线性逼近器一般很难保证算法的收敛性，在实际应用中，还经常导致算法发散。通常必须使用线性带参逼近器［公式（3.3）］来保证其收敛。这类逼近器由 BF 给出，当事先无法获得指导 BF 选择的先验知识时（通常是这种情况），需要定义大量的 BF 以均匀地覆盖整个状态–动作空间。对于高维任务来说，这是不现实的。为了解决该问题，目前已经提出很多能够从样本数据中自动地获得少量、高质量的 BF 的方法，我们将在 3.6 节再讨论这个问题。因为这类方法是从环境数据中自动获得的 BF，因此，可以看成是介于带参和无参逼近之间的一类方法。

与带参逼近器相比，无参逼近器具有更高的灵活性。但是由于它们的形状取决于样本数据，因此，在算法执行的过程中，它们的形状可能发生变化。这也是导致算法很难收敛的一个重要因素。无参逼近器的复杂性取决于得到的样本数量。因此，当样本比较难以获得或者获得的开销比较大时，采用无参逼近器就具备一个优势。但是当使用的样本数据量比较大时，它将变成一个劣势，因为在这种情况下，逼近所需的计算量及内存将随着样本数量的增加呈指数增长。例如，基于核的逼近器［公式（3.11）］所包含的参数个数等于使用的样本数据的个数 n_s 。在线强化学习算法中这个问题表现得尤其明显，因为在整个过程中，算法需要不断地接收新的样本。例如，在基于核的方法中，通过使用部分样本子集的方式来限制用于构造逼近器的样本的数量，在这个样本子集中，只选取对于逼近器精度有重要影响的那部分样本，而舍弃其他样本。关于该方法，有多种用来衡量给定样本对逼近器精度影响的方法。同时，样本数据重要性的度量方法对于函数逼近器的精度也有影响。Xu 等提出了一种核稀疏方法（Xu 等，2007；Engel 等，2003，2005）；Jung 和 Polani（2007a）提出了一种回归子集的方法；Ernst（2005）提出了一种高信息样本选择方法，该方法通过对目前值函数下贝尔曼方程误差值最大的样本进行重复选择来实现，可用于离线的 RL 算法。

3.3.4 附注

上面介绍的关于 Q 值函数的近似框架可以直接扩展应用于 V 值函数及策略近似。例如，一种线性带参策略逼近器可以描述如下：定义一个状态-依赖 BF 集合 $\varphi_1,\cdots,\varphi_{\mathcal{N}}:X\to\mathbb{R}$ ，并且给定一个参数向量 $\boldsymbol{\vartheta}\in\mathbb{R}^{\mathcal{N}}$ ，近似策略可以表示为

$$\hat{h}(\boldsymbol{x})=\sum_{i=1}^{\mathcal{N}}\varphi_i(\boldsymbol{x})\boldsymbol{\vartheta}_i=\boldsymbol{\varphi}^{\mathrm{T}}(x)\boldsymbol{\vartheta} \tag{3.12}$$

其中，$\boldsymbol{\varphi}(\boldsymbol{x})=[\varphi_1(\boldsymbol{x}),\cdots,\varphi_{\mathcal{N}}(\boldsymbol{x})]^{\mathrm{T}}$ 。为了简化问题，参数化公式（3.12）只针对标量动作的情况，但是它很容易扩展到多动作变量的情况。为了与值函数中的变量加以区分，这里我们用手写体来表示策略中的变量。因此，用 $\boldsymbol{\vartheta}$ 和 $\boldsymbol{\varphi}$ 分别表示策略中的参数和 BF。而用 $\boldsymbol{\theta}$ 和 $\boldsymbol{\phi}$ 分别表示值函数近似中的参数和 BF。此外在策略近似中参数及 BF 的个数表示为 $\mathcal{N}$ ，当样本用于逼近策略时，样本数量表示为 $\mathcal{N}_s$ 。

在带参情况下，当要强调近似策略 $\hat{h}$ 依赖于参数向量 $\boldsymbol{\vartheta}$ 时，通常用 $\hat{h}(\boldsymbol{x};\boldsymbol{\vartheta})$ 表示近似策略。类似地，在不使用映射 F 的情况下，为了显式地说明值函数对参数的依赖时，可以用 $\hat{Q}(\boldsymbol{x},\boldsymbol{u};\boldsymbol{\theta})$ 、$\hat{V}(\boldsymbol{x};\boldsymbol{\theta})$ 分别表示参数化近似 Q 值函数及 V 值函数。

在本章后续内容中，我们主要介绍带参近似方法，因为本书的后续章节也主要建立在带参近似方法上，但也将简单介绍无参的近似值迭代和策略迭代方法。

3.4 近似值迭代

为了在大规模连续空间中应用值迭代算法，需要近似表示值函数。图 3.3（与图 3.2 相关部分有重复）给出近似值迭代算法的组织架构。首先，详细阐述带参近似值迭代算法。3.4.1 节将介绍一种基于模型的带参值迭代算法。3.4.2 节将介绍离线的和在线的模型无关带参值迭代算法。3.4.3 节简单介绍无参的近似值迭代算法。3.3.4 节将给出这些算法的收敛性证明。最后，3.4.5 节将两种典型的近似值迭代算法应用于直流电机控制问题。

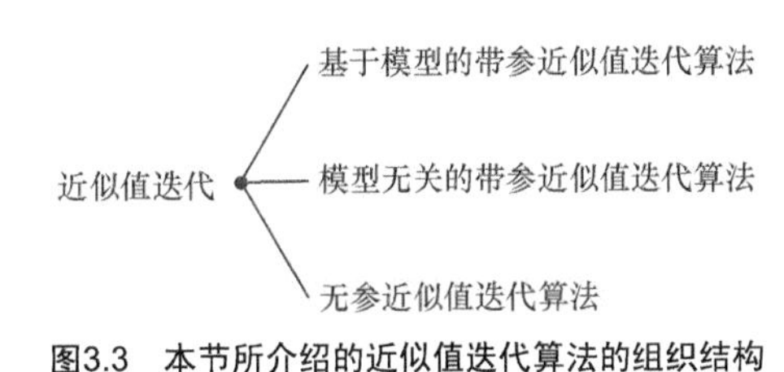

图3.3 本节所介绍的近似值迭代算法的组织结构

3.4.1 基于模型的带参近似值迭代算法

本节主要介绍带有广义带参逼近器的 Q 值迭代算法，该算法是一种典型的基于模型的近似值迭代算法。

近似 Q 值迭代算法是对 2.3.1 节中介绍的精确 Q 值迭代算法的扩展。精确 Q 值迭代算法开始于任意 Q 值函数 Q_0，在每一轮迭代 ℓ 中，利用规则［公式（2.25）］更新 Q 值函数。这里为了方便参考，对公式（2.25）重复如下。

$$Q_{\ell+1} = T(Q_\ell)$$

其中，T 为 Q 值迭代映射［公式（2.22）或公式（2.23）］。在近似 Q 值迭代中，无法精确地表示 Q 值函数 Q_ℓ。只能通过参数向量 $\boldsymbol{\theta}_\ell \in \mathbb{R}^n$，利用合适的逼近映射 $F:\mathbb{R}^n \to \mathcal{Q}$（见第 3.3 节），得到近似 Q 值函数的紧凑表示。

$$\hat{Q}_\ell = F(\boldsymbol{\theta}_\ell)$$

用近似 Q 值函数代替 Q_ℓ，并作为 Q 值迭代映射 T 的输入。因此，可以根据公式（3.13）进行 Q 值迭代更新。

$$Q^{\ddagger}_{\ell+1} = (T \circ F)(\boldsymbol{\theta}_\ell) \tag{3.13}$$

然而，通常不需要存储新得到的 Q 值函数 $Q^{\ddagger}_{\ell+1}$，而是利用一个新的参数向量 $\boldsymbol{\theta}_{\ell+1}$ 来近似地表示 Q 值函数。这里，参数向量是通过投影映射 $P:\mathcal{Q} \to \mathbb{R}^n$ 得到的。

$$\boldsymbol{\theta}_{\ell+1} = P(Q^{\ddagger}_{\ell+1})$$

这里，需要保证 $\hat{Q}_{\ell+1} = F(\boldsymbol{\theta}_{\ell+1})$ 与 $Q^{\ddagger}_{\ell+1}$ 尽可能地接近。对于投影映射 P，一般很自然地选用最小二乘回归，因此，对于某一给定的状态-动作样本集 $\{(\boldsymbol{x}_{l_s}, \boldsymbol{u}_{l_s}) \mid l_s = 1, \cdots, n_s\}$，$Q$ 值函数对应的参数向量为[2]：

$$P(Q) = \boldsymbol{\theta}^{\ddagger},\ \text{其中},\ \boldsymbol{\theta}^{\ddagger} \in \arg\min_{\boldsymbol{\theta}} \sum_{l_s=1}^{n_s} \{Q(\boldsymbol{x}_{l_s}, \boldsymbol{u}_{l_s}) - [F(\boldsymbol{\theta})](\boldsymbol{x}_{l_s}, \boldsymbol{u}_{l_s})\}^2 \tag{3.14}$$

当然，还有一些其他条件需要保证 $\boldsymbol{\theta}^{\ddagger}$ 存在，且不难找到。比如，当逼近器 F 是线性带参时，公式（3.14）是一个凸二次优化问题。

总之，近似 Q 值迭代算法开始于任意参数向量 $\boldsymbol{\theta}_0$（例如等于 $\mathbf{0}$），且在每一轮 l，根据 P,T 和 F 的映射组合来更新该向量。

$$\boldsymbol{\theta}_{\ell+1} = (P \circ T \circ F)(\boldsymbol{\theta}_{\ell}) \tag{3.15}$$

当然，在实际应用中，F 和 T 的中间结果可能不需要完全计算和保存。可以将 $P \circ T \circ F$ 作为一个单个映射来实现，或者在有限个点处有选择地做 T 和 F 操作。当找到满意的最优参数向量 $\hat{\boldsymbol{\theta}}^*$ 时，算法终止。在理想情况下，$\hat{\boldsymbol{\theta}}^*$ 会无限接近于 $P \circ T \circ F$ 的不动点 $\boldsymbol{\theta}^*$。在 3.4.4 节，我们将给出唯一不动点存在的条件，这个条件满足：当 $\ell \to \infty$ 时，将无限渐近于这个不动点。

对于给定的 $\hat{\boldsymbol{\theta}}^*$，通过 $F(\hat{\boldsymbol{\theta}}^*)$ 可以求出一个贪心策略，例如，策略 h 满足公式（3.16）。

$$h(\boldsymbol{x}) \in \arg\max_{\boldsymbol{u}} [F(\hat{\boldsymbol{\theta}}^*)](\boldsymbol{x}, \boldsymbol{u}) \tag{3.16}$$

在这里以及后续章节中，我们假设所构造的 Q 值函数逼近器对于任何状态都可以保证至少存在一个最优动作。因为逼近器是受设计者控制的，所以这一假设条件是很容易保证的。

图 3.4 说明了近似 Q 值迭代算法的流程以及在算法中参数向量与 Q 值函数 3 种映射之间的关系。

算法 3.1 给出确定马尔可夫决策过程（MDP）下的近似 Q 值迭代算法，算法利用了最小二乘投影［公式（3.14）］来求解参数。在算法的第 4 行，根据公式（3.13）求出 $Q^{\ddagger}_{\ell+1}(\boldsymbol{x}_{l_s}, \boldsymbol{u}_{l_s})$，这里用公式（3.13）代替精确 Q 值迭代算法中的公式（2.22）。

算法 3.1　确定 MDP 下的最小二乘近似 Q 值迭代

Input：动态性 f，奖励函数 ρ，折扣因子 γ，

近似映射 F，样本 $\{(\boldsymbol{x}_{l_s}, \boldsymbol{u}_{l_s}) \mid l_s = 1, \cdots, n_s\}$

1. 初始化参数向量，如 $\boldsymbol{\theta}_0 \leftarrow \mathbf{0}$

---

[2] 如果不考虑额外的限制条件，使用最小二乘投影可能会导致收敛问题。这将在第 3.4.4 节进一步讨论。

续表

2. **repeat** 在每一轮迭代 $\ell = 0, 1, 2 \cdots$
3. 　**for** $l_s = 1, \cdots, n_s$ **do**
4. 　　$Q^{\ddagger}_{\ell+1}(\boldsymbol{x}_{l_s}, \boldsymbol{u}_{l_s}) \leftarrow \rho(\boldsymbol{x}_{l_s}, \boldsymbol{u}_{l_s}) + \gamma \max_{u'}[F(\boldsymbol{\theta}_\ell)][f(\boldsymbol{x}_{l_s}, \boldsymbol{u}_{l_s}), \boldsymbol{u}']$
5. 　**end for**
6. 　$\boldsymbol{\theta}_{\ell+1} \leftarrow \boldsymbol{\theta}^{\ddagger}$，这里 $\boldsymbol{\theta}^{\ddagger} \in \arg\min_{\boldsymbol{\theta}} \sum_{l_s=1}^{n_s} \{Q^{\ddagger}_{\ell+1}(\boldsymbol{x}_{l_s}, \boldsymbol{u}_{l_s}) - [F(\boldsymbol{\theta})](\boldsymbol{x}_{l_s}, \boldsymbol{u}_{l_s})\}^2$
7. **until** $\boldsymbol{\theta}_{\ell+1}$ 是可满足

Output：$\boldsymbol{\theta}^* = \boldsymbol{\theta}_{\ell+1}$

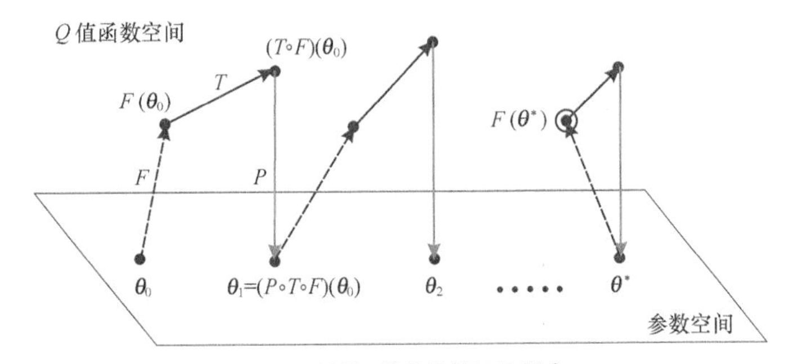

图3.4　近似Q值迭代算法的概念

［注：每一次迭代，先对目前的参数向量采用近似映射 F，再通过 Q 值迭代映射 T，得到近似 Q 值函数。然后，利用投影映射 P，将 T 的结果投影回参数向量空间。在理想情况下，该算法将逐渐收敛到不动点 $\boldsymbol{\theta}^*$，即通过 $P \circ T \circ F$ 之后，$\boldsymbol{\theta}^*$ 将回到其本身。通过近似 Q 值迭代渐近得到的解就是 Q 值函数 $F(\boldsymbol{\theta}^*)$］

这里仍然存在何时停止 Q 值迭代的问题，即认为参数向量何时是满足要求的。一种方案是令算法执行到预先设定的迭代次数 L 之后即停止。在这个假设下，每一轮迭代 ℓ，近似 Q 值函数 $\hat{Q}_\ell = F(\boldsymbol{\theta}_\ell)$ 将接近由精确 Q 值迭代得到的 Q 值函数 Q_ℓ，且迭代次数 L 可以通过 2.3.1 节中的公式（2.27）给出，重复给出这个公式如下。

$$L = \left\lceil \log_\gamma \frac{\varsigma_{\mathrm{QI}}(1-\gamma)^2}{2\|\rho\|_\infty} \right\rceil$$

其中，$\varsigma_{\mathrm{QI}} > 0$ 是算法在执行 L 轮之后，利用 Q 值函数贪心得到的次优策略的预期阈值。当然，由于 $F(\boldsymbol{\theta}_\ell)$ 并不等同于 Q_ℓ，因此，无法保证算法肯定达到预期阈值。但是 L 值的确定有助于我们事先预测获得好的性能所需要的迭代步数。

另一种方案就是当 $\boldsymbol{\theta}_{\ell+1}$ 与 $\boldsymbol{\theta}_\ell$ 的差值小于设定的某一个阈值 $\varepsilon_{\mathrm{QI}} > 0$ 时，算法终止。只有当近

似 Q 值迭代算法可以收敛至一个不动点时（参考 3.4.4 节），这个终止准则才是有用的。当无法保证算法收敛时，应该将该终止准则与最大迭代次数相结合，以保证算法能够在有限次迭代后停止。

到目前为止，我们还没有考虑在随机环境中期望值的估计及最大化问题。正如 3.2 节所介绍的，一种解决最大化问题的方法是对动作空间进行离散化。在随机环境中，Q 值迭代映射公式（2.23）中的期望值需要从样本中估计。关于这个问题的讨论，可以参考下一节介绍的拟合 Q 值迭代算法。

关于近似 V 值迭代的类似算法可以见参考文献（Gonzalez 和 Rofman，1985；Chow 和 Tsitsiklis，1991；Gordon，1995；Tsitsiklis 和 Van Roy，1996；Munos 和 Moore，2002；Grüne，2004）。还有很多文献用来解决关于连续变量的离散化问题（Gonzalez 和 Rofman，1985；Chow 和 Tsitsiklis，1991；Munos 和 Moore，2002；Grüne，2004）。这里的离散过程有时可以使用插值方法，该方法通常产生一个类似于公式（3.3）的线性带参逼近器。

3.4.2 模型无关的带参近似值迭代算法

关于模型无关的带参近似值迭代算法，先介绍离线的、批量更新的近似算法，然后再介绍在线近似算法。在线模型无关的近似值迭代算法主要是 Q 学习算法的一个近似版本，自 20 世纪 90 年代开始，就开始关于该算法的研究（Lin，1992；Singh 等，1995；Horiuchi 等，1996；Jouffe，1998；Glorennec，2000；Tuyls 等，2002；Szepesvári 和 Smart，2004；Murphy，2005；Sherstov 和 Stone，2005；Melo 等，2008）。关于离线模型无关的近似值迭代算法的研究热潮相对滞后一些，主要是从 21 世纪初开始的（Ormoneit 和 Sen，2002；Ernst 等，2005；Riedmiller，2005；Szepesvári 和 Munos，2005；Ernst 等，2006b；Antos 等，2008a；Munos 和 Szepesvári，2008；Farahmand 等，2009a）。

1．离线模型无关的近似值迭代

在离线模型无关的情况下，迁移函数 f 及奖励函数 ρ 都是未知的，[3] 而只是得到一批如下形式的迁移样本。

$$\{(\boldsymbol{x}_{l_s}, \boldsymbol{u}_{l_s}, \boldsymbol{x}'_{l_s}, r_{l_s}) \mid l_s = 1, \cdots, n_s\}$$

这里对每个时间步 l_s，在状态 $\boldsymbol{x}_{l_s}$ 下采取动作 $\boldsymbol{u}_{l_s}$，后续状态 $\boldsymbol{x}'_{l_s}$ 及奖赏 r_{l_s} 都是已知的。样本之间可能是相互独立的，它们可能属于同一个轨迹集，也可能属于一个单个轨迹。例如，当这些样本都

[3] RL 相关文献普遍认为，学习控制器没有关于待解决问题的先验知识，这意味着奖励函数未知。但在实际问题中奖励函数几乎都是实验者设计出来的，因此也是已知的。

来自一个单个轨迹时，通常样本是有序的，即对于所有 $l_s < n_s$，都有 $\boldsymbol{x}_{l_s+1} = \boldsymbol{x}'_{l_s}$。

本节将给出拟合 Q 值迭代算法（Ernst 等，2005），它是一种使用批量样本的模型无关近似 Q 值迭代算法。该算法与最初的基于模型的算法相比主要有两点改动。第一，算法中的投影映射仅针对当前的样本数据 $(\boldsymbol{x}_{l_s}, \boldsymbol{u}_{l_s})$，正如公式（3.14）所给出的最小二乘回归方法；第二，由于 f 和 ρ 都未知，在每个迭代步 ℓ，无法直接利用公式（3.13）中 $Q^{\ddagger}_{\ell+1} = (T \circ F)(\boldsymbol{\theta}_\ell)$ 对 Q 值函数进行更新。因此，利用根据样本所得出的数值替换 Q 值函数 $Q^{\ddagger}_{\ell+1}(\boldsymbol{x}_{l_s}, \boldsymbol{u}_{l_s})$。

为了便于理解，我们先考虑在确定性环境下算法的执行流程。在这种情况下，Q 值函数的更新公式如（3.17）所示。

$$Q^{\ddagger}_{\ell+1}(\boldsymbol{x}_{l_s}, \boldsymbol{u}_{l_s}) = \rho(\boldsymbol{x}_{l_s}, \boldsymbol{u}_{l_s}) + \gamma \max_{\boldsymbol{u}'}[F(\boldsymbol{\theta}_\ell)][f(\boldsymbol{x}_{l_s}, \boldsymbol{u}_{l_s}), \boldsymbol{u}'] \tag{3.17}$$

这里使用的就是公式（2.22）的 Q 值迭代映射。已知 $\rho(\boldsymbol{x}_{l_s}, \boldsymbol{u}_{l_s}) = r_{l_s}$ 及 $f(\boldsymbol{x}_{l_s}, \boldsymbol{u}_{l_s}) = \boldsymbol{x}'_{l_s}$。因此，公式（3.17）可以改写成公式（3.18）。

$$Q^{\ddagger}_{\ell+1}(\boldsymbol{x}_{l_s}, \boldsymbol{u}_{l_s}) = r_{l_s} + \gamma \max_{\boldsymbol{u}'}[F(\boldsymbol{\theta}_\ell)](\boldsymbol{x}'_{l_s}, \boldsymbol{u}') \tag{3.18}$$

因此，根据公式（3.18），在不需要状态迁移函数 f 以及奖励函数 ρ 的情况下，仅根据样本数据 $(\boldsymbol{x}_{l_s}, \boldsymbol{u}_{l_s}, \boldsymbol{x}'_{l_s}, r_{l_s})$，即可更新 Q 值。

拟合 Q 值迭代既可用于确定性环境又可用于随机性环境问题中，通过公式（3.19）来更新每一个 Q 值，即

$$Q^{\ddagger}_{\ell+1,l_s} = r_{l_s} + \gamma \max_{\boldsymbol{u}'}[F(\boldsymbol{\theta}_\ell)](\boldsymbol{x}'_{l_s}, \boldsymbol{u}') \tag{3.19}$$

公式（3.19）的右侧与公式（3.18）的右侧是相同的。正如前面所讨论的，在确定性环境中，这种替换是准确的。在随机性环境中，更新的 Q 值是随机变量的期望值，而这里的 $Q^{\ddagger}_{\ell+1,l_s}$ 仅是一个样本值。在随机性环境中，Q 值的更新公式如下。

$$Q^{\ddagger}_{\ell+1}(\boldsymbol{x}_{l_s}, \boldsymbol{u}_{l_s}) = \mathrm{E}_{\boldsymbol{x}' \sim \tilde{f}(x_{l_s}, \boldsymbol{u}_{l_s}, \cdot)}\left\{\tilde{\rho}(\boldsymbol{x}_{l_s}, \boldsymbol{u}_{l_s}, \boldsymbol{x}') + \gamma \max_{\boldsymbol{u}'}[F(\boldsymbol{\theta}_\ell)](\boldsymbol{x}'_{l_s}, \boldsymbol{u}')\right\}$$

这里使用了公式（2.23）的 Q 值迭代映射［注意 $Q^{\ddagger}_{\ell+1}(\boldsymbol{x}_{l_s}, \boldsymbol{u}_{l_s})$ 是真实的 Q 值，而不是一个样本点的值，因此，公式中不再用样本的索引 l_s 作为下标）。然而大部分投影算法，包括公式（3.14）的最小二乘回归算法，都是求得在给定输入的情况下获得相应输出的近似期望值。在拟合 Q 值迭代算法中，尽管只使用如公式（3.19）中所用的样本，实际上投影操作也可以找到一个 $\boldsymbol{\theta}_\ell$，使得 $F(\boldsymbol{\theta}_\ell) \approx Q^{\ddagger}_{\ell+1}$。因此，对于随机性环境，算法依然是有效的。

算法 3.2 给出一个使用最小二乘投影的拟合 Q 值迭代算法。值得注意的是，在确定性环境下，拟合 Q 值迭代算法等同于基于模型的近似 Q 值迭代算法（算法 3.1），因为在这种情况下，两个算法都使用相同的逼近器 F、投影操作 P 以及都是基于相同的状态–动作对样本 $(\boldsymbol{x}_{l_s}, \boldsymbol{u}_{l_s})$。

在 3.4.1 节中所介绍的算法停止准则也适用于拟合 Q 值迭代算法，这里我们不再赘述。另外，一旦拟合 Q 值迭代找到一个满足要求的参数向量，就可以根据公式（3.16）求得最优策略。

到目前为止，我们已经介绍了带参拟合 Q 值迭代算法，以及该算法与基于模型的近似 Q 值迭代算法之间的联系。另外，神经网络也可以作为拟合 Q 值迭代算法的参数逼近器，将两者相结合的算法称为“神经拟合 Q 值迭代”（Riedmiller，2005）。然而拟合 Q 值迭代算法经常与无参逼近器相结合，这些内容将在 3.4.3 节做进一步讨论。

算法 3.2　带参近似最小二乘拟合 Q 值迭代

Input： 折扣因子 γ，

近似映射 F，样本 $\{(\boldsymbol{x}_{l_s}, \boldsymbol{u}_{l_s}, \boldsymbol{x}'_{l_s}, r_{l_s}) \mid l_s = 1, \cdots, n_s\}$

1. 初始化参数向量，如 $\boldsymbol{\theta}_0 \leftarrow 0$
2. **repeat**（在每一轮迭代 $\ell = 0, 1, 2 \cdots$）
3. 　　**for** $l_s = 1, \cdots, n_s$ **do**
4. 　　　　$Q^{\ddagger}_{\ell+1, l_s} \leftarrow r_{l_s} + \gamma \max_{\boldsymbol{u}'} [F(\boldsymbol{\theta}_\ell)](\boldsymbol{x}'_{l_s}, \boldsymbol{u}')$
5. 　　**end for**
6. 　　$\boldsymbol{\theta}_{\ell+1} \leftarrow \boldsymbol{\theta}^{\ddagger}$，这里 $\boldsymbol{\theta}^{\ddagger} \in \arg\min_{\boldsymbol{\theta}} \sum_{l_s=1}^{n_s} \{Q^{\ddagger}_{\ell+1, l_s} - [F(\boldsymbol{\theta})](\boldsymbol{x}_{l_s}, \boldsymbol{u}_{l_s})\}^2$
7. **until** $\boldsymbol{\theta}_{\ell+1}$ 是可满足的

Output： $\hat{\boldsymbol{\theta}}^* = \boldsymbol{\theta}_{\ell+1}$

在拟合 Q 值迭代算法中，虽然假设事先已经获得了一批样本数据，但是通过与其他离线 RL 相结合，该算法也能被修改为在不同的迭代步中使用不同的批量样本数据。利用这个特点，可以在不同的迭代步之间加入包含更多信息的样本数据。Ernst 等（2006b）提出一种与此不同但很相近的方法，该方法将拟合 Q 值迭代集成于一个更大的迭代过程中。在每一个更大的迭代步中，整个拟合 Q 值迭代算法运行于当前的批量样本数据。然后将拟合 Q 值迭代得到的结果用于产生新的样本，比如可以根据得到的 Q 值函数利用 $\varepsilon-$greedy 策略产生新样本。整个过程不断循环执行，直至算法收敛。

2．在线模型无关的近似值迭代

近似 Q 学习算法是最著名的一类在线近似值迭代算法（Lin，1992；Singh 等，1995；Horiuchi 等，1996；Jouffe，1998；Glorennec，2000；Tuyls 等，2002；Szepesvári 和 Smart，2004；Murphy，2005；Sherstov 和 Stone，2005；Melo 等，2008）。在 2.3.2 节，公式（2.30）给出了 Q 学习算法

中关于更新 Q 值的原型公式，重复如下。

$$Q_{k+1}(\boldsymbol{x}_k,\boldsymbol{u}_k)=Q_k(\boldsymbol{x}_k,\boldsymbol{u}_k)+\alpha_k[r_{k+1}+\gamma\max_{u'}Q_k(\boldsymbol{x}_{k+1},\boldsymbol{u}')-Q_k(\boldsymbol{x}_k,\boldsymbol{u}_k)]$$

在当前状态 $\boldsymbol{x}_k$ 下采取动作 $\boldsymbol{u}_k$，获得下一个状态 $\boldsymbol{x}_{k+1}$ 以及相应的奖赏 $\hat{r}_{k+1}$。将近似与 Q 学习算法相结合的一个直接方法就是利用梯度下降。下面介绍基于梯度的 Q 学习算法（Sutton 和 Barto, 1998, 第 8 章）。这里，我们假设近似映射 F 关于参数可导。

为了简化公式，我们用 $\hat{Q}_k(\boldsymbol{x}_k,\boldsymbol{u}_k)=[F(\boldsymbol{\theta}_k)](\boldsymbol{x}_k,\boldsymbol{u}_k)$ 表示在 k 时刻的近似 Q 值函数，$\hat{Q}_k(\boldsymbol{x}_k,\boldsymbol{u}_k)$ 隐式地依赖于参数向量。为了推导基于梯度的 Q 学习算法，假设在当前状态 $\boldsymbol{x}_k$ 下采取动作 $\boldsymbol{u}_k$ 后，算法可以给出当前状态-动作对真实的最优 Q 值，$Q^*(\boldsymbol{x}_k,\boldsymbol{u}_k)$ 以及下一个状态 $\boldsymbol{x}_{k+1}$ 及奖赏值 r_{k+1}。在这些条件下，算法的目标就是使当前的 Q 值与最优值之间的均方差最小。

$$\begin{aligned}\boldsymbol{\theta}_{k+1}&=\boldsymbol{\theta}_k-\frac{1}{2}\alpha_k\frac{\partial}{\partial\boldsymbol{\theta}_k}\left[Q^*(\boldsymbol{x}_k,\boldsymbol{u}_k)-\hat{Q}_k(\boldsymbol{x}_k,\boldsymbol{u}_k)\right]^2\\&=\boldsymbol{\theta}_k+\alpha_k\left[Q^*(\boldsymbol{x}_k,\boldsymbol{u}_k)-\hat{Q}_k(\boldsymbol{x}_k,\boldsymbol{u}_k)\right]\frac{\partial}{\partial\boldsymbol{\theta}_k}\hat{Q}_k(\boldsymbol{x}_k,\boldsymbol{u}_k)\end{aligned}$$

当然，这里的 $Q^*(\boldsymbol{x}_k,\boldsymbol{u}_k)$ 是无法得到的，但是我们可以利用由 Q 值迭代映射［公式（2.22）或者公式（2.23）］派生出的估计值来代替最优值。

$$r_{k+1}+\gamma\max_{u'}\hat{Q}_k(\boldsymbol{x}_{k+1},\boldsymbol{u}')$$

注意，这里与拟合 Q 值迭代算法中所使用的 Q 函数样本计算公式（3.19）是类似的。通过这种替代，可以得到近似 Q 学习算法的更新公式。

$$\boldsymbol{\theta}_{k+1}=\boldsymbol{\theta}_k+\alpha_k\left[r_{k+1}+\gamma\max_{u'}\hat{Q}_k(\boldsymbol{x}_{k+1},\boldsymbol{u}')-\hat{Q}_k(\boldsymbol{x}_k,\boldsymbol{u}_k)\right]\frac{\partial}{\partial\boldsymbol{\theta}_k}\hat{Q}_k(\boldsymbol{x}_k,\boldsymbol{u}_k)\tag{3.20}$$

在方括号中，实际上已经求得了一个近似的时间差分值。对于基于参数的线性逼近器［公式（3.3）］，公式（3.20）可以简化为

$$\boldsymbol{\theta}_{k+1}=\boldsymbol{\theta}_k+\alpha_k\{r_{k+1}+\gamma\max_{u'}[\phi^{\mathrm{T}}(\boldsymbol{x}_{k+1},\boldsymbol{u}')\boldsymbol{\theta}_k]-\boldsymbol{\phi}^{\mathrm{T}}(\boldsymbol{x}_k,\boldsymbol{u}_k)\boldsymbol{\theta}_k\}\boldsymbol{\phi}(\boldsymbol{x}_k,\boldsymbol{u}_k)\tag{3.21}$$

与 2.3.2 节所介绍的原型 Q 学习算法一样，近似 Q 学习算法也需要探索。作为实例，算法 3.3 给出一种基于线性梯度及 ε 贪心探索策略的 Q 学习算法。对于本算法中学习率及探索设置的相关说明，参考 2.3.2 节。

算法 3.3　基于线性参数和 ε 贪心探索的 Q 学习

Input: 折扣因子 γ，

BF $\phi_1,\cdots,\phi_n:X\times U\to\mathbb{R}$，

探索设置 $\{\varepsilon_k\}_{k=0}^{\infty}$，学习率设置 $\{\alpha_k\}_{k=0}^{\infty}$

续表

1. 初始化参数向量，如 $\boldsymbol{\theta}_0 \leftarrow 0$
2. 初始化状态 $\boldsymbol{x}_0$
3. **for** 每个时间步 $k=0,1,2,\cdots$ **do**
4. $\boldsymbol{u}_k \leftarrow \begin{cases} \boldsymbol{u} \in \arg\max_{\bar{\boldsymbol{u}}}[\boldsymbol{\phi}^{\mathrm{T}}(\boldsymbol{x}_k,\bar{\boldsymbol{u}})\boldsymbol{\theta}_k] & \text{以概率} 1-\varepsilon_k(\text{利用}) \\ \text{在}U\text{中均匀随机地选择动作} & \text{以概率} \varepsilon_k(\text{探索}) \end{cases}$
5. 采用 $\boldsymbol{u}_k$,得到下一个状态 $\boldsymbol{x}_{k+1}$ 和奖赏 r_{k+1}
6. $\boldsymbol{\theta}_{k+1} \leftarrow \boldsymbol{\theta}_k + \alpha_k\{r_{k+1}+\gamma\max_{\boldsymbol{u}'}[\boldsymbol{\phi}^{\mathrm{T}}(\boldsymbol{x}_{k+1},\boldsymbol{u}')\boldsymbol{\theta}_k]-\boldsymbol{\phi}^{\mathrm{T}}(\boldsymbol{x}_k,\boldsymbol{u}_k)\boldsymbol{\theta}_k\}\boldsymbol{\phi}(\boldsymbol{x}_k,\boldsymbol{u}_k)$
7. **end for**

在很多文献中，Q 学习与多种逼近器相结合，可以得到不同的近似 Q 学习算法。列举如下。

- 线性带参逼近器，包括瓦片编码（Watkins，1989；Sherstov 和 Stone，2005）、插值表示法（Szepesvári 和 Smart，2004）以及“软”状态聚集方法（Singh 等，1995）。
- 模糊规则库（Horiuchi 等，1996；Jouffe，1998；Glorennec，2000），这也是一个基于线性带参逼近器的算法。
- 神经网络（Lin，1992；Touzet，1997）。

虽然近似 Q 学习算法很容易使用，但是在算法获得很好的最优 Q 值函数近似之前，它需要大量的状态迁移样本（或者多步状态转移，比如 k 步）。一种缓解该问题的方法是在算法执行过程中将状态的迁移信息都存储在数据库中，并在后续执行时重复利用这些样本数据，这也类似于前面所介绍的基于批量样本的算法。这就是著名的经验回放（Lin，1992；Kalyanakrishnan 和 Stone，2007）。另外一种解决方法就是使用资格迹。资格迹也是一个参数，用于体现前面观察到的迁移对目前执行步的贡献度（Singh 和 Sutton，1996）。这种机制的主要思想是：最近的状态迁移是由前面整个迁移轨迹所引起的。

3.4.3 无参近似值迭代算法

本节首先介绍无参近似拟合 Q 值迭代算法。然后列出一些无参逼近器与值迭代相结合的算法。

在 3.4.2 节，给出了带参拟合 Q 值迭代算法，详见算法 3.2。在无参情况下，拟合 Q 值迭代算法从一轮迭代到下一轮迭代不再使用相同的逼近器及投影映射。在每轮迭代中，拟合 Q 值迭代都可以认为产生了一个全新、无参的逼近器。算法 3.4 简要地给出一个通用的无参近似 Q 值迭代算法。在算法的第 6 行，利用无参回归方法产生一个新的逼近器 $\hat{Q}_{\ell+1}$ ，该逼近器利用样本数据 $Q^{\ddagger}_{\ell+1,l_s}$ （ $l_s=1,\cdots,n_s$ ）提供的信息精确地表示更新后的 Q 值函数 $Q^{\ddagger}_{\ell+1}$ 。

算法 3.4　基于无参逼近的拟合 Q 值迭代

Input： 折扣因子 γ，

样本 $\{(\boldsymbol{x}_{l_s}, \boldsymbol{u}_{l_s}, \boldsymbol{x}'_{l_s}, r_{l_s}) \mid l_s = 1, \cdots, n_s\}$

1. 初始化 Q 值函数逼近器，例如，$\hat{Q}_0 \leftarrow 0$
2. **repeat** 在每一轮迭代 $\ell = 0, 1, 2 \cdots$
3. **for** $l_s = 1, \cdots, n_s$ **do**
4. $Q^{\ddagger}_{\ell+1, l_s} \leftarrow r_{l_s} + \gamma \max_{\boldsymbol{u}'} \hat{Q}_\ell(\boldsymbol{x}'_{l_s}, \boldsymbol{u}')$
5. **end for**
6. 使用关于 $\{((\boldsymbol{x}_{l_s}, \boldsymbol{u}_{l_s}), Q^{\ddagger}_{\ell+1, l_s}) \mid l_s = 1, \cdots, n_s\}$ 的无参回归求解 $\hat{Q}_{\ell+1}$
7. **until** $\hat{Q}_{\ell+1}$ 是可满足的

Output： $\hat{Q}^* = \hat{Q}_{\ell+1}$

目前，已经提出多种关于拟合 Q 值迭代与无参逼近器相结合的算法，包括基于核的函数逼近器（Farahmand 等，2009a）和回归树集合（Ernst 等，2005，2006b）。关于回归树集合的详细描述可以参考附录 A。

当然，除了拟合 Q 值迭代算法外，其他的 DP/RL 算法也可以与无参逼近器相结合。比如，Deisenroth 等（2009）将高斯过程引入近似值迭代算法。他们提出了两种方法：一种是假设（确定的）动态性是已知的；另一种从样本数据中估计动态的高斯过程近似性。Ormoneit 和 Sen（2002）给出一种在离散动作空间中，基于核函数的模型无关近似值迭代算法。

3.4.4　非扩张近似的作用及收敛性

在近似 DP/RL 算法中，一个很重要的问题就是由算法计算出的近似解是否收敛，如果收敛，收敛点距离最优解有多远。对于算法来说，收敛性是非常重要的，因为只有收敛的算法才是值得分析的，同时也具有有意义的性能保证。

1．基于模型的近似值迭代算法的收敛性

对于近似值迭代算法，其收敛性的证明通常依赖于收缩映射理论。考虑一个具体的近似 Q 值迭代公式（3.15），当折扣因子 $\gamma < 1$ 时，Q 值迭代映射 T 的无穷范数是收缩的，这一点在 2.3.1 节已经给出解释。如果近似 Q 值迭代的组合映射 $P \circ T \circ F$ 也是收缩的，即如果对于任意参数向量对 $\boldsymbol{\theta}, \boldsymbol{\theta}'$ 以及 $\gamma' < 1$，存在

$$\|(P \circ T \circ F)(\boldsymbol{\theta}) - (P \circ T \circ F)(\boldsymbol{\theta}')\|_\infty \leqslant \gamma' \|\boldsymbol{\theta} - \boldsymbol{\theta}'\|_\infty$$

则近似 Q 值迭代渐近收敛到一个唯一不动点，表示为 $\boldsymbol{\theta}^*$ 。

确保组合映射 $P \circ T \circ F$ 收缩的条件是要求 F 和 P 都是非扩张的，即

$$\|F(\boldsymbol{\theta}) - F(\boldsymbol{\theta}')\|_\infty \leqslant \|\boldsymbol{\theta} - \boldsymbol{\theta}'\|_\infty, \qquad \text{对于所有的参数对} \boldsymbol{\theta}, \boldsymbol{\theta}'$$

$$\|\mathrm{P}(Q) - P(Q')\|_\infty \leqslant \|Q - Q'\|_\infty, \qquad \text{对于所有的} Q \text{值函数对} Q, Q'$$

在这种情况下，$P \circ T \circ F$ 的压缩因子与 T 的压缩因子是相同的，即 $\gamma' = \gamma < 1$。在这些条件下，可以推导出一个次优边界，该次优边界关于近似 Q 值函数 $F(\boldsymbol{\theta}^*)$ 及关于 Q 值函数贪心策略 $\hat{h}^*$ ，即满足公式（3.22）：

$$\hat{h}^*(\boldsymbol{x}) \in \arg\max_{\boldsymbol{u}}[F(\boldsymbol{\theta}^*)](\boldsymbol{x}, \boldsymbol{u}) \tag{3.22}$$

令 $\mathscr{F}_{F \circ P} \subset \mathscr{Q}$ 表示组合映射 $F \circ P$ 的一组固定点集，且假设为非空。$F \circ P$ 中的任何固定点与 Q^* 的最小距离定义为[4]

$$\varsigma_{\mathrm{QI}}^* = \min_{Q' \in F_{F \circ P}} \|Q^* - Q'\|_\infty$$

该距离公式可以刻画出逼近器的表达能力：表达能力越强，则 $F \circ P$ 的最近不动点越靠近 Q^* ，$\varsigma_{\mathrm{QI}}^*$ 也就越小。利用该距离公式，近似 Q 值迭代的收敛点 $\boldsymbol{\theta}^*$ 满足下列次优边界条件。

$$\|Q^* - F(\boldsymbol{\theta}^*)\|_\infty \leqslant \frac{2\varsigma_{\mathrm{QI}}^*}{1-\gamma} \tag{3.23}$$

$$\|Q^* - Q^{\hat{h}^*}\|_\infty \leqslant \frac{4\gamma\varsigma_{\mathrm{QI}}^*}{(1-\gamma)^2} \tag{3.24}$$

其中，$Q^{\hat{h}^*}$ 是接近最优策略 $\hat{h}^*$ 的 Q 值函数［见公式（3.22）］。这些边界的推导与关于近似 V 值迭代的边界的推导类似（Gordon，1995；Tsitsiklis 和 Van Roy，1996）。公式（3.23）给出了近似最优 Q 值函数的次优边界，公式（3.25）给出了近似最优策略的次优边界。后者在实际中用处更广。公式（3.26）给出了策略次优性和 Q 值函数次优性之间的关系，在通常情况下都是有效的。

$$\|Q^* - Q^h\|_\infty \leqslant \frac{2\gamma}{(1-\gamma)}\|Q^* - Q\|_\infty \tag{3.25}$$

其中，h 是关于（任意）Q 值函数 Q 贪心的策略。

在理想的情况下，最优 Q 值函数 Q^* 为 $F \circ P$ 的一个不动点，在 $\varsigma_{\mathrm{QI}}^* = 0$ 的情况下，近似 Q 值迭代渐近收敛至 Q^* 。例如，当 Q^* 恰巧可以通过近似函数 F 精确表示时，投影映射应该能保证 Q^* 是组合映射 $F \circ P$ 的一个不动点。在实际中，$\varsigma_{\mathrm{QI}}^*$ 很少能够等于 0，因此，也只能得到一个近最优解。

---

[4] 为简单起见，我们假设该方程存在最小值。如果不存在最小值，那么 $\varsigma_{\mathrm{QI}}^*$ 应该尽可能地小，使得存在一个 $Q' \in \mathscr{F}_{F \circ P}$ 满足 $\|Q' - Q^*\|_\infty \leqslant \varsigma_{\mathrm{QI}}^*$ 。

为了利用上述理论成果，需要保证映射 F 和 P 都是非扩张的。当 F 满足线性带参映射［公式(3.3)］时，通过归一化 BF ϕ_l，可以很容易地保证 F 是非扩张的。对于每个状态-动作对 (x, u)，归一化后的 BF ϕ_l 满足

$$\sum_{l=1}^{n} \phi_l(\boldsymbol{x}, \boldsymbol{u}) = 1$$

保证 P 的非扩张性是比较困难的。例如，最小二乘映射［公式(3.14)］通常是扩张的。文献(Tsitsiklis 和 Van Roy，1996；Wiering，2004)已详细给出使用最小二乘发散的例子。一种确保最小二乘映射具有非扩张性的方法是明确地选取 $n_s = n$ 个状态-动作对样本 $(\boldsymbol{x}_l, \boldsymbol{u}_l), l = 1, \cdots, n$，且需要满足

$$\phi_l(\boldsymbol{x}_l, \boldsymbol{u}_l) = 1, \quad \phi_{l'}(\boldsymbol{x}_l, \boldsymbol{u}_l) = 0, \quad \forall l' \neq l$$

例如，这些样本可以是 BF 的中心。这样映射［公式(3.14)］可以简化为一个赋值操作，即给每一个参数赋予相应的样本的 Q 值。

$$[P(Q)]_l = Q(\boldsymbol{x}_l, \boldsymbol{u}_l) \tag{3.26}$$

其中，符号 $[P(Q)]_l$ 表示参数向量 $\boldsymbol{P}(Q)$ 的第 l 个分量。这个映射显然是非扩张的。为了保证收敛和近最优性，文献(Tsitsiklis 和 Van Roy，1996)给出了关于 BF 的更加一般但仍然严格的条件。

2．模型无关的近似值迭代算法的收敛性

与基于模型的近似值迭代类似，离散的、模型无关的批量值迭代算法的收敛性主要依赖于非扩张性近似。在带参近似的拟合 Q 值迭代算法中(算法 3.2)，必须谨慎选择映射 F 和 P，避免扩张和发散。同样地，在无参近似的拟合 Q 值迭代算法中(算法 3.4)，无参回归算法也应该具有非扩张性。某些类型的基于核的逼近器满足这一条件(Ernst 等，2005)。在非扩张性假设条件下，Ormoneit 和 Sen(2002)的基于核的 V 值迭代算法的收敛性也能得到保证。

最近，一种不同类型的关于批量值迭代算法的理论研究已经发展起来，算法的收敛性不依赖于非扩张性，也不需要关注是否渐近收敛的问题。取而代之的是，这些结果给出关于策略的次优概率范围，这些策略是通过使用一定数量的样本数据，在一定次数的迭代之后得到的。除了一定数量的样本数据及迭代次数外，有限的样本数量边界主要依赖于函数逼近器的表达能力以及 MDP 的某些性质。例如，Munos 和 Szepesvári(2008)在离散动作空间 MDP 环境下，给出了关于近似 V 值迭代算法的有限样本数量边界。Farahmand(2009a)等给出在同类型 MDP 环境下的拟合 Q 值迭代算法。Antos(2008a)等给出在更复杂的连续动作空间 MDP 环境下，关于拟合 Q 值迭代的有限样本数量边界。

关于在线近似值迭代算法，正如 3.4.2 节所讨论的，近似 Q 学习算法是最具有代表性的算法。除此之外也有一些其他变化版本，如启发式的 Q 学习算法，但是这些算法无法保证收敛性(Horiuchi 等，1996；Touzet，1997；Jouffe，1998；Glorennec，2000；Millán 等，2002)。在保证学习过程中策略不变的情况下，已经证明基于线性带参逼近器的近似 Q 学习算法是收敛的(Singh 等，1995；Szepesvári 和

Smart，2004；Melo 等，2008）。上述保证收敛的条件是非常苛刻的，尽管在执行过程中控制器已经获得了许多相关知识，但仍不能提高系统的性能。在这些理论成果中，Singh（1995）、Szepesvári 和 Smart（2004）分别给出基于非扩张且线性带参逼近器的近似 Q 学习算法的收敛性。Melo 等（2008）给出在不需要非扩张近似的条件下，基于梯度的 Q 学习算法的收敛性，但是需要添加其他的限制条件。

3．近似值迭代的一致性

除了算法的收敛性以外，一致性是近似 DP/RL 算法的另一重要性质。在基于模型的值迭代或者一般的 DP 算法中，随着逼近精度的增加，近似值函数可以收敛到一个最优值，那么就认为该算法是具有一致性的（Gonzalez 和 Rofman，1985；Chow 和 Tsitsiklis，1991；Santos 和 Vigo-Aguiar，1998）。在模型无关的值迭代或者一般的 RL 算法中，随着样本数量的增加，近似函数收敛到一个明确的解，那么可以认为该算法具有一致性。在文献（Ormoneit 和 Sen，2002；Szepesvári 和 Smart，2004）中已经证明，随着逼近精度的增加，近似值迭代算法一定能够收敛到最优解。

3.4.5 实例：用于直流电机的近似 Q 值迭代

为了更进一步讨论近似 Q 值迭代算法，我们给出一个关于直流电机控制问题的数值算例。这个例子给出了将 Q 值迭代算法应用于实际任务的方法。实验的第一部分给出的是近似 Q 值迭代的基础版本，该版本采用了状态空间网格化以及动作空间离散化的方法。实验的第二部分采用了当前最新技术——基于无参逼近的拟合 Q 值迭代算法（算法 3.4）。

将电动直流电机建模为一个二阶离散时间模型

$$\begin{gathered}\boldsymbol{x}_{k+1}=f(\boldsymbol{x}_k,\boldsymbol{u}_k)=\boldsymbol{A}\boldsymbol{x}_k+\boldsymbol{B}\boldsymbol{u}_k\\ \boldsymbol{A}=\begin{bmatrix}1 & 0.0049\\ 0 & 0.9540\end{bmatrix},\ \boldsymbol{B}=\begin{bmatrix}0.0021\\ 0.8505\end{bmatrix}\end{gathered}\tag{3.27}$$

该模型是通过对直流电机连续时间模型离散化而得到的，根据一个真实的直流电机基础理论模型（例如，Khalil，2002，第 1 章）发展而来。关于时间的离散化采用了零阶保持方法（Franklin 等，1998），这里，样本时间为 $T_s=0.005\ \mathrm{s}$，轴角度 $x_{1,k}=\alpha$ 在 $[-\pi,\pi]$ 弧度之间，角速度 $x_{2,k}=\dot{\alpha}$ 在 $[-16\pi,16\pi]$ rad/s 之间，输入控制电压 $\boldsymbol{u}_k$ 在 $[-10,10]$ V 之间。

该问题控制的目标是使直流电机稳定在零平衡状态，即 $\boldsymbol{x}=\mathbf{0}$。选择如下二次奖励函数来描述这一目标。

$$\begin{gathered}r_{k+1}=\rho(\boldsymbol{x}_k,\boldsymbol{u}_k)=-\boldsymbol{x}_k^{\mathrm{T}}\boldsymbol{Q}_{\mathrm{rew}}\boldsymbol{x}_k-R_{\mathrm{rew}}\boldsymbol{u}_k^2\\ \boldsymbol{Q}_{\mathrm{rew}}=\begin{bmatrix}5 & 0\\ 0 & 0.01\end{bmatrix},\ R_{\mathrm{rew}}=0.01\end{gathered}\tag{3.28}$$

这里的奖励函数会引起带折扣的二次调节问题。(近)最优策略就是使得状态(接近)为 **0**，$\boldsymbol{x} \approx \boldsymbol{0}$，即按照控制要求和控制轨迹使得状态的值最小。这里折扣因子选择 $\gamma = 0.95$，该折扣因子足以产生一个最优策略，在该策略下能够得到良好的稳定控制行为。[5]

图 3.5 给出该问题的一个近最优解，其中，图 3.5（a）是关于 Q 值函数的一个状态-依赖切片（通过设置动作参数 $\boldsymbol{u}$ 为 0 而得到），图 3.5（b）是一个关于 Q 值函数的贪心策略，图 3.5（c）是通过策略而得到的控制轨迹。为了获得近最优解，该实验使用了具有收敛性和一致性的模糊 Q 值迭代算法（该算法将在第 4 章中详细介绍）。该实验定义了一个关于状态空间的精确逼近器，动作空间也进行了精细的离散化，它被划分为等距离的 31 个动作。

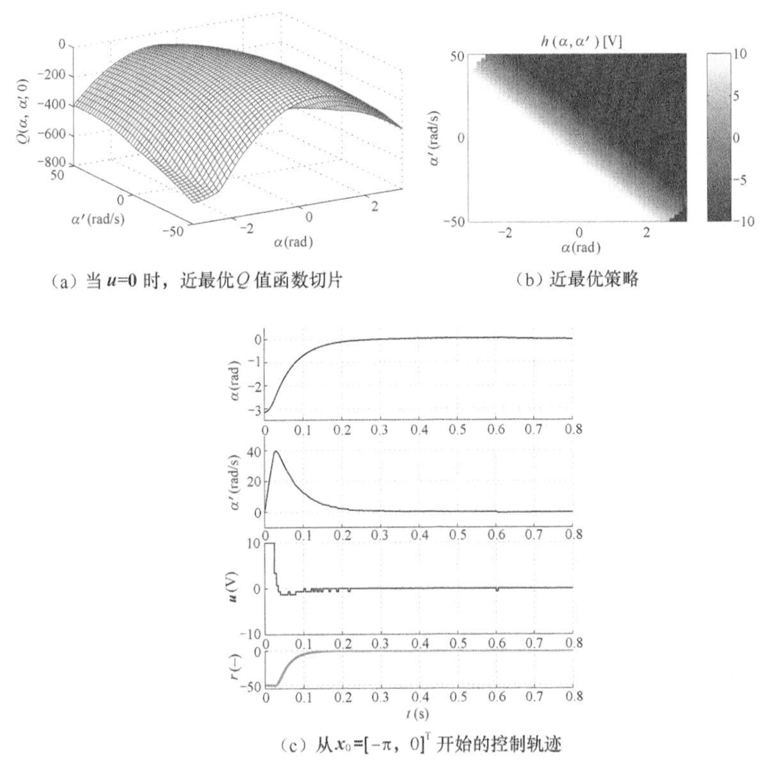

（a）当 $\boldsymbol{u}$=0 时，近最优 Q 值函数切片

（b）近最优策略

（c）从 x_0=[−π，0]^{T} 开始的控制轨迹

图3.5 直流电机问题的近最优解

1. 网格 Q 值迭代算法

作为近似值迭代的一个实例，使用 Q 值迭代算法解决直流电机问题。算法中采用在例 3.1 中所介绍的一类逼近器：状态聚集和动作离散化。这里状态空间被分割为 N 个互不相交的矩形

---

[5] 注意，在选定奖励函数和折扣因子的情况下，最优性和控制行为的实际量（虽然主观）之间是有差异的。

区域，用 X_i 表示第 i 个区域。在直流电机控制问题中，3 个离散动作就足以给出一个可接受的稳定的控制策略：$\boldsymbol{u}_1=-10$，$\boldsymbol{u}_2=0$，$\boldsymbol{u}_3=10$（在每个方向上应用最大扭矩，以及无扭矩 3 种动作）。因此，离散的动作空间为 $U_\mathrm{d}=\{-10,0,10\}$。与例 3.1 相同，状态-动作空间 BF 可以根据公式（3.8）定义，即

$$\boldsymbol{\phi}_{[i,j]}(\boldsymbol{x},\boldsymbol{u})=\begin{cases}1, & \text{如果 } \boldsymbol{x}\in X_i \text{ 且 } \boldsymbol{u}=\boldsymbol{u}_j \\ 0, & \text{否则}\end{cases} \tag{3.29}$$

其中，$[i,j]=i+(j-1)N$。利用公式（3.14）定义的最小二乘映射推导投影映射 P，使用集合 $\{\boldsymbol{x}_1,\cdots,\boldsymbol{x}_N\}$ 和 U_d 的交叉积作为状态-动作样本，这里 $\boldsymbol{x}_i$ 表示矩形区域 X_i 的中心。这些样本满足将 P 简化为（3.26）赋值形式，即

$$[P(Q)]_{[i,j]}=Q(\boldsymbol{x}_i,\boldsymbol{u}_j) \tag{3.30}$$

使用基于 BF［公式（3.29）］的线性参数逼近器和投影［公式（3.30）］就产生了网格 Q 值迭代算法，由于 F 和 P 都是非扩张的，因此，算法是收敛的。

将网格 Q 值迭代算法用于直流电机控制问题，在状态空间上分别采用两种不同的网格：（1）粗糙网格，将二维空间的每个维度等分为 20 份（可以得到 $20^2=400$ 个矩形区域）；（2）精细网格，将二维空间的每个维度等分为 400 份（可以得到 $400^2=160000$ 个矩形区域）。当连续两轮迭代之间参数向量的任意分量变化的最大值小于 $\varepsilon_\mathrm{QI}=0.01$ 时，则认为算法收敛。对于粗糙网格划分，算法大约在 160 次迭代之后收敛，而对于精细网格划分，算法大约在 123 次迭代之后收敛。这表明算法收敛需要的迭代次数并不一定随着参数个数的增加而增加。

图 3.6 给出了关于最终 Q 值函数的一个切片以及相应的控制策略，并给出了几条典型的控制轨迹。从图 3.6 中可以看出，在表示 Q 值函数和策略的精度方面，精细网格情况［图 3.6（b）和图 3.6（d）］优于粗糙网格情况［图 3.6（a）和图 3.6（c）］。两种网格的策略图中均出现了轴线化的块效应，这是因为受到了所选择的函数逼近器的影响。例如，在图 3.6（a）中，我们可以看出逼近器具有分段定值性。与图 3.5（c）中的近最优轨迹相比较，在同样的精度下，图 3.6（e）和图 3.6（f）没有到达目标状态，即 $\boldsymbol{x}=\boldsymbol{0}$。在粗糙网格情况下，角度 α 存在较大的稳定状态误差，而在精细网格情况下，控制动作仅仅出现震动。

对于粗糙网格情况，网格 Q 值迭代的执行时间大约为 0.06 s，而对于精细网格情况，网格 Q 值迭代的执行时间大约为 7.80 s。[6] 精细网格情况花费的计算代价明显增加，因为与粗糙网格情况

[6] 本章中所有的算法都是通过 MATLAB 编程实现的。硬件环境为 CPU：Intel Core 2 Duo T9550 2.66 GHz，内存：3 GB。这里所说的执行时间即在该环境下程序运行的时间。对于值迭代和策略迭代，执行时间不包括仿真得到样本时间，即不包括由每个状态-动作对得到下一个状态和奖赏的时间。

相比，在执行过程中精细网格情况需要更新的参数个数增加很多（480000，而对于粗糙网格情况，仅有 1200）。

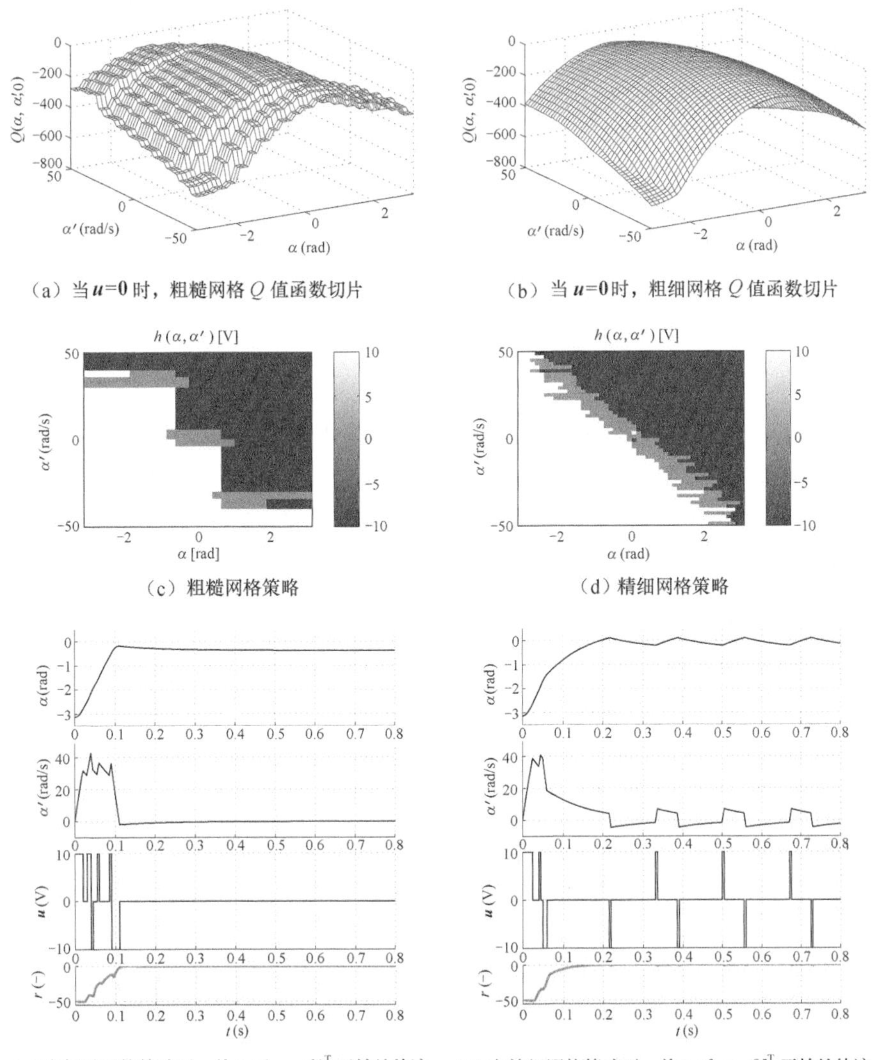

（a）当 u=0 时，粗糙网格 Q 值函数切片　（b）当 u=0 时，粗细网格 Q 值函数切片

（c）粗糙网格策略　（d）精细网格策略

（e）在粗糙网格策略下，从 $x_0=[-\pi,\ 0]^{\mathrm{T}}$ 开始的轨迹　（f）在精细网格策略下，从 $x_0=[-\pi,\ 0]^{\mathrm{T}}$ 开始的轨迹

图3.6　用于直流电机问题的网格Q值迭代算法的实验结果

（注：左面是关于粗糙网格情况下的实验结果，右面是关于精细网格情况下的实验结果）

2．拟合 Q 值迭代

下面我们将拟合 Q 值迭代算法（算法 3.4）用于解决直流电机问题，利用极端随机集合树

（Geurts 等，2006）逼近 Q 值函数。关于该逼近器的详细描述，请参考附录 A。动作空间离散化采用了与网格 Q 值迭代相同的方法：$U_d=\{-10,0,10\}$。针对离散动作空间中的每一个动作，都使用不同的回归树集合来逼近 Q 值函数——类似于离散动作网格逼近器。我们通过 3 个元参数来构造树集合。

- 每一个集合都包含 N_{tr} 棵树。设这一参数 $N_{tr}=50$。
- 为了分裂一个节点，随机选择 K_{tr} 个切割方向进行评估，并选择某一得分最高的方向分割。这里 K_{tr} 设置为 2，即输入决策树向量的维度（状态的维度是 2），也是 K_{tr} 的默认值（Geurts 等, 2006）。
- 对于任意一个叶子节点，只有当该叶子节点至少与 n_{tr}^{min} 个样本相关时，才对该节点进行分裂，否则保留该节点为叶子节点。n_{tr}^{min} 的缺省值设置为 2，也就意味着这棵树将是一棵完全树。

为拟合 Q 值迭代算法提供一组样本集，这组样本集由状态空间中 100×100 的规则网格上的点与 3 个离散动作的叉乘构成。这样能保证该算法与网格 Q 值迭代算法使用相同的样本，二者之间比较才有意义。在拟合 Q 值迭代算法执行之前，我们预先设定一个最大迭代次数为 100，且认为在迭代执行 100 次之后，所得到的 Q 值函数是满足要求的。

图 3.7 给出了算法的实验结果。这与精细网格情况下网格 Q 值迭代算法结果相似，而优于粗糙网格情况下网格 Q 值迭代算法。

拟合 Q 值迭代算法的运行时间大约是 2151 s，远大于网格 Q 值迭代算法的运行时间（粗糙网格 Q 值迭代的执行时间大约为 0.06 s，精细网格 Q 值迭代的执行时间大约为 7.80 s）。很明显，与简单的、基于网格的逼近器相比，寻找一个功能强大的无参逼近器，更新参数所需要的计算量也会增加很多。

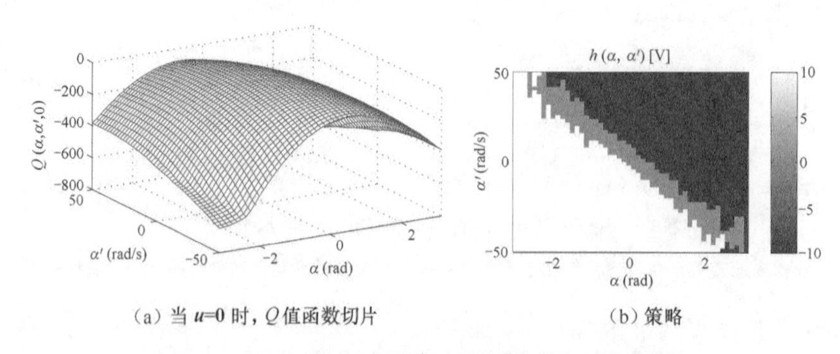

（a）当 u=0 时，Q 值函数切片　　（b）策略

图3.7　用于直流电机问题的拟合Q值迭代算法的实验结果

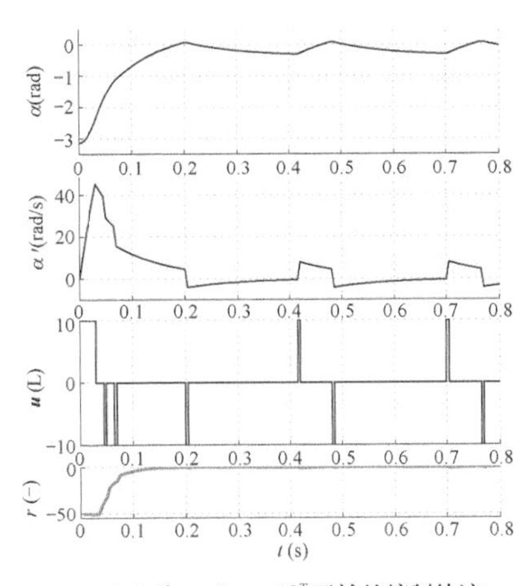

（c）从 $x_0=[-\pi,\ 0]^T$ 开始的控制轨迹

图3.7　用于直流电机问题的拟合Q值迭代算法的实验结果（续）

3.5　近似策略迭代

策略迭代算法通过构造其值函数来评估策略，并利用这些值函数找到新的、改进的策略。这部分内容在 2.4 节已经介绍过。在大规模连续空间问题中，我们无法对策略进行精确评估，而需要对值函数近似表示。近似策略评估是一个比较困难的问题，与近似值迭代类似，需要求解贝尔曼方程的近似解。为确保存在有意义的近似解，且可以通过合适的算法得到这个近似解，通常需要加一些特殊条件。策略改进是通过解关于动作的最大化问题来实现的，这在技术上几乎没有太大问题（但是在大规模动作空间中，这也是一个难以解决的问题）。近似策略迭代通常不需要明确地表示策略，而是在需要的时候，通过当前近似值函数来计算改进的动作。另外，即使策略可以被明确地表示，通常也要求对策略近似。在这种情况下，策略改进时需要解一个经典的监督学习问题。

算法 3.5 给出一个基于 Q 值函数的近似策略迭代算法的通用模板。注意算法的第 4 行，如果存在多个最大动作，表达式“$\approx \arg\max_u \cdots$”解释为“近似等于最大动作之一”。

算法 3.5　基于 Q 值函数的近似策略迭代

1. 初始化策略 $\hat{h}_0$
2. **repeat** 在每一轮迭代 $\ell = 0, 1, 2 \cdots$

续表

3. 求策略 $\hat{h}_\ell$ 的一个近似 Q 值函数 $\hat{Q}^{\hat{h}_\ell}$ ▷策略评估
4. 求 $\hat{h}_{\ell+1}$ 使得 $\hat{h}_{\ell+1}(\boldsymbol{x}) \approx \arg\max_{\boldsymbol{u}} \hat{Q}^{\hat{h}_\ell}(\boldsymbol{x}, \boldsymbol{u}), \forall \boldsymbol{x} \in X$ ▷策略改进
5. **until** $\hat{h}_{\ell+1}$ 是可满足的
Output：$\hat{h}^* = \hat{h}_{\ell+1}$

图 3.8（与图 3.2 的相关部分内容重复）给出了后续所阐述内容的结构。首先我们详细地讨论了近似策略评估部分，3.5.1 节将沿用与近似值迭代同样的研究线索，推出一类策略评估算法。3.5.2 节将介绍基于线性带参逼近器的模型无关的策略评估算法，目标是解贝尔曼方程的投影形式。3.5.3 节将简要介绍无参近似策略评估算法。3.5.4 节将给出一个基于模型的、直接模拟的策略评估算法。3.5.5 节将介绍策略改进部分，以及近似策略迭代。3.5.6 节将给出近似策略迭代的理论分析。3.5.7 节将给出一个数值算例（图 3.8 没有给出最后两节的内容）。

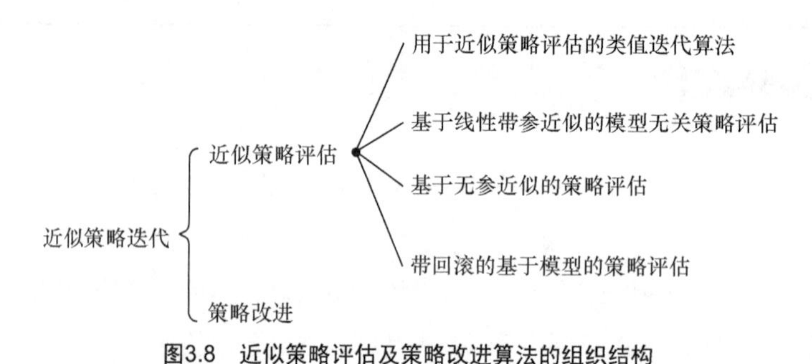

图3.8　近似策略评估及策略改进算法的组织结构

3.5.1　用于近似策略评估的类值迭代算法

沿用与近似值迭代类似的推导方式，我们将讨论一类近似策略评估算法。这些算法可以是基于模型的或与模型无关的算法，既可用于带参逼近器又可用于无参逼近器。这里，将主要介绍带参近似策略评估算法，并重点讨论两种典型的算法：基于模型的算法和与模型无关的算法。这两种算法分别类似于近似 Q 值迭代算法（3.4.1 节）和拟合 Q 值迭代算法（3.4.2 节）。为了简化表述，我们将两类算法对比介绍。

在第 2 章中我们介绍的第一个算法就是基于模型的、使用 Q 值函数的策略评估算法（2.3.1 节）。这里 h 表示被评估的策略。Q 值函数的策略评估开始于任意初始 Q 值函数 Q_0^h，公式（2.38）中每一轮 τ 的更新重写如下。

$$Q_{\tau+1}^{h}=T^{h}(Q_{\tau}^{h})$$

其中，T^h 为策略评估映射，在确定性情况下如公式（2.35），在随机性情况下如公式（2.36）。在策略 h 下，算法将逐渐收敛至 Q^h，Q^h 即贝尔曼方程（2.39）的解，这里我们重写公式（2.39）。

$$Q^{h}=T^{h}(Q^{h}) \tag{3.31}$$

采用与近似 Q 值迭代类似的方法（详见 3.4.1 节），Q 值函数策略评估可以被扩展到近似情况。与近似 Q 值迭代一样，根据近似映射 $F:\mathbb{R}^n\to\mathcal{Q}$，利用参数向量 $\boldsymbol{\theta}^h\in\mathbb{R}^n$ 紧凑表示 Q 值函数。投影映射 $P:\mathcal{Q}\to\mathbb{R}^n$ 用于求解能很好地表示更新后的 Q 值函数的参数向量。

基于 Q 值函数的迭代近似策略评估，开始于任意的参数向量 $\boldsymbol{\theta}_0^h$（一般取 $\mathbf{0}$），并在每一轮迭代 τ，利用组合映射 P、T^h、F 更新参数向量。

$$\boldsymbol{\theta}_{\tau+1}^{h}=(P\circ T^{h}\circ F)(\boldsymbol{\theta}_{\tau}^{h}) \tag{3.32}$$

当 $\hat{\boldsymbol{\theta}}^h$ 满足一定的条件时，算法终止。与值迭代情况一样，组合映射 $P\circ T^h\circ F$ 是收缩的，因此，更新公式（3.32）逐渐收敛到一个不动点 $\boldsymbol{\theta}^h$。如果 F 和 P 是非扩张的，则算法一定可以收敛。

作为一个实例，算法 3.6 给出了在确定 MDP 环境下基于 Q 值函数的近似策略评估算法，这里利用最小二乘映射［公式（3.14）］求解参数。在算法中，$Q_{\tau+1}^{h,\ddagger}$ 仅仅是一个中间变量，用于存储被更新的 Q 值函数。

$$Q_{\tau+1}^{h,\ddagger}=(T^{h}\circ F)(\boldsymbol{\theta}_{\tau}^{h})$$

因为考虑的是确定 MDP 情况，所以在算法 3.6 的第 4 行，关于 $Q_{\tau+1}^{h,\ddagger}(\boldsymbol{x}_{l_s},\boldsymbol{u}_{l_s})$ 的计算采用的是策略评估映射［公式（3.35）］。这与算法 3.1 关于 MDP 的近似 Q 值迭代算法类似。

算法 3.6　确定 MDP 下的基于 Q 值函数的近似策略评估

Input: 被评估的策略 h、动态性 f、奖励函数 ρ、折扣因子 γ、近似映射 F、样本集 $\left\{(\boldsymbol{x}_{l_s},\boldsymbol{u}_{l_s})\mid l_s=1,\cdots,n_s\right\}$

1. 初始化参数向量，如 $\boldsymbol{\theta}_0^h\leftarrow 0$
2. **repeat** 在每一轮迭代 $\tau=0,1,2\cdots$
3. 　　**for** $l_s=1,\cdots,n_s$ **do**
4. 　　　　$Q_{\tau+l_s}^{h,\ddagger}(\boldsymbol{x}_{l_s},\boldsymbol{u}_{l_s})\leftarrow\rho(\boldsymbol{x}_{l_s},\boldsymbol{u}_{l_s})+\gamma[F(\boldsymbol{\theta}_{\tau}^{h})](f(\boldsymbol{x}_{l_s},\boldsymbol{u}_{l_s}),h(f(\boldsymbol{x}_{l_s},\boldsymbol{u}_{l_s})))$
5. 　　**end for**
6. 　　$\boldsymbol{\theta}_{\tau+1}^{h}\leftarrow\boldsymbol{\theta}^{h,\ddagger}$，其中，$\boldsymbol{\theta}^{h,\ddagger}\in\arg\min_{\boldsymbol{\theta}}\sum_{l_s=1}^{n_s}\left(Q_{\tau+1}^{h,\ddagger}(\boldsymbol{x}_{l_s},\boldsymbol{u}_{l_s})-[F(\boldsymbol{\theta})](\boldsymbol{x}_{l_s},\boldsymbol{u}_{l_s})\right)^2$
7. **until** $\boldsymbol{\theta}_{\tau+1}^{h}$ 是可满足的

Output: $\hat{\boldsymbol{\theta}}^h=\boldsymbol{\theta}_{\tau+1}^{h}$

我们阐述的第二个算法类似于拟合 Q 值迭代算法，因此，该算法也被称为基于 Q 值函数的拟合策略评估算法。该算法也可以看作基于 Q 值的近似策略评估算法的一个与模型无关的版本。在该算法中，假设得到一批迁移样本数据：

$$\{(\boldsymbol{x}_{l_s}, \boldsymbol{u}_{l_s}, \boldsymbol{x}'_{l_s}, r_{l_s}) \mid l_s = 1, \cdots, n_s\}$$

对于每个 l_s，在当前状态 $\boldsymbol{x}_{l_s}$ 下采取动作 $\boldsymbol{u}_{l_s}$，得到下一状态 $\boldsymbol{x}'_{l_s}$ 和奖赏 r_{l_s}。在每轮迭代中，样本的更新 Q 值函数 $Q^{h,\ddagger}_{\tau+1}$，通过公式计算：

$$Q^{h,\ddagger}_{\tau+1,l_s} = r_{l_s} + \gamma[F(\boldsymbol{\theta}_\tau)][\boldsymbol{x}'_{l_s}, h(\boldsymbol{x}'_{l_s})]$$

在确定性情况下，$Q^{h,\ddagger}_{\tau+1,l_s}$ 的值等于 $Q^{h,\ddagger}_{\tau+1}(\boldsymbol{x}_{l_s}, \boldsymbol{u}_{l_s})$ 的值（详见算法 3.6 的第 4 行）。在随机性情况下，用一个随机样本的更新 Q 值函数 $Q^{h,\ddagger}_{\tau+1,l_s}$ 来替代期望值。一个完整的策略迭代算法还应该包括使用样本数据 $\{(\boldsymbol{x}_{l_s}, \boldsymbol{u}_{l_s}), Q^{h,\ddagger}_{\tau+1,l_s}\}$，利用投影映射更新参数向量的过程。

算法 3.7 给出了一个基于 Q 值函数的拟合策略评估算法，这里利用最小二乘投影来求解参数向量。应当注意的是，在确定性情况下，如果算法 3.7 和算法 3.6 使用相同的函数逼近器、投影映射以及相同的状态-动作样本数据 $(\boldsymbol{x}_{l_s}, \boldsymbol{u}_{l_s})$，那么两个算法是完全相同的。

算法 3.7　基于 Q 值函数的拟合策略评估

Input：被评估的策略 h、折扣因子 γ、近似映射 F，样本集 $\left\{(\boldsymbol{x}_{l_s}, \boldsymbol{u}_{l_s}, \boldsymbol{x}'_{l_s}, r_{l_s}) \mid l_s = 1, \cdots, n_s\right\}$

1. 初始化参数向量，如 $\boldsymbol{\theta}^h_0 \leftarrow \boldsymbol{0}$
2. **repeat** 在每一轮迭代 $\tau = 0, 1, 2 \cdots$
3. 　　**for** $l_s = 1, \cdots, n_s$ **do**
4. 　　　　$Q^{h,\ddagger}_{\tau+1,l_s} \leftarrow r_{l_s} + \gamma[F(\boldsymbol{\theta}^h_\tau)](\boldsymbol{x}'_{l_s}, h(\boldsymbol{x}'_{l_s}))$
5. 　　**end for**
6. 　　$\boldsymbol{\theta}^h_{\tau+1} \leftarrow \boldsymbol{\theta}^{h,\ddagger}$，其中，$\boldsymbol{\theta}^{h,\ddagger} \in \arg\min_{\boldsymbol{\theta}} \sum_{l_s=1}^{n_s}\left(Q^{h,\ddagger}_{\tau+1,l_s} - [F(\boldsymbol{\theta})](\boldsymbol{x}_{l_s}, \boldsymbol{u}_{l_s})\right)^2$
7. **until** $\boldsymbol{\theta}^h_{\tau+1}$ 是可满足的

Output：$\widehat{\boldsymbol{\theta}}^h = \boldsymbol{\theta}^h_{\tau+1}$

3.5.2 基于线性带参近似的模型无关策略评估

当使用线性带参逼近器时，我们可以构造一个不同的、专门用于近似策略评估的框架。将线性逼近器与线性策略评估映射相结合，可以推出一种特殊的贝尔曼方程的近似形式，称为“投影贝尔曼方程”，该方程关于参数向量是线性的。[7] 目前，已经有很多非常有效的方法可以用于该方程的求解。相比较而言，在近似值迭代中，即使函数逼近器是线性带参的，最大操作也会导致非线性。

下面介绍投影贝尔曼方程，随后介绍几种重要的用于求解投影贝尔曼方程的模型无关策略评估算法。

1. 投影贝尔曼方程

假设 X 和 U 中包含有限个元素，其中，$X=\{\boldsymbol{x}_1,\cdots,\boldsymbol{x}_{\bar{N}}\}$，$U=\{\boldsymbol{u}_1,\cdots,\boldsymbol{u}_{\bar{M}}\}$。由于状态空间是有限的，因此，状态迁移模型可以为公式（2.14）的形式，策略评估映射 T^h 可以写成公式（2.37）的加和形式。这里为了引用方便，重新给出定义。

$$[T^h(Q)](\boldsymbol{x},\boldsymbol{u})=\sum_{x'}\bar{f}(\boldsymbol{x},\boldsymbol{u},\boldsymbol{x}')\left[\tilde{\rho}(\boldsymbol{x},\boldsymbol{u},\boldsymbol{x}')+\gamma Q(\boldsymbol{x}',h(\boldsymbol{x}'))\right] \tag{3.33}$$

根据公式（3.3），在线性参数情况下，近似 Q 值函数 $\hat{Q}^h$ 可以写成如下形式。

$$\hat{Q}^h(\boldsymbol{x},\boldsymbol{u})=\boldsymbol{\phi}^{\mathrm{T}}(\boldsymbol{x},\boldsymbol{u})\boldsymbol{\theta}^h$$

其中，$\boldsymbol{\phi}(\boldsymbol{x},\boldsymbol{u})=[\phi_1(\boldsymbol{x},\boldsymbol{u}),\cdots,\phi_n(\boldsymbol{x},\boldsymbol{u})]^{\mathrm{T}}$ 为 BF 向量，$\boldsymbol{\theta}^h$ 为参数向量。该近似 Q 值函数满足以下近似贝尔曼方程，该方程被称为投影贝尔曼方程。[8]

$$\hat{Q}^h=(P^w\circ T^h)(\hat{Q}^h) \tag{3.34}$$

其中，P^w 表示在可表达的（近似）Q 值函数空间（基函数覆盖的空间）上做带权最小二乘投影。

$$\{\boldsymbol{\phi}^{\mathrm{T}}(\boldsymbol{x},\boldsymbol{u})\boldsymbol{\theta}\mid\boldsymbol{\theta}\in\mathbb{R}^n\}$$

投影 P^w 由公式（3.35）定义：

$$[P^w(Q)](\boldsymbol{x},\boldsymbol{u})=\boldsymbol{\phi}^{\mathrm{T}}(\boldsymbol{x},\boldsymbol{u})\boldsymbol{\theta}^{\ddagger}, \tag{3.35}$$

其中，$\boldsymbol{\theta}^{\ddagger}\in\arg\max_{\boldsymbol{\theta}}\sum_{(\boldsymbol{x},\boldsymbol{u})\in X\times U}w(\boldsymbol{x},\boldsymbol{u})\left(\boldsymbol{\phi}^{\mathrm{T}}(\boldsymbol{x},\boldsymbol{u})\boldsymbol{\theta}-Q(\boldsymbol{x},\boldsymbol{u})\right)^2$

这里权重函数 $w:X\times U\to[0,1]$ 用于控制近似误差的分布。通常权重函数解释为状态-动作空间的

---

[7] 另外一类重要的策略评估方法的目标是最小化贝尔曼误差（残差），这个误差就是贝尔曼等式两端的差值（Baird，1995；Antos 等.，2008b；Farahmand 等，2009b）。例如，对于公式（3.31）中关于 Q^h 的贝尔曼方程，（二次）贝尔曼误差为 $\int_{X\times U}(\hat{Q}^h(\boldsymbol{x},\boldsymbol{u})-[T^h(\hat{Q}^h)](\boldsymbol{x},\boldsymbol{u}))^2\mathrm{d}(\boldsymbol{x},\boldsymbol{u})$。我们将焦点集中在投影策略评估上，本书的后续章节中重点讨论这类方法。

[8] 下面给出投影贝尔曼方程的多步版本。与（单步）策略评估映射 T^h 不同，该版本使用多步映射：

$$T_\lambda^h(Q)=(1-\lambda)\sum_{k=0}^{\infty}\lambda^k(T^h)^{k+1}(Q)$$

其中，$\lambda\in[0,1)$ 是标量参数，$(T^h)^k$ 表示 T^h 的 k 次组合，即 $T^h\circ T^h\circ\cdots\circ T^h$。但在本章及后续章节，我们只考虑单步情况，即 λ=0。

概率分布，因此，一定满足$\sum_{x,u} w(x, u) = 1$。例如，在一些与模型无关策略评估算法中，由 w 给定的分布可用于生成算法使用的样本。在一定条件下，投影贝尔曼映射$P^w \circ T^h$是收缩的，因此，投影贝尔曼方程存在唯一解（不动点）$\hat{Q}^h$（Bertsekas（2007），6.3 节给出了针对 V 值函数逼近背景下关于收敛条件的讨论）。

图 3.9 给出了投影贝尔曼方程的示意。

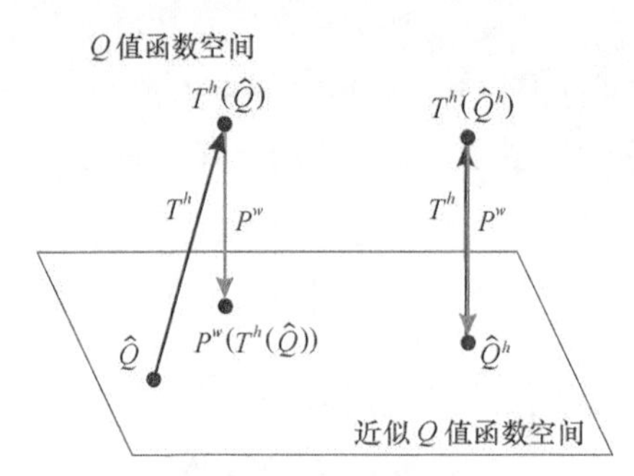

图3.9 投影贝尔曼方程的概念说明图

（注：先后将T^h和P^w作用于普通的近似Q值函数$\hat{Q}$，投影到近似Q值函数空间中的不同点（图左侧），并先后将T^h、P^w作用于投影贝尔曼方程的不动点$\hat{Q}^h$，投影到近似Q值函数空间中的同一个点（图右侧）。）

2．投影贝尔曼方程的矩阵形式

下面推导投影贝尔曼方程的矩阵形式，它是以参数向量的形式给出的。后续章节在研究求解投影贝尔曼方程的算法时，将会用到矩阵形式。为了更方便地介绍投影贝尔曼方程的矩阵形式，我们用 $\boldsymbol{x}_i$ 和 $\boldsymbol{u}_j$ 分别表示状态和动作（这里状态、动作都暂时假定为离散的）。

首先，给出策略评估映射［公式（3.33）］的矩阵形式，$\boldsymbol{T}^h : \mathbb{R}^{\bar{N}\bar{M}} \to \mathbb{R}^{\bar{N}\bar{M}}$，如公式（3.36）。

$$\boldsymbol{T}^h(\boldsymbol{Q}) = \tilde{\boldsymbol{\rho}} + \gamma \bar{\boldsymbol{f}} \boldsymbol{h} \boldsymbol{Q} \tag{3.36}$$

对应于第 i 个状态、第 j 个动作的标量索引为$[i, j]$，即$[i, j] = i + (j-1)\bar{N}$。公式（3.36）中的向量和矩阵定义如下。[9]

- $\boldsymbol{Q} \in \mathbb{R}^{\bar{N}\bar{M}}$ 为 Q 的向量表示，有 $Q_{[i,j]} = Q(\boldsymbol{x}_i, \boldsymbol{u}_j)$。
- $\tilde{\boldsymbol{\rho}} \in \mathbb{R}^{\bar{N}\bar{M}}$ 为 $\tilde{\rho}$ 的向量表示，其中，元素 $\tilde{\boldsymbol{\rho}}_{[i,j]}$ 为在状态 x_i 下采用动作 $\boldsymbol{u}_j$ 时的期望奖赏，即 $\tilde{\boldsymbol{\rho}}_{[i,j]} = \sum_{i'} \bar{f}(\boldsymbol{x}_i, \boldsymbol{u}_j, \boldsymbol{x}_{i'}) \tilde{\rho}(\boldsymbol{x}_i, \boldsymbol{u}_j, \boldsymbol{x}_{i'})$。
- $\bar{\boldsymbol{f}} \in \mathbb{R}^{\bar{N}\bar{M} \times \bar{N}}$ 为 $\bar{f}$ 的矩阵表示，有 $\bar{\boldsymbol{f}}_{[i,j],i'} = \bar{f}(\boldsymbol{x}_i, \boldsymbol{u}_j, \boldsymbol{x}_{i'})$。其中，$\bar{\boldsymbol{f}}_{[i,j],i'}$ 表示矩阵 $\bar{\boldsymbol{f}}$ 中第$[i, j]$行、第 i' 列所对应的元素。

[9] 粗体符号用于表示函数和映射的矩阵或向量，普通向量和矩阵用普通字体显示。

- $\boldsymbol{h} \in \mathbb{R}^{\bar{N} \times \bar{N}\bar{M}}$ 为 h 的矩阵表示。当 $i' = i, h(\boldsymbol{x}_i) = \boldsymbol{u}_j$ 时，$\boldsymbol{h}_{i',[i,j]} = 1$，否则 $\boldsymbol{h}_{i',[i,j]} = 0$。利用策略的矩阵表示形式，可以很容易表示一个随机策略，其中，$\boldsymbol{h}_{i,[i,j]}$ 的值等于在状态 $\boldsymbol{x}_i$ 下采用动作 $\boldsymbol{u}_j$ 的概率，且对于所有的 $i' \neq i$，$\boldsymbol{h}_{i',[i,j]}=0$。

现在考虑近似策略评估。定义 BF 矩阵 $\boldsymbol{\phi} \in \mathbb{R}^{\bar{N}\bar{M} \times n}$ 及对角权重矩阵 $\boldsymbol{w} \in \mathbb{R}^{\bar{N}\bar{M} \times \bar{N}\bar{M}}$ 如下。

$$\boldsymbol{\phi}_{[i,j],l} = \phi_l(\boldsymbol{x}_i, \boldsymbol{u}_j)$$

$$\boldsymbol{w}_{[i,j],[i,j]} = w(\boldsymbol{x}_i, \boldsymbol{u}_j)$$

利用基函数矩阵 $\boldsymbol{\phi}$，对应于参数 $\boldsymbol{\theta}$ 的近似 Q 值向量为

$$\hat{\boldsymbol{Q}} = \boldsymbol{\phi\theta}$$

公式（3.34）的投影贝尔曼方程可以写成公式（3.37）形式。

$$\boldsymbol{P}^w \boldsymbol{T}^h (\hat{\boldsymbol{Q}}^h) = \hat{\boldsymbol{Q}}^h \tag{3.37}$$

其中，$\boldsymbol{P}^w$ 为投影操作符 P^w 的矩阵形式，我们可以给出一个关于 $\boldsymbol{P}^w$ 的封闭表示形式（Lagoudakis 和 Parr，2003a）。

$$\boldsymbol{P}^w = \boldsymbol{\phi}(\boldsymbol{\phi}^{\mathrm{T}} \boldsymbol{w\phi})^{-1} \boldsymbol{\phi}^{\mathrm{T}} \boldsymbol{w}$$

用关于 $\boldsymbol{P}^w$ 的封闭形式表达式、关于 $\boldsymbol{T}^h$ 的公式（3.36）、关于近似 Q 向量的表达式 $\hat{\boldsymbol{Q}}^h = \boldsymbol{\phi\theta}^h$ 对公式（3.37）进行替换，结果如下。

$$\boldsymbol{\phi}(\boldsymbol{\phi}^{\mathrm{T}} \boldsymbol{w\phi})^{-1} \boldsymbol{\phi}^{\mathrm{T}} \boldsymbol{w}(\tilde{\boldsymbol{\rho}} + \gamma \bar{\boldsymbol{f}} \boldsymbol{h\phi\theta}^h) = \boldsymbol{\phi\theta}^h$$

这是一个关于参数向量 $\boldsymbol{\theta}^h$ 的线性方程。分别将公式两边左乘 $\boldsymbol{\phi}^{\mathrm{T}} \boldsymbol{w}$，重新整理得

$$\boldsymbol{\phi}^{\mathrm{T}} \boldsymbol{w\phi\theta}^h = \gamma \boldsymbol{\phi}^{\mathrm{T}} \boldsymbol{w} \bar{\boldsymbol{f}} \boldsymbol{h\phi\theta}^h + \boldsymbol{\phi}^{\mathrm{T}} \boldsymbol{w} \tilde{\boldsymbol{\rho}}$$

引入矩阵 $\boldsymbol{\Gamma}(\boldsymbol{\Lambda} \in \mathbb{R}^{n \times n})$ 以及向量 $\boldsymbol{z} \in \mathbb{R}^n$。

$$\boldsymbol{\Gamma} = \boldsymbol{\phi}^{\mathrm{T}} \boldsymbol{w\phi},\ \ \boldsymbol{\Lambda} = \boldsymbol{\phi}^{\mathrm{T}} \boldsymbol{w} \bar{\boldsymbol{f}} \boldsymbol{h\phi},\ \ \boldsymbol{z} = \boldsymbol{\phi}^{\mathrm{T}} \boldsymbol{w} \tilde{\boldsymbol{\rho}}$$

投影贝尔曼方程可以写成公式（3.38）的矩阵形式。

$$\boldsymbol{\Gamma\theta}^h = \gamma \boldsymbol{\Lambda\theta}^h + \boldsymbol{z} \tag{3.38}$$

因此，近似策略评估不再需要解原始的关于 Q 值函数的高维贝尔曼方程组［公式（3.31）］，而只需要对关于 $\boldsymbol{\theta}^h$ 的低维方程［公式（3.38）］求解。根据公式（3.3），利用方程组的解 $\boldsymbol{\theta}^h$ 就可以求出近似 Q 值函数。

另外，我们也将矩阵 $\boldsymbol{\Gamma}$、$\boldsymbol{\Lambda}$ 以及向量 $\boldsymbol{z}$ 写成更简单的矩阵、向量求和的形式（Lagoudakis 和 Parr，2003a），如公式（3.39）。

$$
\begin{aligned}
\boldsymbol{\Gamma} &= \sum_{i=1}^{\bar{N}} \sum_{j=1}^{\bar{M}} \left[\boldsymbol{\phi}(\boldsymbol{x}_i, \boldsymbol{u}_j) w(\boldsymbol{x}_i, \boldsymbol{u}_j) \boldsymbol{\phi}^{\mathrm{T}}(\boldsymbol{x}_i, \boldsymbol{u}_j) \right] \\
\boldsymbol{\Lambda} &= \sum_{i=1}^{\bar{N}} \sum_{j=1}^{\bar{M}} \left[\boldsymbol{\phi}(\boldsymbol{x}_i, \boldsymbol{u}_j) w(\boldsymbol{x}_i, \boldsymbol{u}_j) \sum_{i'=1}^{\bar{N}} \left(\bar{\boldsymbol{f}}(\boldsymbol{x}_i, \boldsymbol{u}_j, \boldsymbol{x}_{i'}) \boldsymbol{\phi}^{\mathrm{T}}(\boldsymbol{x}_{i'}, h(\boldsymbol{x}_{i'})) \right) \right] \\
\boldsymbol{z} &= \sum_{i=1}^{\bar{N}} \sum_{j=1}^{\bar{M}} \left[\boldsymbol{\phi}(\boldsymbol{x}_i, \boldsymbol{u}_j) w(\boldsymbol{x}_i, \boldsymbol{u}_j) \sum_{i'=1}^{\bar{N}} \left(\bar{\boldsymbol{f}}(\boldsymbol{x}_i, \boldsymbol{u}_j, \boldsymbol{x}_{i'}) \boldsymbol{\rho}(\boldsymbol{x}_i, \boldsymbol{u}_j, \boldsymbol{x}_{i'}) \right) \right]
\end{aligned}
\tag{3.39}
$$

在公式（3.39）中，为什么关于向量 $\boldsymbol{z}$ 的计算中包含对 i' 的求和？其原因是向量 $\tilde{\boldsymbol{\rho}}$ 中的每一个元素 $\tilde{\boldsymbol{\rho}}_{[i,j]}$ 都是在状态 $\boldsymbol{x}_i$ 下采用动作 $\boldsymbol{u}_j$ 而得到的奖赏值的期望。

3．模型无关的投影策略评估

一些功能强大的近似策略评估都是在与模型无关的情况下，利用迁移样本估计 $\boldsymbol{\Gamma}$ 、$\boldsymbol{\Lambda}$ 和 $\boldsymbol{z}$ 对投影贝尔曼方程的矩阵形式［公式（3.38）］进行求解的。由于公式（3.38）是一个线性方程，因此，算法的执行效率很高。另外，这类算法是关于样本高效的，即随着所使用的样本数量的增加，可以快速逼近问题的解。具体可以参考 Konda（2002，第 6 章）、Yu 和 Bertsekas（2006，2009）的关于 V 值函数逼近的内容。

考虑一组迁移样本

$$
\{(\boldsymbol{x}_{l_s}, \boldsymbol{u}_{l_s}, \boldsymbol{x}'_{l_s} \sim \bar{\boldsymbol{f}}(\boldsymbol{x}_{l_s}, \boldsymbol{u}_{l_s}, \cdot), r_{l_s} = \tilde{\boldsymbol{\rho}}(\boldsymbol{x}_{l_s}, \boldsymbol{u}_{l_s}, \boldsymbol{x}'_{l_s})) \mid l_s = 1, \cdots, n_s\}
$$

这组样本是通过从加权函数 w 给出的分布中抽取状态–动作样本 $(\boldsymbol{x}, \boldsymbol{u})$ 构造的：每个状态–动作对 $(\boldsymbol{x}, \boldsymbol{u})$ 出现的概率等于它的权重 $w(\boldsymbol{x}, \boldsymbol{u})$ 。利用这组样本，根据公式（3.40），对 $\boldsymbol{\Gamma}$ 、$\boldsymbol{\Lambda}$ 以及 $\boldsymbol{z}$ 进行估计，更新公式如下。

$$
\begin{aligned}
&\boldsymbol{\Gamma}_0 = \boldsymbol{0},\ \boldsymbol{\Lambda}_0 = \boldsymbol{0},\ \boldsymbol{z}_0 = \boldsymbol{0} \\
&\boldsymbol{\Gamma}_{l_s} = \boldsymbol{\Gamma}_{l_s-1} + \boldsymbol{\phi}(\boldsymbol{x}_{l_s}, \boldsymbol{u}_{l_s}) \boldsymbol{\phi}^{\mathrm{T}}(\boldsymbol{x}_{l_s}, \boldsymbol{u}_{l_s}) \\
&\boldsymbol{\Lambda}_{l_s} = \boldsymbol{\Lambda}_{l_s-1} + \boldsymbol{\phi}(\boldsymbol{x}_{l_s}, \boldsymbol{u}_{l_s}) \boldsymbol{\phi}^{\mathrm{T}}(\boldsymbol{x}'_{l_s}, h(\boldsymbol{x}'_{l_s})) \\
&\boldsymbol{z}_{l_s} = \boldsymbol{z}_{l_s-1} + \boldsymbol{\phi}(\boldsymbol{x}_{l_s}, \boldsymbol{u}_{l_s}) r_{l_s}
\end{aligned}
\tag{3.40}
$$

该更新公式可由公式（3.39）推导得出。

关于 Q 值函数的最小二乘时间差分算法（LSTD-Q，Least Squares Temporal Difference for Q-functions）（Lagoudakis 等，2002；Lagoudakis 和 Parr，2003a）是一种策略评估算法。该算法利用公式（3.40）处理样本，并在算法执行过程中通过求解方程（3.41）寻找近似参数向量 $\hat{\boldsymbol{\theta}}^h$ 。

$$
\frac{1}{n_s} \boldsymbol{\Gamma}_{n_s} \hat{\boldsymbol{\theta}}^h = \gamma \frac{1}{n_s} \boldsymbol{\Lambda}_{n_s} \hat{\boldsymbol{\theta}}^h + \frac{1}{n_s} \boldsymbol{z}_{n_s}
\tag{3.41}
$$

由于公式（3.41）中两边都包含 $\hat{\boldsymbol{\theta}}^h$ ，因此，该方程可以简化为

$$\frac{1}{n_s}(\boldsymbol{\Gamma}_{n_s}-\gamma\boldsymbol{\Lambda}_{n_s})\hat{\boldsymbol{\theta}}^h=\frac{1}{n_s}z_{n_s}$$

尽管从形式上看，公式两边不需要同时除以 n_s，但是这样做有助于提高算法的数值稳定性（当 n_s 很大时，$\boldsymbol{\Gamma}$、$\boldsymbol{\Lambda}$ 及 z 的值可能会很大）。类似于关于 V 值函数的算法与最小二乘时间的结合，LSTD-Q 也是对早期算法的扩展，被称作最小二乘时间差分算法（Bradtke 和 Barto，1996；Boyan，2002）。

除了 LSTD-Q 外，LSPE-Q 也是一种关于 Q 值函数的最小二乘策略评估算法（LSPE-Q，Least Squares Policy Evaluation for Q-functions）。该算法开始于任意初始参数向量 $\boldsymbol{\theta}_0$，增量更新公式如公式（3.42）。

$$\boldsymbol{\theta}_{l_s}=\boldsymbol{\theta}_{l_s-1}+\alpha(\boldsymbol{\theta}_{l_s}^{\ddagger}-\boldsymbol{\theta}_{l_s-1}),\quad \text{其中},\frac{1}{l_s}\boldsymbol{\Gamma}_{l_s}\boldsymbol{\theta}_{l_s}^{\ddagger}=\gamma\frac{1}{l_s}\boldsymbol{\Lambda}_{l_s}\boldsymbol{\theta}_{l_s-1}+\frac{1}{l_s}z_{l_s} \tag{3.42}$$

其中，α 为步长参数。算法执行初期，在被处理的样本量较少的情况下，为了确保矩阵 $\boldsymbol{\Gamma}$ 是可逆的，可以将 $\boldsymbol{\Gamma}$ 初始化为一个单位矩阵的倍数，该倍数可以是一个很小的值。随着处理样本数量的增加，方程两边同时除以 l_s 可以提高更新的稳定性。与 LSTD-Q 一样，LSPE-Q 也是从 V 值函数的最小二乘策略评估算法（LSPE）（Bertseka 和 Ioffe，1996）发展而来的。

算法 3.8、算法 3.9 分别以程序的形式给出了 LSTD-Q、LSPE-Q 算法。LSTD-Q 是一次性算法，参数向量的计算不依赖于样本的处理顺序。而 LSPE-Q 是增量式算法，当前参数向量依赖于之前的参数向量 $\boldsymbol{\theta}_0,\cdots,\boldsymbol{\theta}_{l_s-1}$，因此，样本的处理顺序是至关重要的。

算法 3.8　基于 Q 值函数的最小二乘时间差分

Input： 被评估的策略 h、折扣因子 γ、BF $\phi_1,\cdots,\phi_n: X\times U\to\mathbb{R}$、样本集 $\left\{(x_{l_s},u_{l_s},x'_{l_s},r_{l_s})\,|\,l_s=1,\cdots,n_s\right\}$

1. $\boldsymbol{\Gamma}_0\leftarrow 0$, $\boldsymbol{\Lambda}_0\leftarrow \mathbf{0}$, $z_0\leftarrow 0$
2. **for** $l_s=1,\cdots,n_s$ **do**
3. $\quad\boldsymbol{\Gamma}_{l_s}\leftarrow\boldsymbol{\Gamma}_{l_s-1}+\boldsymbol{\phi}(\boldsymbol{x}_{l_s},\boldsymbol{u}_{l_s})\boldsymbol{\phi}^{\mathrm{T}}(\boldsymbol{x}_{l_s},\boldsymbol{u}_{l_s})$
4. $\quad\boldsymbol{\Lambda}_{l_s}\leftarrow\boldsymbol{\Lambda}_{l_s-1}+\boldsymbol{\phi}(\boldsymbol{x}_{l_s},\boldsymbol{u}_{l_s})\boldsymbol{\phi}^{\mathrm{T}}(\boldsymbol{x}'_{l_s},h(\boldsymbol{x}'_{l_s}))$
5. $\quad z_{l_s}\leftarrow z_{l_s-1}+\boldsymbol{\phi}(\boldsymbol{x}_{l_s},\boldsymbol{u}_{l_s})r_{l_s}$
6. **end for**
7. 解关于 $\hat{\boldsymbol{\theta}}^h$ 方程：$\frac{1}{n_s}\boldsymbol{\Gamma}_{n_s}\hat{\boldsymbol{\theta}}^h=\gamma\frac{1}{n_s}\boldsymbol{\Lambda}_{n_s}\hat{\boldsymbol{\theta}}^h+\frac{1}{n_s}z_{n_s}$

Output： $\hat{\boldsymbol{\theta}}^h$

算法 3.9 基于 Q 值函数的最小二乘策略评估

Input：被评估的策略 h、折扣因子 γ 、BF $\phi_1,\cdots,\phi_n: X\times U\to\mathbb{R}$ 、样本集 $\{(\boldsymbol{x}_{l_s},\boldsymbol{u}_{l_s},\boldsymbol{x}'_{l_s},r_{l_s})\mid l_s=1,\cdots,n_s\}$ 步长 α 、小常数 $\beta_\Gamma>0$

1. $\boldsymbol{\Gamma}_0\leftarrow\beta_\Gamma\boldsymbol{I}$, $\boldsymbol{\Lambda}_0\leftarrow\boldsymbol{0}$, $z_0\leftarrow\boldsymbol{0}$
2. **for** $l_s=1,\cdots,n_s$ **do**
3. $\quad\boldsymbol{\Gamma}_{l_s}\leftarrow\boldsymbol{\Gamma}_{l_s-1}+\boldsymbol{\phi}(\boldsymbol{x}_{l_s},\boldsymbol{u}_{l_s})\boldsymbol{\phi}^{\mathrm{T}}(\boldsymbol{x}_{l_s},\boldsymbol{u}_{l_s})$
4. $\quad\boldsymbol{\Lambda}_{l_s}\leftarrow\boldsymbol{\Lambda}_{l_s-1}+\boldsymbol{\phi}(\boldsymbol{x}_{l_s},\boldsymbol{u}_{l_s})\boldsymbol{\phi}^{\mathrm{T}}(\boldsymbol{x}'_{l_s},h(\boldsymbol{x}'_{l_s}))$
5. $\quad z_{l_s}\leftarrow z_{l_s-1}+\boldsymbol{\phi}(\boldsymbol{x}_{l_s},\boldsymbol{u}_{l_s})r_{l_s}$
6. $\quad\boldsymbol{\theta}_{l_s}\leftarrow\boldsymbol{\theta}_{l_s-1}+\alpha(\boldsymbol{\theta}^{\ddagger}_{l_s}-\boldsymbol{\theta}_{l_s-1})$，其中，$\frac{1}{l_s}\boldsymbol{\Gamma}_{l_s}\boldsymbol{\theta}^{\ddagger}_{l_s}=\gamma\frac{1}{l_s}\boldsymbol{\Lambda}_{l_s}\boldsymbol{\theta}_{l_s-1}+\frac{1}{l_s}z_{l_s}$
7. **end for**

Output：$\hat{\boldsymbol{\theta}}^h=\boldsymbol{\theta}_{n_s}$

在 V 值函数近似的情况下，已被证明，这种基于最小二乘的算法可以收敛到投影贝尔曼方程的一个不动点，主要包括 Nedić 和 Bertsekas（2003）的关于 V 值函数的类 LSTD-Q 算法，Nedić 和 Bertsekas（2003）、Bertsekas 等（2004）的类 LSPE-Q 算法。这些成果可以很自然地推广至基于 Q 值函数的近似算法中。为了保证算法收敛，每一个状态-动作对 $(\boldsymbol{x},\boldsymbol{u})$ 的权重（被采样的概率）$w(\boldsymbol{x},\boldsymbol{u})$，应该等于由策略 h 所生成的无限长轨迹，该状态-动作对的稳态概率。[10]

值得注意的是，如果仅根据一个确定性策略来收集样本数据是无法满足要求的。其原因如下：若只收集 $(\boldsymbol{x},h(\boldsymbol{x}))$ 形式的状态-动作对，那么当 $\boldsymbol{u}\neq h(\boldsymbol{x})$ 时，状态-动作对 $(\boldsymbol{x},\boldsymbol{u})$ 的信息就无法获得（也就意味着，相应的权重 $w(\boldsymbol{x},\boldsymbol{u})$ 的值均为 0），因此，就很难对相应状态-动作对的 Q 值函数进行估计，而且也无法根据近似 Q 值函数进行策略改进。为了避免这个问题，探索是必需的，即需要按照一定的随机概率选择一个不同于 $h(\boldsymbol{x})$ 的动作。给定一个稳定（时间不变）的探索过程，LSTD-Q、LSPE-Q 都可以简单地评估新的、探索性的策略，因此，算法仍然可以保证收敛。

为了理解 LSTD-Q、LSPE-Q 的收敛性，下面我们给出一个直观（非形式化）的分析。当 $n_s\to\infty$ 时，$\frac{1}{n_s}\boldsymbol{\Gamma}_{n_s}\to\boldsymbol{\Gamma},\frac{1}{n_s}\boldsymbol{\Lambda}_{n_s}\to\boldsymbol{\Lambda}$ 且 $\frac{1}{n_s}z_{n_s}\to\boldsymbol{z}$ 。原因分析如下：首先，随着生成的状态-动作对样本数

[10] 从实用的角度来看，LSTD-Q 是一次性算法，它的解不受 $\boldsymbol{\Gamma}_{l_s}$ 顺序的影响。这意味着实验者不必太担心算法的收敛问题，而应更加关注得到解的唯一性以及解是否有意义。实际上，LSTD-Q 在很多权重函数 w 下，都会产生有意义的解，这一点在之后的第 3.5.7 节及第 5 章将做进一步说明。

量的增长，关于状态-动作对的经验数据分布逐渐趋近于真实分布 w。其次，随着给定状态-动作对 $(\boldsymbol{x},\boldsymbol{u})$ 迁移样本数量的增加，关于其下一状态 x' 的经验分布也将趋近于真实分布 $\bar{f}(\boldsymbol{x},\boldsymbol{u},\cdot)$，且给定 $\boldsymbol{x}$ 和 $\boldsymbol{u}$，奖赏的经验平均值也将逐渐趋近于其期望值。

由于 $\boldsymbol{\Gamma}$、$\boldsymbol{\Lambda}$ 及 $\boldsymbol{z}$ 的估计值都渐近收敛于各自的真实值，因此，通过 LSTD-Q 算法求得的解也将逐渐趋近于投影贝尔曼［公式（3.38）］的解。假设算法可以收敛，方程有唯一解 $\boldsymbol{\theta}^h$，那么 LSTD-Q 算法中的参数向量将渐近趋向该解。同理，当投影贝尔曼方程存在唯一不动点解时，LSPE-Q 逐渐等价于 LSTD-Q，也等价于求解投影贝尔曼方程。因此，如果 LSPE-Q 收敛，则算法的最终结果必收敛到 $\boldsymbol{\theta}^h$。事实上，可以证明，随着 n_s 的增长，LSPE-Q 以及 LSTD-Q 解的收敛速度将快于收敛到极限 $\boldsymbol{\theta}^h$ 的速度。这一点在 Yu 和 Bertsekas（2006，2009）的 V 值函数逼近背景下给出了相关证明。

当一些假设条件不满足时，比如在收集样本过程中被评估的策略发生变化时，LSTD-Q 可能要优于 LSPE-Q。3.5.5 节的乐观策略迭代可能会遇到这种情况。当一些前提条件不满足时，在迭代 LSPE-Q 中的更新［公式（3.42）］，可能会出现不稳定性，甚至无法收敛。而 LSTD-Q 只根据公式（3.41）计算一次，因此，对于这种不稳定性，算法具有更好的顽健性。另外，由于 LSPE-Q 是增量实现的，因此，LSPE-Q 又优于 LSTD-Q。例如，对于 LSPE-Q，如果算法的初始参数向量值选取得好，那么可能会取得较好的收敛结果。另外，在算法的执行过程中，不断减小步长参数 α 的值，可能会减轻由于前提条件不满足所导致的算法不稳定性。值得注意的是，目前也出现了一些增量 LSTD-Q 算法，但是增量实现是否有利于算法的收敛还无法确定。

以上推导都是在假设状态空间 X 和动作空间 U 有穷的前提下进行的。LSTD-Q、LSPE-Q 与更新的公式（3.40）结合，不需要任何其他变化，就可直接用于无穷的、不可数（比如连续）的状态-动作空间中。

从计算的角度看，公式（3.41）、公式（3.42）的线性方程组可以通过多种方式求解，例如，矩阵逆运算、高斯消元以及基于 Sherman-Morrison 公式的逆的增量计算。“朴素”矩阵求逆的计算代价为 $O(n^3)$。通过增量计算矩阵逆，算法的性能将会有所提高，但是解线性方程组的计算代价仍然大于 $O(n^2)$。为了进一步减小问题的计算代价，我们提出一些关于 LSTD-Q 的改进版本，在算法的每轮迭代中，仅有一小部分参数被修改（Geramifard 等，2006，2007）。当 BF 向量 $\boldsymbol{\phi}(\boldsymbol{x},\boldsymbol{u})$ 稀疏时，可以利用其稀疏性，使得更新公式（3.40）的计算效率得以提高。[11]

---

[11] 例如，对于例 3.1 描述的离散动作逼近器，BF 向量是稀疏的。这是因为对于所有与目前离散动作不同的动作，其 BF 向量对应的分量都为 0。

正如前面所叙述的，类最小二乘算法可用于计算近似 V 值函数（Bertsekas 和 Ioffe，1996；Bradtke 和 Barto，1996；Boyan，2002；Bertsekas，2007，第 6 章）。然而，正如 2.2 节所介绍的，根据 V 值函数很难对策略进行改进。也就是说，对于 V 值函数，策略改进需要一个完整的 MDP 模型，而且在随机性情况下，还需要估计关于迁移概率的期望值。

4. 基于梯度的策略评估

从研究历史来看，基于梯度的策略评估算法（Sutton，1988）要早于前面讨论的基于最小二乘的方法。在适当条件下，这类算法也可用于求解投影贝尔曼方程（3.34）。在文献中，该类算法被称为时间差分（TD，Temporal Difference）学习。TD 学习更多地用于 V 值函数逼近的背景中（Sutton，1988；Jaakkola 等，1994；Tsitsiklis 和 Van Roy，1997）。然而本章将给出一种基于 Q 值函数的梯度近似策略评估方法。

首先，以 SARSA 作为切入点来引出这个算法。回顾算法 2.7，SARSA 算法根据公式（2.40），利用五元组 $(\boldsymbol{x}_k, \boldsymbol{u}_k, r_{k+1}, \boldsymbol{x}_{k+1}, \boldsymbol{u}_{k+1})$ 在线更新 Q 值函数。

$$Q_{k+1}(\boldsymbol{x}_k, \boldsymbol{u}_k) = Q_k(\boldsymbol{x}_k, \boldsymbol{u}_k) + \alpha_k[r_{k+1} + \gamma Q_k(\boldsymbol{x}_{k+1}, \boldsymbol{u}_{k+1}) - Q_k(\boldsymbol{x}_k, \boldsymbol{u}_k)] \tag{3.43}$$

其中，α_k 为学习率。当根据固定策略 h 选择动作 $\boldsymbol{u}_k$ 时，SARSA 算法相当于在做策略评估（详见 2.4.2 节）。我们利用该性质，将公式（3.43）与基于梯度的更新相结合，得到预期的策略评估算法，即基于梯度的策略评估算法，这里也只考虑线性带参近似的情况。与 3.4.2 节给出的梯度 Q 学习算法推导方法类似，得到如公式（3.44）所示的更新规则。

$$\boldsymbol{\theta}_{k+1} = \boldsymbol{\theta}_k + \alpha_k[r_{k+1} + \gamma\boldsymbol{\phi}^{\mathrm{T}}(\boldsymbol{x}_{k+1}, \boldsymbol{u}_{k+1})\boldsymbol{\theta}_k - \boldsymbol{\phi}^{\mathrm{T}}(\boldsymbol{x}_k, \boldsymbol{u}_k)\boldsymbol{\theta}_k]\boldsymbol{\phi}(\boldsymbol{x}_k, \boldsymbol{u}_k) \tag{3.44}$$

其中，中括号中所给出的项为近似时间差分，因此，策略评估算法称为关于 Q 值函数的时间差分算法（TD-Q，Temporal Difference for Q-function）。相对应的关于 V 值函数的时间差分算法称为 TD 算法（Sutton，1988）。这里的 TD-Q 算法可以认为是 TD 算法的扩展版本。

与前面介绍的基于最小二乘的近似算法一样，TD-Q 也需要探索一些非策略给定的状态–动作对 $(\boldsymbol{x}, \boldsymbol{u})$，这里 $\boldsymbol{u} \neq h(\boldsymbol{x})$。算法 3.10 给出了 TD-Q 算法，这里的探索策略为 ε 贪心策略。在算法 3.10 中，由于第 k 步的更新需要用到下一个动作 $\boldsymbol{u}_{k+1}$，因此，动作 $\boldsymbol{u}_{k+1}$ 的选择要先于参数更新。

算法 3.10　带 ε 贪心探索的基于 Q 值函数的时间差分

Input: 折扣因子 γ，被评估的策略 h，BF $\phi_1,\cdots,\phi_n : X \times U \to \mathbb{R}$，探索设置 $\{\varepsilon_k\}_{k=0}^{\infty}$，学习率设置 $\{\alpha_k\}_{k=0}^{\infty}$

1. 初始化参数向量，如 $\boldsymbol{\theta}_0 \leftarrow \boldsymbol{0}$

续表

2. 初始状态 $\boldsymbol{x}_0$
3. $\boldsymbol{u}_0 \leftarrow \begin{cases} h(\boldsymbol{x}_0) & \text{, 以概率} 1-\varepsilon_0 \text{（利用）} \\ \text{在} U \text{中均匀随机地选择动作,} & \text{以概率} \varepsilon_0 \text{（探索）} \end{cases}$
4. **for** 每个时间步 $k = 0,1,2,\cdots$ **do**
5. 　采取 $\boldsymbol{u}_k$，得到下一个状态 $\boldsymbol{x}_{k+1}$ 和奖赏 r_{k+1}
6. 　$\boldsymbol{u}_{k+1} \leftarrow \begin{cases} h(\boldsymbol{x}_{k+1}) & \text{, 以概率} 1-\varepsilon_{k+1} \\ \text{在} U \text{中均匀随机地选择动作,} & \text{以概率} \varepsilon_{k+1} \end{cases}$
7. 　$\boldsymbol{\theta}_{k+1} \leftarrow \boldsymbol{\theta}_k + \alpha_k \left[r_{k+1} + \gamma \boldsymbol{\phi}^{\mathrm{T}}(\boldsymbol{x}_{k+1}, \boldsymbol{u}_{k+1})\boldsymbol{\theta}_k - \boldsymbol{\phi}^{\mathrm{T}}(\boldsymbol{x}_k, \boldsymbol{u}_k)\boldsymbol{\theta}_k \right] \boldsymbol{\phi}(\boldsymbol{x}_k, \boldsymbol{u}_k)$
8. **end for**

关于 V 值函数近似，Tsitsiklis 和 Van Roy（1997）对基于梯度的近似策略评估算法给出了详细的收敛性分析。在适当的条件下，这个理论证明可以推广到 Q 值函数近似的情况。一个很重要的条件是：策略 h 与探索相结合得到的随机策略 $\tilde{h}$ 必须具有时间不变性，这里可以通过保证探索具有时间不变性来实现，比如 ε 贪心策略，需要保证在任何时间步 k 下，ε_k 的值是相同的。因此，如果权重函数是由策略 $\tilde{h}$ 下状态–动作对的稳态分布给定的，那么在策略 $\tilde{h}$ 下，TD-Q 算法将逐渐收敛到投影贝尔曼方程的解。

与最小二乘近似算法（如 LSPE-Q 和 LSTD-Q）相比，基于梯度的近似算法（如 TD-Q）需要的计算量较小。TD-Q 的时间和空间复杂度都是 $O(n)$，因为算法只需要存储和更新长度为 n 的参数向量。相比较而言，LSPE-Q 和 LSTD-Q 的空间复杂度都是 $O(n^2)$，因为算法需要存储 $n \times n$ 的矩阵。如果利用求矩阵逆的“朴素”方法来解线性方程组，则算法的时间复杂度是 $O(n^3)$。另外，与最小二乘方法相比，为获得同样的精度，基于梯度的算法通常需要更多的样本数据（Konda，2002；Yu 和 Bertsekas，2006，2009），并且算法对学习率（或称步长参数）的设置比较敏感。LSTD-Q 中没有步长参数；而 LSPE-Q 中可选的步长参数范围很大，这一点 Bertsekas 等（2004）在关于 V 值函数的相关论文中有所介绍（这里当 $\alpha = 1$ 时，就是 LSPE-Q 的非增量式算法版本）。

目前，已经开展了将基于梯度的策略评估算法扩展到异策学习方面的研究，异策是指用于生成样本的策略与要评估的策略不同（Sutton 等，2009b，a）。与基本的 TD 学习（比如 TD-Q）相比，异策学习采用了不同的误差衡量标准（TD 学习误差衡量标准是：样本的近似值与真实值的均方误差）。

3.5.3 基于无参近似的策略评估

目前，已经出现了几种无参逼近器与近似策略评估相结合的算法。例如，将基于核的逼近器与LSTD（Xu 等，2005）、LSTD-Q（Xu 等，2007；Jung 和 Polani，2007b；Farahmand 等，2009b）、LSPE-Q（Jung 和 Polani，2007a，b）相结合。Rasmussen 和 Kuss（2004）、Engel 等（2003，2005）将高斯过程用于逼近策略评估中的 V 值函数。Taylor 和 Parr（2009）指出，在使用相同的样本和核函数的情况下，Rasmussen 等（2004）的算法与 Xu 等的算法（Xu 等，2005）会产生相同的解。另外，采取与 3.4.3 节拟合 Q 值迭代同样的研究路线，拟合策略评估算法（算法 3.7）可以扩展到无参的情况。Jodogne（2006）等提出一种无参的拟合策略评估算法，该算法利用极端随机树集逼近 Q 值函数。

正如 3.3.2 节所介绍的，如果所有的样本都是已知的，那么基于核的逼近器可以看作线性带参逼近器。在某些情况下，需要将带参的策略评估推广到无参情况，我们可以利用该性质作为理论保证（Xu 等，2007）。在样本有限的情况下，Farahmand 等（2009b）证明了基于核的 LSTD-Q 算法能提供有保证的性能。

在无参情况下，一个非常值得关注的问题是，控制逼近器的复杂性。许多无参的逼近器，比如基于核的方法或高斯过程方法，计算复杂度随着样本数量的增加而增高。因此，上面介绍的很多方法为了限制样本的数量都用到了核稀疏技术，以减小算法的计算复杂度（Xu 等，2007；Engel 等，2003，2005；Jung 和 Polani，2007a，b）。

3.5.4 带回滚的基于模型的近似策略评估

上述讨论的所有策略评估算法都是通过近似求解贝尔曼方程（3.31）而获得值函数。虽然此类方法非常有效，但是依然存在缺点。一个核心问题是算法需要一个优的值函数逼近器，而这样的函数逼近器通常难以获得。无参逼近在一定程度可以缓解这个问题。另一个问题是有时算法收敛的条件太苛刻，比如在近似 Q 值函数逼近中，需要线性带参逼近器。

另一类策略评估方法由于不需要确切的值函数表示，因此可以避免这些问题。值函数仅仅是在需要的时候，通过蒙特卡罗模拟对其进行评估。但是在用蒙特卡罗模拟评估值函数时，需要完整的环境模型，因此，这类算法是基于模型的。例如，为了评估给定状态-动作对 $(\boldsymbol{x}, \boldsymbol{u})$ 的 Q 值函数 $\hat{Q}(\boldsymbol{x}, \boldsymbol{u})$，需要模拟 N_{MC} 条轨迹，每条轨迹都是根据策略 h 生成的，开始于 $(\boldsymbol{x}, \boldsymbol{u})$，长度为 K。那么 Q 值函数的评估值就是沿着这些轨迹得到的样本回报平均值。

$$\hat{Q}^h(\boldsymbol{x},\boldsymbol{u})=\frac{1}{N_{\mathrm{MC}}}\sum_{i_0=1}^{N_{\mathrm{MC}}}\left[\tilde{\boldsymbol{\rho}}(\boldsymbol{x},\boldsymbol{u},\boldsymbol{x}_{i_0,1})+\sum_{k=1}^{K}\gamma^k\tilde{\boldsymbol{\rho}}(\boldsymbol{x}_{i_0,k},h(\boldsymbol{x}_{i_0,k}),\boldsymbol{x}_{i_0,k+1})\right] \tag{3.45}$$

其中，N_{MC} 为模拟的轨迹条数。对于每条轨迹 i_0，初始的状态–动作对为 $(\boldsymbol{x},\boldsymbol{u})$，产生下一个状态 $\boldsymbol{x}_{i_0,1}\sim\tilde{f}(\boldsymbol{x},\boldsymbol{u},\cdot)$。此后的所有动作都是通过策略 h 选定的，即对于 $k\geqslant 1$，有：

$$\boldsymbol{x}_{i_0,k+1}\sim f[\boldsymbol{x}_{i_0,k},h(\boldsymbol{x}_{i_0,k}),\cdot]$$

这种基于模拟的估计过程称为回滚(Lagoudakis 和 Parr, 2003b; Bertsekas, 2005b; Dimitrakakis 和 Lagoudakis，2008)。为了确保满足 $\varepsilon_{\mathrm{MC}}$ 精度的回报，这里 $\varepsilon_{\mathrm{MC}}>0$，轨迹长度 K 可以利用公式（2.41）来确定。如果 MDP 是确定的，那么单条轨迹就足够了。如果 MDP 是随机的，需要的轨迹数量 N_{MC} 依赖于具体任务。

特别是在随机性情况下，回滚的计算代价非常大。计算代价与值函数上待评估点的数量成正比。因此，只有当待评估的点的数量较少时，回滚才有优势。如果待评估的状态（状态–动作）为空间中大量的、甚至是所有点时，采用近似求解贝尔曼方程（第 3.5.1 ~ 3.5.3 节）的方法，其计算量要远小于回滚的计算量。

3.5.5 策略改进与近似策略迭代

到目前为止，我们已经详细讨论了近似策略评估。下面介绍策略改进，进一步阐述完整的近似策略迭代算法。

1. 精确策略改进与近似策略改进

首先考虑在策略未被明确表示情况下的策略改进问题。对于每个包含控制动作的状态，需要根据值函数计算贪心动作。比如对于 Q 值函数，状态 $\boldsymbol{x}$ 下的改进动作可以通过公式（3.46）计算给出。

$$h_{\ell+1}(\boldsymbol{x})=\boldsymbol{u},\ \text{其中},\ u\in\arg\max_{\bar{\boldsymbol{u}}}\hat{Q}^{h_\ell}(\boldsymbol{x},\bar{\boldsymbol{u}}) \tag{3.46}$$

这个策略是由值函数隐式地进行定义。在公式（3.46）中，假设贪心动作是可以精确计算的。当动作空间中仅包含少量离散的动作时，我们可以在策略改进时通过枚举最大化的方式获得最优动作。在这种情况下，策略改进是精确的。但是如果无法精确地计算贪心动作，那么最大化操作的结果只能是一个近似值，因此，最终的（隐式定义的）策略也只能是一个近似最优策略。

另外，即使可以精确地表示策略，一般情况下，我们也只能获得一个近似最优策略。例如，可以通过线性带参近似公式（3.12）来近似表示策略。

$$\hat{h}(\boldsymbol{x})=\sum_{i=1}^{\mathcal{N}}\varphi_i(\boldsymbol{x})\vartheta_i=\boldsymbol{\varphi}^{\mathrm{T}}(\boldsymbol{x})\boldsymbol{\vartheta}$$

其中，$\varphi_i(\boldsymbol{x}), i=1,\cdots,N$ 为状态-依赖基函数，$\boldsymbol{\vartheta}$ 为策略参数向量（详见 3.3.4 节关于策略近似符号的讨论）。这里假定动作是一个标量，但使用参数化的表示方法可以很容易扩展到多个动作变量。对于这种参数化表示方法，可以通过求解线性最小二乘问题进行近似策略改进，找到参数向量 $\boldsymbol{\vartheta}_{\ell+1}$：

$$\boldsymbol{\vartheta}_{\ell+1}=\boldsymbol{\vartheta}^{\ddagger}\text{，其中，}\boldsymbol{\vartheta}^{\ddagger}\in\arg\min_{\boldsymbol{\vartheta}}\sum_{i_s=1}^{N_s}[\boldsymbol{\varphi}^{\mathrm{T}}(\boldsymbol{x}_{i_s})\boldsymbol{\vartheta}-\boldsymbol{u}_{i_s}]^2 \tag{3.47}$$

其中，$\{\boldsymbol{x}_1,\cdots,\boldsymbol{x}_{N_s}\}$ 为用于策略改进的一组状态样本，$\boldsymbol{u}_1,\cdots,\boldsymbol{u}_{N_s}$ 为相应的贪心动作：

$$\boldsymbol{u}_{i_s}\in\arg\max_{\boldsymbol{u}}\hat{Q}^{\hat{h}_\ell}(\boldsymbol{x}_{i_s},\boldsymbol{u}) \tag{3.48}$$

上一轮策略 $\hat{h}_\ell$ 也是一个近似策略。在公式（3.48）中，潜在地假设贪心动作是可以精确计算的，否则动作 $\boldsymbol{u}_{i_s}$ 依然是真正贪心动作的一个近似。

此类策略改进包含两个步骤：首先根据公式（3.48）选择贪心动作，然后利用这些动作，根据公式（3.47）求解最小二乘问题，得到最优策略参数向量。因此，最优策略参数向量的解依赖于贪心动作的选择。但是对于任意一组贪心动作集，如此求解依然是有价值的，因为不管是哪种贪心动作集，都可以根据 Q 值函数给出一个近似的贪心策略。

另外，策略改进也可以表示为公式（3.49）的形式：

$$\boldsymbol{\vartheta}_{\ell+1}=\boldsymbol{\vartheta}^{\ddagger}\text{，其中，}\boldsymbol{\vartheta}^{\ddagger}\in\arg\max_{\boldsymbol{\vartheta}}\sum_{i_s=1}^{N_s}\hat{Q}^{\hat{h}_\ell}[\boldsymbol{x}_{i_s},\boldsymbol{\varphi}^{\mathrm{T}}(\boldsymbol{x}_{i_s})\boldsymbol{\vartheta}] \tag{3.49}$$

其中，根据在状态样本中的策略，最大化被选动作的近似 Q 值。然而公式（3.49）通常是一个比较复杂的非线性最优化问题，而对于公式（3.47），一旦选择了贪心动作，就可以转化为一个比较容易解决的凸最优化问题。

一般来讲，对于任何策略表示方法（比如非线性参数化表示方法），在做策略改进时，都必须对公式（3.47）或公式（3.49）产生的回归问题进行求解。

2．离线近似策略迭代

近似策略迭代算法可以通过策略评估算法（3.5.1～3.5.3 节中的任何一个算法）与策略改进技术（上述的任何一种技术）结合而得到，算法 3.5 给出一个通用的近似策略迭代模板。在离线情况下，近似策略评估算法运行到（接近）收敛，以保证值函数的精度，也因此保证策略改进的精度。

例如，可以将 LSTD-Q（算法 3.8）和精确策略改进相结合，得到最小二乘策略迭代（LSPI）算法。LSPI 由 Lagoudakis 等（2002）、Lagoudakis 和 Parr（2003a）提出，近年来一直被广泛地研究（Mahadevan 和 Maggioni，2007；Xu 等，2007；Farahmand 等，2009b）。算法 3.11 给出 LSPI 的执行流程，这里的一点简单变化是：每轮策略评估都使用相同的迁移样本集，不同轮次的评估通常使用不同的样本集。算法第 4 行明确地给出了精确策略改进。事实上，不需要对每一个状态都计算和存储其策略 $h_{\ell+1}$，而只需针对那些需要改进动作的状态根据当前的 Q 值函数计算其相应的策略 $h_{\ell+1}$。因此，LSTD-Q 只需要对状态 $\boldsymbol{x}'_{l_s}$ 的策略进行评估。

算法 3.11 最小二乘策略迭代

Input：折扣因子 γ，BF $\phi_1,\cdots,\phi_n: X\times U\to\mathbb{R}$，样本集 $\{(\boldsymbol{x}_{l_s},\boldsymbol{u}_{l_s},\boldsymbol{x}'_{l_s},r_{l_s})\mid l_s=1,\cdots,n_s\}$

1. 初始化策略 h_0
2. **repeat** 在每一轮迭代 $\ell=0,1,2\cdots$
3. 使用 LSTD-Q 评估 h_ℓ（算法 3.8），产生 $\boldsymbol{\theta}_\ell$ ▷策略评估
4. 对于每个 $\boldsymbol{x}\in X$，$h_{\ell+1}(\boldsymbol{x})\leftarrow\boldsymbol{u}$，$\boldsymbol{u}\in\arg\max_{\bar{\boldsymbol{u}}}\boldsymbol{\phi}^{\mathrm{T}}(\boldsymbol{x},\bar{\boldsymbol{u}})\boldsymbol{\theta}_\ell$ ▷策略改进
5. **until** $h_{\ell+1}$ 可满足的

Output：$\hat{h}^*=\hat{h}_{\ell+1}$

Lagoudakis 和 Parr（2003b）、Dimitrakakis 和 Lagoudakis（2008）给出了带回滚策略评估（3.5.4 节）的策略迭代方法，该方法使用无参逼近表示策略。注意，回滚策略评估算法（隐式地表示值函数）不能与隐式地策略改进相结合。将二者结合是不切实际的，因为值函数和策略都没有被明确表示。

3．在线、乐观近似策略迭代

对于在线学习来说，每处理几个迁移样本后，性能就应该得到提高。这一点与离线算法不同，在离线学习中，只有在学习结束后才能对性能进行改进，因此，可以考虑在每轮策略迭代过程中，在当前策略精确评估完成之前，每处理一定量的迁移样本就进行策略改进，这种算法被称为乐观策略迭代（Bertsekas 和 Tsitsiklis，1996，6.4 节；Sutton 1988；Tsitsiklis 2002）。比较极端的情况是，在每次状态迁移之后，都进行策略改进，然后利用新的策略生成新的迁移样本，进行策略评估，最后进行策略改进，并循环执行以上步骤。这种算法称为完全乐观策略迭代。一般而言，如果算法在一定（不太多）的迁移样本处理之后，进行策略改进，则称为部分乐观策略迭代。

2.4.2 节已经给出了乐观策略迭代算法的框架，算法 2.7 给出的 SARSA 算法就属于这种算法，因此，近似 SARSA 算法也属于乐观策略迭代算法。可以根据 TD-Q（算法 3.10），将其中固定动作选择策略改为根据当前值函数取贪心的策略，得到基于梯度的 SARSA 算法。当然这里关于动

作的探索也是必须的。算法 3.12 给出近似 SARSA 算法，其中动作选择策略为 ε 贪心策略。近年来，近似 SARSA 算法也得到了广泛的研究（Sutton，1996；Santamaria 等，1998；Gordon，2001；Melo 等，2008）。

算法 3.12　带 ε 贪心探索的线性带参 SARSA 算法

Input: 折扣因子 γ，BF $\phi_1,\cdots,\phi_n: X\times U\rightarrow\mathbb{R}$，

探索设置 $\{\varepsilon_k\}_{k=0}^{\infty}$，学习率设置 $\{\alpha_k\}_{k=0}^{\infty}$

1. 初始化参数向量，如 $\boldsymbol{\theta}_0 \leftarrow \mathbf{0}$
2. 初始化状态 $\boldsymbol{x}_0$
3. $\boldsymbol{u}_0 \leftarrow \begin{cases} \boldsymbol{u}\in\arg\max_{\bar{\boldsymbol{u}}}(\boldsymbol{\phi}^{\mathrm{T}}(\boldsymbol{x}_0,\bar{\boldsymbol{u}})\boldsymbol{\theta}_0), & \text{以概率}1-\varepsilon_0\ (\text{利用}) \\ \text{在}U\text{中均匀随机地选择动作}, & \text{以概率}\varepsilon_0\ (\text{探索}) \end{cases}$
4. **for** 每个时间步 $k=0,1,2,\cdots$ **do**
5. 　　采取 $\boldsymbol{u}_k$，得到下一个状态 $\boldsymbol{x}_{k+1}$ 和奖赏 r_{k+1}
6. 　　$\boldsymbol{u}_{k+1} \leftarrow \begin{cases} \boldsymbol{u}\in\arg\max_{\bar{\boldsymbol{u}}}(\boldsymbol{\phi}^{\mathrm{T}}(\boldsymbol{x}_{k+1},\bar{\boldsymbol{u}})\boldsymbol{\theta}_k), & \text{以概率}1-\varepsilon_{k+1} \\ \text{在}U\text{中均匀随机地选择动作}, & \text{以概率}\varepsilon_{k+1} \end{cases}$
7. 　　$\boldsymbol{\theta}_{k+1} \leftarrow \boldsymbol{\theta}_k + \alpha_k\left[r_{k+1} + \gamma\boldsymbol{\phi}^{\mathrm{T}}(\boldsymbol{x}_{k+1},\boldsymbol{u}_{k+1})\boldsymbol{\theta}_k - \boldsymbol{\phi}^{\mathrm{T}}(\boldsymbol{x}_k,\boldsymbol{u}_k)\boldsymbol{\theta}_k\right]\boldsymbol{\phi}(\boldsymbol{x}_k,\boldsymbol{u}_k)$
8. **end for**

其他策略评估算法也可用于乐观策略迭代中。例如，Jung 等将 LSPE-Q 用于乐观策略迭代中（Jung 和 Polani，2007a，b），Jung 和 Uthmann（2004）并提出了基于 V 值函数的类近似 SARSA 算法。本书的第 5 章将详细介绍一种在线、乐观的 LSPI 算法，并从实验方面验证其有效性。

3.5.6　理论保障

在适当的假设条件下，离线策略迭代算法最终能产生有界近似次优策略。但通常无法保证算法收敛到一个固定策略。目前，关于乐观策略迭代的理论解释受到一些限制，只有在某些特定的条件下才能收敛。下面将依次介绍离线策略迭代和在线乐观策略迭代的理论保障。

1. 离线近似策略迭代的理论保证

只要策略评估和策略改进误差有界，离线近似策略迭代最终就能产生有界次优的策略。这个结论适用于任意类型的值函数或者策略逼近器，形式化描述如下。

考虑一般情况，即值函数和策略都是近似的情况。以 Q 值函数为例，并假设每轮策略评估的误差界限为 ς_Q。

$$\left\|\hat{Q}^{\hat{h}_\ell}-Q^{\hat{h}_\ell}\right\|_\infty\leqslant\varsigma_Q,\quad \text{对于任意}\ell\geqslant 0$$

且每轮策略改进的误差界限为ς_h，形式如下。

$$\left\|T^{\hat{h}_{\ell+1}}(\hat{Q}^{\hat{h}_\ell})-T(\hat{Q}^{\hat{h}_\ell})\right\|_\infty\leqslant\varsigma_h,\quad \text{对于任意}\ell\geqslant 0$$

其中，$T^{\hat{h}_{\ell+1}}$为关于被改进（近似）策略的策略评估映射，T为Q值迭代映射（2.22）。近似策略迭代能产生一个最终策略，其性能与最优性能之间的误差范围是有界的（Lagoudakis和Parr，2003a）。

$$\limsup_{\ell\to\infty}\left\|Q^{\hat{h}_\ell}-Q^*\right\|_\infty\leqslant\frac{\varsigma_h+2\gamma\varsigma_Q}{(1-\gamma)^2}\tag{3.50}$$

对于做精确策略改进的算法，比如LSPI，ς_h=0且误差边界将缩小到

$$\limsup_{\ell\to\infty}\left\|\hat{Q}^{\hat{h}_\ell}-Q^*\right\|_\infty\leqslant\frac{2\gamma\varsigma_Q}{(1-\gamma)^2}\tag{3.51}$$

这里对于任意$\ell\geqslant 0$，$\left\|\hat{Q}^{h_\ell}-Q^{h_\ell}\right\|_\infty\leqslant\varsigma_Q$。但在实际应用中，$\varsigma_Q$、$\varsigma_h$（当利用近似策略时）比较难确定，而且需要增加一些假设条件，这些误差边界才存在。

这些保证并不意味着算法一定可以收敛到一个固定策略。比如值函数和策略参数可能收敛到极限环，环中的任意点都能产生一个满足边界的策略。实际应用中收敛到极限环的情况经常发生，在3.5.7节的例子中将会遇到这种情况。类似地，当算法使用精确策略改进时，值函数参数可能会出现震荡的现象，这意味着会得到一个震荡的、不稳定的策略。这也是离线近似策略迭代的一个缺点。当然在适当的假设条件下，算法也可以单调收敛到唯一不动点（可以参考3.4.4节）。

将算法中的Q值函数替换成V值函数时，上述的分析结果依然是成立的（Bertsekas和Tsitsiklis，1996，6.2节）。

2．在线、乐观策略迭代的理论保证

上述关于离线策略迭代的性能保证依赖于策略评估的误差界限。由于获得精确值函数之前，乐观策略迭代就在对策略进行改进，这会导致策略评估误差变大，因此，关于离线策略迭代的性能保证无法直接用于在线情况。

目前，关于乐观策略迭代的性能分析，情况比较复杂，仍然无法给出合理的解释。乐观策略迭代可能会呈现出震荡现象。尽管值函数已经收敛到一个稳定函数，但由于受到值函数参数对应多个策略的限制，策略序列仍然会震荡（Bertsekas和Tsitsiklis，1996，6.4节）。

然而在一定的条件下，其可以给出在线、乐观策略迭代的理论保证。Gordon（2011）给出一个参数向量不发散的近似SARSA算法，该算法要求MDP存在终止状态，且策略只在两次实验之间进行改进（详见2.3.1节）。Melo等（2008）对这一结果做了进一步改进，提出如果策略对参数

向量的依赖满足某种 Lipschitz 连续性，近似 SARSA 算法必然以概率 1 收敛到一个不动点。在这一条件限制下，算法无法利用完全贪心的策略，因为完全贪心的策略参数无法满足连续性条件。

上述理论分析主要针对基于梯度的 SARSA 算法。然而在实际应用中，由于最小二乘技术可以提高样本的利用率，因此，成为梯度 SARSA 算法中优先选择的一种技术。但将乐观策略迭代与最小二乘相结合时，仍然无法给出理论保证。目前在很多重要文献中也给出了一些有前景的实验结果（Jung 和 Polani，2007a，b）。本书第 5 章给出对乐观 LSPI 的实验评估。

3.5.7 实例：用于直流电机的最小二乘策略迭代

本例中将近似策略迭代算法应用于 3.4.5 节介绍的直流电机问题。第一个实验采用原型 LSPI 算法（算法 3.11）。该算法隐式地给出策略，并做精确的策略改进。而后将实验结果与 3.4.5 节的近似 Q 值迭代的结果做比较。第二个实验将改进的 LSPI 算法用于直流电机问题。该算法使用近似策略和基于样本的近似策略改进，并将实验结果与精确策略改进算法的结果做比较。

两个实验都使用参数化 Q 值函数评估策略，其中 Q 值函数是例 3.1 类型的离散动作带参近似函数。对于每个离散动作，函数逼近器都使用相同的状态-依赖 BF。为了得到状态-动作 BF，将与当前离散动作无关的 BF 都设置为 0。与 3.4.5 节一样，动作空间离散化为 $U_{\mathrm{d}}=\{-10,0,10\}$，因此，离散动作数为 $M=3$。状态-依赖 BF 为轴对称标准高斯 RBF（见例 3.1）。将状态空间划分成 9×9 个等距离的方格，每个方格中心即一个 RBF 的中心，因此一共有 $N=81$ 个 RBF。所有 RBF 的形状相同，每个维度 d 上的宽度 b_d 为 $b_d'/2$，其中，b_d' 为相邻两个 RBF 的距离（也是格子的步长）。这些 RBF 形成了状态空间上关于 Q 值函数的平滑插值。状态变量是由角度$[-\pi,\pi]$弧度和角速度$[-16\pi,16\pi]$rad/s 组成，因此，$b_1'=\dfrac{2\pi}{9-1}\approx 0.79$，$b_2'=\dfrac{32\pi}{9-1}\approx 12.57$。经计算得出，$b_1\approx 0.31,\quad b_2\approx 78.96$。参数向量$\boldsymbol{\theta}$包含 $n=N\bullet M=243$ 个参数。

1．带精确策略改进的最小二乘策略迭代

在第一个实验中，将原型 LSPI 算法应用于直流电机问题。我们知道，LSPI 是 LSTD-Q 策略评估与精确策略改进相结合的一个算法。

每轮 LSTD-Q 策略评估都使用相同的包含 $n_{\mathrm{s}}=7500$ 个样本的集合。样本随机、均匀地分布于整个状态-动作空间 $X\times U_{\mathrm{d}}$ 中。在整个状态空间中，初始策略 h_0 均设置为−10。为了说明 LSTD-Q 算法的效果，图 3.10 给出了由算法求得的第一个改进策略 h_1，以及由 LSTD-Q 计算得到的近似 Q 值函数。图中的 Q 值函数是对策略 h_1 评估的第二轮 Q 值，策略 h_1 是由 LSPI 得到的，而第一轮 Q 值函数是对初始策略 h_0 的评估。

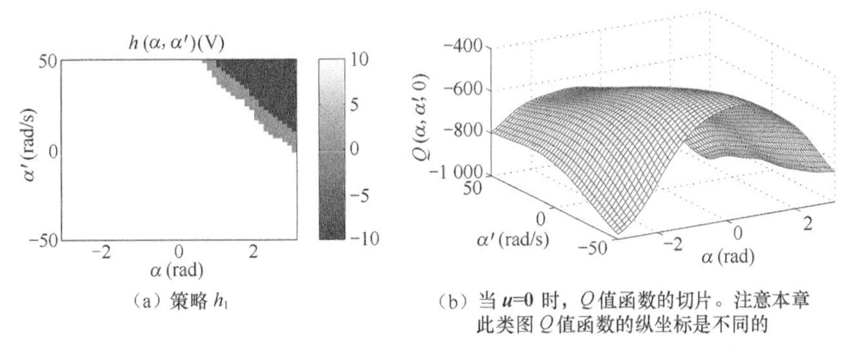

（a）策略 h_1

（b）当 u=0 时，Q 值函数的切片。注意本章此类图 Q 值函数的纵坐标是不同的

图3.10 利用带精确策略改进的LSPI算法计算得到的早期策略及其近似Q值函数

在这个任务中，LSPI 算法在第 11 轮迭代之后完全收敛。图 3.11 给出了最终的策略、Q 值函数，以及相应的典型控制轨迹。图 3.11 的策略与 Q 值函数是对图 3.5 中近优解的较好近似。

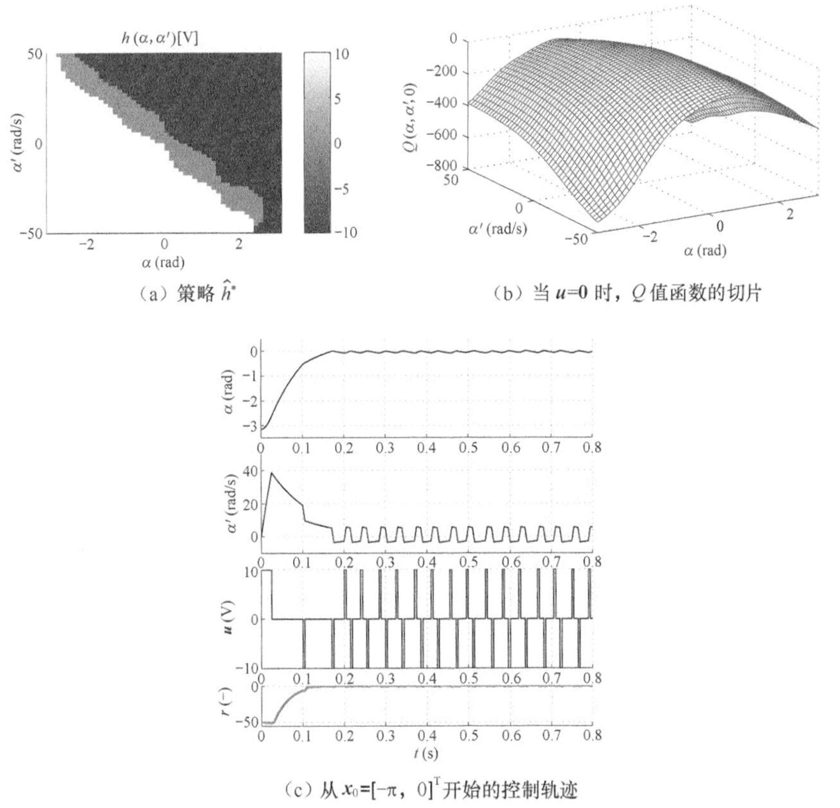

（a）策略 $\hat{h}^*$

（b）当 u=0 时，Q 值函数的切片

（c）从 $x_0=[-\pi,\ 0]^{\mathrm{T}}$ 开始的控制轨迹

图3.11 用于直流电机问题的带精确策略改进的LSPI的实验结果

与图 3.6 中的网格 Q 值迭代结果相比，LSPI 仅需要少量的 BF（只有 81 个，而不是 400 或 1600 个），就能够找到一个相同精度的近似策略。其主要原因是：这里的 Q 值函数大体上是光滑的［见图 3.5（a）］，因此，能够更容易地由 LSPI 中所使用的宽 RBF 来表示。相比较而言，网格 BF 给出一个不连续的近似 Q 值函数，这并不适合于该任务。虽然某些连续 BF 可以用于 Q 值迭代，但是无法将这些 RBF 与最小二乘投影［公式（3.14）］相结合，因为这样做不满足收敛性的假设，而且当这些 RBF 的宽度太大时，容易导致算法发散。图 3.11（c）中所给出的控制轨迹与图 3.6（f）中所给出的精细网格策略的控制轨迹基本一致，然而这里的控制轨迹确实存在更多的震荡。

另外，LSPI 的收敛迭代次数远小于网格 Q 值迭代（3.4.5 节）的收敛迭代次数（这里 LSPI 需要 12 次，粗糙网格 Q 值迭代需要 160 次，而精细网格 Q 值迭代需要 123 次）。策略迭代较值迭代而言，在收敛速度方面的这种优势，在实际应用中经常出现。虽然 LSPI 具有较快的收敛速度，但与网格 Q 值迭代相比，需要的计算量要大得多：LSPI 运行一次大约需要 23 s，粗糙网格 Q 值迭代大约需要 0.06 s，而精细网格 Q 值迭代大约需要 7.8 s。关于这方面的差异可以通过分析两个算法的渐近复杂度得出。在 LSTD-Q 中，由于需要解一个大小为 n 的线性方程组，策略评估的复杂度大于 $O(n^2)$。对于网格 Q 值迭代，当使用折半查找法定位网格中状态的位置时，代价为 $O[n\log(N)]$，这里 $n = NM$，N 为网格中元素的数量，M 为离散动作的数量。另外，在理论上网格 Q 值迭代可以保证收敛至一个不动点，而 LSPI 却无法保证（尽管对于这个问题，LSPI 的确可以完全收敛）。

与图 3.7 中拟合 Q 值迭代的结果相比，LSPI 可以取得类似的收敛结果。由于宽 RBF 的局限性，LSPI 得到的策略中有一些弯曲的块效应。另外，拟合 Q 值迭代的运行时间大约是 2151 s，这个数值远大于 LSPI 的 23 s。

2. 带策略近似的最小二乘策略迭代

第二个实验的主要目的是说明近似策略的效果。为此将 LSPI 修改为带近似策略、基于样本的近似策略改进算法。

策略逼近器是线性带参的［公式（3.12）］，并使用与 Q 值函数逼近器相同的 RBF。根据这样的近似策略，可以产生一组连续的动作，但由于 Q 值函数逼近器只适用于离散动作，因此，在做策略评估之前，必须将连续动作离散化（动作离散到 U_d）。算法中策略改进利用了线性最小二乘过程［公式（3.47）］，使用了 $N_s = 2500$ 个随机、均匀分布的状态样本。每轮迭代都使用相同的样本，和前面一样，策略评估中使用了 $N_s = 7500$ 个样本。

实验中，在算法稳定时，Q 值函数和策略都会出现震荡，震荡周期为两轮迭代。算法从开始到出现震荡的执行时间大约是 58 s。在一幅图中我们很难看出，极限环中的两个不同策略、Q 值函数之间的差别（差别太小）。图 3.12 给出了稳态下变化最明显的策略参数的变化过程，可以看出参数的震荡是很明显的。震荡现象的出现可能与使用的边界有关，这里近似策略的性能满足的是较弱的次优边界 [公式（3.50）]，而不是用于精确策略改进的较强的次优边界 [公式（3.51）]。

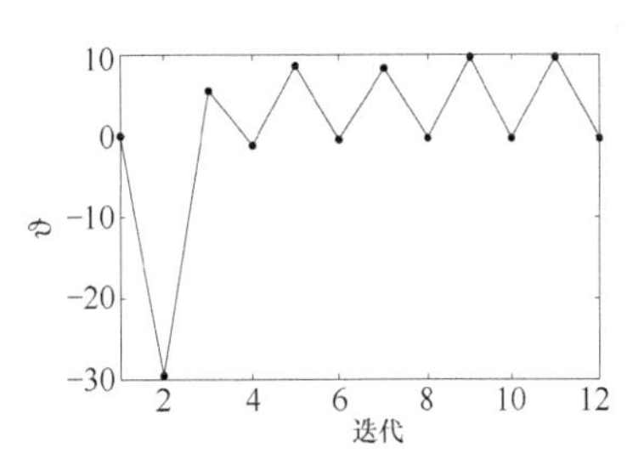

图3.12　直流电机问题中基于近似策略的LSPI中策略参数的变化过程

图 3.13 给出极限环中两个策略之一，其 Q 值函数以及典型的控制轨迹。这里得到的策略及 Q 值函数，与精确、离散动作策略改进相比，计算精度基本一致。近似策略的一个优势在于可以产生一组连续动作。从图 3.13（c）所示的轨迹可以看出，连续动作在控制性能上的优势很明显。另外，这个结果很接近图 3.5（c）中的近最优轨迹。

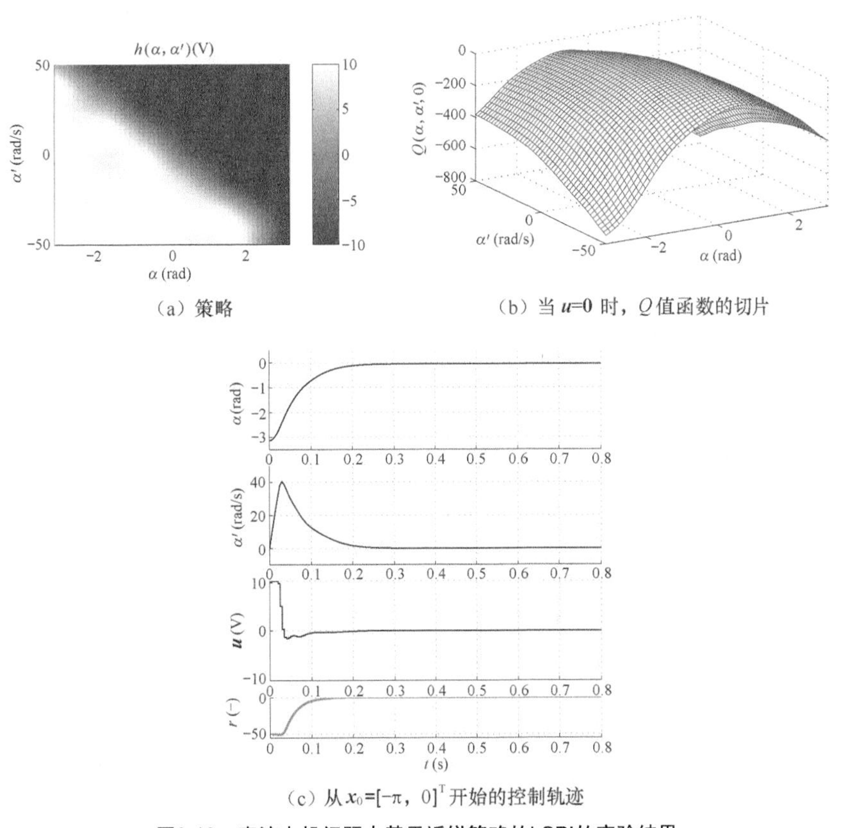

（a）策略

（b）当 u=0 时，Q 值函数的切片

（c）从 $x_0=[-\pi,\ 0]^T$ 开始的控制轨迹

图3.13　直流电机问题中基于近似策略的LSPI的实验结果

3.6 自动获取值函数逼近器

带参值函数逼近器在近似值迭代和近似策略迭代中起着非常重要的作用，详见3.4、3.5节。给定逼近器的函数形式，DP/RL算法计算其参数。然而存在一个问题：如何针对不同的任务找到一个好的、适合的函数形式。在这里，我们主要考虑线性带参逼近器［公式（3.3）］，在该情况下，找到一个优的BF集。这样做的主要动机在于：线性背景下有很多获取好的逼近器的方法。

最直接的方法是预先设计BF，主要包括两种方法。第一种方法是针对整个状态空间（V值函数）或者状态-动作空间（Q值函数）设计均匀分辨率的BF。但这种方法容易产生维数灾难的问题：均匀设计逼近器的复杂性随着状态维数的增加呈指数级增长，且对于Q值函数也存在相同的情况，会随着动作维度呈指数级增长。第二种方法是集中在某些部分状态空间或者状态-动作空间设计均匀分辨率的逼近器，对于这些被关注的部分，值函数有更复杂的形状，或者对逼近精度有更高的要求。在这种情况下，获取关于值函数的形状、状态（状态-动作）空间中某些区域的重要性等方面的先验知识是很关键的。但是在没有实际计算值函数之前，很难直观地获取这种先验知识。

还有一种更常用的方法是根据实际问题，设计一种自动地获取BF的方法，而不需要人工干预。自动获取BF的方法主要有两种：BF最优化方法和BF构造方法。BF最优化方法是寻找多个（通常个数固定）BF的最佳位置和形状。BF构造方法中BF的个数不固定，通过加入新的BF或者删除旧的BF来提高逼近精度。与原BF相比，新加入BF的形状既可以是相同的，也可以是不同的。下面介绍3类BF构造方法，其中一些重要方法将在后续章节中详细介绍。

- BF细化方法以一种自上而下的方式构造BF。该方法开始给定少量BF（比较粗糙的分割），然后根据需要对这些BF进行细化。
- BF选择方法与BF细化方法恰好相反，采用一种自下而上的方式构造BF。该方法开始给定大量的BF，然后在确保精度的前提下选择部分BF。
- 贝尔曼误差方法利用由当前BF表示的值函数的贝尔曼误差，构造新的BF。贝尔曼误差（或贝尔曼残差）是指贝尔曼等式两端值函数的差值，即右端的当前值函数与左端的原值函数之间的差值［详细可以参考3.6.1节，以及公式（3.52）］。

具体分类可参见图3.14。

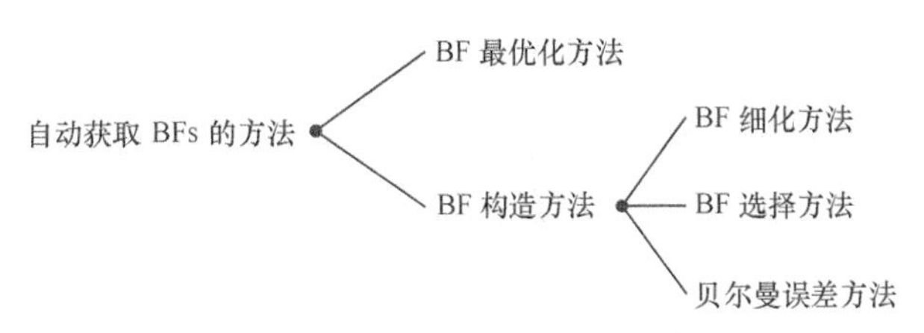

图3.14　自动获取BF的方法分类

后续章节安排如下，3.6.1 节介绍 BF 最优化方法，3.6.2 节介绍 BF 构造方法，最后，3.6.3 节介绍一些其他的相关内容。

3.6.1　基函数最优化方法

BF 最优化方法是寻找多个（通常个数固定）BF 的最佳位置和形状。这里以 Q 值函数的线性参数化［公式（3.3）］为例。为了优化 n 个 BF，使用参数向量 $\boldsymbol{\xi}$ 对 BF 参数化，$\boldsymbol{\xi}$ 用来对它们的位置和形状进行编码。近似 Q 值函数为

$$\hat{Q}(\boldsymbol{x},\boldsymbol{u})=\boldsymbol{\phi}^{\mathrm{T}}(\boldsymbol{x},\boldsymbol{u};\boldsymbol{\xi})\boldsymbol{\theta}$$

为了突出对 $\boldsymbol{\xi}$ 的依赖性，参数化 BF 表示如下。

$$\boldsymbol{\phi}^{\mathrm{T}}(\boldsymbol{x},\boldsymbol{u};\boldsymbol{\xi}):X\times U\rightarrow\mathbb{R}, l=1,\ \cdots,n$$

例如，一个 RBF 是由函数中心及宽度来描述的，因此，对于一个 RBF 逼近器，向量 $\boldsymbol{\xi}$ 包含所有 RBF 的中心和宽度。

BF 最优化算法的目的是要找到一个最优的参数向量 $\boldsymbol{\xi}^*$，使得与值函数逼近器精度相关的评价标准最优化。许多最优化方法都可用于解决该类问题。例如，基于梯度的最优化方法已被用于时间差分（Singh 等，1995）、LSTD（Menache 等，2005；Bertsekas 和 Yu，2009）以及 LSPE（Bertsekas 和 Yu，2009）中的策略评估。在这些研究中，Bertsekas 和 Yu（2009）给出了一种用于近似策略评估的基于梯度 BF 最优化方法的通用框架，并提供了一种高效的递归过程来估计梯度。交叉熵方法也可以用于 LSTD 算法（Menache 等，2005）。本书的第 4 章将利用交叉熵方法优化 Q 值迭代逼近器。

目前，使用最广泛的最优化评价标准（评分函数）是贝尔曼误差，也称贝尔曼残差（Singh 等，1995；Menache 等，2005；Bertsekas 和 Yu，2009）。这个误差用来衡量被评估的值函数偏离贝尔曼等式的程度，对于精确值函数来说，误差为 0。例如，在策略 h 的评估中，对于每个状态-动作对 $(\boldsymbol{x},\boldsymbol{u})$，关于 Q 值函数 Q^h 的估计 $\hat{Q}^h$，其贝尔曼误差可以由贝尔曼等式（3.31）推出：

$$[T^h(\hat{Q}^h)](\boldsymbol{x},\boldsymbol{u})-\hat{Q}^h(\boldsymbol{x},\boldsymbol{u}) \tag{3.52}$$

其中，T^h 为策略评估映射。这个误差是利用贝尔曼等式［公式（3.31）］推导得出的。因此，在

整个状态-动作空间上的二次贝尔曼误差可以定义如下。

$$\int_{X\times U}\left\{[T^h(\hat{Q}^h)](\boldsymbol{x},\boldsymbol{u})-\hat{Q}^h(\boldsymbol{x},\boldsymbol{u})\right\}^2\mathrm{d}(\boldsymbol{x},\boldsymbol{u}) \tag{3.53}$$

在值迭代中，关于最优 Q 值函数 Q^* 的估计 $\hat{Q}$，其二次贝尔曼误差可以类似地定义为

$$\int_{X\times U}\left\{[T(\hat{Q})](\boldsymbol{x},\boldsymbol{u})-\hat{Q}(\boldsymbol{x},\boldsymbol{u})\right\}^2\mathrm{d}(\boldsymbol{x},\boldsymbol{u}) \tag{3.54}$$

其中，T 为 Q 值迭代映射。在实际中，通常利用对一组有穷样本的计算来近似贝尔曼误差。另外可以根据状态-动作空间中不同区域的重要程度，通过权重函数来调整误差的分布。

在策略评估中，近似 Q 值函数 $\hat{Q}^h$ 与 Q^h 的距离与贝尔曼误差的无穷范数关系如下（Williams 和 Baird，1994）。

$$\left\|\hat{Q}^h-Q^h\right\|_\infty \leqslant \frac{1}{1-\gamma}\left\|T^h(\hat{Q}^h)-\hat{Q}^h\right\|_\infty$$

在值迭代中，存在类似的结论，近似 Q 值函数 $\hat{Q}$ 的次优性条件满足如下公式（Williams 和 Baird，1994；Bertsekas 和 Tsitsiklis，1996，6.10 节）。

$$\left\|\hat{Q}-Q^*\right\|_\infty \leqslant \frac{1}{1-\gamma}\left\|T(\hat{Q})-\hat{Q}\right\|_\infty$$

此外，$\hat{Q}$ 的次优性与公式（3.25）的所得策略的次优性有关，因此，理论上最小化贝尔曼误差是有用的。然而在实际中，二次贝尔曼误差公式（3.53）、公式（3.54）使用得更加频繁。由于最小化二次误差可能导致较大的无穷范数贝尔曼误差，因此，这个过程是否可以得到精确的 Q 值函数，目前还不清楚。

当然，我们也可以用其他的最优化评价标准，比如在近似值迭代中，可以直接最大化 DP/RL 算法中策略的回报。

$$\sum\nolimits_{\boldsymbol{x}_0=X_0} w(\boldsymbol{x}_0)R^h(\boldsymbol{x}_0) \tag{3.55}$$

其中，h 为使用当前逼近器运行近似值迭代算法查到（近）收敛时得到的策略，X_0 为一组代表性的初始状态集，$w: X_0 \to (0,\infty)$ 为权重函数。集合 X_0 和权重函数 w 决定所得策略的性能。同时，集合 X_0 和权重函数 w 的选择与具体问题有关。回报 $R^h(\boldsymbol{x}_0)$ 可以通过模拟采样的方式进行估计。在 3.7.2 节的近似策略搜索中，将进一步讨论这个问题。

在近似策略评估中，如果能够通过一组包含 n_s 个样本 $(\boldsymbol{x}_{l_\mathrm{s}},\boldsymbol{u}_{l_\mathrm{s}})$ 的样本集求解精确 Q 值函数 $Q^h(\boldsymbol{x}_{l_\mathrm{s}},\boldsymbol{u}_{l_\mathrm{s}})$，那么可以用下面的误差度量公式代替贝尔曼误差公式（Menache 等，2005；Bertsekas 和 Yu，2009）。

$$\sum\nolimits_{l_\mathrm{s}=1}^{n_\mathrm{s}}\left[Q^h(\boldsymbol{x}_{l_\mathrm{s}},\boldsymbol{u}_{l_\mathrm{s}})-\hat{Q}^h(\boldsymbol{x}_{l_\mathrm{s}},\boldsymbol{u}_{l_\mathrm{s}})\right]^2$$

其中，Q 值函数 $Q^h(\boldsymbol{x}_{l_s}, \boldsymbol{u}_{l_s})$ 可以通过模拟采样的方式得出，具体见 3.5.4 节。

3.6.2 基函数构造

按照 BF 构造方法的分类，我们将依次讨论 BF 细化方法、BF 选择方法以及用于 BF 构造的贝尔曼误差方法（详见图 3.14）。另外将解释为什么无参逼近器可以被看成是一种自动构造 BF 的技术。

1. 基函数细化方法

BF 细化方法是一类被广泛使用的 BF 构造方法。该方法是一种自上而下的方法。它开始于少量 BF（粗糙分辨率），而后根据需要对 BF 进行细化。这种方法可以进一步细分为以下两类。

- 局部细化（分裂）方法。评估状态空间中某一特定区域的（对应于一个或者几个邻近的 BF）值函数是否满足精度要求，当精度不满足要求时，添加新的 BF。这种方法已被用于 Q 学习（Reynolds，2000；Ratitch 和 Precup，2004；Waldock 和 Carse，2008）、V 值迭代（Munos 和 Moore，2002）以及 Q 值迭代（Munos，1997；Uther 和 Veloso，1998）。
- 全局细化方法。评估值函数的全局精度，如果精度不满足要求，则通过合适的技术细化 BF。所有的 BF 可以被统一细化（Chow 和 Tsitsiklis，1991），或者由算法决定针对哪些特定的状态空间进行细化（Munos 和 Moore，2002; Grüne，2004）。例如，Chow 和 Tsitsiklis（1991）、Munos 和 Moore（2002）、Grüne（2004）将全局细化方法应用于 V 值迭代，而 Szepesvári 和 Smart（2004）将全局细化方法应用于 Q 学习。

关于 BF 细化的时机，存在很多评价标准。Munos 和 Moore（2002）对几种典型的评价标准做了概述，并在 V 值迭代情况下对这些标准进行了比较。例如，针对某一区域，在以下情况中可以做局部细化：

- 当值函数在某一区域不（近似）恒定时（Munos 和 Moore，2002; Waldock 和 Carse，2008）；
- 当值函数在某一区域不（近似）呈线性时（Munos 和 Moore，2002；Munos，1997）；
- 当在某一区域贝尔曼误差（见 3.6.1 节）较大时（Grüne，2004）；
- 当使用不同的启发式规则时（Uther 和 Veloso，1998；Ratitch 和 Precup，2004）。

关于全局细化方法，当值函数的精度不满足要求时，将一直执行全局细化（Chow 和 Tsitsiklis，1991）。Munos 和 Moore（2002）提出的方法主要针对离散动作空间问题，从全局的角度来确定一些需要被更精确地逼近才能够得到更好策略的状态空间。为此将不断细化满足以下两个条件的状态空间区域：（1）V 值函数近似效果较差的区域；（2）在一定程度上，受这些较差近似影响的（其他）区域，这些区域中动作受限于策略的变化。

当在 DP/RL 算法中提高分辨率时，BF 细化方法会增加对内存以及计算量的需求。因此，在这种情况下，我们必须要注意防止对内存以及计算量需求的过度增长，在线情况下更是如此。在近似 DP/RL 中，这一点需要高度重视。在近似 RL 中，有限的样本也是给 BF 细化算法带来限制的一个同样重要的方面。提高逼近器的性能也就意味着需要更多的数据计算精确解，因此，在数据量给定的情况下，分辨率细化的程度是受限的。

2. 基函数选择算法

BF 选择方法是一种自下而上的方法。该方法从数量较大的 BF（精细分辨率）开始，然后在确保良好精度的前提下选择 BF 的一个较小的子集。当使用 BF 选择方法时，需要保证与基于初始 BF 的 DP/RL 算法相比，基于选择 BF 的 DP/RL 算法的运行代价要小。代价一般是指计算复杂度或者所需样本的数量。

Kolter 与 Ng（2009）在 LSTD 算法的策略评估中使用正则化方法选择 BF。正则化方法是一种在近似值函数中引入函数复杂度惩罚项的技术。在实际应用中，线性正则化方法可以驱使值函数中一些参数逐渐趋向于 0，这也就意味着可以忽略那些参数（趋近 0 的）对应的 BF。通过增量式选择基函数，Kolter 与 Ng（2009）使得算法计算复杂度与 BF 的数量呈线性关系，而原始 LSTD 的计算复杂度与关于 BF 的个数至少呈二次方的关系（见 3.5.2 节）。

3. 贝尔曼误差基函数

另一类 BF 构造方法利用由当前可获得的 BF 表示的值函数的贝尔曼误差公式（3.53）、公式（3.54）来定义新的 BF。例如，Bertsekas 和 Castañon（1989）提出了一种在基于模型的策略评估算法迭代过程中交叉执行自动状态聚集步的方法。状态聚集步主要是将具有相同贝尔曼误差的状态聚集起来。在工作中，我们更加关注的是算法的收敛速度，而不是函数逼近器的受限表达能力。因此，这一假设值函数以及贝尔曼误差函数都可以被精确表示。

Keller 等（2006）提出了一种通过将 LSTD 与基于 BF 构造的贝尔曼误差相结合来解决近似问题的方法。该方法在每个 BF 构造步骤中需要计算一个从状态空间到另一个空间的线性映射，在这个映射空间中，贝尔曼误差越相近的点距离越近。同时在这个空间中，可以定义几个新的 BF，而后利用 BF 的增广集构造新的函数逼近器，最后对 LSTD 算法求解，并对以上步骤循环执行。Parr 等（2008）在基于线性参数的策略评估算法中，将贝尔曼误差分为两部分：迁移误差和奖赏误差，并提出根据这两种误差定义新 BF 的方法。

4. 无参逼近器作为基函数构造的方法

正如 3.3 节所介绍的，一些无参逼近器可以被看成是从数据中自动生成 BF 的方法。一个典型的例子就是基于核的近似方法。该方法在其原始形式基础上，可以为每一个样本生成一个 BF。

无参函数逼近器中一个有趣的现象是：函数逼近器的复杂度是与所得到的数据量紧密相关的，在数据获取代价较高的情况下，这个特性是非常有利的。

控制无参逼近器复杂度的技术，在某种情况下可以看作 BF 选择方法。例如，Farahmand 等将正则化方法用于 LSTD-Q（2009a）以及拟合 Q 值迭代（2009b）（在这两种方法中，正则化方法的优势在于减少解的功能复杂度，而不是减少计算复杂度）。核稀疏技术（Xu 等，2007；Engel 等，2003，2005）以及基于回归树逼近器的样本选择技术（Ernst，2005）也都属于这类方法。

3.6.3　附注

一些自动发现 BF 的方法是离散的（Menache 等，2005；Mahadevan 和 Maggioni，2007），也有一些与 DP/RL 算法同时进行的自适应 BF 方法（Munos 和 Moore，2002；Ratitch 和 Precup，2004）。由于近似值迭代和近似策略迭代算法的收敛性都依赖于一组固定的 BF，因此，利用自适应在线的 BF 无法保证这些算法的收敛性。解决方法是：通过让 BF 自适应操作在执行一定次数后自动停止，得到一组固定的 BF 集合，以确保算法的收敛性。这样就可以利用固定 BF 的相关证明，来证明该算法的渐近收敛性（Ernst 等，2005）。

除了上述介绍的方法外，还有很多可用于自适应 BF 的方法。例如，Mahadevan 等利用 MDP 迁移动态性进行谱分析以寻找用于 LSPI 的 BF（Mahadevan，2005；Mahadevan 和 Maggioni，2007）。因为 BF 能够表示状态迁移的基本拓扑结构，因此，可以保证所构造值函数的精度。上面我们关注的主要是寻找线性带参逼近器的方法，事实上非线性带参逼近器也可以自动获得。例如，Whiteson 和 Stone（2006）提出了一种优化神经网络逼近器参数和结构的方法，并将其用于改进的 Q 学习算法中。该方法适用于情节式任务，在一个情节中优化累积奖赏值。

最后需要说明的是：本章没有给出自动获取逼近器的完整实例。如果读者感兴趣，4.4 节将详细介绍一种在值迭代算法中优化逼近器的方法，并在 5.4.5 节，从实例角度对该方法进行评价。

3.7　近似策略搜索

近似策略搜索算法通常利用带参逼近器近似表示策略，然后使用最优化技术求解最优参数向量。在一些特殊情况下，策略参数化方法可以精确表示最优策略。例如，当迁移动态性与状态、动作变量呈线性关系，且奖励函数为二次函数时，最优策略与状态变量呈线性关系。因此，一个关于状态变量的线性带参函数可以精确表示该最优策略。然而，在一般情况下，其只能近似表示最优策略。

图 3.15（与图 3.2 中部分内容重复）给出了一个近似策略搜索的组织结构图。3.7.1 节将介绍基于梯度的策略搜索方法，包含一类重要的方法——行动者-评论家技术。3.7.2 节将讨论与梯度无关的策略优化方法。

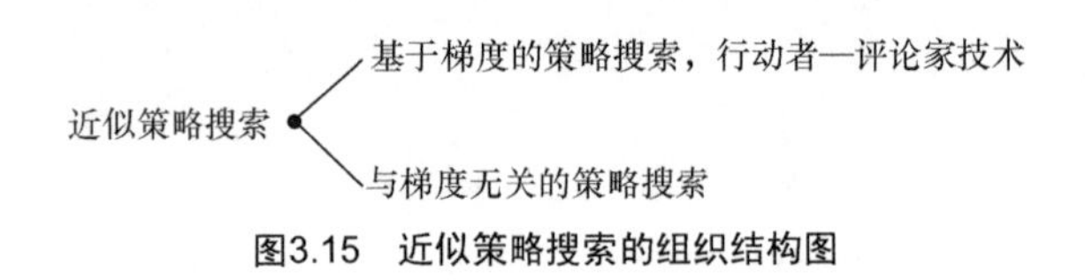

图3.15 近似策略搜索的组织结构图

最后，3.7.3 节将结合一个具体的数值算例——直流电机问题，进一步验证策略搜索算法的性能。

3.7.1 策略梯度与行动者-评论家算法

在近似策略搜索中，一类重要的方法是基于梯度的优化方法。在这类策略梯度方法中，策略被参数化表示，且关于参数可微，通过梯度更新方法寻找最优策略参数，使得（局部）回报最大。一些策略梯度方法不通过值函数估计策略梯度（Marbach 和 Tsitsiklis，2003；Munos，2006；Riedmiller 等，2007）。也有一些方法用来计算当前策略的近似值函数，并对策略梯度进行评估。行动者-评论家就是属于这类方法，其中行动者是近似策略，评论家是近似值函数。以此类推，不利用值函数的策略梯度算法称作单行动者算法（Bertsekas，2007，6.7 节）。

行动者-评论家算法是由 Barto 等（1983）提出的，而后开展了很多相关方法的研究（Berenji 和 Khedkar，1992；Sutton 等，2000；Konda 和 Tsitsiklis，2003；Berenji 和 Vengerov，2003；Borkar，2005；Nakamura 等，2007）。许多行动者-评论家算法都利用神经网络近似策略及值函数（Prokhorov 和 Wunsch，1997；Pérez-Uribe，2001；Liu 等，2008）。行动者-评论家算法类似于策略迭代算法，它也是根据值函数来改进策略。两者之间的主要区别是，策略迭代算法通过对值函数取贪心改进策略，即用公式（3.46）选择使值函数最大化的动作。而行动者-评论家算法通过策略梯度改进策略，以增加所得到的回报，这里策略梯度的评估是通过值函数来构造的。

基于期望平均回报的优化标准，关于策略梯度方法的研究已经涌现出很多重要的成果。我们先讨论这种与折扣累计回报不同的期望平均回报情况，然后再回到本书主要关注的折扣回报情况，并重点阐述基于折扣回报的在线行动者-评论家算法。

1．基于平均回报的策略梯度及行动者-评论家方法

通常策略梯度及行动者-评论家方法都是基于平均回报的（详见 2.2.1 节）。因此，我们将在平均回报情况下引入这些方法。这部分思想主要来自 Bertsekas（2007，6.7 节）。首先，假设在 MDP 中状态-动作空间是有穷的。但在一定条件下，这些方法可扩展到连续状态-动作空间情况（Konda 和 Tsitsiklis，2003）。

假设随机 MDP 中包含有穷状态空间 $X=\{\boldsymbol{x}_1,\cdots,\boldsymbol{x}_{\bar{N}}\}$，有穷动作空间 $U=\{\boldsymbol{u}_1,\cdots,\boldsymbol{u}_{\bar{M}}\}$，形如公式（2.14）的状态迁移函数 $\bar{f}$ 以及奖励函数 $\tilde{\rho}$。随机策略 $\tilde{h}:X\times U\to[0,1]$，这里包含策略参数向量 $\boldsymbol{\vartheta}\in\mathbb{R}^N$。根据策略 $\tilde{h}$，在状态 $\boldsymbol{x}$ 下以一定的概率选择动作 $\boldsymbol{u}$。

$$\mathrm{P}(\boldsymbol{u}\mid\boldsymbol{x})=\tilde{h}(\boldsymbol{x},\boldsymbol{u};\boldsymbol{\vartheta})$$

策略对参数向量的函数依赖必须事先设计，并且必须是关于参数向量可微的。

在由 $\boldsymbol{\vartheta}$ 参数化的策略 $\tilde{h}$ 下，状态 $\boldsymbol{x}_0$ 的期望平均回报表示如下。

$$\mathrm{R}^{\vartheta}(\boldsymbol{x}_0)=\lim_{K\to\infty}\frac{1}{K}\mathrm{E}_{\substack{\boldsymbol{u}_k\sim\tilde{h}(\boldsymbol{x}_k,\cdot;\boldsymbol{\vartheta})\\ \boldsymbol{x}_{k+1}\sim\bar{f}(\boldsymbol{x}_k,\boldsymbol{u}_k,\cdot)}}\left\{\sum_{k=0}^{K}\tilde{\rho}(\boldsymbol{x}_k,\boldsymbol{u}_k,\boldsymbol{x}_{k+1})\right\}$$

该公式直接强调了回报对参数向量 $\boldsymbol{\vartheta}$ 的依赖，而不是对策略 $\tilde{h}$ 的依赖。在这一节中，我们将用类似的符号表示策略对相关量的依赖。

在一定的条件下（Bertsekas, 2007, 第 4 章），对于每个初始状态，平均回报都相同，即对于所有的 $\boldsymbol{x}_0\in X$，$\mathrm{R}^{\vartheta}(\boldsymbol{x}_0)=\mathscr{R}^{\vartheta}$。结合微分 V 值函数 $V^{\vartheta}:X\to\mathbb{R}$，满足贝尔曼方程：

$$\mathscr{R}^{\vartheta}+V^{\vartheta}(\boldsymbol{x}_i)=\bar{\rho}^{\vartheta}(\boldsymbol{x}_i)+\sum_{i'=1}^{\bar{N}}\bar{f}^{\vartheta}(\boldsymbol{x}_i,\boldsymbol{x}_{i'})V^{\vartheta}(\boldsymbol{x}_{i'})\tag{3.56}$$

其中，状态 $\boldsymbol{x}$ 的微分值可以解释为：从状态 $\boldsymbol{x}$ 开始获得的超过平均回报的期望超额回报（Konda 和 Tsitsiklis, 2003）。公式（3.56）中的其他符号定义如下。

- $\bar{f}^{\vartheta}:X\times X\to[0,1]$ 为在策略 $\tilde{h}$ 下的状态迁移概率，这里已经包含了动作对状态迁移的影响。[12] 概率的计算如下。

$$\bar{f}^{\vartheta}(\boldsymbol{x}_i,\boldsymbol{x}_{i'})=\sum_{j=1}^{\bar{M}}\left[\tilde{h}(\boldsymbol{x}_i,\boldsymbol{u}_j;\boldsymbol{\vartheta})\bar{f}(\boldsymbol{x}_i,\boldsymbol{u}_j,\boldsymbol{x}_{i'})\right]$$

- $\bar{\rho}^{\vartheta}:X\to\mathbb{R}$ 为在策略 $\tilde{h}$ 下，状态的期望奖赏。奖赏的计算如下。

$$\bar{\rho}^{\vartheta}(\boldsymbol{x}_i)=\sum_{j=1}^{\bar{M}}\left[\tilde{h}(\boldsymbol{x}_i,\boldsymbol{u}_j;\boldsymbol{\vartheta})\sum_{i'=1}^{\bar{N}}\left(\bar{f}(\boldsymbol{x}_i,\boldsymbol{u}_j,\boldsymbol{x}_{i'})\tilde{\rho}(\boldsymbol{x}_i,\boldsymbol{u}_j,\boldsymbol{x}_{i'})\right)\right]$$

策略梯度方法的目标是在给定的一组参数策略中求解一个（局部）最优策略。该最优策略使

---

[12] 为简单起见，这里符号 $\bar{f}$ 有些混用，$\bar{f}$ 既表示原始的迁移函数又表示与动作相关的迁移概率。同理，原型的奖励函数与期望奖赏混用，表示为 $\tilde{\rho}$。

得任意状态的平均回报最大化。于是该方法转化为寻找一个使得任意状态的平均回报最大化的参数向量。因此，策略梯度方法是在平均回报上做梯度上升。

$$\boldsymbol{\vartheta} \leftarrow \boldsymbol{\vartheta} + \alpha \frac{\partial \mathcal{R}^{\vartheta}}{\partial \boldsymbol{\vartheta}} \tag{3.57}$$

其中，α 是步长参数。当梯度为 0 时，即 $\frac{\partial \mathcal{R}^{\vartheta}}{\partial \boldsymbol{\vartheta}} = 0$ 时，算法达到局部最优。

这里，最核心的问题是估计梯度 $\frac{\partial \mathcal{R}^{\vartheta}}{\partial \boldsymbol{\vartheta}}$。通过对公式（3.56）求关于 $\boldsymbol{\vartheta}$ 的偏导，并经过一系列变换之后（Bertsekas，2007，6.7 节）得到如下所示的梯度公式。

$$\frac{\partial \mathcal{R}^{\vartheta}}{\partial \boldsymbol{\vartheta}} = \sum_{i=1}^{\bar{N}} \zeta^{\vartheta}(\boldsymbol{x}_i) \left[\frac{\partial \tilde{\rho}^{\vartheta}(\boldsymbol{x}_i)}{\partial \boldsymbol{\vartheta}} + \sum_{i'=1}^{\bar{N}} \left(\frac{\partial \bar{f}^{\vartheta}(\boldsymbol{x}_i, \boldsymbol{x}_{i'})}{\partial \boldsymbol{\vartheta}} V^{\vartheta}(\boldsymbol{x}_{i'}) \right) \right] \tag{3.58}$$

其中，$\zeta^{\vartheta}(\boldsymbol{x}_i)$ 为在依赖参数 $\boldsymbol{\vartheta}$ 的策略 $\tilde{h}$ 下遇到状态 $\boldsymbol{x}_i$ 的稳态概率。从公式（3.58）可以看出，所有梯度都是 N 维向量。

公式（3.58）的右端可以通过模拟的方式进行评估，如 Marbach 和 Tsitsiklis（2003）提出的方法，在一定的条件下，可以保证得到的策略梯度算法收敛到一个局部最优参数向量。策略梯度算法中的一个重要问题是如何控制梯度估计值的方差，Marbach 和 Tsitsiklis（2003）就这一问题做了深入的研究。Munos（2006）开展了在连续时间步情况下策略梯度算法的研究。通常用于估计梯度的算法，随着采样时间的减少，梯度方差会变得很大，因此，必须要借助其他方法，使得在连续时间步情况下，梯度的方差不会变得很大（Munos，2006）。

在公式（3.58）中，行动者-评论家算法明确地逼近 V 值函数。近似 V 值函数可以通过 TD、LSTD 的一些变异版本求得。而对于平均回报情况，可以利用 LSPE 求解（Bertsekas，2007，6.6 节）。

梯度也可以用 Q 值函数表示。在平均回报情况下，Q 值函数可以用微分 V 值函数表示。

$$Q^{\vartheta}(\boldsymbol{x}_i, \boldsymbol{u}_j) = \sum_{i'=1}^{\bar{N}} \left[\bar{f}(\boldsymbol{x}_i, \boldsymbol{u}_j, \boldsymbol{x}_{i'}) \left(\tilde{\rho}(\boldsymbol{x}_i, \boldsymbol{u}_j, \boldsymbol{x}_{i'}) - \mathcal{R}^{\vartheta} + V^{\vartheta}(\boldsymbol{x}_{i'}) \right) \right]$$

利用 Q 值函数，平均回报的梯度可以表示为公式（3.59）（Suttonet 等，2000；Konda 和 Tsitsiklis，2000，2003）。

$$\frac{\partial \mathcal{R}^{\vartheta}}{\partial \boldsymbol{\vartheta}} = \sum_{i=1}^{\bar{N}} \sum_{j=1}^{\bar{M}} \left[w^{\vartheta}(\boldsymbol{x}_i, \boldsymbol{u}_j) Q^{\vartheta}(\boldsymbol{x}_i, \boldsymbol{u}_j) \boldsymbol{\phi}^{\vartheta}(\boldsymbol{x}_i, \boldsymbol{u}_j) \right] \tag{3.59}$$

其中，$w^{\vartheta}(\boldsymbol{x}_i, \boldsymbol{u}_j) = \zeta^{\vartheta}(x_i) \tilde{h}(\boldsymbol{x}_i, \boldsymbol{u}_j; \boldsymbol{\vartheta})$ 为在当前策略下遇到状态-动作对 $(\boldsymbol{x}_i, \boldsymbol{u}_j)$ 的稳态概率，有

$$\boldsymbol{\phi}^{\vartheta}: X \times U \rightarrow \mathbb{R}^{N}, \boldsymbol{\phi}^{\vartheta}(\boldsymbol{x}_i, \boldsymbol{u}_j) = \frac{1}{\tilde{h}(\boldsymbol{x}_i, \boldsymbol{u}_j; \boldsymbol{\vartheta})} \frac{\partial(\boldsymbol{x}_i, \boldsymbol{u}_j; \boldsymbol{\vartheta})}{\partial \boldsymbol{\vartheta}} \tag{3.60}$$

函数 $\boldsymbol{\phi}^{\vartheta}$ 被认为是关于状态-动作对的 BF 向量，这一点具体说明如下。可以证明公式（3.59）等价于下式（Sutton 等，2000；Konda 和 Tsitsiklis，2003）。

$$\frac{\partial \mathscr{R}^{\vartheta}}{\partial \boldsymbol{\vartheta}} = \sum_{i=1}^{\bar{N}} \sum_{j=1}^{\bar{M}} \left[w(\boldsymbol{x}_i, \boldsymbol{u}_j)[P^{w^{\vartheta}}(Q^{\vartheta})](\boldsymbol{x}_i, \boldsymbol{u}_j) \boldsymbol{\phi}^{\vartheta}(\boldsymbol{x}_i, \boldsymbol{u}_j) \right]$$

这里，精确的 Q 值函数被 BF $\boldsymbol{\phi}^{\vartheta}$ 空间中的加权最小二乘投影（3.35）所取代。因此，为了获得精确的梯度，通过 BF $\boldsymbol{\phi}^{\vartheta}$ 计算得到近似 Q 值函数就足够了，而 $\boldsymbol{\phi}^{\vartheta}$ 可以根据公式（3.60）通过策略参数来计算。在一些文献中，这样的 BF 有时与策略参数是“兼容的”（Sutton 等，2000），或者是“基础特征”（Bertsekas，2007，6.7 节）。当然除了这些，我们也可以使用其他的 BF。

利用这一特性，可以给出使用公式（3.60）中的 BF 来线性近似 Q 值函数的行动者-评论家算法。Sutton 等已经证明这些算法可以收敛到局部最优（Sutton 等，2000；Konda 和 Tsitsiklis，2000，2003）。Konda 和 Tsitsiklis（2003）进一步分析了算法在连续状态-动作空间中的收敛性。Berenji 和 Vengerov（2003）利用这一理论框架进一步证明了行动者-评论家算法的收敛性依赖于状态-动作对的模糊近似表示。

Kakade（2001）提出了一种关于梯度更新公式（3.57）的改进方法，该方法使用了随机策略的（期望）Fisher 信息矩阵的逆更新策略梯度，因此，该方法被称为自然策略梯度方法（Schervish，1995，2.3.1 节）。Peters、Schaal（2008）和 Bhatnagar 等（2009）利用这一思想提出一些自然行动者-评论家算法。Riedmiller 等（2007）从实验的角度对几种策略梯度算法，包括自然梯度算法，进行了分析和比较。

2．基于折扣回报的在线行动者-评论家方法

本节我们回到基于折扣回报准则的最优化方法，阐述一种折扣回报情况下的行动者-评论家算法（上面介绍的行动者-评论家算法是基于平均回报的）。算法以在线的方式执行，并主要用于连续状态和动作空间问题。用 $\hat{h}(\boldsymbol{x};\boldsymbol{\vartheta})$ 表示（确定）近似策略，通过 $\boldsymbol{\vartheta} \in \mathbb{R}^{N}$ 参数化；$\hat{V}(\boldsymbol{x};\boldsymbol{\theta})$ 表示近似 V 值函数，通过 $\boldsymbol{\theta} \in \mathbb{R}^{N}$ 参数化。算法并不区分不同策略下的值函数，因此，值函数符号并没有标注策略上标。虽然这里我们主要考虑确定近似策略，但是该方法也可用于随机近似策略。

在每个时间步，动作 $\boldsymbol{u}_k$ 是由策略 $\hat{h}(\boldsymbol{x};\boldsymbol{\vartheta})$ 所给定的动作附加一个随机探索项后选定的。这个随机探索项可以由一个零均值高斯分布确定。状态 $\boldsymbol{x}_k$ 迁移到 $\boldsymbol{x}_{k+1}$ 后，近似时间差分通过下式计算得到：

$$\delta_{\mathrm{TD},k} = r_{k+1} + \gamma \hat{V}(\boldsymbol{x}_{k+1};\boldsymbol{\theta}_k) - \hat{V}(\boldsymbol{x}_k;\boldsymbol{\theta}_k)$$

这个时间差分可以从关于策略 V 值函数的贝尔曼方程（2.20）得到。它类似于近似 SARSA（算法 3.12）中的 Q 值函数时间差分。一旦计算出时间差分值，根据梯度更新公式（3.61）和公式（3.62），就可以更新策略与 V 值函数的参数：

$$\boldsymbol{\vartheta}_{k+1} = \boldsymbol{\vartheta}_k + \alpha_{A,k} \frac{\partial \hat{h}(\boldsymbol{x}_k;\boldsymbol{\vartheta}_k)}{\partial \boldsymbol{\vartheta}} [\boldsymbol{u}_k - \hat{h}(\boldsymbol{x}_k;\boldsymbol{\vartheta}_k)] \delta_{\mathrm{TD},k} \tag{3.61}$$

$$\boldsymbol{\theta}_{k+1} = \boldsymbol{\theta}_k + \alpha_{C,k} \frac{\partial \hat{V}(\boldsymbol{x}_k;\boldsymbol{\theta}_k)}{\partial \boldsymbol{\vartheta}} \delta_{\mathrm{TD},k} \tag{3.62}$$

其中，$\alpha_{A,k}$、$\alpha_{C,k}$ 分别为行动者步和评论家步中（可能随时间变化）参数更新的步长。这里假定动作为标量，但这种方法可以扩展到多评论家动作变量的情况。

在行动者更新公式（3.61）中，由于探索的存在，在 k 时间步内实际采取的动作 $\boldsymbol{u}_k$ 与策略所确定的动作可能是不同的。当探索动作 $\boldsymbol{u}_k$ 可以导致正时间差分值时，策略向当前动作方向调整。相反地，如果 $\delta_{\mathrm{TD},k}$ 为负值，那么策略向远离当前动作方向调整。因此，差分值 $\delta_{\mathrm{TD},k}$ 可以解释为对预测性能的修正。这样当差分值是正值时，可以认为得到的性能优于预测的性能。在评论家更新公式（3.62）中，用时间差分代替预测误差 $V(\boldsymbol{x}_k) - \hat{V}(\boldsymbol{x}_k;\boldsymbol{\theta}_k)$，这里，$V(\boldsymbol{x}_k)$表示在当前策略下状态 $\boldsymbol{x}_k$ 的精确值。由于 $V(\boldsymbol{x}_k)$的精确值无法得到，可以用来自贝尔曼方程的估计值 $r_{k+1} + \gamma \hat{V}(\boldsymbol{x}_{k+1};\boldsymbol{\theta}_k)$ 来代替，因此产生时间差分。

算法 3.13 给出行动者-评论家算法，该算法使用高斯密度产生探索动作，这里的高斯密度包含随时间变化的标准偏差。

算法 3.13　带高斯探索的行动者-评论家算法

Input：折扣因子 γ，参数化的策略 $\hat{h}$，参数化的 V 值函数 $\hat{V}$

探索设置 $\{\sigma_k\}_{k=0}^{\infty}$，步长设置 $\{\alpha_{\mathrm{A},k}\}_{k=0}^{\infty}, \{\alpha_{\mathrm{C},k}\}_{k=0}^{\infty}$

1. 初始化参数向量，如 $\boldsymbol{\vartheta}_0 \leftarrow \boldsymbol{0}, \boldsymbol{\theta}_0 \leftarrow \boldsymbol{0}$
2. 设置初始状态 $\boldsymbol{x}_0$
3. **for** 每个时间步 $k = 0,1,2,\cdots$ **do**
4. 　　$\boldsymbol{u}_k \leftarrow \hat{h}(\boldsymbol{x}_k;\boldsymbol{\vartheta}_k) + \bar{\boldsymbol{u}}$，其中，$\bar{\boldsymbol{u}} \sim N(0,\sigma_k)$
5. 　　采取 $\boldsymbol{u}_k$，得到下一个状态 $\boldsymbol{x}_{k+1}$ 和奖赏 r_{k+1}
6. 　　$\delta_{\mathrm{TD},k} = r_{k+1} + \gamma \hat{V}(\boldsymbol{x}_{k+1};\boldsymbol{\theta}_k) - \hat{V}(\boldsymbol{x}_k;\boldsymbol{\theta}_k)$

续表

7. $\boldsymbol{\vartheta}_{k+1}=\boldsymbol{\vartheta}_k+\alpha_{A,k}\frac{\partial\hat{h}(\boldsymbol{x}_k;\boldsymbol{\vartheta}_k)}{\partial\boldsymbol{\vartheta}}[\boldsymbol{u}_k-\hat{h}(\boldsymbol{x}_k;\boldsymbol{\vartheta}_k)]\delta_{\text{TD},k}$

8. $\boldsymbol{\theta}_{k+1}=\boldsymbol{\theta}_k+\alpha_{C,k}\frac{\partial\hat{V}(\boldsymbol{x}_k;\boldsymbol{\theta}_k)}{\partial\boldsymbol{\vartheta}}\delta_{\text{TD},k}$

9. **end for**

3.7.2 梯度无关的策略搜索

对于基于梯度的策略优化算法，通常假设通过梯度算法求得的局部最优参数是足够好的。当近似策略的参数化表示比较简单，且能很好地满足实际问题时，这样做是可行的。然而设计这样的近似策略函数，需要有关（近）最优策略的先验知识。

当无法获取关于策略的先验知识时，就必须使用其他的策略参数化方法。在这种情况下，最优化标准可能存在多个局部最优值，也可能相关参数是不可导的。这意味着基于梯度的算法不适用，而需要使用全局、与梯度无关的最优化算法。甚至当设计一个简单的策略参数化方法时，通过避免局部最优以获得全局最优。

考虑期望折扣回报标准下的 DP/RL 问题。用 $\hat{h}(\boldsymbol{x};\boldsymbol{\vartheta})$ 表示近似策略，通过 $\boldsymbol{\vartheta}\in\mathbb{R}^N$ 参数化。策略搜索算法就是寻找一个最优参数向量，使得对于所有 $\boldsymbol{x}\in X$，回报 $R^{\hat{h}(\cdot;\boldsymbol{\vartheta})}(\boldsymbol{x})$ 都最大。当 X 是大规模连续状态空间时，计算每一个初始状态的回报是不现实的。针对这个问题，比较现实的做法是在状态空间中，挑选一些典型的初始状态组成一个有限状态集 X_0。仅针对状态集 X_0 中的状态，估计其回报。评分函数（最优化准则）就是关于这些状态的加权平均回报。

$$s(\boldsymbol{\vartheta})=\sum\nolimits_{\boldsymbol{x}_0\in X_0}w(\boldsymbol{x}_0)R^{\hat{h}(\cdot;\boldsymbol{\vartheta})}(\boldsymbol{x}_0) \tag{3.63}$$

其中，$w:X_0\to(0,1]$ 为权重函数。[13] 通过模拟的方式来评估每个典型初始状态的回报。从每一个典型初始状态，模拟 $N_{\text{MC}}\geqslant 1$ 条独立的轨迹。通过对这些样本轨迹回报取平均值，求得期望回报的估计值。

$$R^{\hat{h}(\cdot;\boldsymbol{\vartheta})}(\boldsymbol{x}_0)=\frac{1}{N_{\text{MC}}}\sum\nolimits_{i_0=1}^{N_{\text{MC}}}\sum\nolimits_{k=0}^{K}\gamma^k\tilde{\rho}\left[\boldsymbol{x}_{i_0,k},h(\boldsymbol{x}_{i_0,k};\boldsymbol{\vartheta}),\boldsymbol{x}_{i_0,k+1}\right] \tag{3.64}$$

对于任一轨迹 i_0，初始状态 $x_{i_0,0}$ 等于 $\boldsymbol{x}_0$，动作由策略 h 确定，对于 $k\geqslant 0$ 意味着

$$\boldsymbol{x}_{i_0,k+1}\sim f\left[\boldsymbol{x}_{i_0,k},h(\boldsymbol{x}_{i_0,k};\boldsymbol{\vartheta}),\cdot\right]$$

---

[13] 更一般地，在考虑初始状态的密度 $\tilde{w}$ 的情况下，得分函数为 $\mathrm{E}_{\boldsymbol{x}_0\sim\tilde{w}(\cdot)}\{R^{h(\cdot;\boldsymbol{\xi},\boldsymbol{\vartheta})}(\boldsymbol{x}_0)\}$，即在分布 $\boldsymbol{x}_0\sim\tilde{w}(\cdot)$ 下的回报期望值。

如果环境是确定的，那么有一条轨迹就足够了，也就是 $N_{MC}=1$。在随机性情况下，N_{MC} 的合理取值取决于具体问题。蒙特卡罗的估计过程类似于回滚方法［公式（3.45）］。

对于无限期回报的情况，我们可以通过对每条模拟的轨迹，在 K 步之后采取截断的方式来逼近。为了保证截断的 K 值满足逼近精度要求，引入最大误差 $\varepsilon_{MC}>0$。根据公式（2.41）确定 K 的值，重复如下。

$$K=\left\lceil \log_{\gamma}\frac{\varepsilon_{MC}(1-\gamma)}{\|\tilde{\rho}\|_{\infty}} \right\rceil \tag{3.65}$$

针对随机性情况，Ng 和 Jordan（2000）假设得到一个仿真模型，该模型用于对驱动随机迁移的随机变量进行访问。他们提出针对这些随机变量，预先生成值序列，然后使用与该值序列相同的序列对每个策略进行评估。通过这种方法，就可以把随机问题转化为确定优化问题。

初始状态的典型集以及权重函数

初始典型状态集 X_0 以及权重函数 w 可以决定所得策略的性能。当然这里的性能通常仅指近似最优，因为使得集合 X_0 中状态的回报最大并不能保证状态空间 X 中的其他状态的回报也是最大。X_0 和 w 的选择取决于当前具体的问题。如果该过程只需要从已知的初始状态集 X_{init} 开始，那么 X_0 应该等于 X_{init}，或者当 X_{init} 太大时，X_0 包含在 X_{init} 中。重要的初始状态可以赋予更大的权重。如果所有的初始状态同等重要，集合 X_0 中的状态应该均匀地分布于整个状态空间，且对 X_0 中每个元素赋予相同的权重 $\frac{1}{|X_0|}$。

很多与梯度无关的全局优化技术都可用于策略搜索，包括进化优化（如遗传算法）（Goldberg，1989）、禁忌搜索（Glover 和 Laguna，1997）、模式搜索（Torczon，1997；Lewis 和 Torczon，2000）和交叉熵方法（Rubinstein 和 Kroese，2004）等。Barash（1999）、Chin 和 Jafari （1998）、Gomez 等（2006）、Chang 等（2007，第 3 章）将进化计算用于策略搜索，另外，Mannor 等（2003）将交叉熵方法用于策略搜索。Chang 等（2007，第 4 章）利用被称为“参考模型自适应搜索”的方法来寻找策略，该方法类似于交叉熵方法。本书的第 6 章将阐述使用交叉熵方法的策略搜索算法。Whiteson 和 Stone（2006）给出了一种优化神经网络策略逼近器中参数和结构的专用算法。Schmidhuber（2000）提出了通用的策略修正启发式算法。

另一类基于模型的策略搜索算法，通过在每个时间步查找开环的动作序列，以在线方式找到近最优动作（Hren 和 Munos，2008）。控制器选择一个可以获得最大估计回报的动作序列，并执行该序列中的第一个动作，然后，循环执行上面的步骤。[14] 开环动作序列的总数量随着时间的增

---

[14] 这与模型预测控制的工作原理非常相似（Maciejowski, 2002; Camacho 和 Bordons, 2004）。

长而呈指数级增长。但是通过将搜索范围限定在有前景的序列范围内，就可以避免过多的计算代价。Hren 和 Munos（2008）在确定性环境下研究了这种限制计算代价的方法。在随机性环境下，开环序列是次优的。目前也出现一些将这种开环思想推广到随机性环境的方法。这些方法通过场景树对随机迁移序列进行建模（Birge 和 Louveaux，1997；Dupacová 等，2000），并对树节点上的动作进行优化（Defourny 等，2008，2009）。

3.7.3　实例：用于直流电机问题的梯度无关策略搜索

在这个例子中，我们将近似、与梯度无关的策略搜索算法用于 3.4.5 节介绍的直流电机问题。第一个实验使用了一种不依赖于先验知识的通用策略参数化方法。第二个实验使用了受先验知识驱动的定制策略参数化方法。最后对这两种参数化方法的结果进行了比较。

为了计算公式（3.63）的评分函数，需要选择初始状态的典型集 X_0 和权重函数 w。我们的目标是在整个状态空间中获得相对一致的性能，因此，典型状态可以均匀地划分为

$$X_0=\left\{-\pi,-2\pi/3,-\pi/3,\cdots,\pi\right\}\times\left\{-16\pi,-12\pi,-8\pi,\cdots,-16\pi\right\}$$

这些初始状态的权重统一设置为 $w(\boldsymbol{x}_0)=\dfrac{1}{|X_0|}$，其中状态的数量 $|X_0|=63$。在回报估计中，最大误差设置为 $\varepsilon_{\text{MC}}=0.01$。直流电机问题中奖励函数［公式（3.28）］的边界可以通过下式计算得到。

$$\begin{aligned}\|\rho\|_\infty&=\sup_{x,u}\left|-\boldsymbol{x}_k^{\text{T}}\boldsymbol{Q}_{\text{rew}}\boldsymbol{x}_k-R_{\text{rew}}\boldsymbol{u}_k^2\right|\\&=\left|-\begin{bmatrix}\pi & 16\pi\end{bmatrix}\begin{bmatrix}5 & 0\\0 & 0.01\end{bmatrix}\begin{bmatrix}\pi\\16\pi\end{bmatrix}-0.01\cdot10^2\right|\\&\approx75.61\end{aligned}$$

为了求得满足精度 ε_{MC} 所需的轨迹长度 K，将 ε_{MC}、$\|\rho\|_\infty$ 和 $\gamma=0.95$ 代入公式（3.65），得出 $K=233$。由于该问题环境是确定性的，因此，对于每一个初始状态，单条轨迹就足够了。

我们使用全局、梯度无关的模式搜索算法来优化策略（Torczon，1997；Lewis 和 Torczon，2000）。当得分变化降低到阈值 $\varepsilon_{\text{PS}}=0.01$（等价于 ε_{MC}）以下时，认为算法收敛。[15]

1．结合通用参数化的策略搜索

首先，考虑第一种情况，在这种情况下，有关最优策略的先验知识不可知，而需要使用通用

[15] 我们使用 MATLAB 7.4.0 的“遗传算法”和“直接搜索工具箱”中的模式搜索算法。算法中设置了阈值 ε_{PS}，为了避免重复计算，存储了已经评估的参数向量的得分值。除了这些变化外，都使用了算法的默认设置。

策略参数化方法。这里选择线性策略参数化方法［公式（3.12）］。

$$\hat{h}(\boldsymbol{x})=\sum_{i-1}^{N}\varphi_i(\boldsymbol{x})\vartheta_i=\boldsymbol{\varphi}^{\mathrm{T}}(\boldsymbol{x})\boldsymbol{\vartheta}$$

基函数定义为轴对齐的标准 RBF（参见例 3.1），其中心设置在状态空间中等距离的 7×7 格子上。所有的 RBF 形状都是相同的，每个维度 d 上的宽度 b_d 都等于 $b_d'^2/2$，b_d' 为沿着该维度相邻两个 RBF 之间的距离（格子的步长），即 $b_1'=\dfrac{2\pi}{7-1}\approx 1.05$，$b_2'=\dfrac{32\pi}{7-1}\approx 16.76$，这样 $b_1\approx 0.55,\ \ b_2\approx 140.37$，那么一共需要优化 49 个参数（用于 7×7 个 RBF）。

应用模式搜索优化算法求解最优参数向量 $\boldsymbol{\vartheta}^*$，初始参数向量均设置为零向量。图 3.16 给出了得到的策略以及由当前策略所控制的典型轨迹。策略关于状态变量大体上是线性的（在饱和极限内），能够很好地收敛到零状态。

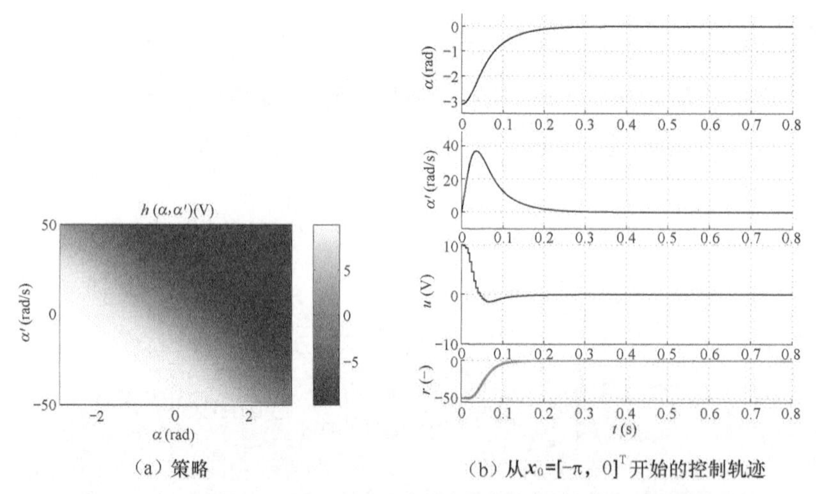

（a）策略　　（b）从 $x_0=[-\pi,\ 0]^{\mathrm{T}}$ 开始的控制轨迹

图3.16　针对直流电机问题，结合通用策略参数化方法的策略搜索的结果

在该实验中，模式搜索算法大概需要 18173 s 才能收敛。与前面所有的用于直流电机的方法（3.4.5 节中的网格 Q 值迭代、拟合 Q 值迭代以及 3.5.7 节中的 LSPI）相比，其执行时间都是较长的。这表明，结合通用参数化的策略搜索方法需要较大的计算量。

策略搜索算法在估计评分函数［公式（3.63）］时需要花费大量的时间，这是一个十分耗时的操作。对于本实验，需要计算 11440 个不同参数向量的得分直至算法收敛。通过减小 X_0 或增大 $\varepsilon_{\mathrm{MC}}$ 及 $\varepsilon_{\mathrm{PS}}$，可以减少估计每个参数向量的计算代价，但这是以降低控制性能为代价的。

2．结合定制参数化的策略搜索

在实例的第二部分，我们采用一个简单但比较适合直流电机问题的策略参数化方法。该策略参数化方法需要利用先验知识。由于系统是线性的，且奖励函数是二次函数，在不考虑状态、动作变量约束的情况下，最优策略是一个线性的状态反馈（Bertsekas，2007，3.2 节）。[16] 现在考虑关于动作的约束，在动作约束的范围内，假设一个好的最优策略逼近函数与状态变量呈线性关系，即

$$\hat{h}(\boldsymbol{x};\boldsymbol{\vartheta}) = \mathrm{sat}\{\vartheta_1 x_1 + \vartheta_2 x_2, -10, 10\} \tag{3.66}$$

其中，"sat" 表示饱和度。事实上，在图 3.5（b）中，关于近最优策略的测试表明，这个假设基本上是正确的，只是在图的左上角和右下角是非线性的。这可能是由于对状态变量的约束引起的，而公式（3.66）推导参数化方法时，不再考虑对状态变量的约束。我们采用这种定制参数化方法去做策略搜索，只需要优化两个参数，与 3.7.2 节介绍的通用参数化方法需要优化 49 个参数相比要少得多。

图 3.17 给出了通过模式搜索优化方法得出的策略，以及对应的典型的控制轨迹。正如预期的那样，该策略类似于图 3.5（b）的近最优策略，但状态空间中两个角的部分也变成了线性关系。所得的轨迹也类似于图 3.5（c）中的控制轨迹。与图 3.16 中通用参数化方法相比，策略的线性部分变化更快，这导致一个更具有探索性的控制信号。这是由于特定的参数化方法导致策略变化更快，而图 3.16 中使用的宽 RBF 会使得插值更加平滑。使用图 3.17 的策略得分是−229.25，而使用图 3.16 的 RBF 策略得分是−230.69，前者略优于后者。

结合特定参数化方法的模式搜索算法，其执行时间大约是 75 s。正如预期的那样，与结合通用参数化方法相比，该算法的计算代价要小得多，因为这里只需要优化两个参数，而不是 49 个参数。这也说明了对于特定的问题，使用紧凑的策略参数化方法是比较有效的。遗憾的是，获得一个有效的策略表示方法需要先验知识，而先验知识通常是很难获取的。该算法的执行时间大于 3.4.5 节中的网格 Q 值迭代算法的执行时间。关于网格 Q 值迭代算法，在精细网格下，执行时间是 7.80 s；在粗糙网格下，执行时间是 0.06 s。而与 3.5.7 节中的 LSPI 算法的执行时间相比，二者是一个级数的。在 LSPI 中，使用精确策略改进，执行时间是 23 s；而使用近似策略改进，执

---

[16] 最优线性状态反馈由

$$h(\boldsymbol{x}) = K\boldsymbol{x} = -\gamma(\gamma \boldsymbol{B}^{\mathrm{T}}\boldsymbol{Y}\boldsymbol{B} + R_{\mathrm{rew}})^{-1}\boldsymbol{B}^{\mathrm{T}}\boldsymbol{Y}\boldsymbol{A}\boldsymbol{x}$$

给出。这里 $\boldsymbol{Y}$ 为黎卡提方程的稳定解：

$$\boldsymbol{Y} = \boldsymbol{A}^{\mathrm{T}}[\gamma\boldsymbol{Y} - \gamma^2\boldsymbol{Y}\boldsymbol{B}(\gamma\boldsymbol{B}^{\mathrm{T}}\boldsymbol{Y}\boldsymbol{B} + R_{\mathrm{rew}})^{-1}\boldsymbol{B}^{\mathrm{T}}]\boldsymbol{A} + \boldsymbol{Q}_{\mathrm{rew}}$$

替换方程中的 $\boldsymbol{A}$、$\boldsymbol{B}$、$\boldsymbol{Q}_{\mathrm{rew}}$、$R_{\mathrm{rew}}$、$\gamma$产生直流电机的状态反馈增益 $\boldsymbol{K} \approx [-11.16, -0.67]^{\mathrm{T}}$ 。

行时间是 58 s。但是该算法的执行时间远小于拟合 Q 值迭代算法的 2151 s。为了更加方便地对这些算法的执行时间加以比较，我们给出表 3.1。[17]

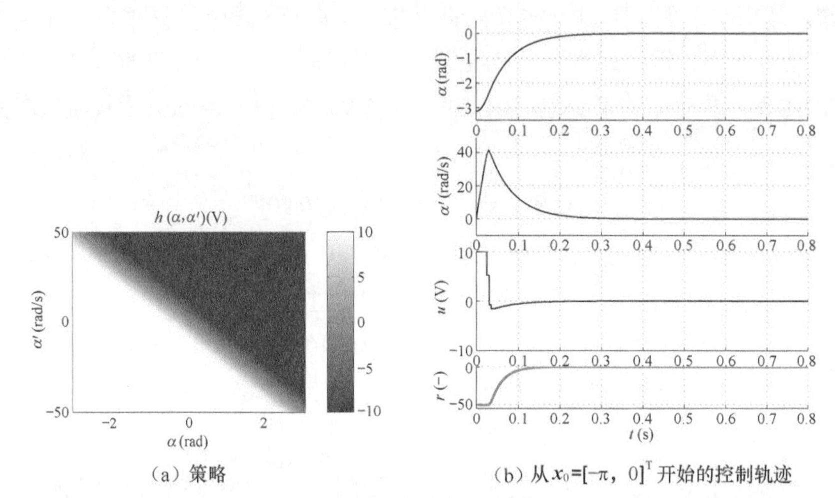

（a）策略　　（b）从 $x_0=[-\pi, 0]^{\mathrm{T}}$ 开始的控制轨迹

图3.17　用于直流电机问题的结合定制策略参数化公式（3.66）的策略搜索的结果

（注：这里策略参数为 $\hat{\vartheta}^*=[-16.69,-1]^{\mathrm{T}}$）

表 3.1　用于直流电机问题的近似 DP/RL 算法的执行时间比较

算法	执行时间（s）
粗糙网格 Q 值迭代	0.06
精细网格 Q 值迭代	7.80
拟合 Q 值迭代	2151
带精确策略改进的 LSPI	23
带策略近似的 LSPI	58
结合通用参数化的策略搜索	18173
结合定制参数化的策略搜索	75

3.8　近似值迭代、近似策略迭代及近似策略搜索算法的比较

本节对近似值迭代、近似策略迭代以及近似策略搜索作一般、定性的比较。当然更详细的比

[17] 所有的执行时间都是指在硬件环境为 CPU：Intel Core 2 Duo T9550 2.66 GHz，内存：3 GB 的 PC 机上运行记录的时间。

较取决于特定的算法以及具体的问题。

1．近似值迭代与近似策略迭代

离线近似策略迭代通常在很少的迭代次数之后就可以收敛，可能要少于离线近似值迭代算法收敛所需的迭代次数。这一点在直流电机实例上得到了很好的验证：LSPI 算法（3.5.7 节）比网格 Q 值迭代算法收敛速度快（3.4.5 节）。然而，这并不意味着近似策略迭代算法的计算量少于近似值迭代算法的计算量，因为近似策略评估本身就是一个很困难的问题，这是在每轮策略迭代中都需要面对的问题。近似值迭代算法的优势在于它通常可以保证收敛到唯一解，而近似策略迭代一般只能保证收敛到一系列策略，这些策略都可以保证达到一定的性能水平。这一点在 3.5.7 节做了详细的阐述，结合策略近似的 LSPI 算法可以收敛至一个极限环。

为了与近似值迭代算法相比较，下面只考虑策略迭代中的近似策略评估步。一些近似策略评估类似于并行近似值迭代，并在类似条件下收敛（3.5.1 节）。虽然关于策略值函数，近似策略评估得益于贝尔曼方程的线性特性，例如公式（2.7），但是关于最优值函数的最优贝尔曼方程是高度非线性的，主要是因为公式右侧的最大化操作。还有一类近似策略评估算法利用贝尔曼方程的线性特性，通过解贝尔曼方程投影形式（3.5.2 节）来评估策略。这类算法的优点是仅需要线性带参逼近器，而近似值迭代的逼近器必须是收缩更新的（3.4.4 节）。另外，该类算法中的一些，比如 LSTD-Q、LSPE-Q，是样本高效利用的算法。然而，这类算法的缺点是，算法收敛的必要条件要求：在评估策略下，样本分布必须与稳态分布相同。

2．近似策略搜索与近似值迭代、策略迭代

对于一些问题而言，利用先验知识获得一个好的参数化策略要比获得一个好的参数化值函数更简单自然。如果可以得到一个好的参数化策略，且该策略关于参数可导，那么可以使用策略梯度算法（3.7.1 节）。该类算法的收敛性可以得到保证，且计算量适中。策略梯度算法的一个缺点是它只能在一组近似策略中找到局部最优策略，并且收敛速度可能比较慢。

通过自动获取带参逼近器（3.6 节）或者使用无参逼近器，可以减小设计一个好的带参值函数的难度。与预先定义带参逼近器相比，这两种方案参数的调整量变少，但是增加了算法的计算量。

即使先验知识不可知，也无法获得一个好的参数化策略，梯度无关形式的近似策略搜索算法也依然可用，因为算法不使用值函数（3.7.2 节）。不使用值函数的情况通常是基于值函数的算法无法得到满意的解，或者需要太多的假设，在这种情况下，我们可以定义通用的参数化策略，利用全局、梯度无关的优化技术求解最优参数。这类技术通常与具体数值问题无关——比如即使使用一个通用非线性的参数化表示方法，算法依然发散至无穷，这种情况就不适合使用值迭代或者策略迭代。然而由于其通用性，该方法通常需要较大的计算量。

3.9 总结与讨论

本章主要介绍了用于大规模连续空间任务的近似动态规划（DP）及近似强化学习（RL）方法，在解释了该类任务中近似的必要性之后，给出带参的和无参的两种近似结构，然后给出3类主要算法的近似版本：近似值迭代、近似策略迭代以及近似策略搜索，并从理论和数值实验两方面验证了这些算法的性能。另外，本章还介绍一些自动确定值函数逼近器的技术。最后对3类算法作了详细的比较。Bertsekas 和 Tsitsiklis（1996）、Powell（2007）、Chang 等（2007）、Cao（2007）等的相关论著从不同的角度对近似 DP 和 RL 作了详尽的论述。

近似 DP/RL 是一个较新的、但近年来非常活跃且发展迅速的研究领域。当然该领域依然存在很多具有挑战性的问题，下面作具体阐述。

在任务是高维的且先验知识不可知的情况下，很难设计出计算代价不高、效果好的逼近器。另外，在模型无关（RL）情况下，当得到的样本数据有限时，也会出现同样的问题。在这种情况下，如果逼近器太复杂，那么有限的样本就不足以计算出满足要求的逼近器参数。一种方法是事先设计逼近器并自动寻找优的参数化表示；另外一种方法是利用无参逼近器，这种方法也可以认为是一种数据驱动的参数化方法。在有关值迭代及策略迭代算法（3.4.3 节、3.5.3 节、3.6 节）中，自适应以及无参逼近器都是经常被研究的表示方法。在策略搜索中，如何自动地发现一个好的逼近器是目前刚刚起步但很有前景的课题。

在很多实际问题中，动作通常需要在连续的空间中取值。例如，在自动控制问题中，为了使一个不稳定的平衡系统保持稳定、避免抖动，需要对其施以连续的动作。因为从长远的角度考虑，这种抖动会破坏系统的平衡，因此必须尽量避免。然而在 DP/RL 中，与离散动作问题相比，对连续动作问题研究得较少。在连续动作空间情况下，值迭代和策略迭代中存在的主要困难是，如何解决在动作空间上的非凸最大化问题（3.2 节）等潜在的困难。在行动者-评论家算法以及策略搜索算法中，连续动作问题相对容易处理，因为这类算法不需要对动作进行精确的最大化操作。

传统的近似值迭代算法的理论保证依赖于近似函数的非扩张性。为了满足这个要求，逼近器通常局限于线性带参子类中。当理论分析近似值迭代算法时，如果不考虑非扩张性假设，有时对处理问题会更有利，例如，可以使用一个功能强大的非线性带参逼近器，这样就可以缓解提前设计较优逼近器的难度。3.4.4 节概述的有限样本性能保证方面的研究工作，可以划归为该方向的代表性成果。

在近似策略迭代方法中，由于具有样本利用效率高、调参方便等优点，用于策略评估的最小二乘技术成为一种非常有前景的方法。然而目前这类算法关于性能保证方面都要求处理大量的、同一固定策略产生的样本。从学习的角度看，分析在线、乐观策略迭代中的技术性能才更有意义，但这里所用的策略在一段较长的时间内不可能保持不变，每经过很少的样本后就要被改进。目前，业界已经出现了很多关于最小二乘策略评估算法的实验结果，但是在理论方面的研究还是非常有限的（见 3.5.6 节）。

本章主要针对近似值迭代、近似策略迭代以及近似策略搜索算法做了一个较为粗略的阐述。为了加深关于这部分内容的理解，后续 3 章针对这 3 类方法分别给出了具体算法。第 4 章将介绍一种结合模糊近似的基于模型的值迭代算法，并从理论和实验两个角度分别进行分析和评价。对于近似 DP 算法，通过理论分析证明了算法的收敛性和一致性。第 5 章将再次讨论最小二乘策略迭代算法，并介绍该算法的几种改进版本。特别是介绍一种在线的最小二乘策略迭代算法，在此过程中，会强调在线 RL 算法中会遇到的一些重要问题。第 6 章将介绍依赖于梯度无关交叉熵方法的策略搜索算法，并从实验角度验证算法的性能。该算法的亮点在于采用了将计算集中在重要初始状态的技术，该技术使得算法较容易地推广到高维度状态空间任务中。

第4章 基于模糊表示的近似值迭代

本章介绍的模糊 Q 值迭代，是一种依赖模糊方法表示 Q 值函数的近似值迭代算法。这里的模糊表示是将定义在状态空间的模糊划分与动作空间的离散化相结合的一种方法。本章从理论上分析了模糊 Q 值迭代的收敛性和一致性，在介绍模糊划分隶属度函数之前，介绍了一种利用交叉熵方法优化隶属度函数的技术。此外，本章利用多组实验评估了模糊 Q 值迭代的性能。

4.1 引言

值迭代算法（2.3 节介绍）在求解最优值函数的基础上，利用关于该值函数的贪心策略来控制系统。在大规模连续空间问题中，值函数必须被近似求解，因此，产生了近似值迭代方法，该方法已在第 3.4 节做了详细介绍。

本章我们将在前面章节内容的基础上做进一步深入探讨，详细地设计并研究一种近似值迭代算法。我们结合模糊近似范式表示（Fantuzzi 和 Rovatti，1996）提出一种模糊 Q 值迭代算法：一种用状态空间的模糊划分和动作空间的离散化来表示 Q 值函数的近似值迭代算法。模糊 Q 值迭代需要环境模型并只能用于确定动态性的问题。划分的模糊集用隶属度函数（MF，Membership Functions）来描述，同时离散动作预先从初始的动作空间中选择，该动作空间可能是大规模连续的。通过加权求和的方式计算一个给定状态-离散动作对的 Q 值函数，其中，权值由 MF 给定。因此，模糊表示也可以看作一个线性带参逼近器，在这种情况下，MF 是状态-依赖的基函数。

除了模糊逼近器之外，本章还有一个重要的拓展是设计了一种异步工作的模糊 Q 值迭代的算法版本，即每一步计算都利用最近更新的参数值，该版本称为异步模糊 Q 值迭代。原型算法在执行当前迭代的计算时参数保持不变，为了与异步版本加以区分，我们将原型算法称为同步模糊 Q 值迭代。这里为了简明起见，模糊 Q 值迭代通常分别指这两个版本，例如，在模糊 Q 值迭代收敛性的描述中，可以理解为异步和同步两个版本都是收敛的。当需要明确对两个版本加以区分时，我们加上“同步”和“异步”的修饰语。

近似值迭代算法的两个重要性质是关于近最优值函数的收敛性和一致性。一致性意味着，当近似精度提高时，算法将渐近收敛到最优值函数。结合 3.4.4 节所讨论的非扩张逼近器的理论框架，将该框架扩展到处理异步的情况，可以证明模糊 Q 值迭代逐渐收敛到一个不动点。该不动点相当于一个距最优 Q 值函数在一个有界距离内的近似 Q 值函数；此外，在有限次数迭代之后，得到的 Q 值函数的次优值也是有界的。这两个 Q 值函数都可以获得有界次优性贪心策略。此外，从某种意义上说，异步算法至少和同步算法收敛得一样快。在分析的第二部分，我们还将证明模糊 Q 值迭代具有一致性：在动态性和奖励函数连续的假设下，随着近似精度的提高，近似 Q 值函数将会收敛到最优。

通过模糊 Q 值迭代求解，其精度关键取决于所采用的 MF。在其最初的形式中，模糊 Q 值迭代需要预先设计好 MF。通常在设计 MF 时，需要有一定的关于最优 Q 值函数的先验知识，或者需要设计足够多的 MF，使之能够很好地覆盖整个状态空间，并达到足够的分辨率，但是没有万能的方法保证效果良好。作为预先设计 MF 的一种替代方案，考虑一个用于优化固定数量 MF 的位置和形状的方法。该方法属于 3.6.1 节介绍的逼近器优化技术。为了评估 MF 的每一种配置，基于这些 MF，利用模糊 Q 值迭代计算一个策略，并通过仿真来评估该策略的性能。将交叉熵方法用于该优化问题，并设计一种用于优化三角 MF 的算法。

模糊 Q 值迭代的理论分析验证了其结果的有效性。此外，我们给出大量的实验用于分析和验证其理论结果。实验主要分为 4 个部分，每一部分都侧重于算法在实际应用中的不同方面。第 1 个例子是关于直流电机问题，主要说明了模糊 Q 值迭代的收敛性与一致性。第 2 个例子关于双连杆机械臂问题，主要说明插值动作的作用，并对模糊 Q 值迭代与拟合 Q 值迭代（算法 3.4）做了比较。在第 3 个例子中，用一个倒立摆问题来说明模糊 Q 值迭代的实际控制性能。这 3 个例子都要预先设计 MF。第 4 个例子主要验证在经典的过山车标准平台中，优化 MF 的效果（Moore 和 Atkeson，1995；Munos 和 Moore，2002；Ernstet 等，2005）。

4.2 节将介绍模糊 Q 值迭代。4.3 节分析模糊 Q 值迭代的收敛性、一致性和计算代价，4.4 节介绍用于优化 MF 的方法，4.5 节给出了上述的一些实验结果，4.6 节以总结和讨论结束本章。

4.2　模糊 Q 值迭代

模糊 Q 值迭代属于带参数近似值迭代算法类（3.4.1 节）。与该类其他算法类似，它将 Q 值迭代映射［公式（2.22）］与近似映射以及投影映射相结合。本节首先介绍模糊 Q 值迭代所采用的模糊近似映射和投影映射，然后进一步阐述该算法的两个版本，即同步和异步模糊 Q 值迭代。

4.2.1　模糊 Q 值迭代的近似和投影映射

考虑一个确定马尔可夫决策过程（见 2.2.1 节）。MDP 的状态空间 X 和动作空间 U 可能是连续的，也可能是离散的，但是假设它们是欧氏空间的子集，因此，状态和动作的欧氏范数都是被明确定义的。

1．模糊近似

逼近器依赖于状态空间的模糊划分以及动作空间的离散化。X 的模糊划分包含 N 个模糊集 χ_i，每一个都用一个隶属度函数来描述。

$$\mu_i : X \to [0,\ 1]$$

其中，i=1,⋯,N。状态 $\boldsymbol{x}$ 属于某一个集合 i 的程度用隶属度来表示，即 $\mu_i(\boldsymbol{x})$。MF 要求满足下列条件。

条件 4.1　每一个 MF 在某一个单独的点上都有最大值，即对每一个 i 都存在一个唯一的 $\boldsymbol{x}_i$，并当 $\forall \boldsymbol{x} = \boldsymbol{x}_i$ 时，$\mu_i(\boldsymbol{x}_i) > \mu_i(\boldsymbol{x})$。此外，其他 MF 在 $\boldsymbol{x}_i$ 处取值为 0，即当 $\forall i' \neq i$ 时，$\mu_i(\boldsymbol{x}_i) = 0$。

该条件将在后续章节用来分析投影映射对模糊 Q 值迭代收敛性的影响，也用于证明其一致性。由于其他 MF 在 $\boldsymbol{x}_i$ 取值为 0，不失一般性，也可以假设 $\mu_i(\boldsymbol{x}_i) = 1$，因此，$\mu_i$ 是归一的（Normal）。状态 $\boldsymbol{x}_i$ 则被称为第 i 个 MF 的核。

例 4.1　三角模糊划分。

通过以下方法可得到一种满足条件 4.1 的简单模糊划分。对每个状态变量 x_d，这里 $d \in \{1, \cdots, D\}$ 并且 $D = \dim(X)$，三角 MF 中的每个数值 N_d 被定义如下。

$$\phi_{d,1}(x_d) = \max\left(0,\ \frac{c_{d,2} - x_d}{c_{d,2} - c_{d,1}}\right)$$

$$\phi_{d,i}(x_d) = \max\left[0,\ \min\left(\frac{x_d - c_{d,i-1}}{c_{d,i} - c_{d,i-1}},\ \frac{c_{d,i+1} - x_d}{c_{d,i+1} - c_{d,i}}\right)\right],\ \text{对于 } i=2, \cdots, N_d-1$$

$$\phi_{d,N_d}(x_d) = \max\left(0, \frac{x_d - c_{d,N_d-1}}{c_{d,N_d} - c_{d,N_d-1}}\right)$$

其中，$c_{d,1}, \cdots, c_{d,N_d}$ 是维度d上的核，并且必须满足$c_{d,1} < \cdots < c_{d,N_d}$。这些核将完全决定 MF 的形状。状态空间应该包含在这些 MF 的支撑中，例如，对于 d=1, …, D，$x_d \in [c_{d,1}, c_{d,N_d}]$。相邻的一维 MF 总是有 50%是相交的。因此，每个一维 MF 的组合结果在 X 的模糊划分上产生了一个金字塔形的 D 维 MF。图 4.1 给出了一维和二维三角划分的示例。

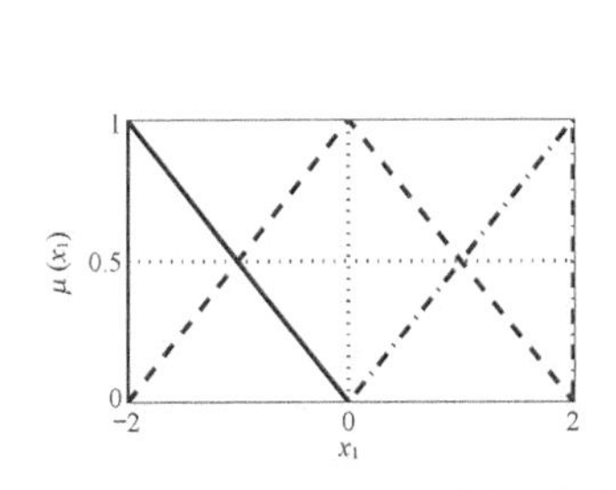

（a）一维三角 MF 的一个集合，每个都以不同的线型表示

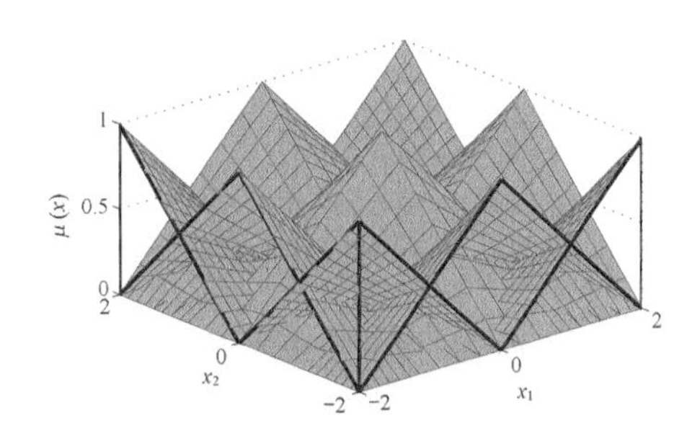

（b）二维 MF，由两个一维 MF 的集合组合所得，每一个都与图 4.1（a）中的集合相同

图4.1 三角MF的示例

另一些满足条件 4.1 的 MF 类型可以用如高阶 B 样条（Brown 和 Harris，1994，第 8 章）（三角 MF 是二阶 B 样条）或 Kuhn 三角剖分结合质心插值（Munos 和 Moore，2002；Abonyi 等，2001）得到。Kuhn 三角划分可以获得比三角或 B 样条划分更少的 MF；对于后者，MF 的数量随状态空间的维数呈指数级增长。虽然模糊 Q 值迭代不仅限于三角 MF，但是在本章的例子中总是会用到这些三角 MF，因为它们是最简单的满足算法收敛性和一致性要求的 MF。

通过放宽条件 4.1，以在一个给定的 MF_i 的核 $\boldsymbol{x}_i$ 上，其他 MF 可以取非零值。基于 Tsitsiklis 和 Van Roy（1996）的研究成果，如果这些值足够小，那么仍然可以证明模糊 Q 值迭代可以收敛到一个近似最优解。该条件的放宽也适用于其他类型的局部 MF，如高斯 MF。值得注意的是，在实际问题中，如果其他 MF 在 $\boldsymbol{x}_i$ 上有过大值，那么模糊 Q 值迭代的确会发散。

到目前为止，我们主要讨论状态空间上的近似问题。如果需要讨论（连续或离散）动作空间 U 上的近似问题，需要选择一个离散的动作子集 U_{d}。

$$U_{\mathrm{d}} = \{\boldsymbol{u}_j \mid \boldsymbol{u}_j \in U, j = 1, \cdots, M\} \tag{4.1}$$

模糊逼近器保存了一个包含 n=NM 个元素的参数向量$\boldsymbol{\theta}$，每个参数 $\theta_{[i,j]}$ 对应于 MF 离散动作对 $(\mu_i, \boldsymbol{u}_j)$，其中，$[i, j] = i + (j-1)N$ 表示对应 i 和 j 的标量索引。为了计算状态–动作对 $(\boldsymbol{x}, \boldsymbol{u})$ 的

Q 值，首先要选择一个最接近 $\boldsymbol{u}$ 的离散动作 $\boldsymbol{u}_j \in U_{\mathrm{d}}$ 来对动作 u 进行离散化。

$$j \in \arg\min_{j'} \left\| \boldsymbol{u} - \boldsymbol{u}_{j'} \right\|_2$$

其中，$\|\cdot\|_2$ 表示参数的欧氏范数。通过对参数 $\theta_{[1,j]},\cdots,\theta_{[N,j]}$ 的加权和来计算近似 Q 值。

$$\hat{Q}(\boldsymbol{x},\boldsymbol{u}) = \sum_{i=1}^{N} \phi_i(\boldsymbol{x})\, \theta_{[i,j]}$$

这里权值 $\phi_i(\boldsymbol{x})$ 是归一化的 MF（满足的程度）:[1]

$$\phi_i(\boldsymbol{x}) = \frac{\mu_i(\boldsymbol{x})}{\sum_{i'=1}^{N} \mu_{i'}(\boldsymbol{x})} \tag{4.2}$$

该过程可以简写为如下的近似映射：

$$\hat{Q}(\boldsymbol{x},\boldsymbol{u}) = [F(\boldsymbol{\theta})](\boldsymbol{x},\boldsymbol{u}) = \sum_{i=1}^{N} \phi_i(\boldsymbol{x})\, \theta_{[i,j]}，\text{其中，} j \in \arg\min_{j'} \left\| \boldsymbol{u} - \boldsymbol{u}_{j'} \right\|_2 \tag{4.3}$$

为了保证 $F(\boldsymbol{\theta})$是一个严格定义的函数，必须一致地打破公式（4.3）中满足最小化条件的索引 j 不唯一的僵局。后续，假设通过使用满足最小化条件的最小索引来打破上述僵局。对于一个不动点 $\boldsymbol{x}$，这样一个逼近器在每一个动作子集 $U_j, j=1,\cdots,M$ 上都是一个常量，定义为

$$\boldsymbol{u} \in U_j \text{如果} \begin{cases} \| \boldsymbol{u} - \boldsymbol{u}_j \|_2 \leqslant \| \boldsymbol{u} - \boldsymbol{u}_{j'} \|_2, \text{对所有} j' \neq j \\ j < j', \text{ 对任意} j' \neq j, \text{ 则} \| \boldsymbol{u} - \boldsymbol{u}_j \|_2 = \| \boldsymbol{u} - \boldsymbol{u}_{j'} \|_2 \end{cases} \tag{4.4}$$

这里第二个条件由于上述关系被打破而成立，所有 U_j 构成了 U 的一个划分。

值得注意的是，公式（4.3）给出了一个线性带参逼近器［公式（3.3）］。具体而言，该模糊逼近器与例 3.1 所介绍的离散动作、线性带参逼近器类似。这里通过引入一个明确的动作离散化过程来扩展这些逼近器。因此，归一化的 MF 可以看作状态-依赖的基函数或特征（Bertsekas 和 Tsitsiklis, 1996）。

2．将逼近器看作模糊规则库的解释

下面我们将解释如何将 Q 值函数当作模糊规则库输出（Kruse 等，1994；Klir 和 Yuan，1995；Yen 和 Langari，1999）。考虑一个称为 Takagi-Sugeno 的模糊规则库（Takagi 和 Sugeno，1985；Kruse 等，1994，4.2.2 节），它用 if-then 规则的形式描述了输入和输出之间的关系。

$$R_i : \textbf{if } \boldsymbol{x} \text{ 是 } \chi_i \textbf{ then } y = g_i(\boldsymbol{x}) \tag{4.5}$$

其中，$i \in 1,\cdots,N$ 是规则的索引，$\boldsymbol{x} \in X$ 是输入变量（这里不需要理解为一个 MDP 的状态），$\chi_1,\cdots,\chi_N$ 是输入模糊集，$y \in Y$ 是输出变量，而 $g_1,\cdots,g_N: X \to Y$ 是（代数）输出函数。输入和输出变量可以

[1] MF 是归一化的（见条件 4.1 后的讨论），但它们可能还未归一化，因为对一些 $\boldsymbol{x}$ 来说，其和可能不为 1。对任意 $\boldsymbol{x}$，归一化的 MF 的和一定为 1。

是标量或者是矢量。每一个模糊集χ_i由一个 MF $\mu_i : X \to [0, 1]$来定义，并且可以看作描述一个在输入空间中的模糊区域，其相应的结果表达式成立。一个特定的输入 $\boldsymbol{x}$ 与其隶属度$\mu_i(\boldsymbol{x})$一起从属于一个模糊集（区域）χ_i。规则库［公式（4.5）］的输出是一个输出函数 g_i 的加权和，这里权值是归一化的 MF$_{\phi_i}$［公式（4.2）］。

$$\boldsymbol{y}=\sum_{i=1}^{N}\phi_i(\boldsymbol{x})\,\boldsymbol{g}_i(\boldsymbol{x}) \tag{4.6}$$

在该表达式中，如果 $\boldsymbol{y}$ 是一个向量［这意味着 $\boldsymbol{g}_i(\boldsymbol{x})$也是一个向量］，代数运算可以理解为对每一个元素的操作。注意，比公式（4.5）更一般化的是，结果也可以是 **$\boldsymbol{y}$ is** $\mathscr{Y}_i$形式的命题，其中，$\mathscr{Y}_1, \cdots, \mathscr{Y}_N$是定义在输出空间上的模糊集。所得的模糊规则库被称为 Mamdani 规则库（Mamdani，1977；Kruse 等，1994，4.2.1 节）。

基于上述介绍，现在可以把 Q 值函数逼近器当作一个 Takagi-Sugeno 模糊规则库来进行说明，该规则库把状态 $\boldsymbol{x}$ 作为输入，输出 M 个离散动作的 Q 值 $q_1, \cdots, q_M$。

$$R_i : \textbf{if } \boldsymbol{x} \textbf{ is } \chi_i \textbf{ then } q_1 = \theta_{[i,1]};\ q_2 = \theta_{[i,2]};\ \cdots;\ q_M = \theta_{[i,M]} \tag{4.7}$$

为了提高可读性，分别列出这 M 个输出。输出函数在这种情况下是不变的，且由参数 $\theta_{[i,j]}$ 组成。为了得到近似 Q 值（4.3），需要将动作离散化，且 q_j 对应于相应离散化动作。通过公式（4.6）进行计算，可得近似映射（4.3）。

在经典模糊理论中，模糊集与相应领域的语言表述有关。例如，如果 $\boldsymbol{x}$ 表示一个温度，那么模糊集可能与“冷”“暖”以及“热”有关。在模糊 Q 值迭代中，规则库仅作为一个逼近器来使用，模糊集不一定要与有意义的语言术语有关。但是，如果存在最优 Q 值函数形状的先验知识，那么模糊集可以用更有意义的术语来定义。然而，在没有实际计算最优 Q 值函数的情况下，很难得到这样的先验知识。

3．投影映射

模糊 Q 值迭代的投影映射是最小二乘投影映射［公式（3.14）］的一个特例，为方便参考，在此重复给出

$$P(Q)=\boldsymbol{\theta}^{\ddagger}，\ 这里\ \boldsymbol{\theta}^{\ddagger}\in\arg\min_{\boldsymbol{\theta}}\sum_{l_s=1}^{n_s}\Big(Q(\boldsymbol{x}_{l_s},\boldsymbol{u}_{l_s})-[F(\boldsymbol{\theta})](\boldsymbol{x}_{l_s},\boldsymbol{u}_{l_s})\Big)^2 \tag{4.8}$$

这里，包含一个状态-动作样本集合 $\{(\boldsymbol{x}_{l_s},\boldsymbol{u}_{l_s}) \mid l_s=1,\cdots,n_s]\}$。在模糊 Q 值迭代中使用了 NM 个样本，每个样本都是通过 MF 核集$\{\boldsymbol{x}_1, \cdots, \boldsymbol{x}_N\}$与离散动作集 U_d 的叉积得到的。根据条件 4.1，基于这些样本，最小二乘投影［公式（4.8）］可以简化为形如公式（3.26）的赋值，具体如下。

$$\theta_{[i,j]} = [P(Q)]_{[i,j]} = Q(\boldsymbol{x}_i, \boldsymbol{u}_j) \tag{4.9}$$

公式（4.9）给定的参数向量$\boldsymbol{\theta}$使得样本的最小二乘误差为 0。

$$\sum_{i=1}^{N}\sum_{j=1}^{M}\left(Q(\boldsymbol{x}_i, \boldsymbol{u}_j) - [F(\boldsymbol{\theta})](\boldsymbol{x}_i, \boldsymbol{u}_j)\right)^2 = 0$$

4.2.2 同步和异步模糊 Q 值迭代

同步模糊 Q 值迭代算法是通过在公式（3.15）所给的近似 Q 值迭代更新中使用近似映射［公式（4.3）］和投影映射［公式（4.9）］而得到，在此重复给出

$$\boldsymbol{\theta}_{\ell+1} = (P \circ T \circ F)(\boldsymbol{\theta}_\ell) \tag{4.10}$$

算法从任意一个初始参数向量$\boldsymbol{\theta}_0 \in \mathbb{R}^n$开始，而当两个连续的参数向量之间的差值低于阈值$\varepsilon_{\mathrm{QI}}$时，算法结束，例如，当$\|\boldsymbol{\theta}_{\ell+1} - \boldsymbol{\theta}_\ell\|_\infty \leqslant \varepsilon_{\mathrm{QI}}$时，可认为得到了一个近最优参数向量$\hat{\boldsymbol{\theta}}^* = \boldsymbol{\theta}_{\ell+1}$。

由于模糊 Q 值迭代中 Q 值函数都是$F(\boldsymbol{\theta})$的形式，根据公式（4.4），其值在每一个U_j中都是不变的。因此，在计算最大 Q 值时，我们可仅考虑U_{d}中的离散动作[2]

$$\max_{\boldsymbol{u}}[F(\boldsymbol{\theta})](\boldsymbol{x}, \boldsymbol{u}) = \max_{j}[F(\boldsymbol{\theta})](\boldsymbol{x}, \boldsymbol{u}_j)$$

利用此性质，Q 值迭代映射的离散动作形式可以在模糊 Q 值迭代的实际应用中使用。

$$[T_{\mathrm{d}}(Q)](\boldsymbol{x}, \boldsymbol{u}) = \rho(\boldsymbol{x}, \boldsymbol{u}) + \gamma \max_{j} Q[f(\boldsymbol{x}, \boldsymbol{u}), \boldsymbol{u}_j] \tag{4.11}$$

每轮迭代，公式（4.10）都可通过公式（4.12）计算。

$$\boldsymbol{\theta}_{\ell+1} = (P \circ T_{\mathrm{d}} \circ F)(\boldsymbol{\theta}_\ell) \tag{4.12}$$

这里，没有改变所获得的参数向量的顺序。在初始更新中，关于 U 上的最大化，可以替换为离散集U_{d}上相对容易的最大化，并通过枚举实现。此外，公式（4.12）不涉及公式（4.3）中的范数。

基于公式（4.12），同步模糊 Q 值迭代可以写成算法 4.1。为了建立算法 4.1 和公式（4.12）之间的等价性，注意算法 4.1 的第 4 行右边相当于$[T_{\mathrm{d}}(F(\boldsymbol{\theta}_\ell))](\boldsymbol{x}_i, \boldsymbol{u}_j)$。因此，第 4 行可以写成$\boldsymbol{\theta}_{\ell+1,[i,j]} \leftarrow [(P \circ T_{\mathrm{d}} \circ F)(\boldsymbol{\theta}_\ell)]_{[i,j]}$，而整个 3～5 行所描述的 **for** 循环则等价于公式（4.12）。

[2] 如果不是纯离散化，而是在动作空间定义三角模糊分区，该性质还是成立的，因为最大 Q 值总是在三角 MF 的核上获得（注意三角 MF 导致多重线性插值）。在模型无关环境中，这样的划分可能有助于对不精确落在 MF 核上的动作样本的信息提取。但是，在本章，我们仍然讨论基于模型的环境，其动作样本是可以随意生成的。

算法 4.1　同步模糊 Q 值迭代

Input：动态性 f，奖励函数 ρ，折扣因子 γ，MF ϕ_i，$i=1,\cdots,N$，离散动作集 U_d，阈值 ε_{QI}

1. 初始化参数向量，例如 $\boldsymbol{\theta}_0 \leftarrow \mathbf{0}$
2. **repeat** 在每一轮迭代 $\ell=0,1,2\cdots$
3. 　　**for** $i=1,\cdots,N, j=1,\cdots,M$ **do**
4. 　　　　$\theta_{\ell+1,[i,j]} \leftarrow \rho(\boldsymbol{x}_i,\boldsymbol{u}_j)+\gamma \max_{j'} \sum_{i'=1}^{N} \phi_{i'}(f(\boldsymbol{x}_i,\boldsymbol{u}_j))\theta_{\ell,[i',j']}$
5. 　　**end for**
6. **until** $\|\boldsymbol{\theta}_{\ell+1}-\boldsymbol{\theta}_\ell\|_\infty \leqslant \varepsilon_{QI}$

Output：$\hat{\boldsymbol{\theta}}^* = \boldsymbol{\theta}_{\ell+1}$

算法 4.2　异步模糊 Q 值迭代

Input：动态性 f，奖励函数 ρ，折扣因子 γ，MF ϕ_i，$i=1,\cdots,N$，离散动作集 U_d，阈值 ε_{QI}

1. 初始化参数向量，例如 $\boldsymbol{\theta}_0 \leftarrow \mathbf{0}$
2. **repeat** 在每轮迭代 $\ell=0,1,2\cdots$
3. 　　$\boldsymbol{\theta} \leftarrow \boldsymbol{\theta}_\ell$
4. 　　**for** $i=1,\cdots,N$，$j=1,\cdots,M$ **do**
5. 　　　　$\theta_{[i,j]} \leftarrow \rho(\boldsymbol{x}_i,\boldsymbol{u}_j)+\gamma \max_{j'} \sum_{i'=1}^{N} \phi_{i'}(f(\boldsymbol{x}_i,\boldsymbol{u}_j))\theta_{[i',j']}$
6. 　　**end for**
7. 　　$\boldsymbol{\theta}_{\ell+1} \leftarrow \boldsymbol{\theta}$
8. **until** $\|\boldsymbol{\theta}_{\ell+1}-\boldsymbol{\theta}_\ell\|_\infty \leqslant \varepsilon_{QI}$

Output：$\hat{\boldsymbol{\theta}}^* = \boldsymbol{\theta}_{\ell+1}$

算法 4.1 用上轮迭代中所获得的参数 $\boldsymbol{\theta}_\ell$ 来计算新参数 $\boldsymbol{\theta}_{\ell+1}$，且在当前整个迭代期间，都保持不变。算法 4.2 是一个新的模糊 Q 值迭代版本，其更新更加高效：每一步计算都利用了最近更新的参数值。由于参数是以异步方式更新的，该版本被称为异步模糊 Q 值迭代。在算法 4.2 中，参数是顺序更新的，而且即使以任意顺序更新，分析仍然成立。

两个模糊 Q 值迭代版本都生成一个近最优 Q 值函数 $F(\hat{\boldsymbol{\theta}}^*)$。因此，基于该 Q 值函数的贪心策略即为满足公式（3.16）的一个策略，可用于控制系统

$$\hat{\hat{h}}^*(\boldsymbol{x}) \in \arg\max_{\boldsymbol{u}}[F(\hat{\boldsymbol{\theta}}^*)](\boldsymbol{x},\boldsymbol{u})$$

如前所述，因为 Q 值函数 $F(\hat{\boldsymbol{\theta}}^*)$ 在所有区域 U_j 中都不变，所以贪心策略的计算可以简化为只考虑 U_{d} 上的离散动作。

$$\hat{\hat{h}}^*(\boldsymbol{x})=\boldsymbol{u}_{j^*}，\text{其中，}\quad j^*\in\arg\max_j[F(\hat{\boldsymbol{\theta}}^*)](\boldsymbol{x},\boldsymbol{u}_j) \tag{4.13}$$

标记 $\hat{\hat{h}}^*$ 是用来将该策略与 $F(\boldsymbol{\theta}^*)$ 上的贪心策略 $\hat{h}^*$ 区分开来，这里 $\boldsymbol{\theta}^*$ 是当 $\ell\to\infty$ 时所获得的参数向量（见 4.3.1 节）。

$$\hat{h}^*(\boldsymbol{x})=\boldsymbol{u}_{j^*}，\text{其中，}\quad j^*\in\arg\max_j[F(\hat{\boldsymbol{\theta}}^*)](\boldsymbol{x},\boldsymbol{u}_j) \tag{4.14}$$

用下列启发式方法也有可能得到一个连续动作策略。对于任意状态，通过在所有 MF 核的最佳局部动作之间插值来计算动作，其中 MF 作为权值，如下。

$$h(\boldsymbol{x})=\sum_{i=1}^{N}\phi_i(\boldsymbol{x})\boldsymbol{u}_{j_i^*}，\text{其中，}\quad j_i^*\in\arg\max_j[F(\hat{\boldsymbol{\theta}}^*)](\boldsymbol{x}_i,\boldsymbol{u}_j) \tag{4.15}$$

索引 j_i^* 相当于核 $\boldsymbol{x}_i$ 的一个局部最优动作，例如，当使用三角 MF 时（见例 4.1），插值过程［公式（4.15）］非常适合（近）最优策略是状态局部仿射的问题。但是插值策略可能不适用于其他问题，如例 4.2。因此，很难对形如公式（4.15）的策略给出理论证明，而 4.3 节的分析也只考虑公式（4.13）中的离散动作策略。

例 4.2　插值策略可能表现很差。

考虑图 4.2（a）所示的问题，其中机器人必须避开障碍物。

关于位置变量定义了两个 MF，并且机器人位于这两个 MF 的核 $\boldsymbol{x}_1$ 和 $\boldsymbol{x}_2$ 之间距离的中点上，如图 4.2（b）所示。如图 4.2（c）所示，向左行驶的动作对于机器人左边的 MF 核是局部最优，而向右行驶的动作对于右边的 MF 核则是局部最优。这些动作都是局部最优，因为如果机器人位于各自的核上，它们将使得机器人围绕在障碍物周围。但是，对于机器人当前位置，在这两个动作之间插值会使得它（不正确地）往前移动并且与障碍物发生碰撞，如图 4.2（d）所示。在该问题中，好的策略不是用插值，而是用两个局部最优动作中的任意一个，例如随便选择其中一个。

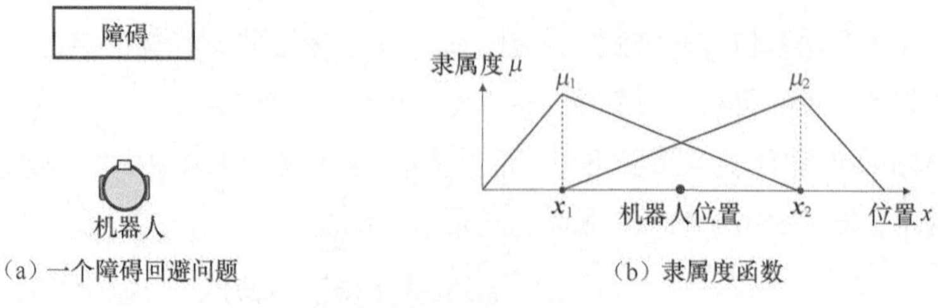

图4.2　避障问题

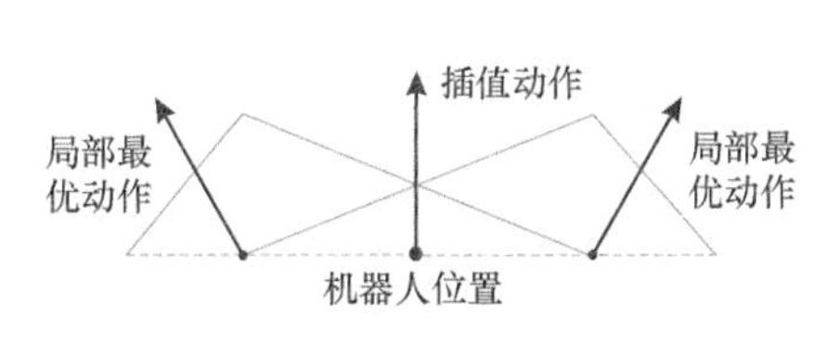

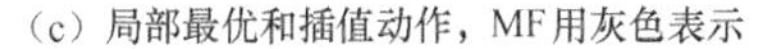

（c）局部最优和插值动作，MF 用灰色表示

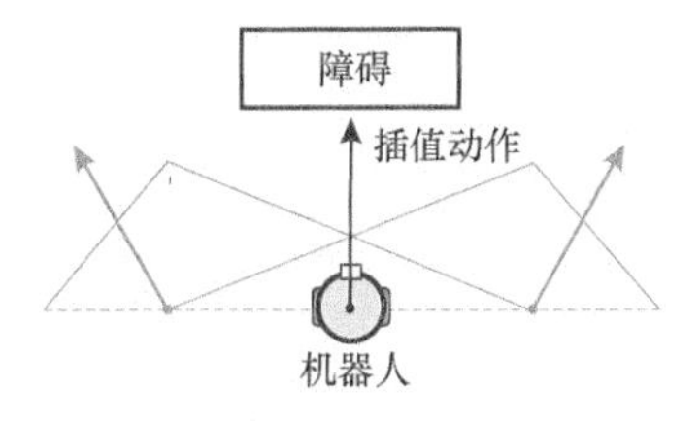

（d）选中的动作和结果，MF 和局部最优动作用灰色表示

图4.2　避障问题（续）

（注：该处局部最优动作之间插值将导致不希望的行为）

4.3　模糊 Q 值迭代的分析

下面我们将分析（同步和异步）模糊 Q 值迭代的收敛性、一致性和计算复杂度。在 4.3.1 节，利用在 3.4.4 节讨论过的理论框架，证明模糊 Q 值迭代的收敛性，并且分析解的次优性。4.3.2 节证明模糊 Q 值迭代具有一致性，即当近似精度提高时，其解逐渐收敛到 Q^*。这些结果表明，模糊 Q 值迭代在理论上是一个有效的算法。4.3.3 节简单分析了模糊 Q 值迭代的计算复杂度。

4.3.1　收敛性

本节将建立关于模糊 Q 值迭代的理论结果。

- 当迭代次数增加时，同步和异步模糊 Q 值迭代都将逐渐收敛到一个不动点（参数向量）$\boldsymbol{\theta}^*$。
- 异步模糊 Q 值迭代比同步模糊 Q 值迭代收敛速度更快，后续将做详细说明。
- 对任意严格正收敛阈值 $\varepsilon_{\mathrm{QI}}$，同步和异步模糊 Q 值迭代都将在有限次迭代后终止。
- 逐渐得到的参数向量 $\boldsymbol{\theta}^*$ 将产生在最优 Q 值函数附近的一个近似 Q 值函数，并且相应的贪心策略具有有界次优性。类似的边界对有限次数迭代后得到的参数向量 $\hat{\boldsymbol{\theta}}^*$ 也同样成立。

定理 4.1　（同步模糊 Q 值迭代的收敛性）　同步模糊 Q 值迭代（算法 4.1）收敛到唯一不动点。

证明：要证明收敛性，需使用 3.4.4 节讨论的非扩张逼近器框架。在该框架中，近似 Q 值迭代的收敛性是通过确保复合映射 $P \circ T \circ F$ 在无穷范数中是收缩的来保证的。对于同步模糊 Q 值迭代，通过证明 F 和 P 是非扩张的，就可以保证其收敛性。

由于公式（4.3）的近似映射 F 是归一化 MF 的一个加权线性组合，它是非扩张的。在形式上：

$$\left|[F(\boldsymbol{\theta})](\boldsymbol{x}, \boldsymbol{u})-[F(\boldsymbol{\theta}')](\boldsymbol{x}, \boldsymbol{u})\right| = \left|\sum_{i=1}^{N}\boldsymbol{\phi}_i(\boldsymbol{x})\theta_{[i,j]} - \sum_{i=1}^{N}\boldsymbol{\phi}_i(x)\theta'_{[i,j]}\right|$$

$$\text{（其中，}\ j \in \arg\min_{j'}\left\|\boldsymbol{u}-\boldsymbol{u}_{j'}\right\|_2\text{）}$$

$$\sum_{i=1}^{N}\boldsymbol{\phi}_i(\boldsymbol{x})\left|\theta_{[i,j]}-\theta'_{[i,j]}\right| \leqslant \sum_{i=1}^{N}\boldsymbol{\phi}_i(\boldsymbol{x})\left\|\boldsymbol{\theta}-\boldsymbol{\theta}'\right\|_\infty \leqslant \left\|\boldsymbol{\theta}-\boldsymbol{\theta}'\right\|_\infty$$

这里，因为归一化 MF $\boldsymbol{\phi}_i(\boldsymbol{x})$ 的和为 1，最后一步成立。由于 P 是由公式（4.9）中的一组赋值操作构成的，因此，它也是非扩张的。

此外，T 是一个带 γ 因子的收缩（见 2.3 节），因此 $P \circ T \circ F$ 也是一个带 γ 因子的收缩，即对任意 $\boldsymbol{\theta}$、$\boldsymbol{\theta}'$：

$$\left\|(P \circ T \circ F)(\boldsymbol{\theta})-(P \circ T \circ F)(\boldsymbol{\theta}')\right\|_\infty \leqslant \gamma\left\|\boldsymbol{\theta}-\boldsymbol{\theta}'\right\|_\infty$$

因此，$P \circ T \circ F$ 有唯一不动点 $\boldsymbol{\theta}^*$，且当 $\ell \to \infty$，同步模糊 Q 值迭代收敛到该不动点。

后面，将简化表示异步模糊 Q 值迭代。这里 n=NM，且 $[i, j]=i+(j-1)N$，对 $i \in \{1, \cdots, N\}$ 和 $j \in \{1, \cdots, M\}$，有 $[i, j] \in \{1, \cdots, n\}$。对于所有 l=0, $\cdots$, n，递归定义映射 $S_l : \mathbb{R}^n \to \mathbb{R}^n$ 为

$$S_0(\boldsymbol{\theta}) = \boldsymbol{\theta}$$

$$[S_l(\boldsymbol{\theta})]_{l'} = \begin{cases} [(P \circ T \circ F)(S_{l-1}(\boldsymbol{\theta}))]_{l'}, & \text{如果} l' = l \\ [S_{l-1}(\boldsymbol{\theta})]_{l'}, & \text{如果} l' \in \{1, \cdots, n\} \setminus \{l\} \end{cases}$$

因此，对 $l>0$ 来说，S_l 相当于用异步近似 Q 值迭代更新前 l 个参数，而 S_n 是算法的一次完整迭代。

定理 4.2 （异步模糊 Q 值迭代的收敛性）异步模糊 Q 值迭代（算法 4.2）与同步模糊 Q 值迭代收敛到同一个不动点。

证明：首先证明 S_n 是一个带 $\gamma<1$ 因子的收缩，即对任意 $\boldsymbol{\theta}$、$\boldsymbol{\theta}'$

$$\left\|S_n(\boldsymbol{\theta})-S_n(\boldsymbol{\theta}')\right\|_\infty \leqslant \gamma\left\|\boldsymbol{\theta}-\boldsymbol{\theta}'\right\|_\infty$$

可以通过逐个元素的归纳得到。由 S_l 的定义，第一个元素只是由 S_1 来更新

$$\begin{aligned} &\left|[S_n(\boldsymbol{\theta})]_1-[S_n(\boldsymbol{\theta}')]_1\right| = \left|[S_1(\boldsymbol{\theta})]_1-[S_1(\boldsymbol{\theta}')]_1\right| \\ &= \left|[(P \circ T \circ F)(\boldsymbol{\theta})]_1-[(P \circ T \circ F)(\boldsymbol{\theta}')]_1\right| \leqslant \\ &\gamma\left\|\boldsymbol{\theta}-\boldsymbol{\theta}'\right\|_\infty \end{aligned}$$

因为 $P\circ T\circ F$ 是收缩的，该等式的最后一步成立。此外，S_1 是非扩张的。

$$\|S_1(\boldsymbol{\theta})-S_1(\boldsymbol{\theta}')\|_\infty=\max\{|[(P\circ T\circ F)(\boldsymbol{\theta})]_1-[(P\circ T\circ F)(\boldsymbol{\theta}')]_1|,|\theta_2-\theta'_2|,\ \cdots,\ |\theta_n-\theta'_n|\}\leqslant$$
$$\max\{\gamma\|\boldsymbol{\theta}-\boldsymbol{\theta}'\|_\infty,\ \|\boldsymbol{\theta}-\boldsymbol{\theta}'\|_\infty,\cdots,\ \|\boldsymbol{\theta}-\boldsymbol{\theta}'\|_\infty\}\leqslant\|\boldsymbol{\theta}-\boldsymbol{\theta}'\|_\infty$$

现在，只需要证明第 l 步，就可以完成归纳证明。假设对于 $l'=1,\cdots,l-1$，下列关系成立。

$$|[S_n(\boldsymbol{\theta})]_{l'}-[S_n(\boldsymbol{\theta}')]_{l'}|=|[S_{l'}(\boldsymbol{\theta})]_{l'}-[S_{l'}(\boldsymbol{\theta}')]_{l'}|\leqslant\gamma\|\boldsymbol{\theta}-\boldsymbol{\theta}'\|_\infty$$
$$\|S_{l'}(\boldsymbol{\theta})-S_{l'}(\boldsymbol{\theta}')\|_\infty\leqslant\|\boldsymbol{\theta}-\boldsymbol{\theta}'\|_\infty$$

那么，对于 S_n 的第 l 个元素的收缩性可以证明如下。

$$\begin{aligned}&|[S_n(\boldsymbol{\theta})]_l-[S_n(\boldsymbol{\theta}')]_l|=|[S_l(\boldsymbol{\theta})]_l-[S_l(\boldsymbol{\theta}')]_l|\\=&|[(P\circ T\circ F)(S_{l-1}(\boldsymbol{\theta}))]_l-[(P\circ T\circ F)(S_{l-1}(\boldsymbol{\theta}'))]_l|\leqslant\\&\gamma\|S_{l-1}(\boldsymbol{\theta})-S_{l-1}(\boldsymbol{\theta}')\|_\infty\leqslant\\&\gamma\|\boldsymbol{\theta}-\boldsymbol{\theta}'\|_\infty\end{aligned}$$

此外，第 l 个中间映射 S_l 是非扩张的。

$$\begin{aligned}&\|S_l(\boldsymbol{\theta})-S_l(\boldsymbol{\theta}')\|_\infty=\max\{|[S_1(\boldsymbol{\theta})]_1-[S_1(\boldsymbol{\theta}')]_1|,\cdots,|[S_{l-1}(\boldsymbol{\theta})]_{l-1}-[S_{l-1}(\boldsymbol{\theta}')]_{l-1}|,\\&|[(P\circ T\circ F)(S_{l-1}(\boldsymbol{\theta}))]_l-[(P\circ T\circ F)(S_{l-1}(\boldsymbol{\theta}'))]_l|,\\&|\boldsymbol{\theta}_{l+1}-\boldsymbol{\theta}'_{l+1}|,\ \cdots,\ |\boldsymbol{\theta}_n-\boldsymbol{\theta}'_n|\}\leqslant\\&\max\{\gamma\|\boldsymbol{\theta}-\boldsymbol{\theta}'\|_\infty,\ \cdots,\ \gamma\|\boldsymbol{\theta}-\boldsymbol{\theta}'\|_\infty,\gamma\|\boldsymbol{\theta}-\boldsymbol{\theta}'\|_\infty,\|\boldsymbol{\theta}-\boldsymbol{\theta}'\|_\infty,\cdots,\ \|\boldsymbol{\theta}-\boldsymbol{\theta}'\|_\infty\}\leqslant\\&\|\boldsymbol{\theta}-\boldsymbol{\theta}'\|_\infty\end{aligned}$$

因此，对任意 l，有 $|[S_n(\boldsymbol{\theta})]_l-[S_n(\boldsymbol{\theta}')]_l|\leqslant\gamma\|\boldsymbol{\theta}-\boldsymbol{\theta}'\|_\infty$，则 S_n 是一个带 $\gamma<1$ 因子的收缩。因此，异步模糊 Q 值迭代有唯一不动点。

通过类似的方式，可以证明 $P\circ T\circ F$ 的不动点 $\boldsymbol{\theta}^*$ 是 S_n 的不动点，此处不再赘述。由于 S_n 有唯一不动点，因而只能是 $\boldsymbol{\theta}^*$。因此，异步模糊 Q 值迭代逐渐收敛到 $\boldsymbol{\theta}^*$，完成证明。

实际上这个证明可以更为一般化，即证明对任意近似映射 F 和投影映射 P 而言，若 $P\circ T\circ F$ 都是收缩的，则近似异步 Q 值迭代是收敛的。注意，对精确异步 V 值迭代，同样的结果也成立（Bertsekas, 2007, 1.3.2 节）。

下面我们将证明异步模糊 Q 值迭代至少收敛得与同步版本一样快，即在给定次数的迭代中，异步算法得到的参数向量至少与同步算法一样接近不动点。对于这个说法，我们首先需要给出下面的单调性引理。后续的向量和向量函数不等式可认为是满足元素级的。

引理 4.1 （**单调性**）如果 $\boldsymbol{\theta}\leqslant\boldsymbol{\theta}'$，则 $(P\circ T\circ F)(\boldsymbol{\theta})\leqslant(P\circ T\circ F)(\boldsymbol{\theta}')$，且 $S_n(\boldsymbol{\theta})\leqslant S_n(\boldsymbol{\theta}')$。

证明：为了证明 $P\circ T\circ F$ 是单调的，我们将依次证明 P、T、F 是单调的。

（1）给定 $Q\leqslant Q'$，对所有 i，j 有：

$$Q(\boldsymbol{x}_i, \boldsymbol{u}_j) \leqslant Q'(\boldsymbol{x}_i, \boldsymbol{u}_j)$$

这等价于$[P(Q)]_{[i,j]} \leqslant [P(Q')]_{[i,j]}$，所以$P$是单调的。

（2）给定$Q \leqslant Q'$，对所有状态-动作对$(\boldsymbol{x}, \boldsymbol{u})$有

$$\max_{\boldsymbol{u}'} Q(f(\boldsymbol{x}, \boldsymbol{u}), \boldsymbol{u}') \leqslant \max_{\bar{\boldsymbol{u}}} Q'(f(\boldsymbol{x}, \boldsymbol{u}), \bar{\boldsymbol{u}})$$

通过在等式两边乘γ，并加上$\rho(\boldsymbol{x}, \boldsymbol{u})$，得到

$$\rho(\boldsymbol{x}, \boldsymbol{u}) + \gamma \max_{\boldsymbol{u}'} Q[f(\boldsymbol{x}, \boldsymbol{u}), \boldsymbol{u}'] \leqslant \rho(\boldsymbol{x}, \boldsymbol{u}) + \gamma \max_{\bar{\boldsymbol{u}}} Q'[f(\boldsymbol{x}, \boldsymbol{u}), \bar{\boldsymbol{u}}]$$

这等价于$[T(Q)](\boldsymbol{x}, \boldsymbol{u}) \leqslant [T(Q')](\boldsymbol{x}, \boldsymbol{u})$，所以$T$是单调的。

（3）给定$\theta \leqslant \theta'$，有

$$\sum_{i=1}^{N} \phi_i(\boldsymbol{x}) \theta_{[i,j]} \leqslant \sum_{i=1}^{N} \phi_i(\boldsymbol{x}) \theta'_{[i,j]}，\text{这里 } j \in \arg\min_{j'} \left\| \boldsymbol{u} - \boldsymbol{u}_{j'} \right\|_2$$

这等价于$[F(\boldsymbol{\theta})](\boldsymbol{x}, \boldsymbol{u}) \leqslant [F(\boldsymbol{\theta}')](\boldsymbol{x}, \boldsymbol{u})$，所以$F$是单调的。因为$P$，$T$，$F$都是单调的，所以$P \circ T \circ F$也是单调的。

下一步，利用与定理 4.2 证明过程类似的推导方式，通过归纳证明异步Q值迭代映射S_n是单调的。对于S_n的第一个元素：

$$[S_n(\boldsymbol{\theta})]_1 = [S_1(\boldsymbol{\theta})]_1 = [(P \circ T \circ F)(\boldsymbol{\theta})]_1 \leqslant$$
$$[(P \circ T \circ F)(\boldsymbol{\theta}')]_1 = [S_1(\boldsymbol{\theta}')]_1 = [S_n(\boldsymbol{\theta}')]_1$$

这里利用了$P \circ T \circ F$的单调性。中间映射S_1是单调的：

$$S_1(\boldsymbol{\theta}) = [[(P \circ T \circ F)(\boldsymbol{\theta})]_1, \theta_2, \cdots, \theta_n]^{\mathrm{T}} \leqslant$$
$$[[(P \circ T \circ F)(\boldsymbol{\theta}')]_1, \theta'_2, \cdots, \theta'_n]^{\mathrm{T}} = S_1(\boldsymbol{\theta}')$$

现在，只需要证明第l步满足单调性，就完成归纳证明。假设对$l'=1, \cdots, l-1$，映射$S_{l'}$是单调的：

$$S_{l'}(\boldsymbol{\theta}) \leqslant S_{l'}(\boldsymbol{\theta}')$$

那么，关于S_n的第l个元素的单调性可以证明如下。

$$[S_n(\boldsymbol{\theta})]_l = [S_l(\boldsymbol{\theta})]_l = [(P \circ T \circ F)(S_{l-1}(\boldsymbol{\theta}))]_l \leqslant$$
$$[(P \circ T \circ F)(S_{l-1}(\boldsymbol{\theta}'))]_l = [S_l(\boldsymbol{\theta}')]_l = [S_n(\boldsymbol{\theta}')]_l$$

这里利用了$P \circ T \circ F$和S_{l-1}的单调性。此外，第l个中间映射S_l也是单调的：

$$S_l(\boldsymbol{\theta}) = [[S_1(\boldsymbol{\theta})]_1, \cdots, [S_{l-1}(\boldsymbol{\theta})]_{l-1}, [(P \circ T \circ F)(S_{l-1}(\boldsymbol{\theta}))]_l, \theta_{l+1}, \cdots, \theta_n]^{\mathrm{T}} \leqslant$$
$$[[S_1(\boldsymbol{\theta}')]_1, \cdots, [S_{l-1}(\boldsymbol{\theta}')]_{l-1}, [(P \circ T \circ F)(S_{l-1}(\boldsymbol{\theta}'))]_l, \theta'_{l+1}, \cdots, \theta'_n]^{\mathrm{T}} = S_l(\theta')$$

因此，对于任意l，$[S_n(\boldsymbol{\theta})]_l \leqslant [S_n(\boldsymbol{\theta}')]_l$，即$S_n$是单调的，得出所证结论。

异步模糊Q值迭代至少跟同步算法收敛得一样快，从这个意义上说，异步算法的ℓ次迭代得到的参数向量至少与同步算法的ℓ次迭代一样接近于$\boldsymbol{\theta}^*$。下面给出形式化的证明。

定理 4.3 （**收敛速度**）如果参数向量$\boldsymbol{\theta}$满足$\boldsymbol{\theta} \leqslant (P \circ T \circ F)(\boldsymbol{\theta}) \leqslant \boldsymbol{\theta}^*$，那么：

$$(P \circ T \circ F)^{\ell}(\boldsymbol{\theta}) \leqslant S_n^{\ell}(\boldsymbol{\theta}) \leqslant \boldsymbol{\theta}^* \ \forall \ell \geqslant 1$$

这里$S_n^{\ell}(\boldsymbol{\theta})$表示用$S_n(\boldsymbol{\theta})$构成$\ell$次嵌套，即$S_n^{\ell}(\boldsymbol{\theta}) = (S_n \circ S_n \circ \ldots \circ S_n)(\boldsymbol{\theta})$，对$(P \circ T \circ F)^{\ell}(\boldsymbol{\theta})$也是同样的。

证明：该定理将通过在ℓ上归纳来证明。首先，取$\ell = 1$，必须证明下式。

$$(P \circ T \circ F)(\boldsymbol{\theta}) \leqslant S_n(\boldsymbol{\theta}) \leqslant \boldsymbol{\theta}^*$$

由假设，$(P \circ T \circ F)(\boldsymbol{\theta}) \leqslant \boldsymbol{\theta}^*$，则有

$$S_n(\boldsymbol{\theta}) \leqslant \theta^* \tag{4.16}$$

$$(P \circ T \circ F)(\boldsymbol{\theta}) \leqslant S_n(\boldsymbol{\theta}) \tag{4.17}$$

这里公式（4.16）通过将S_n应用到不等式$\boldsymbol{\theta} \leqslant \boldsymbol{\theta}^*$（依假设成立）的两边得到。因为$S_n$是单调的，因此可得：

$$S_n(\boldsymbol{\theta}) \leqslant S_n(\boldsymbol{\theta}^*) = \boldsymbol{\theta}^*$$

由于$\boldsymbol{\theta}^*$是S_n的不动点，因此最后一步成立。不等式（4.17）可以看作元素级操作，以同样的方式，可证明S_n是单调的（引理 4.1）。因此，这部分证明在此不再赘述。

现在，我们来证明第ℓ步，就可以完成归纳证明。假设：

$$(P \circ T \circ F)^{\ell-1}(\boldsymbol{\theta}) \leqslant S_n^{\ell-1}(\boldsymbol{\theta}) \leqslant \boldsymbol{\theta}^*$$

想要证明：

$$(P \circ T \circ F)^{\ell}(\boldsymbol{\theta}) \leqslant S_n^{\ell}(\boldsymbol{\theta}) \leqslant \boldsymbol{\theta}^*$$

可以分为 3 个不等式：

$$(P \circ T \circ F)^{\ell}(\boldsymbol{\theta}) \leqslant \boldsymbol{\theta}^* \tag{4.18}$$

$$S_n^{\ell}(\boldsymbol{\theta}) \leqslant \boldsymbol{\theta}^* \tag{4.19}$$

$$(P \circ T \circ F)^{\ell}(\boldsymbol{\theta}) \leqslant S_n^{\ell}(\boldsymbol{\theta}) \tag{4.20}$$

为了得到公式(4.18)，我们把$P \circ T \circ F$应用到公式$(P \circ T \circ F)^{\ell-1}(\boldsymbol{\theta}) \leqslant \boldsymbol{\theta}^*$的两边，并且利用$P \circ T \circ F$是单调的，以及有不动点$\boldsymbol{\theta}^*$的事实。利用$S_n$的性质，可以用同样的方式得到不等式（4.19）。为了得出公式（4.20），从下式开始。

$$(P \circ T \circ F)^{\ell-1}(\boldsymbol{\theta}) \leqslant S_n^{\ell-1}(\boldsymbol{\theta})$$

并将S_n应用到不等式的两边，利用其单调性：

$$S_n\left((P \circ T \circ F)^{\ell-1}(\boldsymbol{\theta})\right) \leqslant S_n\left(S_n^{\ell-1}(\boldsymbol{\theta})\right)，\text{即}$$

$$S_n\left[(P \circ T \circ F)^{\ell-1}(\theta)\right] \leqslant S_n^{\ell}(\boldsymbol{\theta}) \tag{4.21}$$

注意，$(P \circ T \circ F)^{\ell-1}(\boldsymbol{\theta})$满足与定理中$\boldsymbol{\theta}$的假设相类似的一种关系，即

$$(P \circ T \circ F)^{\ell-1}(\boldsymbol{\theta}) \leqslant (P \circ T \circ F)\left((P \circ T \circ F)^{\ell-1}(\boldsymbol{\theta})\right) \leqslant \boldsymbol{\theta}^*$$

因此，通过将公式（4.17）中的$\boldsymbol{\theta}$替换为$(P\circ T\circ F)^{\ell-1}(\boldsymbol{\theta})$，得到下列（有效的）关系。

$$(P\circ T\circ F)\left((P\circ T\circ F)^{\ell-1}(\boldsymbol{\theta})\right)\leqslant S_n\left((P\circ T\circ F)^{\ell-1}(\boldsymbol{\theta})\right)，即$$

$$(P\circ T\circ F)^{\ell}(\boldsymbol{\theta})\leqslant S_n\left[(P\circ T\circ F)^{\ell-1}(\boldsymbol{\theta})\right]$$

将该不等式与公式（4.21）结合，得到预期的结果（4.20），完成证明。

注意，在精确（同步 vs.异步）V值迭代中，类似的结论也成立（Bertsekas，2007，1.3.2 节）。后面的分析将不需要定理 4.3 的结果。

在本节后续部分，除了验证 Q 值迭代的渐近性以外，还要考虑当$\|\boldsymbol{\theta}_{\ell+1}-\boldsymbol{\theta}_{\ell}\|_{\infty}\leqslant\varepsilon_{\text{QI}}$时，其收敛阈值$\varepsilon_{\text{QI}}>0$，算法停止的实现方法（见算法 4.1 和算法 4.2）。此方法可得到$\hat{\boldsymbol{\theta}}^*=\boldsymbol{\theta}_{\ell+1}$。该方法已在同步模糊 Q 值迭代（算法 4.1）和异步模糊 Q 值迭代（算法 4.2）中给出。

定理 4.4 （有限终止性）对任何阈值$\varepsilon_{\text{QI}}>0$的选择，以及任何初始参数向量$\boldsymbol{\theta}_0\in\mathbb{R}^n$来说，同步和异步模糊 Q 值迭代都在有限次迭代后终止。

证明：考虑同步模糊 Q 值迭代。因为$P\circ T\circ F$是带$\gamma<1$因子以及不动点$\boldsymbol{\theta}^*$的一个收缩，则有

$$\|\boldsymbol{\theta}_{\ell+1}-\boldsymbol{\theta}^*\|_{\infty}=\|(P\circ T\circ F)(\boldsymbol{\theta}_{\ell})-(P\circ T\circ F)(\boldsymbol{\theta}^*)\|_{\infty}\leqslant\gamma\|\boldsymbol{\theta}_{\ell}-\boldsymbol{\theta}^*\|_{\infty}$$

通过归纳，对于任意$\ell>0$，存在$\|\boldsymbol{\theta}_{\ell}-\boldsymbol{\theta}^*\|_{\infty}\leqslant\gamma^{\ell}\|\boldsymbol{\theta}_0-\boldsymbol{\theta}^*\|_{\infty}$。根据 Banach 不动点理论（Istratescu，2002，第 3 章），$\boldsymbol{\theta}^*$是有界的。因为初始参数向量$\boldsymbol{\theta}_0$是有界的，所以$\|\boldsymbol{\theta}_0-\boldsymbol{\theta}^*\|_{\infty}$也是有界的。使用符号$B_0=\|\boldsymbol{\theta}_0-\boldsymbol{\theta}^*\|_{\infty}$，得出$B_0$是有界的，并且对于任意$\ell>0$，有$\|\boldsymbol{\theta}_{\ell}-\boldsymbol{\theta}^*\|_{\infty}\leqslant\gamma^{\ell}B_0$。则有

$$\|\boldsymbol{\theta}_{\ell+1}-\boldsymbol{\theta}_{\ell}\|_{\infty}\leqslant\|\boldsymbol{\theta}_{\ell+1}-\boldsymbol{\theta}^*\|_{\infty}+\|\boldsymbol{\theta}_{\ell}-\boldsymbol{\theta}^*\|_{\infty}\leqslant\gamma^{\ell}(\gamma+1)B_0$$

利用该不等式，对于任意$\varepsilon_{\text{QI}}>0$，在保证$\|\boldsymbol{\theta}_{L+1}-\boldsymbol{\theta}_{L}\|_{\infty}\leqslant\varepsilon_{\text{QI}}$时，迭代次数 L 可以选择为

$$L=\left\lceil\log_{\gamma}\frac{\varepsilon_{\text{QI}}}{(\gamma+1)B_0}\right\rceil$$

因此，算法最多在 L 次迭代后停止。因为 B_0 有界，所以 L 是有限的。

对于异步模糊 Q 值迭代的证明，可以采用同样的方式，因为异步 Q 值迭代映射 S_n 也是一个带$\gamma<1$因子和不动点$\boldsymbol{\theta}^*$的收缩。

下面得出的近似 Q 值函数以及策略的次优性边界成立。

定理 4.5 （近最优性）用$\mathscr{F}_{F\circ P}\subset\mathscr{Q}$表示映射$F\circ P$的不动点集合，并定义$Q^*$和任意映射$F\circ P$的不动点之间的最小距离[3]为：$\varsigma^*_{\text{QI}}=\min_{Q'\in\mathscr{F}_{F\circ P}}\|Q^*-Q'\|_{\infty}$。同步和异步模糊 Q 值迭代的收敛点$\boldsymbol{\theta}^*$

[3] 为了简化，假设存在这个最小距离。如果该最小值不存在，那么应该取ς^*_{QI}，使得$\exists Q'\in\mathscr{F}_{F\circ P}$，有$\|Q'-Q^*\|_{\infty}\leqslant\varsigma^*_{\text{QI}}$。

满足：

$$\left\|Q^*-F(\boldsymbol{\theta}^*)\right\|_\infty \leqslant \frac{2\varsigma_{\mathrm{QI}}^*}{1-\gamma} \tag{4.22}$$

此外，给定阈值 $\varepsilon_{\mathrm{QI}}$ ，同步或异步模糊 Q 值迭代在有限次迭代后得到的参数向量 $\hat{\boldsymbol{\theta}}^*$ 满足

$$\left\|Q^*-F(\hat{\boldsymbol{\theta}}^*)\right\|_\infty \leqslant \frac{2\varsigma_{\mathrm{QI}}^*+\gamma\varepsilon_{\mathrm{QI}}}{1-\gamma} \tag{4.23}$$

并且：

$$\left\|Q^*-Q^{\hat{h}^*}\right\|_\infty \leqslant \frac{4\gamma\varsigma_{\mathrm{QI}}^*}{(1-\gamma)^2} \tag{4.24}$$

$$\left\|Q^*-Q^{\hat{\hat{h}}^*}\right\|_\infty \leqslant \frac{2\gamma(2\varsigma_{\mathrm{QI}}^*+\gamma\varepsilon_{\mathrm{QI}})}{(1-\gamma)^2} \tag{4.25}$$

这里，$Q^{\hat{h}^*}$ 是关于在 $F(\boldsymbol{\theta}^*)$ [公式（4.14）] 上贪心策略 $\hat{h}^*$ 的 Q 值函数，而 $Q^{\hat{\hat{h}}^*}$ 是关于在 $F(\hat{\boldsymbol{\theta}}^*)$ [公式（4.13）] 上贪心策略 $\hat{\hat{h}}^*$ 的 Q 值函数。

证明：该边界 [公式（4.22）] 在 3.4.4 节中给出过，并且只依赖于不动点 $\boldsymbol{\theta}^*$ 和映射 F 、P 和 T ，所以对同步和异步模糊 Q 值迭代都适用[4]。

为了得到公式（4.23），首先推出 $\left\|\hat{\boldsymbol{\theta}}^*-\boldsymbol{\theta}^*\right\|_\infty$ 上的边界。令 L 为算法终止以后的迭代次数，根据定理 4.4 可知，L 是有限的。因此，$\hat{\boldsymbol{\theta}}^*=\boldsymbol{\theta}_{L+1}$ ，则有：

$$\left\|\boldsymbol{\theta}_L-\boldsymbol{\theta}^*\right\|_\infty \leqslant \left\|\boldsymbol{\theta}_{L+1}-\boldsymbol{\theta}_L\right\|_\infty+\left\|\boldsymbol{\theta}_{L+1}-\boldsymbol{\theta}^*\right\|_\infty \leqslant \varepsilon_{\mathrm{QI}}+\gamma\left\|\boldsymbol{\theta}_L-\boldsymbol{\theta}^*\right\|_\infty$$

这里最后一步遵循收敛条件 $\left\|\boldsymbol{\theta}_{L+1}-\boldsymbol{\theta}_L\right\|_\infty \leqslant \varepsilon_{\mathrm{QI}}$ 以及更新的收缩性质（见定理 4.4 的证明）。由最后的不等式，可得 $\left\|\boldsymbol{\theta}_L-\boldsymbol{\theta}^*\right\|_\infty \leqslant \frac{\varepsilon_{\mathrm{QI}}}{1-\gamma}$ ，则有

$$\left\|\boldsymbol{\theta}_{L+1}-\boldsymbol{\theta}^*\right\|_\infty \leqslant \gamma\left\|\boldsymbol{\theta}_L-\boldsymbol{\theta}^*\right\|_\infty \leqslant \frac{\gamma\varepsilon_{\mathrm{QI}}}{1-\gamma}$$

这等价于

$$\left\|\hat{\boldsymbol{\theta}}^*-\boldsymbol{\theta}^*\right\|_\infty \leqslant \frac{\gamma\varepsilon_{\mathrm{QI}}}{1-\gamma} \tag{4.26}$$

利用该不等式，Q 值函数 $F(\hat{\boldsymbol{\theta}}^*)$ 的次优性可以限界在

[4] 在 3.4.4 节给出该边界，但未给出证明。这个证明不难给出。该证明的详细过程可以参考文献（Tsitsiklis 和 Van Roy，1996，Appendices）中关于 V 值迭代的证明。同样的证明也适用于公式（4.27）。

$$
\begin{aligned}
&\left\|Q^*-F(\hat{\boldsymbol{\theta}}^*)\right\|_\infty \leqslant \left\|Q^*-F(\boldsymbol{\theta}^*)\right\|_\infty+\left\|F(\boldsymbol{\theta}^*)-F(\hat{\boldsymbol{\theta}}^*)\right\|_\infty \leqslant \\
&\left\|Q^*-F(\boldsymbol{\theta}^*)\right\|_\infty+\left\|\hat{\boldsymbol{\theta}}^*-\boldsymbol{\theta}^*\right\|_\infty \leqslant \\
&\frac{2\varsigma_{\mathrm{QI}}^*}{1-\gamma}+\frac{\gamma\varepsilon_{\mathrm{QI}}}{1-\gamma} \leqslant \\
&\frac{2\varsigma_{\mathrm{QI}}^*+\gamma\varepsilon_{\mathrm{QI}}}{1-\gamma}
\end{aligned}
$$

因此，得到公式（4.23），这里第二步成立是因为 F 是非扩张的（定理 4.1 的证明中给出过），第三步则由公式（4.22）和公式（4.26）得出。该边界也同样适用于同步和异步模糊 Q 值迭代，因为它们都只依赖一个带 γ 因子的收缩。

由 3.4.4 节中给出的公式（3.25），可得到边界公式（4.24）和公式（4.25），它们描述了由 $F(\boldsymbol{\theta}^*)$ 和 $F(\hat{\boldsymbol{\theta}}^*)$ 得到的策略的次优性。式（3.25）将任意 Q 值函数的次优性与关于该 Q 值函数的贪心策略 h 的次优性联系起来。

$$
\left\|Q^*-Q^h\right\|_\infty \leqslant \frac{2\gamma}{(1-\gamma)}\left\|Q^*-Q\right\|_\infty \tag{4.27}
$$

将公式（4.27）应用于 Q 值函数 $F(\boldsymbol{\theta}^*)$ 和 $F(\hat{\boldsymbol{\theta}}^*)$ 中，并利用次优边界公式（4.22）和公式（4.23），可得公式（4.24）和公式（4.25）。

根据公式（4.23）、公式（4.25），可以看出，在有限次迭代计算后，解的次优性是这两项之和。第二项线性依赖于求解计算的精度 $\varepsilon_{\mathrm{QI}}$，并且根据需要尽可能使 $\varepsilon_{\mathrm{QI}}$ 接近于 0，相对容易控制。第一项则线性依赖于 $\varsigma_{\mathrm{QI}}^*$，它与模糊逼近器的精度有关，因此相对难以控制。$\varsigma_{\mathrm{QI}}^*$ 的依赖项也有助于得到渐近解公式（4.22）和公式（4.24）的次优性。较为理想的是，最优 Q 值函数 Q^* 是 $F\circ P$ 的一个不动点，在这种情况下，$\varsigma_{\mathrm{QI}}^*=0$ 且模糊 Q 值迭代逐渐收敛到 Q^*。例如，Q^*是 $F\circ P$ 的一个不动点，如果刚好能够被所选的逼近器表示，即对于所有 $\boldsymbol{x}, \boldsymbol{u}$，有 $Q^*(\boldsymbol{x},\boldsymbol{u})=\sum_{i=1}^{N}\phi_i(\boldsymbol{x})Q^*(\boldsymbol{x}_i,\boldsymbol{u}_j)$，其中，$j\in\arg\min_{j'}\left\|\boldsymbol{u}-\boldsymbol{u}_{j'}\right\|_2$

4.3.2 节从另一个角度给出解的次优性和逼近器精度之间的关系。

4.3.2 一致性

下面我们分析同步和异步模糊 Q 值迭代的一致性。当相邻模糊集的核之间的最大距离和相邻离散动作之间的最大距离全都减少到 0 时，表明近似解 $F(\boldsymbol{\theta}^*)$ 逐渐收敛到最优 Q 值函数 Q^*。

这就可以得出 $F(\boldsymbol{\theta}^*)$ 的次优性和逼近器精度之间的一个明确关系。

状态分辨率步长δ_x被定义为状态空间中的任意点与最近的 MF 核之间的最大距离。对于离散动作，类似地给出动作分辨率步长δ_u，形式上

$$\delta_x = \sup_{\boldsymbol{x}\in X} \min_{i=1,\cdots,N} \| \boldsymbol{x} - \boldsymbol{x}_i \|_2 \tag{4.28}$$

$$\delta_u = \sup_{\boldsymbol{u}\in U} \min_{j=1,\cdots,M} \| \boldsymbol{u} - \boldsymbol{u}_j \|_2 \tag{4.29}$$

这里 $\boldsymbol{x}_i$ 是第 i 个 MF 的核，而 $\boldsymbol{u}_j$ 是第 j 个离散动作。δ_x和δ_u的值越小表明分辨率越高。目标是证明 $\lim_{\delta_x\to 0,\ \delta_u\to 0} F(\boldsymbol{\theta}^*) = Q^*$。

假设f和ρ是利普希茨连续的，形式化描述如下。

假设 4.1（**利普希茨连续性**）动态性f和奖励函数ρ是利普希茨连续的，即存在有限常量$L_f\geqslant 0$、$L_\rho\geqslant 0$，使得

$$\left\|f(\boldsymbol{x},\boldsymbol{u}) - f(\bar{\boldsymbol{x}},\bar{\boldsymbol{u}})\right\|_2 \leqslant L_f(\left\|\boldsymbol{x}-\bar{\boldsymbol{x}}\right\|_2 + \left\|\boldsymbol{u}-\bar{\boldsymbol{u}}\right\|_2)$$
$$\left\|\rho(\boldsymbol{x},\boldsymbol{u}) - \rho(\bar{\boldsymbol{x}},\bar{\boldsymbol{u}})\right\| \leqslant L_\rho(\left\|\boldsymbol{x}-\bar{\boldsymbol{x}}\right\|_2 + \left\|\boldsymbol{u}-\bar{\boldsymbol{u}}\right\|_2)$$
$$\forall \boldsymbol{x},\bar{\boldsymbol{x}}\in X;\boldsymbol{u},\bar{\boldsymbol{u}}\in U$$

我们也要求 MF 是利普希茨连续的。

条件 4.2　每个 MF ϕ_i是利普希茨连续的，即对所有 i 都存在一个有限常量 $L_{\phi_i}\geqslant 0$，使得

$$\left\|\phi_i(\boldsymbol{x}) - \phi_i(\bar{\boldsymbol{x}})\right\|_2 \leqslant L_{\phi_i}\left\|\boldsymbol{x}-\bar{\boldsymbol{x}}\right\|_2,\quad \forall \boldsymbol{x},\bar{\boldsymbol{x}}\in X$$

最后，在以下意义上，MF 应该是局部均匀分布的。

条件 4.3　每个 MF ϕ_i都存在一个有界支撑，包含在一个半径与 δ_x 成比例的球中。形式上，存在一个有限的 $\nu>0$，使得

$$\{\boldsymbol{x}\mid \phi_i(\boldsymbol{x})>0\} \subset \{\boldsymbol{x}\mid \left\|\boldsymbol{x}-\boldsymbol{x}_i\right\|_2 \leqslant \nu\delta_x\},\quad \forall i$$

此外，对所有 $\boldsymbol{x}$ 来说，只有有限个 MF 是非零的。形式上，存在一个有限的$\kappa>0$，有

$$|\{i\mid \phi_i(\boldsymbol{x})>0\}| \leqslant \kappa,\quad \forall \boldsymbol{x}$$

其中，$|\cdot|$ 表示集合的基数。

通常需要利用利普希茨连续条件（如假设 4.1）来证明近似 DP 算法的一致性（Gonzalez 和 Rofman，1985；Chow 和 Tsitsiklis，1991）。然而条件 4.2 是非限制性的。例如，三角 MF（例 4.1）和 B 样条 MF 都是利普希茨连续的。

条件 4.3 在大多数情况下都是满足的。例如，核分布在状态空间的一个（等距或不规则）矩形网格上的凸模糊集就是满足条件的，如例 4.1 中的三角划分。在这种情况下，所有点 $\boldsymbol{x}$ 都落在

一个超盒内，该超盒由在每个轴 d 上最接近 $\boldsymbol{x}_d$ 的两个相邻核所定义。有些点会落在几个超盒的边界上，这种情况我们可以选择这些超盒中的任意一个。给定条件 4.1，且因为模糊集是凸的，所以只有核在超盒角上的 MF 可以在选定点取到非零值。由于角的数量是 2^D 个，其中，D 是 X 的维数，因此有

$$|\{i \mid \phi_i(\boldsymbol{x})>0\}| \leqslant 2^D$$

并且$\kappa=2^D$满足条件 4.3 的第二部分。此外，沿着状态空间的任意轴，在最多跨越两个超盒的一个区间上，给定的 MF 将是非零值。由 δ_x 的定义，任意超盒的最大对角线是$2\delta_x$，因此，

$$\{\boldsymbol{x} \mid \phi_i(\boldsymbol{x})>0\} \subset \{\boldsymbol{x} \mid \|\boldsymbol{x}-\boldsymbol{x}_i\|_2 \leqslant 4\delta_x\}$$

这意味着 $\nu=4$ 满足条件 4.3 的第一部分。

下一个引理限定同步算法的每轮迭代所引入的近似误差。由于我们最终关注的是给出在两种算法中都相同的收敛点 θ^*，因此，一致性结论（定理 4.6）也适用于异步算法。

引理 4.2 （**有界误差**）在假设 4.1 的前提下，如果满足条件 4.2 和条件 4.3，那么存在一个常量 $\varepsilon_\delta \geqslant 0$，$\varepsilon_\delta=O(\delta_x)+O(\delta_u)$，使得由同步模糊 Q 值迭代产生的任意 Q 值函数序列 $\hat{Q}_0, \hat{Q}_1, \hat{Q}_2 \cdots$ 满足

$$\left\|\hat{Q}_{\ell+1}-T(\hat{Q}_\ell)\right\|_\infty \leqslant \varepsilon_\delta \text{，对任意 } \ell \geqslant 0$$

证明：对于参数向量 $\boldsymbol{\theta}_\ell$ 而言，由于在模糊 Q 值迭代产生的序列中，任意 Q 值函数 $\hat{Q}_\ell$ 都是 $F(\boldsymbol{\theta}_\ell)$ 形式的。这足以证明，对于某些$\boldsymbol{\theta}$，任意 $F(\boldsymbol{\theta})$形式的 Q 值函数 $\hat{Q}$ 都满足

$$\left\|(F \circ P \circ T)(\hat{Q})-T(\hat{Q})\right\|_\infty \leqslant \varepsilon_\delta$$

对于任意状态-动作对 $(\boldsymbol{x}, \boldsymbol{u})$：

$$\begin{aligned}
&\left|[(F \circ P \circ T)(\hat{Q})](\boldsymbol{x},\boldsymbol{u}) - [T(\hat{Q})](\boldsymbol{x},\boldsymbol{u})\right| \\
&=\left|\left(\sum_{i=1}^N \phi_i(\boldsymbol{x})[T(\hat{Q})](\boldsymbol{x}_i, \boldsymbol{u}_j)\right)-[T(\hat{Q})](\boldsymbol{x}, \boldsymbol{u})\right| \qquad (j \in \arg\min_{j'}\|\boldsymbol{u}-\boldsymbol{u}_{j'}\|_2) \\
&=\left|\left(\sum_{i=1}^N \phi_i(\boldsymbol{x})\left[\rho(\boldsymbol{x}_i, \boldsymbol{u}_j)+\gamma \max_{\boldsymbol{u}'} \hat{Q}(f(\boldsymbol{x}_i, \boldsymbol{u}_j), \boldsymbol{u}')\right]\right)-\left[\rho(\boldsymbol{x}, \boldsymbol{u})+\gamma \max_{\boldsymbol{u}'} \hat{Q}(f(\boldsymbol{x}, \boldsymbol{u}), \boldsymbol{u}')\right]\right| \leqslant \\
&\left|\left(\sum_{i=1}^N \phi_i(\boldsymbol{x})\rho(\boldsymbol{x}_i, \boldsymbol{u}_j)\right)-\rho(\boldsymbol{x}, \boldsymbol{u})\right|+\gamma\left|\left(\sum_{i=1}^N \phi_i(\boldsymbol{x})\max_{\boldsymbol{u}'} \hat{Q}(f(\boldsymbol{x}_i, \boldsymbol{u}_j), \boldsymbol{u}')\right)-\max_{\boldsymbol{u}'} \hat{Q}(f(\boldsymbol{x}, \boldsymbol{u}), \boldsymbol{u}')\right| \quad (4.30)
\end{aligned}$$

这里，$\max_{\boldsymbol{u}} \hat{Q}(\boldsymbol{x}, \boldsymbol{u})$是存在的。因为对于任意固定的 $\boldsymbol{x}$，$\hat{Q}$ 最多可以取 M 个不同值，并且对于$\boldsymbol{\theta}$，$\hat{Q}$是公式（4.3）给出的 $F(\boldsymbol{\theta})$形式的，因此，在每个集合 U_j（j=1, ⋯, M）中，$\hat{Q}$都是常量。公式（4.30）右边的第一项是

$$\left|\sum_{i=1}^{N}\phi_i(\boldsymbol{x})[\rho(\boldsymbol{x}_i,\ \boldsymbol{u}_j)-\rho(\boldsymbol{x},\ \boldsymbol{u})]\right|\leqslant\sum_{i=1}^{N}\phi_i(\boldsymbol{x})L_\rho(\|\boldsymbol{x}_i-\boldsymbol{x}\|_2+\|\boldsymbol{u}_j-\boldsymbol{u}\|_2)\leqslant$$
$$L_\rho\left[\|\boldsymbol{u}_j-\boldsymbol{u}\|_2+\sum_{i=1}^{N}\phi_i(\boldsymbol{x})\|\boldsymbol{x}_i-\boldsymbol{x}\|_2\right]\leqslant$$
$$L_\rho(\delta_u+\kappa\nu\delta_x) \tag{4.31}$$

这里用到了 ρ 的利普希茨连续性，而最后一步是根据 δ_u 的定义和条件 4.3 得出的。公式（4.30）的右边第二项是

$$\gamma\left|\sum_{i=1}^{N}\phi_i(\boldsymbol{x})\left[\max_{\boldsymbol{u}'}\hat{Q}(f(\boldsymbol{x}_i,\boldsymbol{u}_j),\boldsymbol{u}')-\max_{\boldsymbol{u}'}\hat{Q}(f(\boldsymbol{x},\boldsymbol{u}),\boldsymbol{u}')\right]\right|\leqslant$$
$$\gamma\sum_{i=1}^{N}\phi_i(\boldsymbol{x})\left|\max_{j'}\hat{Q}(f(\boldsymbol{x}_i,\ \boldsymbol{u}_j),\ \boldsymbol{u}_{j'})-\max_{j'}\hat{Q}(f(\boldsymbol{x},\ \boldsymbol{u}),\ \boldsymbol{u}_{j'})\right|\leqslant$$
$$\gamma\sum_{i=1}^{N}\phi_i(\boldsymbol{x})\max_{j'}\left|\hat{Q}(f(\boldsymbol{x}_i,\ \boldsymbol{u}_j),\ \boldsymbol{u}_{j'})-\hat{Q}(f(\boldsymbol{x},\boldsymbol{u}),\ \boldsymbol{u}_{j'})\right| \tag{4.32}$$

第一步成立，因为 $\hat{Q}$ 在每个集合 U_j（j=1, …, M）中都是常量。相同变量的两个函数的最大值之间的差值最多是函数差值的最大值，因此，第二步成立。将 $\hat{Q}$ 明确地写为公式（4.3）的形式，则有

$$\left|\hat{Q}(f(\boldsymbol{x}_i,\boldsymbol{u}_j),\ \boldsymbol{u}_{j'})-\hat{Q}(f(\boldsymbol{x},\boldsymbol{u}),\ \boldsymbol{u}_{j'})\right|=\left|\sum_{i'=1}^{N}\left[\phi_{i'}(f(\boldsymbol{x}_i,\ \boldsymbol{u}_j))\theta_{[i',j']}-\phi_{i'}(f(\boldsymbol{x},\boldsymbol{u}))\theta_{[i',j']}\right]\right|\leqslant$$
$$\sum_{i'=1}^{N}\left|\phi_{i'}(f(\boldsymbol{x}_i,\ \boldsymbol{u}_j))-\phi_{i'}(f(\boldsymbol{x},\boldsymbol{u}))\right||\theta_{[i',j']}| \tag{4.33}$$

定义 $I'=\{i'\,|\,\phi_{i'}(f(\boldsymbol{x}_i,\ \boldsymbol{u}_j))\neq 0\text{或}\phi_{i'}(f(\boldsymbol{x},\boldsymbol{u}))\neq 0\}$。利用条件 4.3，$|I'|\leqslant 2\kappa$。记 $L_\phi=\max_i L_{\phi_i}$（这里利用了条件 4.2）。那么，公式（4.33）的右边等于

$$\sum_{i'\in I'}\left|\phi_{i'}(f(\boldsymbol{x}_i,\ \boldsymbol{u}_j))-\phi_{i'}(f(\boldsymbol{x},\boldsymbol{u}))\right||\theta_{[i',j']}|\leqslant\sum_{i'\in I'}L_\phi L_f(\|\boldsymbol{x}_i-\boldsymbol{x}\|_2+\|\boldsymbol{u}_j-\boldsymbol{u}\|_2)\|\boldsymbol{\theta}\|_\infty\leqslant$$
$$2\kappa L_\phi L_f(\|\boldsymbol{x}_i-\boldsymbol{x}\|_2+\|\boldsymbol{u}_j-\boldsymbol{u}\|_2)\|\boldsymbol{\theta}\|_\infty \tag{4.34}$$

在公式（4.32）中使用公式（4.33）和公式（4.34）推出

$$\gamma\sum_{i=1}^{N}\phi_i(\boldsymbol{x})\max_{j'}\left|\hat{Q}(f(\boldsymbol{x}_i,\ \boldsymbol{u}_j),\ \boldsymbol{u}_{j'})-\hat{Q}(f(\boldsymbol{x},\boldsymbol{u}),\ \boldsymbol{u}_{j'})\right|\leqslant$$
$$\gamma\sum_{i=1}^{N}\phi_i(\boldsymbol{x})\max_{j'}2\kappa L_\phi L_f(\|\boldsymbol{x}_i-\boldsymbol{x}\|_2+\|\boldsymbol{u}_j-\boldsymbol{u}\|_2)\|\boldsymbol{\theta}\|_\infty\leqslant$$
$$2\gamma\kappa L_\phi L_f\|\boldsymbol{\theta}\|_\infty\left[\|\boldsymbol{u}_j-\boldsymbol{u}\|_2+\sum_{i=1}^{N}\phi_i(\boldsymbol{x})\|\boldsymbol{x}_i-\boldsymbol{x}\|_2\right]\leqslant$$
$$2\gamma\kappa L_\phi L_f\|\boldsymbol{\theta}\|_\infty(\delta_u+\kappa\nu\delta_x) \tag{4.35}$$

这里，最后一步是根据 δ_u 的定义和条件 4.3 得出的。最后，将公式（4.31）和公式（4.35）代入公式（4.30）得到

$$\left|[(F \circ P \circ T)(\hat{Q})](\boldsymbol{x}, \boldsymbol{u})-[T(\hat{Q})](\boldsymbol{x}, \boldsymbol{u})\right| \leqslant (L_\rho + 2\gamma\kappa L_\phi L_f \|\boldsymbol{\theta}\|_\infty)(\delta_u + \kappa\nu\delta_x) \tag{4.36}$$

给定一个有界初始参数向量$\boldsymbol{\theta}_0$,算法考虑的所有参数向量都是有界的,可以证明如下。根据 Banach 不动点定理，最优参数向量$\boldsymbol{\theta}^*$（$P \circ T \circ F$ 的唯一的不动点）是有阻的。同样，存在$\|\boldsymbol{\theta}_\ell - \boldsymbol{\theta}^*\|_\infty \leqslant \gamma^\ell \|\boldsymbol{\theta}_0 - \boldsymbol{\theta}^*\|_\infty$（见定理 4.4 的证明）。由于$\|\boldsymbol{\theta}_0 - \boldsymbol{\theta}^*\|_\infty$是有界的，因此，所有其他距离都是有界的，且所有参数向量$\boldsymbol{\theta}_\ell$也是有界的。令$B_\theta = \max_{\ell \geqslant 0} \|\boldsymbol{\theta}_\ell\|_\infty$，则$B_\theta$有界。因此，在式（4.36）中，$\|\boldsymbol{\theta}\|_\infty \leqslant B_\theta$，以下列公式结束证明过程。

$$\varepsilon_\delta = (L_\rho + 2\gamma\kappa L_\phi L_f B_\theta)(\delta_u + \kappa\nu\delta_x) = O(\delta_x) + O(\delta_u)$$

定理 4.6 **（一致性）**在满足假设 4.1 的情况下，如果满足条件 4.2 和条件 4.3，同步和异步模糊 Q 值迭代是一致的。

$$\lim_{\delta_x \to 0,\ \delta_u \to 0} F(\boldsymbol{\theta}^*) = Q^*$$

此外，近似 Q 值迭代的次优性满足

$$\left\|F(\boldsymbol{\theta}^*) - Q^*\right\|_\infty = O(\delta_x) + O(\delta_u)$$

证明：首先将要证明$\left\|F(\boldsymbol{\theta}^*) - Q^*\right\|_\infty \leqslant \dfrac{\varepsilon_\delta}{1-\gamma}$。考虑一个同步模糊 Q 值迭代产生的 Q 值函数序列$\hat{Q}_0, \hat{Q}_1, \hat{Q}_2 \cdots$。通过归纳可得，对于$\ell \geqslant 1$，$\left\|\hat{Q}_\ell - T^\ell(\hat{Q}_0)\right\|_\infty$的界限。由引理 4.2，可得

$$\left\|\hat{Q}_1 - T(\hat{Q}_0)\right\|_\infty \leqslant \varepsilon_\delta$$

假设对于$\ell \geqslant 1$，有以下性质

$$\left\|\hat{Q}_\ell - T^\ell(\hat{Q}_0)\right\|_\infty \leqslant \varepsilon_\delta(1+\gamma+\cdots+\gamma^{\ell-1}) \tag{4.37}$$

那么，对于$\ell+1$

$$\begin{aligned}
&\left\|\hat{Q}_{\ell+1} - T^{\ell+1}(\hat{Q}_0)\right\|_\infty \leqslant \left\|\hat{Q}_{\ell+1} - T(\hat{Q}_\ell)\right\|_\infty + \left\|T(\hat{Q}_\ell) - T^{\ell+1}(\hat{Q}_0)\right\|_\infty \leqslant \\
&\varepsilon_\delta + \gamma\left\|\hat{Q}_\ell - T^\ell(\hat{Q}_0)\right\|_\infty \leqslant \\
&\varepsilon_\delta + \gamma\varepsilon_\delta(1+\gamma+\cdots+\gamma^{\ell-1}) \leqslant \\
&\varepsilon_\delta(1+\gamma+\cdots+\gamma^\ell)
\end{aligned}$$

这里第二步利用了引理 4.2 和 T 的收缩性。因此，归纳完成，即对任意$\ell \geqslant 1$，公式（4.37）成立。

公式（4.37）意味着对于任意$(\boldsymbol{x}, \boldsymbol{u})$对，有

$$\begin{aligned}
&[T^\ell(\hat{Q}_0)](\boldsymbol{x}, \boldsymbol{u}) - \varepsilon_\delta(1+\gamma+\cdots+\gamma^{\ell-1}) \leqslant \hat{Q}_\ell(\boldsymbol{x}, \boldsymbol{u}) \leqslant \\
&[T^\ell(\hat{Q}_0)](\boldsymbol{x}, \boldsymbol{u}) + \varepsilon_\delta(1+\gamma+\cdots+\gamma^{\ell-1})
\end{aligned}$$

对该等式取极限 $\ell \to \infty$，结合 $\lim_{\ell\to\infty} T^{\ell}(\hat{Q}_0) = Q^*$ 和 $\lim_{\ell\to\infty} \hat{Q}_{\ell} = F(\boldsymbol{\theta}^*)$（注意 $\hat{Q}_{\ell}$ 是同步模糊 Q 值迭代产生的第 ℓ 个 Q 值函数，收敛到 $F(\boldsymbol{\theta}^*)$），可得

$$Q^*(\boldsymbol{x},\boldsymbol{u}) - \frac{\varepsilon_\delta}{1-\gamma} \leqslant [F(\boldsymbol{\theta}^*)](\boldsymbol{x},\boldsymbol{u}) \leqslant Q^*(\boldsymbol{x},\boldsymbol{u}) + \frac{\varepsilon_\delta}{1-\gamma}$$

从而，对任意 $(\boldsymbol{x},\boldsymbol{u})$，有 $\left\|F(\boldsymbol{\theta}^*) - Q^*\right\|_\infty \leqslant \frac{\varepsilon_\delta}{1-\gamma}$。值得注意的是，近似 V 值迭代的相关边界由 Bertsekas 和 Tsitsiklis（1996，6.5.3 节）用类似的方法给出了证明。

利用在引理 4.2 的证明得到的关于 ε_δ 的公式，可得

$$\begin{aligned}\lim_{\delta_x\to 0,\ \delta_u\to 0}\left\|F(\boldsymbol{\theta}^*) - Q^*\right\|_\infty &= \lim_{\delta_x\to 0,\ \delta_u\to 0}\frac{\varepsilon_\delta}{1-\gamma}\\ &= \lim_{\delta_x\to 0,\ \delta_u\to 0}\frac{(L_\rho + 2\gamma\kappa L_\phi L_f B_\theta)(\delta_u + \kappa\nu\delta_x)}{1-\gamma}\\ &=0\end{aligned}$$

定理的第一个结果得证。进一步，再次利用相同的引理，有 $\frac{\varepsilon_\delta}{1-\gamma} = O(\delta_x) + O(\delta_u)$，可得 $\left\|F(\boldsymbol{\theta}^*) - Q^*\right\|_\infty = O(\delta_x) + O(\delta_u)$，**证毕**。

除了保证一致性外，定理 4.6 将 Q 值函数的次优性 $F(\boldsymbol{\theta}^*)$ 与模糊逼近器的精度关联在了起来。结合定理 4.5，该精度也可以进一步与 $F(\boldsymbol{\theta}^*)$ 上的贪心策略 $\hat{h}^*$ 的次优性，以及在有限次迭代之后得到的解的次优性（Q 值函数 $F(\hat{\boldsymbol{\theta}}^*)$ 及相关策略 $\hat{\hat{h}}^*$）相关联。

4.3.3　计算复杂度

本节讨论模糊 Q 值迭代的时间和空间复杂度。显而易见，在同步和异步模糊 Q 值迭代（算法 4.1 和算法 4.2）中，每轮迭代需要的运行时间是 $O(N^2M)$。此处的 N 是 MF 的数量，M 是离散动作的数量，则参数向量的长度为 NM。完整算法包括 L 轮迭代，因此，所需计算量是 $O(LN^2M)$。模糊 Q 值迭代需要的空间则为 $O(NM)$。空间复杂度与 L 不成比例，这是因为在实际问题中，任何 $\ell' < \ell$ 的 $\boldsymbol{\theta}_{\ell'}$ 都可以被丢弃。

例 4.3　与最小二乘策略迭代的对比。

此处，将模糊 Q 值迭代的复杂度与近似策略迭代类中的典型算法，即最小二乘策略迭代（LSPI）（算法 3.11）的复杂度作对比，仅讨论两种算法计算参数数量相同的情况。在每轮迭代中，LSPI 执行策略迭代（用 Q 值函数的最小二乘时间差分算法，即算法 3.8）和策略评估。为了逼近 Q 值函数，LSPI 通常利用离散动作逼近器（例 3.1），它由 N 个状态依赖的基函数和 M 个离散动

作组成，因而有 NM 个参数。如果用“朴素”矩阵逆运算来求解大小为 NM 的线性系统，则每轮策略评估的时间复杂度为 $O(N^3M^3)$。可以用比计算矩阵逆运算更有效的算法，如增量计算矩阵的逆，但是时间复杂度仍然大于 $O(N^2M^2)$，空间复杂度则为 $O(N^2M^2)$。因此，LSPI 中每轮迭代的时间复杂度和空间复杂度的渐近上界比模糊 Q 值迭代要差（大）。

该对比还应该考虑到模糊 Q 值迭代和 LSPI 的重要差异。两个算法使用相同数量的参数，这意味着，它们使用相似但不同逼近能力的逼近器：由于假设 4.1、条件 4.2 和条件 4.3，模糊 Q 值迭代所考虑的逼近器的种类较少，因此，逼近能力也差一些。这也使得模糊 Q 值迭代在参数更新时计算效率更高，其中的原因之一是投影简化为了公式（4.9）。

4.4 优化隶属度函数

模糊 Q 值迭代的求解精度关键取决于模糊逼近器的质量，而模糊逼近器的质量又取决于 MF 和动作离散化。这里假定离散动作是固定的，因此，我们的重点集中在如何得到更好的 MF 方面。MF 可以预先设计，主要有两种情况：当关于最优 Q 值函数形状的先验知识可用于设计 MF 时，那么适当数量的 MF 就足以获得一个质量好的逼近器。然而，这样的先验知识通常在没有实际计算最优 Q 值函数时是很难获得的；当先验知识不可用时，就必须定义大量的 MF，使得在整个状态空间甚至是与策略无关的区域中，逼近器有很好的覆盖范围和分辨率。

本节我们考虑一种不同的方法，它不需要预先设计 MF。在该方法中，优化 MF 的用于编码位置和形状的参数，而 MF 的数量保持不变。该方法的目标是获得一组当前问题近最优的 MF。由于 MF 可以被看成是基函数，这个方法也可以被看成是一种基函数优化技术，如 3.6.1 节所述。当关于最优 Q 值函数形状的先验知识不可获得，且 MF 的数量有限时，MF 优化是有效的。

4.4.1 隶属度函数优化的一般方法

用一个向量 $\boldsymbol{\xi} \in \Xi$ 来参数化（归一化的）MF。通常，参数向量 $\boldsymbol{\xi}$ 包括 MF 的位置和形状信息。将 MF 表示为 $\phi_i(\cdot;\boldsymbol{\xi}): X \to \mathbb{R}, i=1,\cdots,N$，以强调它们依赖于 $\boldsymbol{\xi}$（点代表参数 $\boldsymbol{x}$），目标是找到使得 MF 更好的参数向量。在定理 4.5 给出的次优性边界中，逼近器质量直接决定了 Q^* 与映射 $F \circ P$ 不动点之间的最小距离 $\varsigma^*_{\mathrm{QI}}$。然而，由于 Q^* 未知，因此，无法直接计算 $\varsigma^*_{\mathrm{QI}}$，也不能用它

评估 MF。

然而我们提出一种与所得策略的性能直接相关的评分函数（优化准则）。具体来说，旨在找到一个最优参数向量$\boldsymbol{\xi}^*$，使得对于有限的代表性状态集合 X_0，回报的加权和最大。

$$s(\boldsymbol{\xi}) = \sum_{\boldsymbol{x}_0 \in X_0} w(\boldsymbol{x}_0) R^h(\boldsymbol{x}_0) \tag{4.38}$$

策略 h 通过运行同步或异步模糊 Q 值迭代直到（近）收敛到由参数$\boldsymbol{\xi}$指定的 MF，再计算得到。代表性的状态通过 $w: X_0 \to [0, 1]$ 进行加权。在基函数优化部分已经对该评分函数进行过讨论，具体见 3.6.1 节的公式（3.55）。

对于每个典型状态 $\boldsymbol{x}_0$，其无限期回报通过长度为 K 的模拟轨迹进行估计。

$$R^h(\boldsymbol{x}_0) = \sum_{k=0}^{K} \gamma^k \rho[\boldsymbol{x}_k, h(\boldsymbol{x}_k)] \tag{4.39}$$

该轨迹中，对 $k \geqslant 0$，有 $\boldsymbol{x}_{k+1} = f(\boldsymbol{x}_k, h(\boldsymbol{x}_k))$。该模拟过程是公式（3.64）的变体，主要针对本章所考虑的确定性问题。通过用公式（3.65）来选择轨迹的长度 K，可以保证回报估计值的精度 $\varepsilon_{\mathrm{MC}}$。

集合 X_0 与权重函数 w 共同决定策略的性能。X_0 和 w 的选择主要取决于当前问题。例如，如果只需要从已知的一组初始状态开始控制过程，那么 X_0 应当等于（或包含于）该集合。通常，被认为更重要的初始状态可以分得更大的权值。

由于每个策略都是通过执行模糊 Q 值迭代计算得到的，其中，MF 参数是固定的。因此，当执行 DP/RL 算法时，该技术不会受到与逼近器自适应相关的收敛问题的影响（见 3.6.3 节）。

该技术不局限于一个特定的优化算法来搜索$\boldsymbol{\xi}^*$。然而，通常评分函数［公式（4.38）］是关于$\boldsymbol{\xi}$的不可微函数、且存在多个局部最优，因此，全局的、梯度无关的优化技术更加有效。4.4.3 节给出一种通过用于优化的交叉熵（CE，Cross-Entropy）方法来优化三角 MF 位置的算法。下一节简要介绍交叉熵优化的相关内容。

4.4.2 交叉熵优化

本节将对用于优化的交叉熵方法进行简要介绍（Rubinstein 和 Kroese，2004）。这里所提到的信息和使用的符号都是专门用于寻找 MF 的 CE 优化的应用（可用于模糊 Q 值迭代）。有关交叉熵方法的具体细节和一般性描述，请参考附录 B。

考虑下列优化问题。

$$\max_{\boldsymbol{\xi} \in \Xi} s(\boldsymbol{\xi}) \tag{4.40}$$

这里，$s: \Xi \to \mathbb{R}$ 是用于最大化的评分函数（优化准则），参数$\boldsymbol{\xi}$的值域为 Ξ。s^*表示 s 的最大值。

交叉熵优化方法主要是用于保存支撑域 Ξ 上的一个概率密度。在每轮迭代中，根据当前概率密度，获取一组随机样本，并计算这些样本的分值。保留分值最高的（较少的）样本，将剩余的样本丢弃。根据所选择的样本，更新概率密度，使得在下一次迭代期间增加更好的样本的被选概率。当最差选定样本的分值没有明显提高时，算法停止。

形式上，必须选择某一概率密度簇 $\{p(\cdot;\boldsymbol{v})\}$，其中“·”代表随机变量 $\boldsymbol{\xi}$。该簇存在支撑 Ξ 且利用 $\boldsymbol{v}$ 参数化。在交叉熵算法的每一轮迭代 τ 中，由概率密度 $p(\cdot;\boldsymbol{v}_{\tau-1})$ 得到 N_{CE} 个样本，计算它们的得分，并以 $\rho_{\mathrm{CE}}\in(0,1)$ 决定样本得分的 $(1-\rho_{\mathrm{CE}})$ 分位数[5] λ_τ。这样，就定义了所谓的关联随机问题，该问题涉及的估计根据 $p(\cdot;\boldsymbol{v}_{\tau-1})$ 得到的样本的得分至少是 λ_τ 的概率。

$$\mathrm{P}_{\boldsymbol{\xi}\sim p(\cdot;\boldsymbol{v}_{\tau-1})}(s(\boldsymbol{\xi}))\geqslant\lambda_\tau)=\mathrm{E}_{\boldsymbol{\xi}\sim p(\cdot;\boldsymbol{v}_{\tau-1})}\{I(s(\boldsymbol{\xi})\geqslant\lambda_\tau)\} \tag{4.41}$$

这里 I 是指示函数，其参数为真时，值为 1，否则为 0。

概率公式（4.41）可以通过重要性采样来估计。对该问题，重要性采样密度是提高所关注事件 $s(\boldsymbol{\xi})\geqslant\lambda_\tau$ 的概率的一种手段。从最小交叉熵（Kullback-Leibler 散度）的角度，$\{p(\cdot;\boldsymbol{v})\}$ 族的最优重要性采样密度由公式（4.42）的解给定。

$$\arg\max_{\boldsymbol{v}}\mathrm{E}_{\boldsymbol{\xi}\sim p(\cdot;\boldsymbol{v}_{\tau-1})}\{I(s(\boldsymbol{\xi})\geqslant\lambda_\tau)\ln p(\boldsymbol{\xi};\boldsymbol{v})\} \tag{4.42}$$

公式（4.42）的一个近似解 $\boldsymbol{v}_\tau$ 通过公式（4.43）计算

$$\boldsymbol{v}_\tau=\boldsymbol{v}_\tau^\ddagger,\quad \boldsymbol{v}_\tau^\ddagger\in\arg\max_{\boldsymbol{v}}\frac{1}{N_{\mathrm{CE}}}\sum_{i_s=1}^{N_{\mathrm{CE}}}I(s(\boldsymbol{\xi}_{i_s})\geqslant\lambda_\tau)\ln p(\boldsymbol{\xi}_{i_s};\boldsymbol{v}) \tag{4.43}$$

只有满足 $s(\boldsymbol{\xi}_{i_s})\geqslant\lambda_\tau$ 的样本，对该公式才有贡献，因为指示函数使得其他样本的贡献为 0。从这个意义上，密度参数的更新只取决于最好的样本，其他样本则被舍弃。

交叉熵优化过程用新的密度参数 $\boldsymbol{v}_\tau$（概率公式（4.41）从来没有实际计算过）继续进行下一轮迭代。与旧的密度相比，更新的密度能以更高的概率生成好的样本，以使 $\lambda_{\tau+1}$ 更接近最优值 s^*。该过程的目的是最终收敛到一个密度，以高概率产生接近 $\boldsymbol{\xi}$ 的最优值的样本。对于 $d_{\mathrm{CE}}>1$ 轮连续迭代，当样本性能的 $(1-\rho_{\mathrm{CE}})$ 分数位虽然在持续改进，但是这些改进都不会超过 $\varepsilon_{\mathrm{CE}}$ 时，算法停止；或者，当达到最大迭代次数 $\tau_{\max}$ 时，算法停止。因此，在全部迭代中，产生样本的最大得分被当成优化问题的近似解，相应的样本则作为近似的最优位置。值得注意的是，交叉熵优化也可以使用一个所谓的平滑过程来增量地更新密度参数，但本章没有使用这样的过程（该过程具体参考附录 B）。

---

[5] 如果抽样的得分值递增排序并且用 $s_1\leqslant\cdots\leqslant s_{N_{\mathrm{CE}}}$ 来索引，那么 $(1-\rho_{\mathrm{CE}})$ 分位数是 $\lambda_\tau=s_{\lceil(1-\rho_{\mathrm{CE}})N_{\mathrm{CE}}\rceil}$。

4.4.3 基于交叉熵隶属度函数优化的模糊 Q 值迭代

本节给出用于模糊 Q 值迭代的寻找最优 MF 的完整算法。该算法使用交叉熵方法来优化三角 MF 的核（例 4.1）。选择三角 MF 是因为它们是保证模糊 Q 值迭代收敛的最简单的 MF，选择 CE 优化作为用于该问题的全局优化技术的一个示例。许多其他优化算法也可以用来优化 MF，例如，遗传算法（Goldberg，1989）、禁忌搜索（Glover 和 Laguna，1997）、模式搜索（Torczon，1997；Lewis 和 Torczon，2000）等。

状态空间的维数记为 D 。在本节，假设状态空间是一个中心在原点的超盒。

$$X=[-x_{\max,1}, x_{\max,1}]\times\cdots\times[-x_{\max,D}, x_{\max,D}]$$

其中，$x_{\max,d}\in(0,\infty), d=1,\cdots,D$ 。分别对每一个状态变量 x_d ，用核的值 $c_{d,1}<\cdots<c_{d,N_d}$ 定义一个三角模糊分区，给出 N_d 个三角 MF。一维 MF 的每种组合的乘积给出一个在 X 的模糊分区中的金字塔形 D 维 MF。被优化的参数是每一坐标轴上的（标量）自由核。每一坐标轴的第一和最后一个核的值不是自由的，它们总是等于域的极限值：$c_{d,1}=-x_{\max,d}$ 和 $c_{d,N_d}=x_{\max,d}$ ，因此，自由核的数量只有 $N_\xi=\sum_{d=1}^{D}(N_d-2)$ 个。参数向量 $\boldsymbol{\xi}$ 可以通过收集自由核而得到。

$$\boldsymbol{\xi}=[c_{1,2},\cdots,c_{1,N_1-1},\cdots,c_{D,2},\cdots,c_{D,N_D-1}]^{\mathrm{T}}$$

并有域

$$\Xi=(-x_{\max,1}, x_{\max,1})^{N_1-2}\times\cdots\times(-x_{\max,D}, x_{\max,D})^{N_D-2}$$

这里的目的是找到能使评分函数（公式（4.38））最大化的参数向量 $\boldsymbol{\xi}^*$。

为了使用交叉熵优化，对 N_ξ 个参数中的每一个都选择服从独立（单变量）高斯分布的概率密度。第 i 个参数的高斯密度由均值 η_i 和标准差 σ_i 来确定。使用高斯密度的优点在于给定最佳样本的均值和标准差，公式（4.43）有封闭型解（Rubinstein 和 Kroese，2004）。利用该性质，可以得到密度参数的简单更新规则，例如，参考算法 4.3 的第 13 行。同时注意，当使用高斯分布系列时，通过令每一个单变量高斯密度收敛到一个退化的狄拉克分布，即所有概率质量的值为 $\boldsymbol{\xi}_i^*$，交叉熵方法可以实际收敛到一个精确的最优位置 $\boldsymbol{\xi}^*$。当 $\eta_i=\boldsymbol{\xi}_i^*$ 和 $\sigma_i\to 0$ 时，可得该退化的分布。

由于所选密度的支撑是比 Ξ 大的 $\mathbb{R}^{N_\xi}$ ，因此，不属于 Ξ 的样本就被拒绝并重新生成。密度参数向量 $\boldsymbol{v}$ 由均值向量 $\boldsymbol{\eta}$ 和标准差向量 $\boldsymbol{\sigma}$ 组成，每一个都包含 N_ξ 个元素。向量 $\boldsymbol{\eta}$ 和 $\boldsymbol{\sigma}$ 用下式进行初始化。

$$\boldsymbol{\eta}_0=\mathbf{0},\quad \boldsymbol{\sigma}_0=[x_{\max,1},\cdots,x_{\max,1},\cdots,x_{\max,D},\cdots,x_{\max,D}]^{\mathrm{T}}$$

算法 4.3 基于交叉熵 MF 优化的模糊 Q 值迭代

Input：动态性f、奖励函数ρ、折扣因子γ、离散动作集 U_{d}、模糊 Q 值迭代收敛阈值 $\varepsilon_{\mathrm{QI}}$ 、典型状态 X_0、权值函数 w、交叉熵参数 $\rho_{\mathrm{CE}} \in (0,1)$ 、$N_{\mathrm{CE}} \geqslant 2$、$d_{\mathrm{CE}} \geqslant 2$、$\tau_{\max} \geqslant 2$、$\varepsilon_{\mathrm{CE}} \geqslant 0$

1. $\tau \leftarrow 0$
2. $\boldsymbol{\eta}_0 \leftarrow \mathbf{0}$，$\boldsymbol{\sigma}_0 \leftarrow \left[x_{\max,1}, x_{\max,1}, \cdots, x_{\max,D}, x_{\max,D}\right]^{\mathrm{T}}$
3. **repeat**
4. $\quad \tau \leftarrow \tau+1$
5. $\quad$从给定$\boldsymbol{\eta}_{\tau-1}$和$\boldsymbol{\sigma}_{\tau-1}$的高斯分布中生成样本$\boldsymbol{\xi}_1,\cdots,\boldsymbol{\xi}_{N_{\mathrm{CE}}}$
6. $\quad$**for** $i_{\mathrm{s}}=1, \cdots, N_{\mathrm{CE}}$ **do**
7. $\quad\quad$以 MF $\phi_i(\boldsymbol{x};\boldsymbol{\xi}_{i_{\mathrm{s}}})$ 、动作 U_{d} 以及阈值 $\varepsilon_{\mathrm{QI}}$ 运行模糊 Q 值迭代
8. $\quad\quad$利用公式（4.48）计算所得策略 h 的得分 $s(\boldsymbol{\xi}_{i_{\mathrm{s}}})$
9. $\quad$**end for**
10. $\quad$重新排序和重新索引样本，使得$s_1 \leqslant \cdots \leqslant s_{N_{\mathrm{CE}}}$
11. $\quad$样本得分的（$1-\rho_{\mathrm{CE}}$）分位数 $\lambda_\tau \leftarrow \mathrm{S}_{\lceil(1-\rho_{\mathrm{CE}})N_{\mathrm{CE}}\rceil}$
12. $\quad$第一个最佳样本的索引 $i_\tau \leftarrow \lceil(1-\rho_{\mathrm{CE}})N_{\mathrm{CE}}\rceil^{\mathrm{T}}$
13. $\quad \boldsymbol{\eta}_\tau \leftarrow \dfrac{1}{N_{\mathrm{CE}}-i_\tau+1}\sum_{i_{\mathrm{s}}=i_\tau}^{N_{\mathrm{CE}}}\boldsymbol{\xi}_{i_{\mathrm{s}}}$ ；$\boldsymbol{\sigma}_\tau \leftarrow \sqrt{\dfrac{1}{N_{\mathrm{CE}}-i_\tau+1}\sum_{i_{\mathrm{s}}=i_\tau}^{N_{\mathrm{CE}}}(\boldsymbol{\xi}_{i_{\mathrm{s}}}-\boldsymbol{\eta}_\tau)^2}$
14. **until**（$\tau > d_{\mathrm{CE}}$和$\left|\lambda_{\tau-\tau'}-\lambda_{\tau-\tau'-1}\right| \leqslant \varepsilon_{\mathrm{CE}}$ ，对于$\tau'=0, \cdots, d_{\mathrm{CE}}-1$）或$\tau=\tau_{\max}$

Output：最佳样本$\hat{\boldsymbol{\xi}}^*$ 、对应得分以及模糊 Q 值迭代的相应解

这里，每个边界范围重复N_d-2次，$d=1, \cdots, D$ 。这些值保证在交叉熵方法的第一次迭代中，样本能很好地覆盖状态空间。

算法 4.3 给出了基于交叉熵 MF 优化的模糊 Q 值迭代。不管是模糊 Q 值迭代的同步或异步版本，都可以用于该算法的第 7 行。但是在交叉熵优化过程中，只能一直使用同一种版本，因为两个版本对同一 MF 可能产生不同解和收敛阈值。在算法 4.3 的第 10 行，样本按照它们的核升序排序，以简化后面的公式。在第 13 行，使用高斯密度参数的封闭更新。在这些更新中，数学运算（例如，除以一个常量、平方根）应理解为元素级，分别对所考虑向量的每个元素进行处理。要了解交叉熵方法的停止条件和参数，请参考 4.4.2 节，更具体的细节参考附录 B。

4.5　实验研究

本章后续部分主要是针对模糊 Q 值迭代的实验研究，具体分为 4 个部分，每一部分都侧重研究算法在实际应用中的不同方面。第一个例子用直流电机问题来说明模糊 Q 值迭代的收敛性和一致性。第二个例子用双连杆机械臂来说明动作插值的影响，同时对模糊 Q 值迭代和拟合 Q 值迭代进行了比较。第三个例子用倒立摆问题来说明模糊 Q 值迭代的实时控制性能。在上述 3 个例子中，MF 都是预先设计好的。在最后一个例子中，主要基于标准的过山车问题验证 MF 优化的效果（用 4.4 节的交叉熵方法）。

4.5.1　直流电机：收敛性和一致性研究

本节用 3.4.5 节中介绍的直流电机问题来说明模糊 Q 值迭代的收敛性和一致性。直流电机系统相对简单，能够以合理的计算成本进行大量的模拟。实验主要从两个方面进行。首先，从实验上比较同步和异步模糊 Q 值迭代的收敛速度；其次，研究逼近能力的增强对解的质量的影响，以说明模糊 Q 值迭代的一致性是如何影响它在实际问题中的表现。模糊 Q 值迭代一致性的证明是以利普希茨连续的动态性和奖赏条件（假设 4.1）为条件的。为了验证违背该条件的影响，引入奖励函数中的不连续点，并进一步研究一致性。

1．直流电机问题

直流电机的二阶离散时间模型：

$$f(\boldsymbol{x},\boldsymbol{u})=\boldsymbol{A}\boldsymbol{x}+\boldsymbol{B}\boldsymbol{u}$$
$$\boldsymbol{A}=\begin{bmatrix}1 & 0.0049\\ 0 & 0.9540\end{bmatrix},\quad \boldsymbol{B}=\begin{bmatrix}0.0021\\ 0.8505\end{bmatrix} \tag{4.44}$$

这里，$x_1=\alpha\in[-\pi,\pi]$弧度是轴的角度，$x_2=\dot{\alpha}\in[-16\pi,16\pi]$，（rad/s）是角速度，$\boldsymbol{u}\in[-10,10]$（V）是控制输入（电压）。利用饱和性将状态变量约束在它们的域中。控制目标是使系统稳定在 $\boldsymbol{x}=0$ 周围，使用二次奖励函数：

$$\rho(\boldsymbol{x},\boldsymbol{u})=-\boldsymbol{x}^{\mathrm{T}}\boldsymbol{Q}_{\mathrm{rew}}\boldsymbol{x}-R_{\mathrm{rew}}\boldsymbol{u}^2$$
$$\boldsymbol{Q}_{\mathrm{rew}}=\begin{bmatrix}5 & 0\\ 0 & 0.01\end{bmatrix},\quad R_{\mathrm{rew}}=0.01 \tag{4.45}$$

其中，折扣因子γ=0.95。该奖励函数在图 4.3 中给出。

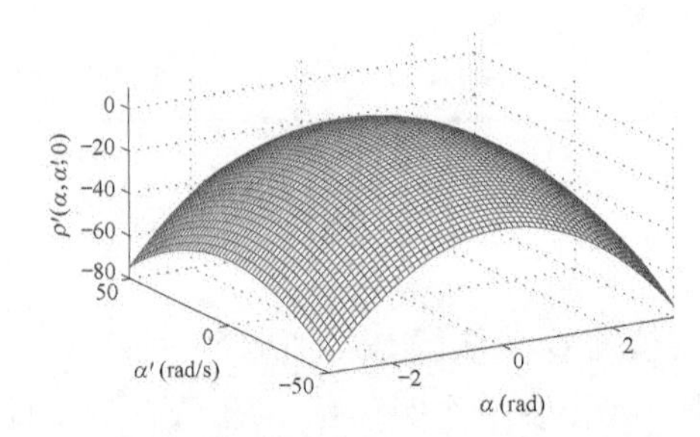

图4.3　在u=0时，关于奖励函数［公式（4.45）］的一个状态-依赖的切片

［注：（Buşoniu 等, 2008b），©2008 IEEE 同意使用］

2．同步和异步收敛性

首先，比较同步和异步模糊 Q 值迭代的收敛速度。对每个状态变量定义一个 N'=41 的等距核的三角模糊分区，则在 X 的二维分区中有 N'=41^2 个模糊集。动作空间被离散化为 15 个等距的值。首先，利用一个很小的阈值$\varepsilon_{\mathrm{QI}}=10^{-8}$，执行同步模糊 Q 值迭代，得到最优参数向量$\boldsymbol{\theta}^*$的一个精确近似值$\hat{\boldsymbol{\theta}}^*$。其次，为了比较同步和异步模糊 Q 值迭代如何逼近$\boldsymbol{\theta}^*$，同时运行两个算法，直到它们的参数向量距离$\hat{\boldsymbol{\theta}}^*$的无穷范数比 10^{-5} 更近，即$\|\boldsymbol{\theta}_\ell-\hat{\boldsymbol{\theta}}^*\|_\infty\leqslant 10^{-5}$。对这些实验而言，模糊 Q 值迭代的参数向量初始化为 0，这一初始化设置同样也适用于本章的所有其他例子。

图 4.4 表示在模糊 Q 值迭代的两个版本中，ℓ次迭代的$\boldsymbol{\theta}_\ell$和$\hat{\boldsymbol{\theta}}^*$之间距离的变化过程。异步算法比同步算法更快靠近$\hat{\boldsymbol{\theta}}^*$，并且获得 10^{-5} 以内的距离要早 20 次迭代（112 次迭代，而同步算法需要 132 次）。因为两种算法一次迭代的时间复杂度几乎相同，所以一般都使用异步版本以节省计算量。

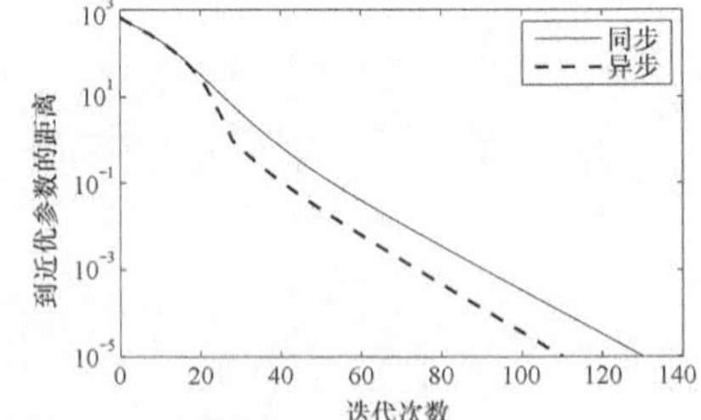

图4.4　同步和异步模糊Q值迭代的收敛性

图 4.5 给出在直流电机问题中模糊 Q 值迭代的解（相当于$\hat{\boldsymbol{\theta}}^*$）。图中给出的是关于近似 Q 值函数的一个状态-依赖的切片（通过设置动作 $\boldsymbol{u}$ 为 $\mathbf{0}$ 得到的），以及由该 Q 值函数得到的贪心策略和受控轨迹。

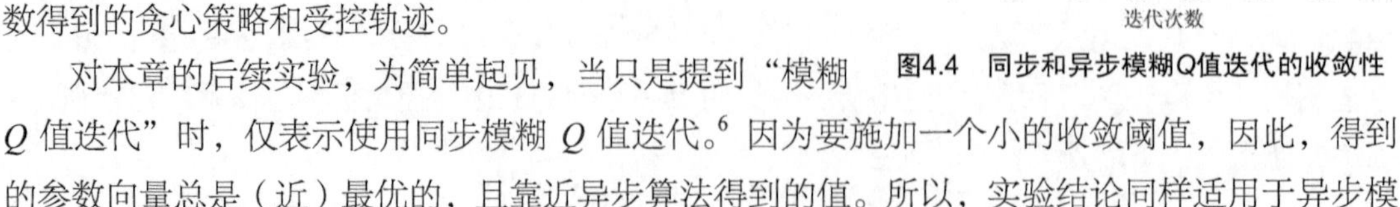

对本章的后续实验，为简单起见，当只是提到“模糊 Q 值迭代”时，仅表示使用同步模糊 Q 值迭代。[6] 因为要施加一个小的收敛阈值，因此，得到的参数向量总是（近）最优的，且靠近异步算法得到的值。所以，实验结论同样适用于异步模

[6] 这个选择是由于具体实现方法的原因，即每一轮同步迭代都可以重写为一个矩阵乘法，我们在 MATLAB 中可以用高效的底层程序来实现，因此同步 Q 值迭代的矩阵实现方法比异步模糊 Q 值迭代的元素级更新要快。如果没有专门的线性代数库可用，异步算法和同步算法每轮迭代的计算代价将是相同的，并且将会更好，这是因为如理论所预测的那样，它可以在更少的迭代次数内收敛。

糊 Q 值迭代。

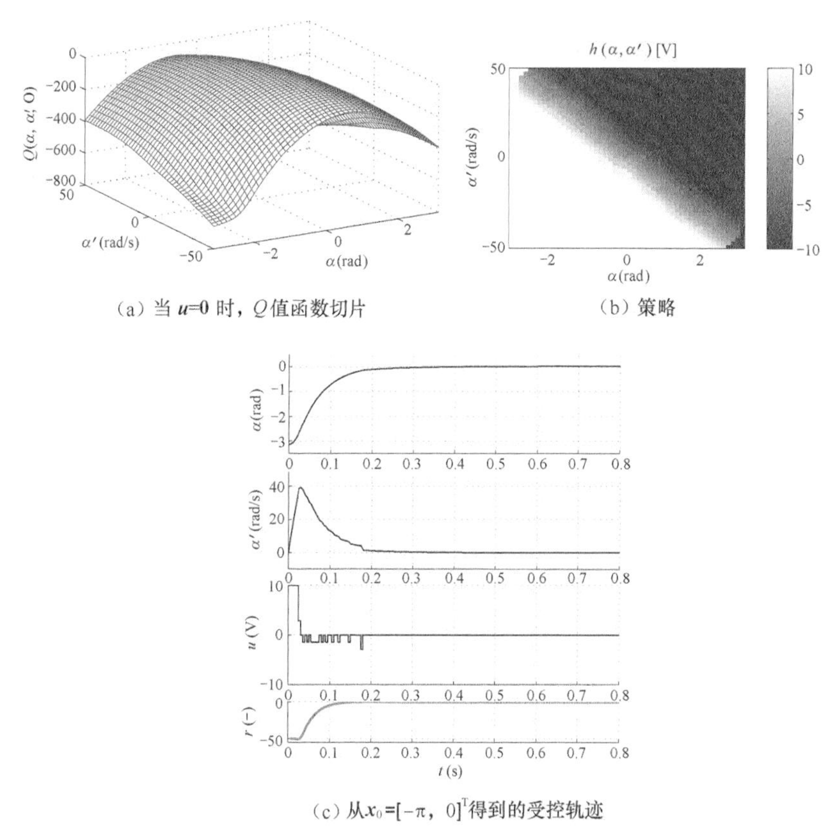

（a）当 u=0 时，Q 值函数切片

（b）策略

（c）从 x_0=[−π，0]^{T}得到的受控轨迹

图4.5　对直流电机的一个模糊Q值迭代解

3．一致性以及不连续奖赏的影响

下面主要研究逼近能力增强对模糊 Q 值迭代解的质量有何影响，以验证算法一致性的实际影响。对每个状态变量定义了一个有 N'个等距核的三角模糊分区，得到总数为 $N=N'^2$ 个模糊集，N'的值从 3 逐步增大到 41。同样地，动作被离散化为 M 个等距的值，有 $M\in\{3,5,\cdots,15\}$（只用奇数是因为需要有动作 0 以避免抖动）。收敛阈值设为 $\varepsilon_{\mathrm{QI}}=10^{-5}$，以保证得到的参数向量接近算法的不动点。

在第一组实验中，在每个 N 和 M 的组合下，使用公式（4.45）的奖励函数，执行模糊 Q 值迭代。模糊 Q 值迭代的一致性证明是基于动态性和奖赏都满足利普希茨连续条件（假设 4.1）的。事实上，直流电机的迁移函数［公式（4.44）］是以利普希茨常量 $L_f\leqslant\max\{\|\boldsymbol{A}\|_2,\ \|\boldsymbol{B}\|_2\}$（$L_f$的

边界范围对任何线性动态性的系统都成立）利普希茨连续的，而奖励函数［公式（4.45）］也是利普希茨连续的，因为它平滑并有有界支撑。因此，第一组实验确保了模糊 Q 值迭代的一致性，并且当 N 和 M 增大时有望提高其解的精确性。

第二组实验的目的是通过在奖励函数上添加不连续点来研究在违反利普希茨连续性时的算法效果。在人工智能领域，早期的强化学习由于不连续奖赏是比较常见的，因此，通常考虑具有离散奖赏值的任务。实验中，不连续奖励函数的选择不是任意的，为保证采用原来的奖励函数［公式（4.45）］所得到的解和那些采用新的奖励函数所得到的解之间的对比有意义，必须保持策略的质量。一种方法是在每个奖赏 $\rho(\boldsymbol{x}, \boldsymbol{u})$ 上添加一个形式为 $\gamma\psi[f(\boldsymbol{x}, \boldsymbol{u})]-\psi(\boldsymbol{x})$ 的项，这里 $\psi: X \to \mathbb{R}$ 是任意的有界函数（Ng 等, 1999）。

$$\rho'(\boldsymbol{x}, \boldsymbol{u})=\rho(\boldsymbol{x}, \boldsymbol{u})+\gamma\psi(f(\boldsymbol{x}, \boldsymbol{u}))-\psi(\boldsymbol{x}) \tag{4.46}$$

通过修正的奖励保存策略质量，从某种意义上说，对于任意策略 h，$Q^h_{\rho'}-Q^*_{\rho'}=Q^h_{\rho}-Q^*_{\rho}$，其中，$Q_\rho$ 表示在奖励函数 ρ 下的 Q 值函数，而 $Q_{\rho'}$ 是在 ρ' 下的 Q 值函数。通过替换 Q 值函数［公式（2.2）］中的 ρ'，对任意策略 h，包括任意最优策略，有 $Q^h_{\rho'}(\boldsymbol{x},\boldsymbol{u})=Q^h_{\rho}(\boldsymbol{x},\boldsymbol{u})-\psi(\boldsymbol{x}), \forall \boldsymbol{x},\boldsymbol{u}$（Ng 等, 1999）。特别地，策略当且仅当对 ρ 最优时，对 ρ' 才能是最优的。

我们选择一个不连续函数 ψ，该函数仅在原点周围的矩形区域内是正的。

$$\psi(\boldsymbol{x})=\begin{cases}10, & \text{如果} |x_1| \leqslant \pi/4 \text{且} |x_2| \leqslant 4\pi \\ 0, & \text{其他}\end{cases} \tag{4.47}$$

用该形式的 ψ，公式（4.46）中新加的项奖励了达到矩形区域中的状态迁移，惩罚了达到矩形区域外的状态迁移。图 4.6（与图 4.3 比较）表示所得奖励函数的一个代表性切片。附加的正奖赏看起来就像是二次曲面上方的头冠。惩罚在图中不可见，因为它们相应的朝向下方的头冠，位于曲面下方。

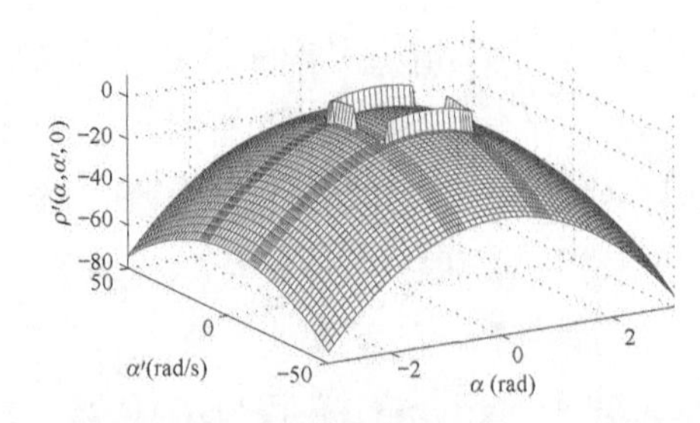

图4.6 当 $\boldsymbol{u}$=0时，经过修正后的奖励函数［公式（4.46）］的一个切片

［注：（Buşoniu 等，2008b），©2008 IEEE 同意使用］

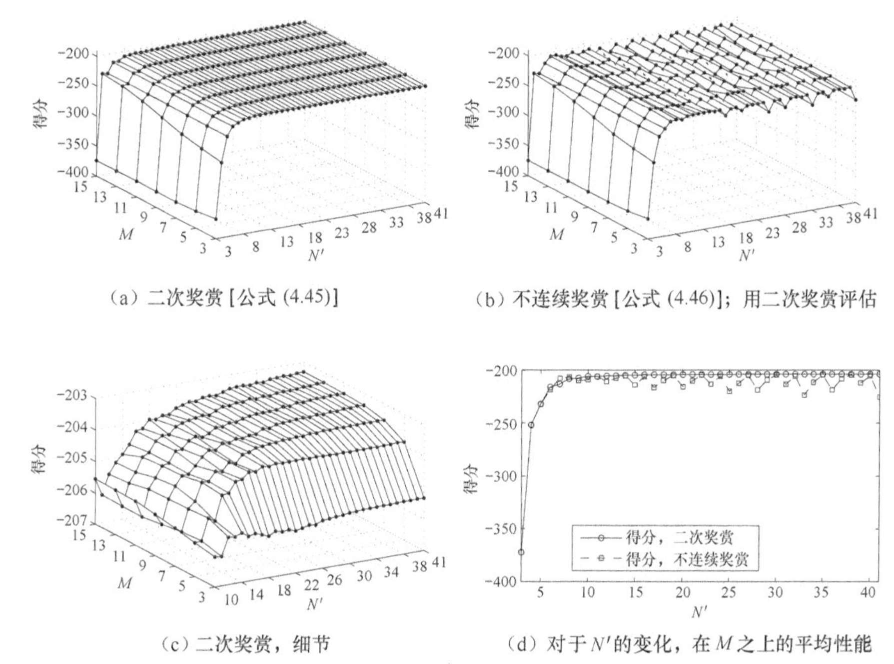

（a）二次奖赏 [公式 (4.45)]

（b）不连续奖赏 [公式 (4.46)]；用二次奖赏评估

（c）二次奖赏，细节

（d）对于 N' 的变化，在 M 之上的平均性能

图4.7　关于直流电机问题中的二次和不连续奖赏，模糊Q值迭代的性能是一个关于N和M的函数

［注：（Busoniu 等，2008b），©2008 IEEE 同意使用］

图 4.7 给出用模糊 Q 值迭代所得的策略的性能（得分）。这些图中的每一个点都相当于所得策略在初始状态网格中的平均回报。

$$X_0=\{-\pi,-5\pi/6,-4\pi/6,\cdots,\pi\}\times\{-16\pi,-14\pi,\cdots,16\pi\} \tag{4.48}$$

通过公式（4.39）对回报进行评估，精度为 $\varepsilon_{\mathrm{MC}}=0.1$。$Q$ 值迭代所用的奖励函数不同时，为了方便比较，性能始终用奖赏公式（4.45）来评估。如前所述，奖励函数的变化保持了策略质量，因此，以这种方式比较策略是有意义的。当用修正奖励函数［公式（4.46）］进行评估时，其中，ψ 来自公式（4.47），性能的定性演化也是类似的。

当使用连续奖励时，模糊 Q 值迭代的性能在 N'=20 时已接近最优，并且在 $N'\geqslant 20$ 时相当平滑，见图 4.7（a）和图 4.7（c）。同样，当 $N'\geqslant 4$ 时，离散动作数量的影响很小。然而，当奖赏改为不连续函数［公式（4.46）］，违背了一致性假设，当 N'增大时，性能的改变是很明显的，见图 4.7（b）。对多数 N'值，M 的影响也变得非常显著。另外，对于多数 N'值，性能比用连续奖励函数时更差，见图 4.7（d）。

一个有趣并有点违背直觉的事实是性能并不是关于 N'和 M 单调的，即对一个给定的 N'，有时当 M 增大时，幅度会下降，当 M 保持不变而 N'变化时，也会有类似的情况。这种情况在两个奖励函数中都有所体现，但是在图 4.7（b）中比图 4.7（a）以及 4.7（c）中更明显。在图 4.7（a）和图 4.7（c）中，当 N'和 M 变大时，改变的幅度明显下降，而图 4.7（b）则不是这样。

奖励不连续性对算法一致性的负面影响可以作如下解释。不连续奖励函数［公式（4.46）］导致最优 Q 值函数的不连续性。由于 MF 的位置随 N'的增长而改变，模糊逼近器描述这些不连续点的准确度也随之改变。与位置相比，准确性不太依赖 MF 的数量（MF 最好集中在不连续点上），因此，有可能导致对某个更小的 N'值，其性能比较大的值更好。相反，连续奖励函数［公式（4.45）］导致的更平滑的最优 Q 值函数更容易用三角 MF 来近似。

在其他不连续奖励函数的实验中，我们发现模糊 Q 值迭代存在类似的情况。特别是，增加更多与公式（4.46）中类似的不连续点并不会显著影响图 4.7（b）中性能的变化。减小不连续点的幅度［例如，用 1 替换公式（4.46）中的 10］可以减小性能变化的幅度，但是它们仍会存在，并且不会随着 N 和 M 的增加而减少。

4.5.2 双连杆机械臂：动作插值的效果以及与拟合 Q 值迭代的比较

本节采用模糊 Q 值迭代来稳定一个在水平面上操作的双连杆机械臂。通过该问题一方面验证了使用连续动作、插值策略［公式（4.15）］的效果，另一方面将模糊 Q 值迭代与拟合 Q 值迭代（3.4.3 节的算法 3.4）进行了对比。双连杆机械臂例子也说明了模糊 Q 值迭代在高维问题中表现得比 4.5.1 节的直流电机问题更好。这里双连杆机械臂有 4 个状态变量和两个动作变量。

1．双连杆机械臂问题

图 4.8 所示的双连杆机械臂是一个四阶、连续时间非线性模型。

$$\boldsymbol{M}(\boldsymbol{\alpha})\ddot{\boldsymbol{\alpha}} + \boldsymbol{C}(\boldsymbol{\alpha},\dot{\boldsymbol{\alpha}})\dot{\boldsymbol{\alpha}} = \boldsymbol{\tau} \tag{4.49}$$

其中，$\boldsymbol{\alpha} = [\alpha_1, \alpha_2]^{\mathrm{T}}$ 包括两个连杆的角位置，$\boldsymbol{\tau} = [\tau_1, \tau_2]^{\mathrm{T}}$ 包括两个电机的扭矩，$\boldsymbol{M}(\boldsymbol{\alpha})$ 是质量矩阵，$\boldsymbol{C}(\boldsymbol{\alpha},\dot{\boldsymbol{\alpha}})$ 是科氏力和离心力矩阵。状态包括角度和角速度：$\boldsymbol{x} = [\alpha_1, \dot{\alpha}_1, \alpha_2, \dot{\alpha}_2]^{\mathrm{T}}$，控制信号 $\boldsymbol{u}=\boldsymbol{\tau}$。角度 α_1、α_2 在区间 $[-\pi, \pi)$ 弧度上变化，并且是“回旋”的，例如，第一个连杆旋转 $3\pi/2$ 就相当于值 $\boldsymbol{\alpha} = -\pi/2$。角速度 $\dot{\alpha}_1$、$\dot{\alpha}_2$ 利用饱和性约束在区间 $[-2\pi, 2\pi]$（rad/s）内，而扭矩则限制如下：$\tau_1 \in [-1.5, 1.5]$（N·m），$\tau_2 \in [-1, 1]$（N·m）。离散时间步设为 T_s=0.05 s，离散时间的动态性 f 通过在连续时间步中对公式（4.49）数值积分获得。

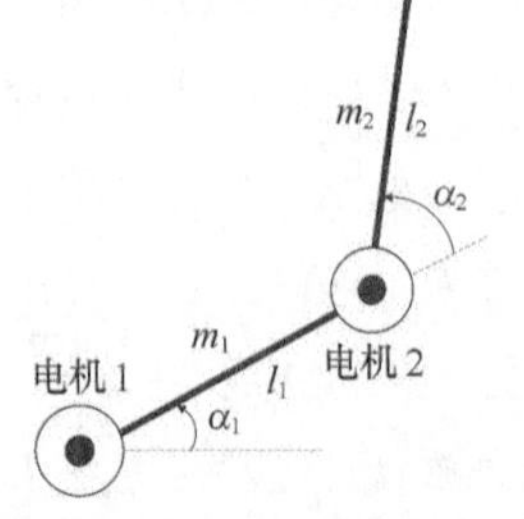

图4.8　双连杆机械臂的示意

矩阵 $\boldsymbol{M}(\boldsymbol{\alpha})$ 和 $\boldsymbol{C}(\boldsymbol{\alpha},\dot{\boldsymbol{\alpha}})$ 有如下形式。

$$
\begin{aligned}
\boldsymbol{M}(\boldsymbol{\alpha}) &= \begin{bmatrix} P_1 + P_2 + 2P_3\cos\alpha_2 & P_2 + P_3\cos\alpha_2 \\ P_2 + P_3\cos\alpha_2 & P_2 \end{bmatrix} \\
\boldsymbol{C}(\boldsymbol{\alpha}, \dot{\boldsymbol{\alpha}}) &= \begin{bmatrix} b_1 - P_3\dot{\alpha}_2\sin\alpha_2 & -P_3(\dot{\alpha}_1 + \dot{\alpha}_2)\sin\alpha_2 \\ P_3\dot{\alpha}_1\sin\alpha_2 & b_2 \end{bmatrix}
\end{aligned} \tag{4.50}
$$

在系统中相关物理变量的含义及取值在表 4.1 中给出。利用这些变量及公式（4.50），其他参数可以计算如下：$P_1 = m_1c_1^2 + m_2l_1^2 + I_1$，$P_2 = m_2c_2^2 + I_2$，$P_3 = m_2l_1c_2$。

表 4.1　双连杆机械臂的参数

符号	值	单位	含义
l_1; l_2	0.4；0.4	m	连杆长度
m_1; m_2	1.25；0.8	kg	连杆质量
I_1; I_2	0.066；0.043	kg · m^2	连杆惯性
c_1; c_2	0.2；0.2	m	质心坐标
b_1; b_2	0.08；0.02	kg/s	关节阻尼

控制目标是系统在 $\boldsymbol{\alpha} = \dot{\boldsymbol{\alpha}} = 0$ 周围稳定，用二次奖励函数表示为

$$
\rho(\boldsymbol{x}, \boldsymbol{u}) = -\boldsymbol{x}^{\mathrm{T}}\boldsymbol{Q}_{\mathrm{rew}}\boldsymbol{x}，\text{其中，}\boldsymbol{Q}_{\mathrm{rew}} = \mathrm{diag}[1,\ 0.05,\ 1,\ 0.05] \tag{4.51}
$$

折扣因子 $\gamma = 0.98$，以使得在早期轨迹目标周边状态的奖赏足够大地影响相关状态的值，以得到一个成功稳定机械臂的最优策略。

2．模糊 Q 值迭代的结果，以及使用插值动作的效果

在应用模糊 Q 值迭代算法时，每个状态维度都定义了三角模糊分区，如例 4.1 中那样组合起来。对角度而言，一个核放置在原点，在原点的每一侧，以对数等距形式放置了 6 个核。对角速度而言，一个核放置在原点，在原点的每一侧，以对数等距形式放置了 3 个核，共有$(2\times6+1)^2\times(2\times3+1)^2$=8281 个 MF。当只使用有限数量的 MF 时，核采用对数放置可以保证解在原点周围有更高的准确性。这也是一种体现靠近原点的状态空间区域更加重要的先验知识的形式。每个扭矩变量用 5 个值进行离散化：$\tau_1 \in \{-1.5,\ -0.36,\ 0,\ 0.36,\ 1.5\}$ 和 $\tau_2 \in \{-1,\ -0.24,\ 0,\ 0.24,\ 1\}$，这些值采用对数方式放置在沿动作空间的两条轴上。收敛阈值为 $\varepsilon_{\mathrm{QI}} = 10^{-5}$。

在上述条件下，模糊 Q 值迭代在 26 次迭代后收敛。图 4.9 比较了离散动作与相应连续动作的结果。图 4.9（a）给出了公式（4.13）给定的离散动作策略，而图 4.9（b）给出的是用公式（4.15）计算的插值、连续动作策略，连续动作策略比离散动作策略更平滑。图 4.9（c）和图 4.9（d）给出的是代表双连杆机械臂的两条分别由离散动作和连续动作控制的轨迹。两个策略都能在大约 2 s 之后使系统稳定。但是，离散动作导致控制动作有更多抖动并且使得第二根连杆角度有一个稳态误差，而连续动作策略缓解了这些问题。

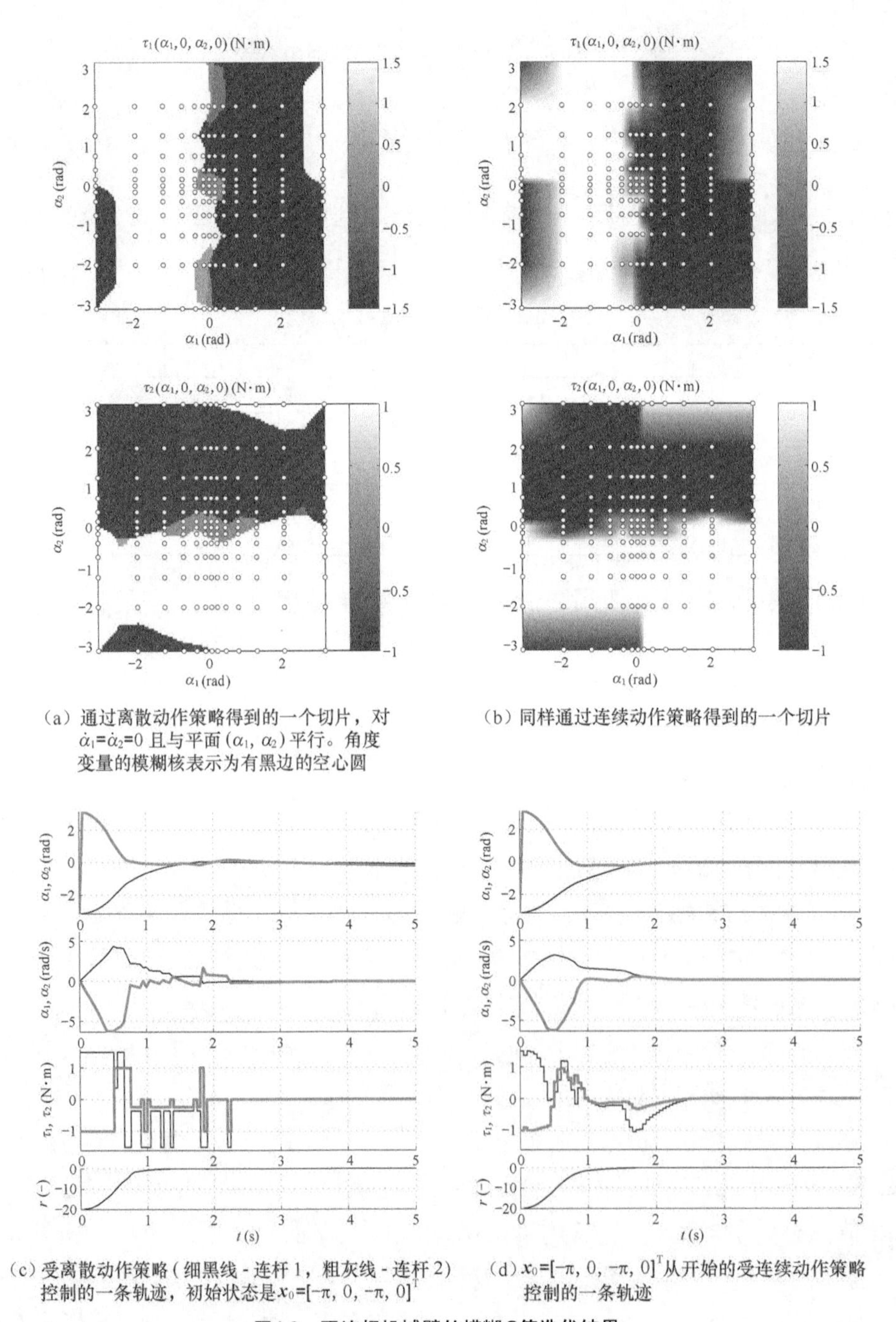

(a) 通过离散动作策略得到的一个切片，对 $\dot{\alpha}_1=\dot{\alpha}_2=0$ 且与平面 (α_1, α_2) 平行。角度变量的模糊核表示为有黑边的空心圆

(b) 同样通过连续动作策略得到的一个切片

(c) 受离散动作策略（细黑线 - 连杆 1，粗灰线 - 连杆 2）控制的一条轨迹，初始状态是 $x_0=[-\pi, 0, -\pi, 0]^T$

(d) $x_0=[-\pi, 0, -\pi, 0]^T$从开始的受连续动作策略控制的一条轨迹

图4.9 双连杆机械臂的模糊Q值迭代结果

（注：图的左边是离散动作结果，右边是连续动作结果）

与直流电机相比，机械臂问题需要更多数量的三角 MF 和离散动作来表示 Q 值函数，并且模糊 Q 值迭代的计算和存储需求也在相应增加。事实上，它们随着状态-动作的维度增加而呈指数增长。具体来说，假设一个问题有 D 个状态变量和 C 个动作变量，定义了 N'个沿每个状态维度的三角 MF，并且每个动作维度被离散化为 M'个动作。则需要 $N'^{D}M'^{C}$个参数，得到每轮迭代的时间复杂度是 $O(N'^{2D}M')$，空间复杂度是 $O(N'^{D}M')$（见 4.3.3 节）。因此，直流电机需要 $N'^{2}M'$个参数，每轮迭代的计算量是 $O(N'^{4}M')$，空间量是 $O(N'^{2}M')$；而机械臂需要 $N'^{4}M'^{2}$ 个参数（比直流电机多 $N'^{2}M'$倍），每轮迭代的计算量是 $O(N'^{8}M'^{2})$，空间量是 $O(N'^{4}M'^{2})$。

3．与拟合 Q 值迭代的比较

下面将模糊 Q 值迭代的解和基于无参逼近器的拟合 Q 值迭代（算法 3.4）的解进行对比。尽管拟合 Q 值迭代是一个模型无关、基于样本的算法，但是它可以通过利用模型产生样本，从而很容易适用于本章所考虑的基于模型的情况。为了使两个算法的对比更有意义，给予拟合 Q 值迭代与模糊 Q 值迭代的状态动作样本是相同的，即 8281 个核和 25 个离散动作的叉乘，得到总数为 207025 个样本。

为应用拟合 Q 值迭代，我们选择一个无参逼近器，该逼近器基于离散化的动作空间以及极端随机树集合（Geurts 等, 2006），并在状态空间上进行逼近。对于每个离散动作，都使用一组不同的随机树，类似于模糊逼近器。离散动作与上述模糊 Q 值迭代中的动作相同。每组随机树由 N_{tr}=50 棵极端随机树组成，树的构建参数设置为默认值，如下所述。第一个参数 K_{tr} 是对节点进行扩展时的切割点数量，设为 4，也是回归树（4 维状态变量）输入的维数。第二个参数 n_{tr}^{min} 是为进一步扩展节点所必需的与节点有关的最小样本数，设为 2，因而树是完全树。更多关于极端随机树的具体描述，参考附录 A。值得注意的是，此处用了一个类似于直流电机问题中拟合 Q 值迭代所用的 Q 值函数逼近器，该逼近器已在 3.4.5 节中做过讨论。

拟合 Q 值迭代执行预先设定的 400 次迭代，在第 400 次迭代后找到满意的 Q 值函数。图 4.10 表示由该 Q 值函数得到的贪心策略，以及受控轨迹。虽然图 4.9（a）和图 4.9（b）的模糊 Q 值迭代策略类似，但是图 4.10（a）的拟合 Q 值迭代包含许多状态的假（可能不正确的）动作。图 4.10（b）中由拟合 Q 值迭代得到的策略在保持系统稳定方面，比图 4.9（c）和图 4.9（d）中的模糊 Q 值迭代的策略更差。因此，在该例中，基于三角 MF 的模糊 Q 值迭代比基于极端随机树的拟合 Q 值迭代更好。

值得注意的是，不是每个离散动作都要建立一组极端树，拟合 Q 值迭代也可以在一组极端树的情况下执行，这里极端树是将连续状态-动作对作为输入。该方法性能会更好，因为它允许算法沿着 Q 值函数的动作维度确定树的结构。但是，这将使得这些结果无法与模糊 Q 值迭代结果进行比较，因为模糊 Q 值迭代需要动作离散化的，因此，此处不采用这种解决方案。

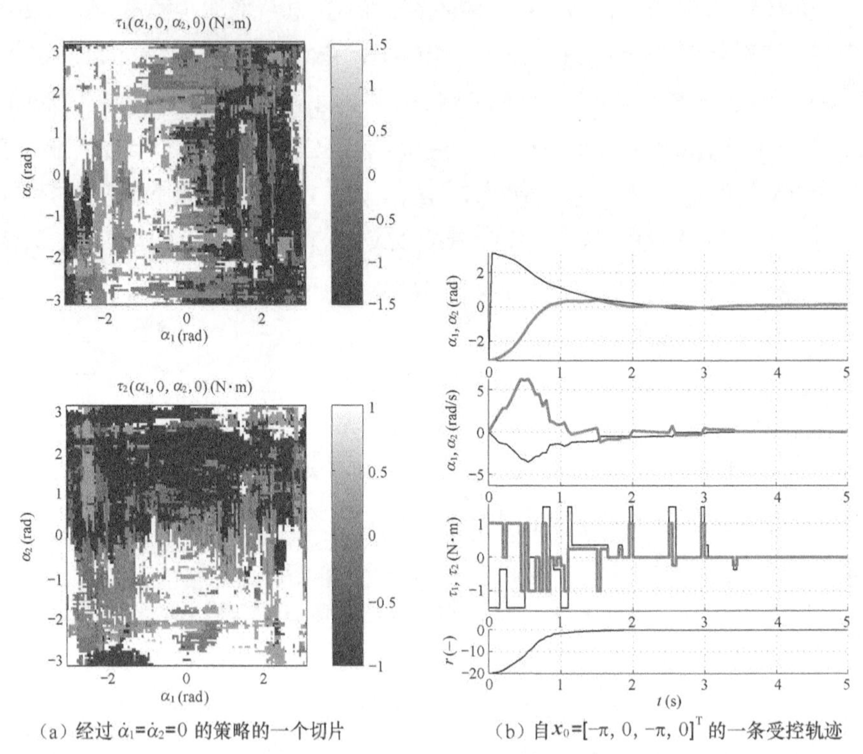

（a）经过 $\dot{\alpha}_1=\dot{\alpha}_2=0$ 的策略的一个切片　（b）自 $\boldsymbol{x}_0=[-\pi, 0, -\pi, 0]^{\mathrm{T}}$ 的一条受控轨迹

图4.10　双连杆机械臂的拟合Q值迭代结果

4.5.3　倒立摆：实时控制

下面将模糊 Q 值迭代用于摇摆和稳定现实中欠稳定的倒立摆。该应用能说明由模糊 Q 值迭代得到的解在实时控制中的性能。

1．倒立摆问题

倒立摆是通过在垂直平面中旋转的圆盘上偏离中心的位置放置一个质量块而得到的，圆盘是由直流电机驱动而旋转的（图 4.11）。[7] 值得注意的是，该直流电机与 4.5.1 节中用于建模的直流电机是同一个系统，在第 3 章的例子中也出现过。控制电压是有限制的，因此，在一次旋转中，电机无法提供足够的能量把钟摆推上去，而是需要钟摆来回摆动（破坏稳定）以积聚能量，先推上去再稳定。因此，这也带来了困难且高度非线性控制的问题。

[7] 该系统与经典的平衡杆系统不同，平衡杆是钟摆粘附在小车上并通过小车加速度间接驱动（如，Doya, 2000; Riedmiller 等, 2007）。这里，钟摆是直接驱动，且系统只有两个状态变量，不同于平衡杆问题的 4 个状态变量。

（a）实际的倒立摆系统

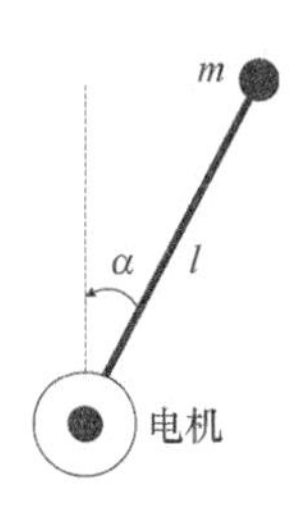

（b）示意图

图4.11　倒立摆

倒立摆的连续时间动态性为

$$\ddot{\alpha}=\frac{1}{J}\left(mgl\sin(\alpha)-b\dot{\alpha}-\frac{K^2}{R}\dot{\alpha}+\frac{K}{R}\boldsymbol{u}\right) \tag{4.52}$$

表 4.2　倒立摆的参数

符号	值	单位	含义
m	0.055	kg	质量
g	9.81	m/s^2	重力加速度
l	0.042	m	圆心到小块的距离
J	1.91×10^{-4}	kg · m^2	转动惯量
b	3×10^{-6}	N · m · s/rad	黏性阻尼
K	0.0536	N · m/A	扭矩常数
R	9.5	Ω	转子电阻

表 4.2 给出了公式（4.52）中参数的含义及取值。注意，有些参数（例如 J 和 m）仅是粗略估计值，而实际系统中这些参数会收到诸如静摩擦力之类的未建模动态的影响。状态信号由钟摆的角度和角速度组成，即 $\boldsymbol{x}=[\alpha,\dot{\alpha}]^{\mathrm{T}}$。角度 α “回旋”在 $[-\pi,\pi]$ rad，其中，α=π相当于指向下方，而 α=0 相当于指向上方。速度 $\dot{\alpha}$ 利用饱和性限制在 $[-15\pi,15\pi]$ rad/s，控制动作（电压）$\boldsymbol{u}$ 约束在 $[-3,3]$V。采样时间 T_s 选为 0.005 s，而离散时间动态性 f 通过在连续时间步中对公式（4.52）求积分而获得。

这里的目标是使钟摆在不稳定平衡态 $\boldsymbol{x}=\boldsymbol{0}$（指向上方）处稳定。通过式（4.53）的二次奖励函数来表示该目标。

$$\rho(\boldsymbol{x},\boldsymbol{u})=-\boldsymbol{x}^{\mathrm{T}}\boldsymbol{Q}_{\mathrm{rew}}\boldsymbol{x}-R_{\mathrm{rew}}\boldsymbol{u}^2,\boldsymbol{Q}_{\mathrm{rew}}=\begin{bmatrix}5 & 0\\ 0 & 0.1\end{bmatrix},R_{\mathrm{rew}}=1 \tag{4.53}$$

折扣因子$\gamma = 0.98$。目标（指向上）周边状态的奖赏足够大，所以会影响轨迹早期相关状态的值，这就使得钟摆在向上摆动并稳定的情况下获得最优策略。

2．模糊 Q 值迭代的结果

为两个状态变量定义 19 个等距核的三角模糊分区，并如例 4.1 组合起来。为了保证解有较好的精确性需要选择相对较多的 MF。控制动作用 5 个等距值来离散化，收敛阈值为$\varepsilon_{QI} = 10^{-5}$。

通过以上设置，模糊 Q 值迭代在 659 次迭代后收敛。图 4.12 给出了所得的解，以及从稳定平衡态 $x_0=[-\pi, 0]^T$ 开始（指向下方），模拟钟摆和真实钟摆的受控轨迹（向上摆动）。图 4.12（c）是模拟模型（4.52）的轨迹，而图 4.12（d）是真实系统的轨迹。对于真实系统，只测量了角度，而角速度是用一个离散差分估计的，其结果存在噪声信号。尽管模型被简化了，不包括诸如测量噪声和静摩擦力等的影响，但是模糊 Q 值迭代所得的策略还是表现较好：它使实际系统稳定所需要的时间大约为 1.5 s，比模拟长 0.25 s 左右。这个差异是由于模型和实际系统之间的差别引起的。值得注意的是，因为这里只采用了离散动作，所以控制动作会有抖动。

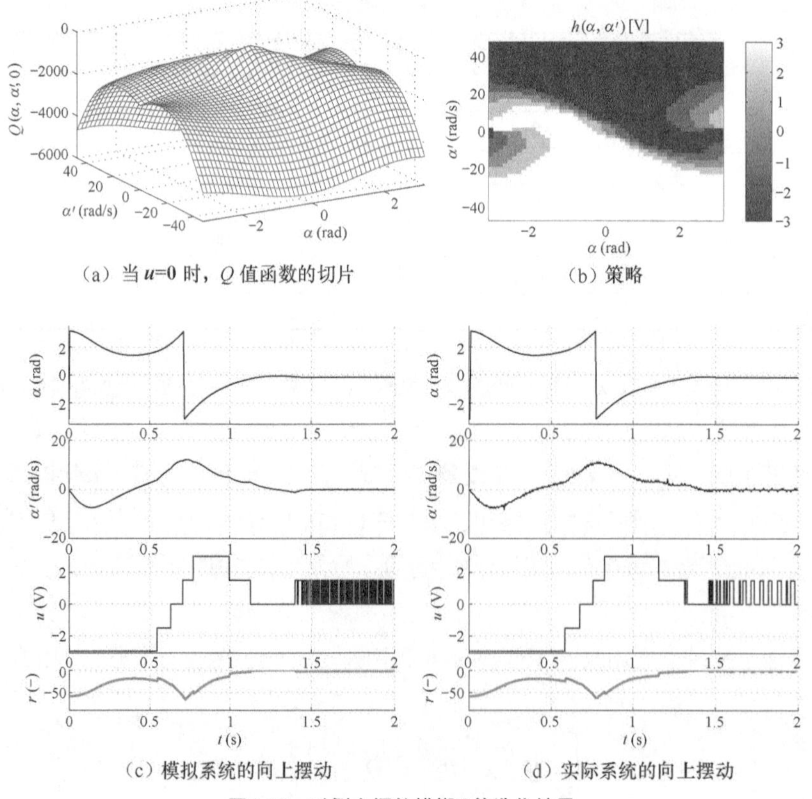

（a）当 u=0 时，Q 值函数的切片　（b）策略

（c）模拟系统的向上摆动　（d）实际系统的向上摆动

图4.12　对倒立摆的模糊Q值迭代结果

4.5.4 过山车：隶属度函数优化的效果

本节通过实验研究基于交叉熵 MF 优化（算法 4.3）的模糊 Q 值迭代算法的性能。将使用 MF 优化的模糊 Q 值迭代应用于过山车问题（Moore 和 Atkeson，1995），并将结果与使用等距 MF 的模糊 Q 值迭代作比较。

1. 过山车问题

在近似 DP/RL 中过山车被广泛用作基准测试平台。该平台由 Moore 和 Atkeson（1995 年）提出，被 Munos 和 Moore（2002 年）用于带分辨率细化的 V 值迭代的主要基准平台，并被 Ernst 等（2005 年）用于验证拟合 Q 值迭代的性能。在过山车问题中，一个点物质（"车子"）在一个水平力的作用下必须驶过忽略摩擦力的小山的山顶，见图 4.13。对一些初始状态来说，最大的可用力也不足以使车子直接爬到山顶。因此，它必须先驶上反向的斜坡（左边）并积聚能量以向目标（右边）加速。该问题与 4.5.3 节的倒立摆类似，钟摆必须来回摆动以积聚能量，而这里则相当于驶向左方然后向右。一个重要的差别是钟摆必须稳定，而车子只需要驶过山顶，相对而言，这更容易实现。

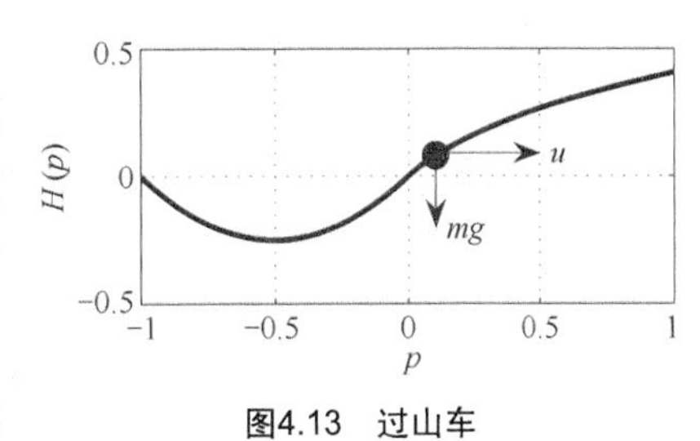

图4.13 过山车

（注："车子"表示为黑色子弹头，它的目标是驶出图的右边。）

车子的连续时间动态性为（Moore 和 Atkeson，1995；Ernst 等，2005）

$$\ddot{p}=\frac{1}{1+\left(\frac{\mathrm{d}H(p)}{\mathrm{d}p}\right)^2}\left(\boldsymbol{u}-g\frac{\mathrm{d}H(p)}{\mathrm{d}p}-\dot{p}^2\frac{\mathrm{d}H(p)}{\mathrm{d}p}\frac{\mathrm{d}^2H(p)}{\mathrm{d}^2p}\right) \tag{4.54}$$

其中，$p\in[-1,1]$（m）是车子的水平位置，$\dot{p}\in[-3,3]$（m/s）是它的速度，$\boldsymbol{u}\in[-4,4]$（N）是水平作用力，g=9.81 m/s^2 是重力加速度，H 表示山的形状，定义如下。

$$H(p)=\begin{cases} p^2+p\ , & 当\ p<0 \\ \dfrac{p}{\sqrt{1+5p^2}}, & 当\ p\geqslant 0 \end{cases}$$

此外，车子被假设为均匀物质。离散时间步设为 T_s=0.1 s，而离散时间动态性 f 通过在连续时间步中对公式（4.54）求数值积分获得。

状态由车子的位置和速度组成，$\boldsymbol{x}=[p,\dot{p}]^{\mathrm{T}}$，控制动作 $\boldsymbol{u}$ 是作用力。状态空间是 $\boldsymbol{X}=[-1,1]\times[-3,3]$ 和一个终止状态，动作空间是 $\boldsymbol{u}=[-4,4]$。无论位置还是速度超过边界，或者车子到达终

止状态，实验终止。贯穿本例后续部分，动作空间离散化为 $\boldsymbol{U}_{\mathrm{d}}=\{-4,4\}$，这两个值足以得到好的解，因为车子不需要稳定，而只要驶过山顶，全力向左右加速即可。

这里的目标是在速度允许的范围内向右驶过山顶，以其他任何方式到达终止状态都认为是失败。该目标选择的奖励函数表示为

$$r_{k+1}=\rho(\boldsymbol{x}_k,\boldsymbol{u}_k)=\begin{cases}-1, & 当x_{1,k+1}<-1\ 或\ |x_{2,k+1}|>3\\ 1\ , & 当x_{1,k+1}<1\quad 且\ |x_{2,k+1}|\leqslant 3\\ 0\ , & 其他\end{cases}\tag{4.55}$$

折扣因子 $\gamma=0.95$。

图 4.14（a）给出了该奖励函数。通过选择不连续的奖励函数提高 Q 值函数的逼近难度，给 MF 优化算法带来了一个具有挑战性的问题。为了说明这个问题，图 4.14（b）画出一个近最优的 Q 值函数。该 Q 值函数通过具有较好模糊分区的模糊 Q 值迭代得到的，包含 401×301 个 MF。（尽管因为奖赏不连续，不能保证模糊 Q 值迭代的一致性，但较好的分区至少能得到最优 Q 值函数的粗略近似）。显然，在该 Q 值函数上出现众多的不连续点会导致问题难以逼近。

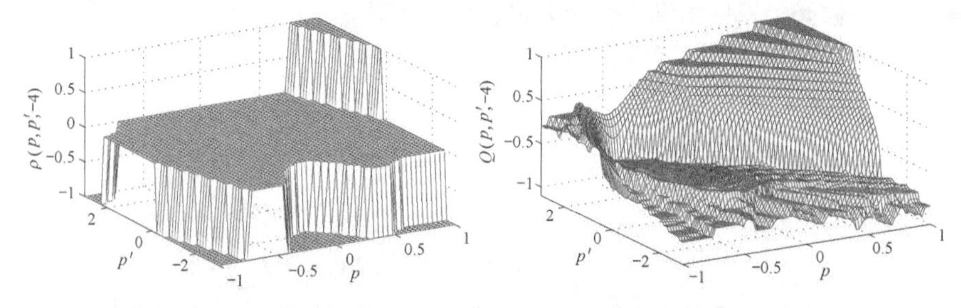

（a）当 u=−4 时，经过 ρ 的一个切片　（b）当 u=−4 时，经过一个近似最优 Q 值函数的切片

图4.14　过山车的奖励函数和一个近最优Q值函数

2. 基于 MF 优化的模糊 Q 值迭代的结果

为了应用基于交叉熵 MF 优化的模糊 Q 值迭代，两个状态变量都定义了三角模糊分区，并进行了组合，如例 4.1。两个变量的 MF 数量相同，表示为 N'。该数字从 3 逐渐增加到 20。[8] 给定一个 N'值，相当于在 X 的模糊分区上，MF 的总数为 $N=N'^2$ 个。为计算评分函数（优化准则）（公式（4.38）），选择下列典型状态的等距网格。

$$X_0=\{-1,-0.75,-0.5,\cdots,1\}\times\{-3,-2,-1,\cdots,3\}$$

每个点权重为 $1/|X_0|$。由于状态是均匀分布且权重相同，则算法在状态空间上得到较好的性能。

---

[8] 实验在 20 个 MF 时停止，以按小时顺序限制每个实验的计算时间。为了运行实验，我们在 Intel T2400 1.83 GHz 的 CPU 和 2G RAM 的 PC 机上使用 MATLAB 7。

交叉熵优化方法的参数设置如下：$N_{CE}=5\times2\cdot N_{\xi}$，$\rho_{CE}=0.05$，以及$d_{CE}=0.5$。样本数 N_{CE} 设为所需参数数量的 5 倍，以描述用在交叉熵优化中的概率密度。N_{ξ} 个 MF 参数中每一个的高斯概率密度通过均值和标准差来描述。相应地，$N_{\xi}=(N'-2)^2$，因为沿 X 的两个轴上每一个都有 $N'-2$ 个要优化的自由核。另外，交叉熵的最大迭代次数设为$\tau_{max}=50$，同一个值10^{-3}既用作回报估计时可接受的误差ε_{MC}、模糊 Q 值迭代的收敛阈值ε_{QI}，又作为交叉熵收敛阈值ε_{CE}。对 N'的每个值，算法独立执行 10 次。

图 4.15 将使用优化 MF 所得的结果与使用同样数量等距 MF 所得的结果作对比。图 4.15（a）给出 MF 优化算法独立运行 10 次的平均得分，以及该均值上 95%的置信区间。该图还包括用等距 MF 的性能，以及用两个离散动作获得的最好性能。[9] 最优 MF 确实比同样数量的等距 MF 提供更好的性能。对 $N'\geqslant12$ 来说，获得近最优性能。与 4.5.1 节中一致性的研究一致，当等距 MF 数量增加时，不连续奖励函数导致性能发生不可预测的变化。优化 MF 进一步提高了可预测的性能，因为通过调整 MF 可以更好地表示 Q 值函数的不连续性。图 4.15（b）给出用 MF 优化和等距 MF 的模糊 Q 值迭代的计算代价。优化 MF 所产生的计算代价比等距 MF 产生的代价高几个数量级。

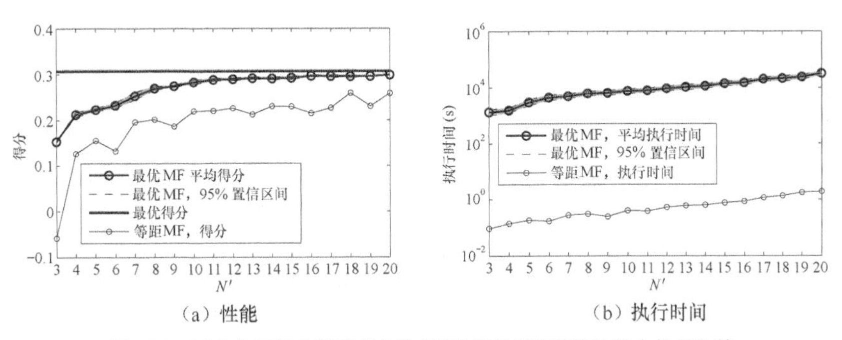

（a）性能　　　（b）执行时间

图4.15　过山车问题中基于优化和等距MF的模糊Q值迭代之间的比较

图 4.16 给出了一个具有代表性的最终、优化的 MF 集。该图中，每条轴上的 MF 数是 $N'=10$。为更好地理解 MF 的位置，见图 4.14（b）的近最优 Q 值函数。在每个轴上只有 10 个 MF 的情况下，获得 Q 值函数的所有不连续点是不可能的。MF 优化算法将大多数 MF 集中在状态空间中 $p\approx-0.8$ 的区域附近。在该区域车子积累了足够的能量，必须停止向左移动而向右方加速，这是一个关键的控制决策。因此，当 MF 的数量不足以在整个状态空间准确表示 Q 值函数时，优化算

[9] 该最优性能用下列蛮力法得到。生成所有可能有足够长度 K 的动作序列，系统以开环方式控制所有这些序列，从 X_0 上的每个 $\boldsymbol{x}_0$ 开始。对一个给定状态 $\boldsymbol{x}_0$，以这种方式得到的最大折扣回报在动作离散化 U_d 下是最优的。如果从 X_0 上的任意初始状态开始，最优轨迹最多在 K 步后到达终止状态，那么长度 K 是足够的。

法对逼近器的关注集中在对性能影响最重要的区域。速度轴 $\dot{p}$ 上的 MF 向最大值收缩，可能是为了更准确地表示 Q 值函数的左上区域，该区域在 $p \approx -0.8$ 附近是最不规则的。

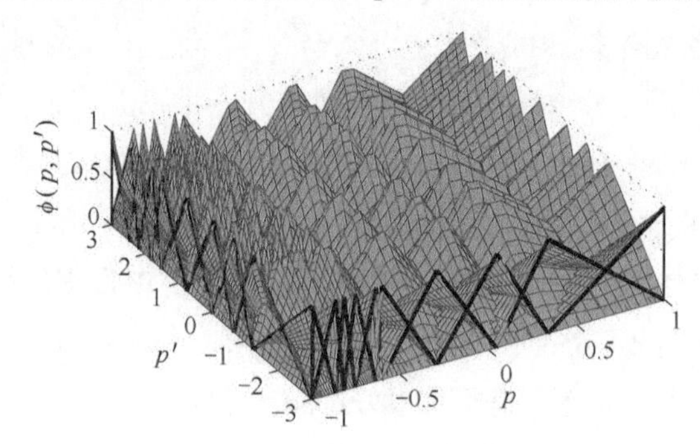

图4.16 过山车问题中的一个代表性的优化的MF集

4.6 总结与讨论

本章讨论的是模糊 Q 值迭代，一种用状态空间的模糊划分和动作空间的离散化来表示 Q 值函数的近似值迭代算法。当在连续性的条件下动态性和奖励函数连续时，已经证明模糊 Q 值迭代收敛到一个近最优解。以异步方式更新参数的算法被证明至少与同步方式更新的算法收敛得一样快。作为预先设计 MF 的替代方案，提出了一种优化固定数量 MF 参数的方法，通过对模糊 Q 值迭代实验分析，得出下列重要结论：不连续奖励函数使得模糊 Q 值迭代的性能变差；某些问题下，模糊 Q 值迭代可能比基于无参逼近器的拟合 Q 值迭代更好；MF 优化有助于性能提高，但需要较大的计算开销。

虽然本章仅讨论模糊 Q 值迭代作为一种解决确定性动态问题的算法，但它同样也可以扩展到随机性情况中。例如，考虑算法 4.2 给出的异步模糊 Q 值迭代，在随机性情况下，需要将该算法第 5 行的参数更新变为

$$\theta_{[i,j]} \leftarrow \mathrm{E}_{\boldsymbol{x}'\sim\tilde{f}(\boldsymbol{x}_i,\boldsymbol{u}_j,\cdot)}\left\{\tilde{\rho}(\boldsymbol{x}_i,\boldsymbol{u}_j,\boldsymbol{x}')+\gamma\max_{j'}\sum_{i'=1}^{N}\phi i'(\boldsymbol{x}')\theta_{[i',j']}\right\}$$

其中，$\boldsymbol{x}'$ 是在给定 $\boldsymbol{x}_i$ 和 $\boldsymbol{u}_j$ 的情况下，通过对下一状态 $\boldsymbol{x}'$ 的概率密度函数 $\tilde{f}(\boldsymbol{x}_i,\boldsymbol{u}_j,\cdot)$ 进行采样获得。一般来说，该期望不能精确计算，但可以从有限数量的样本中估计获得。该情况下，我们的分析不能直接适用，但 3.4.4 节概括的有限样本结论可能有助于分析有限样本误差。此外，一些

特殊情况下，例如当存在有限数量的可能后继状态时，上述期望是可以精确计算的。只要将本章的理论分析稍作变化就可以适用于这种情况。

可以衍生出与 3.4.2 节的 RL 算法类似的模型无关、模糊近似的 RL 算法。比如，模糊逼近器可以很容易在基于梯度的 Q 学习（算法 3.3）中使用，获得模糊 Q 学习算法。该模型无关算法的理论特性可以用非扩张逼近器（3.4.4 节）框架来研究。另一种可能性是从数据（迁移样本）中学到 MDP 的一个模型，然后将模糊 Q 值迭代应用于该模型。因此，基于所有离散动作、由 MF 核到达的下一状态以及获得的奖赏，则可以进行学习。由于迁移样本不太可能正好精确位于 MF 核上，因此，算法必须从位于附近的样本中学习，而这也需要动态性函数和奖励函数满足光滑性假设（如在一致性分析中，假设 Lipschitz 连续性）。

为了提高将模糊逼近器扩展到高维问题中的能力，应使用具有次指数级复杂度的 MF（例如高斯分布），同时结合可以自动发现较优 MF 的技术，如 4.4 节的 MF 优化技术。如果 MF 优化的计算要求较高，就必须探索其他寻找 MF 的方法，如分辨率优化（3.6.2 节）。此外，可以研究比离散化更优的动作空间逼近器，例如用动作空间的模糊分区。这些逼近器可以很自然地用于求解连续动作策略。

本章介绍的大量分析和实验是为进一步强化对第 3 章所述近似值迭代知识的理解。后两章将分别从细节上更深入介绍近似策略迭代算法和近似策略搜索算法。

书目注释

本章主要扩展了作者在模糊 Q 值迭代方面的早期工作（Buşoniu 等，2008c，2007，2008b，d）。为了给出更好的理论分析，去除了一些限制性假设，如在（Buşoniu 等，2008c，2007）中的原始离散动作空间，以及在 Buşoniu 等，（2008b）中的过程动态性上关于利普希茨常量的约束。Buşoniu 等（2008d，4.4 节）提出了 MF 优化方法。

模糊逼近器通常用于模型无关（RL）技术中，如 Q 学习（Horiuchi 等，1996；Jouffe，1998；Glorennec，2000）和行动者-评论家算法（Berenji 和 Vengerov，2003；Lin，2003）。Menache 等（2005）提出一种与我们的 MF 优化有重要的类似性方法。该方法采用贝尔曼误差作为优化准则，采取交叉熵方法优化一定数量的基函数的位置和形状，进而进行近似策略评估。

第 5 章 用于在线学习和连续动作控制的近似策略迭代

本章阐述一个用于近似策略迭代的模型无关最小二乘算法，并给出该算法的一种在线版本，同时研究在线强化学习过程中通常会出现的一些重要问题。此外，本章还介绍了将关于策略的先验知识融入该在线版本的主要方法和过程，并介绍了用于离线版本的连续动作逼近器。实验部分将通过几个控制问题对设计出的算法进行评估。

5.1 引言

与第 4 章关注于近似值迭代算法不同，本章关注近似 DP/RL 的第二大类技术：近似策略迭代（PI，Policy Iteration）。PI 通过构建值函数来评估策略，然后用该策略来寻找新的改进策略。回顾 3.5 节所介绍的近似 PI，本章将对该框架进行扩展。特别地，这里选择了最小二乘策略迭代（LSPI，Least-Squares Policy Iteration）算法（Lagoudakis 和 Parr，2003a），并介绍了对它的三处扩展：在线版本、在线版本中整合先验知识的方法及用于（离线）LSPI 的连续动作逼近器。

因此，本章的第一个主题是设计出 LSPI 的在线版本。在线强化学习（RL）是通过与受控系统交互来收集数据，进而学习解决方案的一类方法。首先，一个合适的在线算法必须能够快速地提供良好的性能，而不是仅在学习过程结束时提供（如离线 RL 中的情况）。其次，即使存在性能暂时下降的风险，它也必须探索新的动作选项以避免陷入局部最优，从而最终实现（近）最优性能。LSPI 最初是离线的：它仅仅是在根据一大批样本计算出一个准确的 Q 值函数后才改进策略。为了将其变为一个良好的在线算法，必须满足上述两个要求。为了快速地获得良好的性能，在对当前策略的一次准确评估完成之前，仅在少量迁移之后，就需要进行策略改进。这种策略改进有时被称为“乐观的”（Sutton，1988；Bertsekas，2007）。为了满足探索需求，在线 LSPI 有时必须尝试不同于当前策略的动作。在线 LSPI 可以与许多探索过程相结合，本章使用经典的ε贪心探索（Sutton 和 Barto，1998），即在每一步中，以ε的概率探索性地选择均匀分布的随机动作，而以（$1-\varepsilon$）的概率使用当前策略给出的动作。

通常假设 RL 的工作方式是模型无关的，且没有关于问题的任何先验知识。但是如果能得到可用的先验知识，那么使用这些先验知识将会对提高性能有很大的帮助。本章的第二个主题将阐述如何利用关于策略的先验知识来提高在线 LSPI 的学习效率。特别地，会考虑在状态变量中单调的策略。这样的策略适用于控制（接近）线性的系统或（接近）线性且有单调输入非线性（如饱和或死区非线性）的系统。这些先验知识能加速在线 LSPI 的学习过程，因为算法只关注单调策略类，不再把有限的学习时间浪费到尝试其他不合适的策略上。

本章的第三个重要主题是用于离线 LSPI 的连续动作 Q 值函数逼近器，它将状态-依赖的基函数和动作空间上的正交多项式近似结合起来。连续动作在很多种类的控制任务中都很有用。例如，当需要一个系统稳定在一个不稳定的平衡点附近时，任何离散动作策略都将导致控制动作的不良抖动。

在实验部分，我们将这些 LSPI 的改进算法用于前面章节中使用过的倒立摆、双连杆机械臂和直流电机 3 个问题中。特别地，在倒立摆摆动和双连杆机械臂稳定问题中，将对在线 LSPI、离线 LSPI 以及另一种在线 PI 算法进行评估和比较，并给出实时学习的结果。然后，利用直流电机稳定问题来研究先验知识对在线 LSPI 的影响。最后，用倒立摆问题来检验连续动作、多项式近似的效果。

本章的其余内容如下：5.2 节简要回顾 LSPI；5.3 节设计了在线 LSPI；5.4 节介绍了关于策略先验知识融合的方法和过程；5.5 节解释了连续动作、多项式 Q 值函数逼近器；5.6 节给出了对这 3 种技术的实验结果；5.7 节对本章内容进行总结和讨论。

5.2　最小二乘策略迭代的概述

LSPI 是一种近似策略迭代的离线算法，它使用 Q 值函数的最小二乘时间差分（LSTD-Q）来评估策略并执行精确的策略改进。3.5.2 节详细描述并以伪代码的形式（算法 3.8）给出了 LSTD-Q 算法，3.5.5 节讨论了 LSPI 算法，并在算法 3.11 中给出了具体描述。这里只总结以上结果，并对 LSPI 算法的实际运用作一些必要的补充说明。

在 LSPI 中，使用线性参数化方法来近似 Q 值函数。

$$\hat{Q}(\boldsymbol{x},\boldsymbol{u})=\boldsymbol{\phi}^{\mathrm{T}}(\boldsymbol{x},\boldsymbol{u})\boldsymbol{\theta}$$

其中，$\boldsymbol{\phi}(\boldsymbol{x},\boldsymbol{u})=[\phi_1(\boldsymbol{x},\boldsymbol{u}),\cdots,\phi_n(\boldsymbol{x},\boldsymbol{u})]^{\mathrm{T}}$ 是由 n 个基函数（BF）组成的向量，$\boldsymbol{\theta}\in\mathbb{R}^n$ 是参数向量。为了找到当前策略的近似 Q 值函数，我们使用 LSTD-Q 从一批迁移样本中计算出参数向量。然后，利用 Q 值函数确定一个改进的贪心策略，并进一步找到这个改进策略的近似 Q 值函数，依此类推。

算法 5.1 给出了 LSPI，其中给出了 LSTD-Q 策略评估步骤的明确描述。这种明确的描述形式使得离线 LSPI 相比在线版本更容易实现。

算法 5.1　离线最小二乘策略迭代

Input：折扣因子γ，基函数$\phi_1,\cdots,\phi_n$；$X\times U\to\mathbb{R}$，样本$\{(\boldsymbol{x}_{l_s},\boldsymbol{u}_{l_s},\boldsymbol{x}'_{l_s},r_{l_s})\,|\,l_s=1,\cdots,n_s\}$

1. 初始化策略 h_0
2. **repeat** 迭代 $\ell=0,1,2,\cdots$
3. 　　$\boldsymbol{\Gamma}_0\leftarrow\boldsymbol{0},\boldsymbol{\Lambda}_0\leftarrow\boldsymbol{0},z_0\leftarrow\boldsymbol{0}$　　▷开始 LSTD-Q 策略评估
4. 　　**for** l_s=1，$\cdots$，n_s **do**
5. 　　　　$\boldsymbol{\Gamma}_{l_s}\leftarrow\boldsymbol{\Gamma}_{l_s-1}+\boldsymbol{\phi}(\boldsymbol{x}_{l_s},\boldsymbol{u}_{l_s})\boldsymbol{\phi}^{\mathrm{T}}(\boldsymbol{x}_{l_s},\boldsymbol{u}_{l_s})$
6. 　　　　$\boldsymbol{\Lambda}_{l_s}\leftarrow\boldsymbol{\Lambda}_{l_s-1}+\boldsymbol{\phi}(\boldsymbol{x}_{l_s},\boldsymbol{u}_{l_s})\boldsymbol{\phi}^{\mathrm{T}}(\boldsymbol{x}'_{l_s},h(\boldsymbol{x}'_{l_s}))$
7. 　　　　$\boldsymbol{z}_{l_s}\leftarrow\boldsymbol{z}_{l_s-1}+\boldsymbol{\phi}(\boldsymbol{x}_{l_s},\boldsymbol{u}_{l_s})r_{l_s}$
8. 　　**end for**
9. 　　求解 $\frac{1}{n_s}\boldsymbol{\Gamma}_{n_s}\boldsymbol{\theta}_\ell=\gamma\frac{1}{n_s}\boldsymbol{\Lambda}_{n_s}\boldsymbol{\theta}_\ell+\frac{1}{n_s}z_{n_s}$　　▷结束策略评估
10. 　　$h_{\ell+1}(\boldsymbol{x})\leftarrow\boldsymbol{u}$，其中，$\boldsymbol{u}\in\arg\max_{\overline{u}}\boldsymbol{\phi}^{\mathrm{T}}(\boldsymbol{x},\overline{\boldsymbol{u}})\boldsymbol{\theta}_\ell,\forall\boldsymbol{x}$　▷策略改进
11. **until** $h_{\ell+1}$ 是可满足的

Output：$\hat{h}^*=h_{\ell+1}$

在算法 5.1 的第 9 行，由 LSTD-Q 获得的参数 $\boldsymbol{\theta}_\ell$，可以引出一个近似 Q 值函数 $\widehat{Q}_\ell(\boldsymbol{x},\boldsymbol{u})=\boldsymbol{\phi}^{\mathrm{T}}(\boldsymbol{x},\boldsymbol{u})\boldsymbol{\theta}_\ell$。它有精确的形式含义，解释如下。第 9 行的线性方程组类似于以矩阵形式［公式（3.38）］给出的投影贝尔曼方程，如下。

$$\boldsymbol{\Gamma}\boldsymbol{\theta}^{h_\ell}=\gamma\boldsymbol{\Lambda}\boldsymbol{\theta}^{h_\ell}+z \tag{5.1}$$

可以通过将矩阵$\boldsymbol{\Gamma}$、$\boldsymbol{\Lambda}$和向量 $\boldsymbol{z}$ 替换为从样本导出的估计来获得近似。相应地，矩阵方程（5.1）等价于原始的投影贝尔曼方程（3.34）。

$$\hat{Q}^{h_\ell} = (P^w \circ T^h)(\hat{Q}^{h_\ell})$$

其中，$\hat{Q}^{h_\ell}(\boldsymbol{x},\boldsymbol{u}) = \boldsymbol{\phi}^{\mathrm{T}}(\boldsymbol{x},\boldsymbol{u})\boldsymbol{\theta}^{h_\ell}$，映射 P^w 对基函数所跨空间执行加权最小二乘投影。权重函数与 LSTD-Q 中使用的状态–动作样本的分布相同。因此，由 LSTD-Q 获得的 Q 值函数 $\hat{Q}_\ell$ 是对投影贝尔曼方程的解 $\hat{Q}^{h_\ell}$ 的估计。

注意，由于 $\boldsymbol{\theta}_\ell$ 出现在第 9 行方程的两侧，该等式可以化简为

$$\frac{1}{n_{\mathrm{s}}}(\boldsymbol{\Gamma}_{n_{\mathrm{s}}} - \boldsymbol{\gamma}\boldsymbol{\Lambda}_{n_{\mathrm{s}}})\boldsymbol{\theta}_\ell = \frac{1}{n_{\mathrm{s}}}\boldsymbol{z}_{n_{\mathrm{s}}}$$

因此，矩阵$\boldsymbol{\Gamma}$和$\boldsymbol{\Lambda}$不必分别估计。相反，可以将组合矩阵$\boldsymbol{\Gamma}-\gamma\boldsymbol{\Lambda}$作为单个对象进行估计，由此减少 LSPI 的内存需求。

算法 5.1 的第 10 行求出的改进策略是关于近似 Q 值函数 $\hat{Q}_\ell$ 的贪心策略。在实现时，不需要显式地计算和存储改进的策略。而是对于任何给定的状态 $\boldsymbol{x}$，可以用公式（5.2）按需计算改进的（贪心）动作。

$$h_{\ell+1}(\boldsymbol{x}) = \boldsymbol{u},\ 其中,\ \boldsymbol{u} \in \arg\max_{\bar{\boldsymbol{u}}} \boldsymbol{\phi}^{\mathrm{T}}(\boldsymbol{x},\bar{\boldsymbol{u}})\boldsymbol{\theta}_\ell \tag{5.2}$$

这里，方程中最大化操作必须能够被高效地求解，因为在每个策略评估中，需要为 n_{s} 个样本中的每一个计算出一个贪心动作（见算法 5.1 的第 6 行）。当选择了合适的逼近器时（当定义了合适的基函数时），高效的最大化操作是可能的。例如，使用例 3.1 中介绍的离散动作类型的逼近器时，最大化操作可以通过对一组离散动作的枚举来解决。

只要策略评估误差是有界的，LSPI 最终就会产生有界次优的策略（见 3.5.6 节）。在通常情况下，这一策略是固定的。然而，LSPI 并不能保证收敛到一个固定的策略。例如，值函数参数可能收敛到极限环，所以环上的每一点都可以产生一个近最优的策略。

5.3 在线最小二乘策略迭代

LSPI 是一种离线的 RL 算法，它使用预先收集的数据来学习一个策略，在学习过程结束时，该策略应该表现良好。然而，RL 的主要目标之一是设计能通过与受控系统进行交互来实现在线学习的算法。因此，本节将 LSPI 扩展到在线学习的情况。

一个好的在线算法必须满足两个要求。首先，根据利用交互收集来的数据，它必须快

速地提供良好的性能，而不是仅在学习过程结束时提供。其次，它最终必须要达到（近）最优性能，而不会陷入局部最优。为此，即使存在性能暂时下降的风险，也要探索与当前策略不同的动作。因此，第二个要求与第一个要求有部分冲突，两者的结合在 RL 文献中被习惯地称为探索-利用平衡（Thrun，1992；Kaelbling，1993；Sutton 和 Barto，1998）。通常使用悔值（Regret）的概念对这种平衡形式化。粗略地说，悔值是最优回报与学习过程中实际获得回报之间的累积差额（参考如 Auer 等，2002；Audibert 等，2007；Auer 等，2009；Bubeck 等，2009）。最小化悔值能带来快速的学习和有效的探索，这是通过要求性能接近最优（确保了探索的应用），并使其尽快发生（确保了学习的快速性，因为探索仅在必要时使用）来实现的。

为确保 LSPI 的在线版本快速学习（从而满足上述第一个要求），必须在少量迁移之后执行一次策略改进，这样才能完成对当前策略的准确评估。这与离线 LSPI 有着至关重要的区别，后者只有在获得一大批样本之后，执行 LSTD-Q 获得准确的 Q 值函数，并在此基础上改进策略。在极端情况下，在线 LSPI 会在每次迁移后改进策略，并应用改进的策略来获取新的迁移样本。然后，执行新一轮的策略改进，重复循环，这类 PI 的版本被称为是完全乐观的（Sutton，1988；Bertsekas，2007）。但一般来说，在线 LSPI 往往每进行几次（但不是太多）迁移才改进一次策略，这种 PI 的版本被称为部分乐观。

为了满足第二个要求，在线 LSPI 必须探索除当前策略给出的动作外的其他动作。如果没有探索，只在每个状态下执行当前策略指定的动作，则该状态下的其他动作样本将不可用。这会导致不能准确估计这些其他动作的 Q 值，由此产生的 Q 值函数对策略改进而言是不可靠的。此外，探索有助于从状态空间中获得那些仅使用贪心策略不可达的区域中的数据。本章使用经典的ε贪心探索（Sutton 和 Barto，1998）：在每一步 k，以概率$\varepsilon_k \in [0, 1]$使用一个均匀随机的探索动作，以概率（$1-\varepsilon_k$）使用贪心（最大化）动作。通常情况下，随着时间的推移（即 k 的增加），ε_k 会减小，因此，该算法会以越来越高的概率利用当前策略。这是因为此策略（预计）接近最优策略。还有其他的探索过程可被使用。文献（Li 等，2009）基于使用在线样本收集的 LSPI 比较了不同的探索过程。

算法 5.2 给出了基于ε贪心探索的在线 LSPI 算法。与离线 LSPI（见算法 5.1）相比，在线 LSPI 的不同之处清晰可见。特别地，在线 LSPI 通过与系统交互来收集自己的样本（第 6 行），在此期间它也使用了探索动作（第 5 行）。此外，在线 LSPI 不是等到许多样本处理完毕后才进行策略改进，而是通过使用当前可用的$\boldsymbol{\Gamma}$、$\boldsymbol{\Lambda}$和 z（第 11-12 行）来求解 Q 值函数的参数，并每隔一段时间改进策略。

算法 5.2 带有ε贪心探索的在线最小二乘策略迭代

Input： 折扣因子γ，基函数$\phi_1,\cdots,\phi_n : X\times U \to \mathbb{R}$，策略改进间隔$K_\theta$，探索设置$\{\varepsilon_k\}_{k=0}^{\infty}$，一个小的常数$\beta_\Gamma > 0$

1. $\ell \leftarrow 0$，初始化策略h_0
2. $\boldsymbol{\Gamma}_0 \leftarrow \beta_\Gamma \boldsymbol{I}_{n\times n}, \boldsymbol{\Lambda}_0 \leftarrow \boldsymbol{0}, z_0 \leftarrow \boldsymbol{0}$
3. 观察初始状态$\boldsymbol{x}_0$
4. **for** 每一步$k=0,1,2\cdots$ **do**
5. $\quad \boldsymbol{u}_k \leftarrow \begin{cases} h_\ell(\boldsymbol{x}_k), & \text{概率为}1-\varepsilon_k(\text{利用}) \\ U\text{中的一个均匀随机动作}, & \text{概率为}\varepsilon_k(\text{探索}) \end{cases}$
6. $\quad$使用$\boldsymbol{u}_k$，观察下一个状态$\boldsymbol{x}_{k+1}$和奖赏r_{k+1}
7. $\quad \boldsymbol{\Gamma}_{k+1} \leftarrow \boldsymbol{\Gamma}_k + \boldsymbol{\phi}(\boldsymbol{x}_k,\boldsymbol{u}_k)\boldsymbol{\phi}^{\mathrm{T}}(\boldsymbol{x}_k,\boldsymbol{u}_k)$
8. $\quad \boldsymbol{\Lambda}_{k+1} \leftarrow \boldsymbol{\Lambda}_k + \boldsymbol{\phi}(\boldsymbol{x}_k,\boldsymbol{u}_k)\boldsymbol{\phi}^{\mathrm{T}}(\boldsymbol{x}_{k+1},\boldsymbol{h}_\ell(\boldsymbol{x}_{k+1}))$
9. $\quad z_{k+1} \leftarrow z_k + \boldsymbol{\phi}(\boldsymbol{x}_k,\boldsymbol{u}_k) r_{k+1}$
10. $\quad$**if** $k=(\ell+1)K_\theta$ **then**
11. $\quad\quad$求解$\dfrac{1}{k+1}\boldsymbol{\Gamma}_{k+1}\boldsymbol{\theta}_\ell = \dfrac{1}{k+1}\boldsymbol{\Lambda}_{k+1}\boldsymbol{\theta}_\ell + \dfrac{1}{k+1}z_{k+1}$ ▷结束策略评估
12. $\quad\quad h_{\ell+1}(\boldsymbol{x}) \leftarrow \arg\max_{\boldsymbol{u}} \boldsymbol{\phi}^{\mathrm{T}}(\boldsymbol{x},\boldsymbol{u})\boldsymbol{\theta}_\ell, \forall \boldsymbol{x}$ ▷策略改进
13. $\quad\quad \ell \leftarrow \ell+1$
14. $\quad$**end if**
15. **end for**

在线 LSPI 使用两个新的、离线 LSPI 中不存在的基本参数：连续策略改进之间的迁移次数$K_\theta > 0$和探索设置$\{\varepsilon_k\}_{k=0}^{\infty}$。当$K_\theta=1$时，在线 LSPI 在使用每个样本评估策略之后就更新策略，是完全乐观的；当$K_\theta > 1$时，算法是部分乐观的。注意，数目K_θ不宜选得太大，这里建议进行大量探索，即ε_k不应太快接近 0。在本章中，探索概率最初被设置为ε_0，并且每秒按衰减率$\varepsilon_{\mathrm{d}}\in(0, 1)$[1]指数衰减。[2]

[1] 探索概率ε_k每秒衰减一次，而不是每个时间步（采样周期）衰减一次，以确保即使在采样时间不同的系统中，探索设置仍是可比较的。当然，在每个时间步衰减ε_k一次（如当$T_s<1$时，ε_{d}取较大值；或当$T_s>1$时，ε_{d}取较小值）可以获得非常类似的效果。

[2] 指数衰减不会渐近地导致无限探索，尽管无限探索是一些在线 RL 算法所要求的（2.3.2 节）。尽管如此，对于有限持续时间的实验，我们可以选择足够大的ε_{d}来提供任何想要的探索量。

$$\varepsilon_k = \varepsilon_0 \varepsilon_{\rm d}^{\lfloor kT_{\rm s} \rfloor} \tag{5.3}$$

其中，T_s是受控系统的采样时间，$\lfloor \cdot \rfloor$表示小于等于参数的最大整数（向下取整函数 floor）。与离线情况类似，这里不需要显式计算改进的策略；相反，可以按需计算出改进的动作。为了确保组合矩阵$\boldsymbol{\Gamma}-\gamma\boldsymbol{\Lambda}$的可逆性，这里初始化$\boldsymbol{\Gamma}$为单位矩阵的一个小的倍数$\beta_\Gamma > 0$。

每次在策略改进之前，离线 LSPI 都会从零开始重建$\boldsymbol{\Gamma}$、$\boldsymbol{\Lambda}$和 z。在线 LSPI 不能做到这一点，因为在下一次策略改进之前获得的少数样本不足以构建$\boldsymbol{\Gamma}$、$\boldsymbol{\Lambda}$和 z 的有用的新估计。在线 LSPI 的做法是，使用新获得的样本来不断更新这些估计。这里使用的潜在假设是，后续策略的 Q 值函数是相似的，从而，以前的$\boldsymbol{\Gamma}$、$\boldsymbol{\Lambda}$和 z 值也是改进策略的典型值。

另一种方法是存储样本，并在每次策略改进之前使用它们来重建$\boldsymbol{\Gamma}$、$\boldsymbol{\Lambda}$和 z。这将导致更大的计算成本，且计算成本也将随着观察到的样本数增加而增加，并因此可能使得在观察到许多样本之后，算法在线实时学习依然过慢。当必须将类似 LSPI 这样的批处理 RL 算法应用于实时任务时，这种困难经常出现。Ernst 等（2006a，第 5 章）探讨了解决这些问题的一些常规方法。算法 5.2 通过利用乐观的策略更新，并重用$\boldsymbol{\Gamma}$、$\boldsymbol{\Lambda}$和 z 来确保计算和内存需求与观察到的样本数无关。

更具体地说，在线 LSPI 每步的时间复杂度为 $O(n^3)$。在执行策略改进的时间步中，成本是最大的，因为这涉及算法 5.2 第 11 行中的线性方程组求解。通过使用高效的计算方法来求解方程组可以降低成本，但时间复杂度仍会大于 $O(n^2)$。存储$\boldsymbol{\Gamma}$、$\boldsymbol{\Lambda}$和 z 所需的内存是 $O(n^2)$。像离线 LSPI 一样，在线算法可以估计组合矩阵$\boldsymbol{\Gamma}-\gamma\boldsymbol{\Lambda}$，而不是分别估计$\boldsymbol{\Gamma}$和$\boldsymbol{\Lambda}$，从而降低其内存需求。

在本节结束之前，我们讨论把学习过程分离成不同的实验。正如在前面第 2 章中所解释的，实验是在有终止状态的问题中自然出现的，它被定义为从某个初始状态开始、以终止状态结束的轨迹。一旦到达终止状态就不能再退出。因此，系统必须以某种方式重设为初始状态，从而开始一次新的实验。例如，许多机器人操纵装置有保护机制，如果机器人的姿态超出操纵范围（到达终止状态），则机器人的运动停止，然后需要人工干预来复位机器人（开始新的实验）。如果问题没有终止状态，那么可以从单一的长期实验中学习。然而，即使在这种情况下，人为地终止实验对于学习仍然是有用的。例如，在学习稳定控制方法时，如果系统已经成功地稳定下来且探索不足以驱使状态远离平衡状态，那么从该实验中能学习到的东西就不多了，从新状态开始新实验会更有用。在后续中，将用 $T_{\rm trial}$ 来表示这样一次人为终止实验的持续时间。

5.4　使用先验知识的在线 LSPI

通常假设 RL 是在没有任何关于受控系统或最佳解决方案的先验知识的情况下工作的。然而，在实际中，往往有一部分的先验知识是可用的，使用这些先验知识可以很有帮助。先验知识可以是如策略、值函数或系统动态性。这里重点关注的是关于最优策略的先验知识，或更一般地讲，是关于良好策略的先验知识，这些策略不一定是最优策略。这种关注的动机源于获取关于策略的知识通常比获取关于值函数的知识更容易。

指明关于策略的知识的一般方法是定义约束条件。例如，人们可能知道并因此要求策略在状态变量中是（全局或分段）单调的，或者要求在状态和动作变量上使用不等式约束。约束策略的主要好处是加速学习过程，因为这会使算法把注意力放在受约束的策略类中，且不再投入宝贵的学习时间来尝试其他不合适的策略。这种加速对于在线学习尤其重要，尽管它也可能有助于减少离线学习的计算需求。

原始的（在线或离线）LSPI 不显式地表示策略，而是使用公式（5.2）按需计算它们。因此，该策略由 Q 值函数隐式地定义。原则上，可以使用定义在策略上的约束条件来导出定义在 Q 值函数上的相应约束条件。然而，由于策略与其 Q 值函数之间的复杂关系，这种推导通常很难执行。一种更简单的解决方案是显式地（且通常近似地）表示策略，并在策略改进步中强加约束。在后续介绍中主要采用这种方法。

本节的其余部分将针对显式参数化的全局单调策略设计一个在线的 LSPI 算法。如果其他状态变量保持不变，这种策略对任一状态变量来说都是单调的。单调策略适用于控制重要的系统类。例如，单调策略适用于（接近）线性的系统，或在平衡点附近（接近）线性的非线性系统。这是因为适用于控制线性系统的线性策略是单调的。对于单调输入非线性（如饱和或死区非线性）的某些线性系统，单调策略也适用。在这类情况下，策略可能是强非线性的，但仍然是单调的。当然一般来说，全局单调性条件是限制性的。可以使用更宽松的条件，如要求策略只在状态空间的一个子区域（如平衡点附近）是单调的。也可以考虑多个单调性区域。

5.4.1　使用策略近似的在线 LSPI

3.5.5 节描述了具有显式策略近似的策略迭代。这里专门讨论在线 LSPI。考虑线性参数化策略表示公式（3.12），如下。

$$\hat{h}(\boldsymbol{x})=\boldsymbol{\varphi}^{\mathrm{T}}(\boldsymbol{x})\boldsymbol{\vartheta} \tag{5.4}$$

其中，$\boldsymbol{\varphi}(\boldsymbol{x})=[\varphi_1(\boldsymbol{x}),\cdots,\varphi_{\mathcal{N}}(\boldsymbol{x})]^{\mathrm{T}}$ 是包含 $\mathcal{N}$ 个状态-依赖的基函数的向量，$\boldsymbol{\vartheta}$ 是策略参数向量。假设动作是标量，参数化可以容易地推广到多个动作变量中。当关于策略的先验知识不可用时，近似策略的改进可以通过求解使用线性参数化 Q 值函数和标量动作的无约束线性最小二乘问题［公式（3.47）］来实现。

$$\begin{aligned}&\boldsymbol{\vartheta}_{\ell+1}=\boldsymbol{\vartheta}^{\ddagger},\text{ 其中, }\boldsymbol{\vartheta}^{\ddagger}\in\arg\min_{\vartheta}\sum_{i_s=1}^{\mathcal{N}_s}[\boldsymbol{\varphi}^{\mathrm{T}}(\boldsymbol{x}_{i_s})\boldsymbol{\vartheta}-\boldsymbol{u}_{i_s}]^2\\&\text{且}\boldsymbol{u}_{i_s}\in\arg\max_{\boldsymbol{u}}\boldsymbol{\phi}^{\mathrm{T}}(\boldsymbol{x}_{i_s},\boldsymbol{u})\boldsymbol{\theta}_{\ell}\end{aligned} \tag{5.5}$$

其中，参数向量 $\boldsymbol{\vartheta}_{\ell+1}$ 产生改进的策略，而 $\{\boldsymbol{x}_1,\cdots,\boldsymbol{x}_{\mathcal{N}_s}\}$ 则是被用于策略改进的一组样本。

为了得到具有参数化策略的在线 LSPI，我们用公式（5.5）替代位于算法 5.2 第 12 行的精确策略改进。此外，根据参数化策略［公式（5.4）］，在第 5 行选择动作以及在第 8 行更新 $\boldsymbol{\Lambda}$。

近似策略［公式（5.4）］的另一个好处是它会产生连续动作。但是注意，如果使用离散动作 Q 值函数逼近器，则在学习属于离散集合 U_{d} 的动作时，必须量化策略给出的连续动作。在这种情况下，策略评估步骤实际上会估计量化版策略的 Q 值函数。量化函数 $q_{\mathrm{d}}:U\rightarrow U_{\mathrm{d}}$ 由公式（5.6）给出。

$$q_{\mathrm{d}}(\boldsymbol{u})=\boldsymbol{u}^{\ddagger},\text{ 这里}\boldsymbol{u}^{\ddagger}\in\arg\min_{\boldsymbol{u}_j\in U_{\mathrm{d}}}|\boldsymbol{u}-\boldsymbol{u}_j| \tag{5.6}$$

5.4.2 具有单调策略的在线 LSPI

考虑一个具有 D 维状态空间 $X\subseteq\mathbb{R}^D$ 的问题。在本节中，假设 X 是一个超盒。

$$X=[x_{\min,1},x_{\max,1}]\times\cdots\times[x_{\min,D},x_{\max,D}]$$

其中，$x_{\min,d}\in\mathbb{R},x_{\max,d}\in\mathbb{R}$，且对于 $d=1,\cdots,D$，有 $x_{\min,d}<x_{\max,d}$。

一个策略 h 在状态空间的第 d 维上是单调的，当且仅当任意一对状态 $\boldsymbol{x}\in X$，$\bar{\boldsymbol{x}}\in X$ 满足

$$\begin{aligned}&x_d\leqslant\bar{x}_d\\&x_{d'}=\bar{x}_{d'},\ \forall d'\neq d\end{aligned}$$

策略就满足

$$\delta_{\mathrm{mon},d}\cdot h(\boldsymbol{x})\leqslant\delta_{\mathrm{mon},d}\cdot h(\bar{\boldsymbol{x}}) \tag{5.7}$$

其中，标量 $\delta_{\mathrm{mon},d}\in\{-1,1\}$ 确定了单调性方向：如果 $\delta_{\mathrm{mon},d}=-1$，则 h 沿维度 d 减小；而如果 $\delta_{\mathrm{mon},d}=1$，则 h 沿维度 d 增加。如果一个策略在状态空间的每个维度都是单调的，那么就认为它是（完全）单调的。在这种情况下，单调性方向被收集在一个向量 $\boldsymbol{\delta}_{\mathrm{mon}}=[\delta_{\mathrm{mon},1},\cdots,\delta_{\mathrm{mon},D}]^{\mathrm{T}}\in\{-1,1\}^D$ 中。

本章使用轴对齐的归一化径向基函数（RBF，见示例 3.1）来近似策略，其分布在有 $\mathcal{N}_1\times\cdots\times\mathcal{N}_D$

个元素的网格上。网格间距在每个维度上是等距的，并且所有径向基函数具有相同的宽度。在检查使用这种径向基函数是如何能满足公式（5.7）之前，需要一个符号来将网格上径向基函数的 D 维位置与向量$\boldsymbol{\varphi}$中的标量索引相关联。考虑位于每个维度 d=1,⋯,D 上的索引 i_d处的径向基函数，这里 $i_d \in \{1,\cdots,\mathcal{N}_d\}$ 。该径向基函数的位置由此通过 D 维索引［$i_1,\cdots,i_D$］来描述。这里引入符号$[i_1,\cdots,i_D]$来作为$\boldsymbol{\varphi}$中径向基函数的相应标量索引，计算公式如下：

$$[i_1,\cdots,i_D] = i_1 + (i_2-1)\mathcal{N}_1 + (i_3-1)\mathcal{N}_1\mathcal{N}_2 + \cdots + (i_D-1)\mathcal{N}_1\mathcal{N}_2\cdots\mathcal{N}_{D-1}$$

这个公式更容易被理解为二维情况的一种推广，其中，$[i_1,i_2] = i_1 + (i_2-1)\mathcal{N}_1$ 。在二维情况下，径向基函数的网格（矩阵）有 $\mathcal{N}_1 \times \mathcal{N}_2$ 个元素。通过首先取包含 $\mathcal{N}_1$ 个元素的网格（矩阵）的最左列，接着追加左起第二列（也包含 $\mathcal{N}_1$ 个元素），依次类推，可以获得向量$\boldsymbol{\varphi}$。

因此，在网格（i_1, ⋯, i_D）处的径向基函数位于向量$\boldsymbol{\varphi}$的索引 $i=[i_1, \cdots, i_D]$处，并在计算近似策略［公式（5.4）］时与策略参数 $\vartheta_i = \vartheta_{[i_1,\cdots,i_D]}$ 相乘。该径向基函数的 D 维中心是$[c_{1,i_1},\cdots,c_{D,i_D}]^{\mathrm{T}}$，这里 c_{d,i_d} 表示沿 d 维的第 i_d个网格坐标。在不失一般性的情况下，假设坐标沿每个维度 d 单调递增。

$$c_{d,1} < \cdots < c_{d,\mathcal{N}_d}$$

此外，规定把第一个和最后一个网格元素放在定义域的极限处：$c_{d,1} = x_{\min,d}$ 和 $c_{d,\mathcal{N}_d} = x_{\max,d}$ 。

有了这些条件，又因为归一化的径向基函数是等距且同形的，我们推测：要满足公式（5.7），只需对沿所有网格线上的每个径向基函数序列相对应的参数以及状态空间的每个维度进行适当排序就足够了。[3] 对于 3×3 的径向基函数网格，给出一个这种排序关系的示例：

$$\begin{array}{ccccc}
\vartheta_{[1,1]} & \leqslant & \vartheta_{[1,2]} & \leqslant & \vartheta_{[1,3]} \\
\geqslant & & \geqslant & & \geqslant \\
\vartheta_{[2,1]} & \leqslant & \vartheta_{[2,2]} & \leqslant & \vartheta_{[2,3]} \\
\geqslant & & \geqslant & & \geqslant \\
\vartheta_{[3,1]} & \leqslant & \vartheta_{[3,2]} & \leqslant & \vartheta_{[3,3]}
\end{array} \tag{5.8}$$

在这种情况下，策略沿 X 的第一维（在方程中垂直）减小，沿第二维（在方程中水平）增加。对于 D 维中的一般网格，单调性条件可以写成：

$$\begin{array}{llllll}
\delta_{\mathrm{mon},1}\cdot\vartheta_{[1,i_2,i_3,\cdots i_D]} & \leqslant & \delta_{\mathrm{mon},1}\cdot\vartheta_{[2,i_2,i_3,\cdots i_D]} & \leqslant \cdots \leqslant & \delta_{\mathrm{mon},1}\cdot\vartheta_{[\mathcal{N}1,i_2,\cdots i_D]}, & \text{对于所有} i_2,i_3,\cdots,i_D \\
\delta_{\mathrm{mon},2}\cdot\vartheta_{[i_1,1,i_3,\cdots i_D]} & \leqslant & \delta_{\mathrm{mon},2}\cdot\vartheta_{[i_1,2,i_3,\cdots i_D]} & \leqslant \cdots \leqslant & \delta_{\mathrm{mon},2}\cdot\vartheta_{[i_1,\mathcal{N}_2,i_3\cdots i_D]}, & \text{对于所有} i_1,i_3,\cdots,i_D \\
\cdots & & \cdots & \cdots & & \\
\delta_{\mathrm{mon},D}\cdot\vartheta_{[i_1,i_2,i_3,\cdots 1]} & \leqslant & \delta_{\mathrm{mon},D}\cdot\vartheta_{[i_1,i_2,i_3,\cdots 2]} & \leqslant \cdots \leqslant & \delta_{\mathrm{mon},D}\cdot\vartheta_{[i_1,i_2,i_3\cdots \mathcal{N}_D]}, & \text{对于所有} i_1,i_2,\cdots,i_{D-1}
\end{array} \tag{5.9}$$

---

[3] 据我们所知，这种单调性尚未得到正式的证明；然而，可以用许多径向基函数配置从实验上验证这种单调性。

在公式（5.9）中不等式的总数是

$$\sum_{d=1}^{D}\left((\mathcal{N}_d-1)\prod_{d'=1,d'\neq d}^{D}\mathcal{N}_{d'}\right)$$

在线 LSPI 通过用带约束的最小二乘问题代替无约束的策略改进问题，可以得到满足单调性条件的改进策略。

$$\boldsymbol{\vartheta}_{\ell+1}=\boldsymbol{\vartheta}^{\ddagger}\text{，其中，}\boldsymbol{\vartheta}^{\ddagger}\in\mathop{\arg\min}_{\boldsymbol{\vartheta}\text{满足式(5.9)}}\sum_{i_s=1}^{\mathcal{N}_s}[\boldsymbol{\varphi}^{\mathrm{T}}(\boldsymbol{x}_{i_s})\boldsymbol{\vartheta}-\boldsymbol{u}_{i_s}]^2 \tag{5.10}$$

$$\text{且}\boldsymbol{u}_{i_s}\in\arg\max_{\boldsymbol{u}}\boldsymbol{\phi}^{\mathrm{T}}(\boldsymbol{x}_{i_s},\boldsymbol{u})\boldsymbol{\theta}_{\ell}$$

这里使用了近似单调策略 $\hat{h}_{\ell+1}(\boldsymbol{x})=\boldsymbol{\varphi}^{\mathrm{T}}(\boldsymbol{x})\boldsymbol{\vartheta}_{\ell+1}$。公式（5.10）的问题使用二次规划来解决（如参考 Nocedal 和 Wright，2006）。

算法 5.3 清晰地给出了在线 LSPI 算法。它使用了单调策略、线性参数化的 Q 值函数以及ε贪心探索等具体形式。如果在该算法中使用离散动作的 Q 值函数逼近器，则必须在第 5 行和第 8 行用公式（5.6）来额外地量化近似动作。

这个框架可以很容易地推广到多个动作变量的情况。在这种情况下，可以为每个动作变量使用不同的策略参数向量，并且可以分别对这些参数向量中的每一个强制执行单调性约束。这也意味着可以对不同的动作变量施加不同的单调性方向。

算法 5.3　具有单调策略的在线最小二乘策略迭代

Input：折扣因子γ，Q 值函数的基函数 $\phi_1,\cdots,\phi_n:X\times U\to\mathbb{R}$，策略的基函数 $\varphi_1,\cdots,\varphi_N:X\to\mathbb{R}$ 策略改进间隔 K_θ，探索设置 $\{\varepsilon_k\}_{k=0}^{\infty}$，

一个小的常数 $\beta_\Gamma>0$

1. $\ell\leftarrow 0$，初始化策略参数 $\boldsymbol{\vartheta}_0$
2. $\boldsymbol{\Gamma}_0\leftarrow\beta_\Gamma\boldsymbol{I}_{n\times n},\boldsymbol{\Lambda}_0\leftarrow\boldsymbol{0},z_0\leftarrow\boldsymbol{0}$
3. 观察初始状态 $\boldsymbol{x}_0$
4. **for** 每一步 k=0, 1, 2⋯ **do**
5. $\quad\boldsymbol{u}_k\leftarrow\begin{cases}\boldsymbol{\varphi}^{\mathrm{T}}(\boldsymbol{x}_k)\boldsymbol{\vartheta}_\ell, & \text{概率为}1-\varepsilon_k\text{(利用)}\\ U\text{中的一个均匀随机动作,} & \text{概率为}\varepsilon_k\text{(探索)}\end{cases}$
6. $\quad$使用 $\boldsymbol{u}_k$，观察下一个状态 $\boldsymbol{x}_{k+1}$ 和奖赏 r_{k+1}
7. $\quad\boldsymbol{\Gamma}_{k+1}\leftarrow\boldsymbol{\Gamma}_k+\boldsymbol{\phi}(\boldsymbol{x}_k,\boldsymbol{u}_k)\boldsymbol{\phi}^{\mathrm{T}}(\boldsymbol{x}_k,\boldsymbol{u}_k)$
8. $\quad\boldsymbol{\Lambda}_{k+1}\leftarrow\boldsymbol{\Lambda}_k+\boldsymbol{\phi}(\boldsymbol{x}_k,\boldsymbol{u}_k)\boldsymbol{\phi}^{\mathrm{T}}(\boldsymbol{x}_{k+1},\boldsymbol{\varphi}^{\mathrm{T}}(\boldsymbol{x}_{k+1})\boldsymbol{\vartheta}_\ell)$

续表

9.	$z_{k+1} \leftarrow z_k + \boldsymbol{\phi}(\boldsymbol{x}_k, \boldsymbol{u}_k) r_{k+1}$
10.	**if** $k = (\ell+1)K_\theta$ **then**
11.	求解 $\frac{1}{k+1}\boldsymbol{\Gamma}_{k+1}\boldsymbol{\theta}_\ell = \frac{1}{k+1}\boldsymbol{\Lambda}_{k+1}\boldsymbol{\theta}_\ell + \frac{1}{k+1}z_{k+1}$
12.	$\boldsymbol{\vartheta}_{\ell+1} \leftarrow \boldsymbol{\vartheta}^{\ddagger} \in \arg\min_{\boldsymbol{\vartheta}\text{满足式(5.9)}} \sum_{i_s=1}^{\mathcal{N}_S} (\boldsymbol{\varphi}^{\mathrm{T}}(\boldsymbol{x}_{i_s})\boldsymbol{\vartheta} - \boldsymbol{u}_{i_s})^2, \boldsymbol{u}_{i_s} \in \arg\max_{\boldsymbol{u}} \boldsymbol{\phi}^{\mathrm{T}}(\boldsymbol{x}_{i_s}, \boldsymbol{u})\boldsymbol{\theta}_\ell$
13.	$\ell \leftarrow \ell + 1$
14.	**end if**
15.	**end for**

5.5　采用连续动作、多项式近似的 LSPI

来自文献的大多数 LSPI 版本均采用离散动作（Lagoudakis 等，2002；Lagoudakis 和 Parr，2003a；Mahadevan 和 Maggioni，2007）。通常，我们仅在状态空间上定义数量为 N 的基函数，并针对 M 个离散动作中的每一个复制 N 个基函数，因此，基函数和参数的总数为 $n=NM$。例 3.1 中曾讨论过这样的逼近器。然而，存在一些需要连续动作的重要控制问题。例如，当需要将系统稳定在一个不稳定的平衡点周围时，任何离散动作策略都会导致控制动作的不良抖动和极限环。

因此，本节引入了一个用于 LSPI 的连续动作 Q 值函数逼近器。这个逼近器适用于标量控制动作的问题。它使用状态-依赖的基函数和动作变量的正交多项式，从而将状态空间上的近似与动作空间上的近似分开。注意，在公式（5.2）中，对于给定状态，最大化 Q 值函数的动作并不局限于离散值，所以这个逼近器也可以产生连续动作策略。这里选择多项式逼近器，因为它允许通过计算多项式导数的根来有效地解决动作变量上的最大化问题（从而执行策略改进）。此外，正交多项式优于普通的多项式，因为在策略改进步骤中，正交多项式对应的是更容易求解的条件回归问题。

与离散动作逼近器的情况类似，我们定义了一组 N 个状态-依赖的基函数：$\bar{\phi}_i : X \to \mathbb{R}, i = 1, \cdots, N$。只考虑标量控制动作 $\boldsymbol{u}$，并限定在区间 $U = [\boldsymbol{u}_{\mathrm{L}}, \boldsymbol{u}_{\mathrm{H}}]$。为了逼近状态-动作空间的动作维，这里选择第一类切比雪夫多项式作为正交多项式的例证，但也可以使用许多其他类型的正交多项式替代。第一类切比雪夫多项式由递推关系定义。

$$\psi_0(\bar{\boldsymbol{u}})=1$$
$$\psi_1(\bar{\boldsymbol{u}})=\bar{u}$$
$$\psi_{j+1}(\bar{\boldsymbol{u}})=2\bar{\boldsymbol{u}}\psi_j(\bar{\boldsymbol{u}})-\psi_{j-1}(\bar{\boldsymbol{u}})$$

它们在相对于权函数$1/\sqrt{1-\bar{\boldsymbol{u}}^2}$的区间$[-1,1]$上彼此正交，即满足

$$\int_{-1}^{1}\frac{1}{\sqrt{1-\bar{\boldsymbol{u}}^2}}\psi_j(\bar{\boldsymbol{u}})\psi_{j'}(\bar{\boldsymbol{u}})\mathrm{d}\bar{\boldsymbol{u}}=0,\quad j=0,1,2\cdots,\ j'=0,1,2\cdots,\ j'\neq j$$

为了利用正交性，必须把动作空间U缩放并转换到区间$[-1,1]$上。这可以通过仿射变换来简单地完成。

$$\bar{\boldsymbol{u}}=-1+\frac{2(\boldsymbol{u}-\boldsymbol{u}_{\mathrm{L}})}{\boldsymbol{u}_{\mathrm{H}}-\boldsymbol{u}_{\mathrm{L}}} \tag{5.11}$$

M_{p}次正交多项式逼近器的近似Q值可用公式（5.12）计算。

$$\hat{Q}(\boldsymbol{x},\boldsymbol{u})=\sum_{j=0}^{M_{\mathrm{p}}}\psi_j(\bar{\boldsymbol{u}})\sum_{i=0}^{N}\bar{\phi}_i(\boldsymbol{x})\theta_{[i,j+1]} \tag{5.12}$$

这可以写成$\hat{Q}(\boldsymbol{x},\boldsymbol{u})=\boldsymbol{\phi}^{\mathrm{T}}(\boldsymbol{x},\bar{\boldsymbol{u}})\boldsymbol{\theta}$

$$\begin{aligned}\boldsymbol{\phi}(\boldsymbol{x},\bar{\boldsymbol{u}})=[&\bar{\phi}_1(\boldsymbol{x})\psi_0(\bar{\boldsymbol{u}}),\cdots,\bar{\phi}_N(\boldsymbol{x})\psi_0(\bar{\boldsymbol{u}}),\\&\bar{\phi}_1(\boldsymbol{x})\psi_1(\bar{\boldsymbol{u}}),\cdots,\bar{\phi}_N(\boldsymbol{x})\psi_1(\bar{\boldsymbol{u}}),\cdots,\\&\bar{\phi}_1(\boldsymbol{x})\psi_{M_p}(\bar{\boldsymbol{u}}),\cdots,\bar{\phi}_N(\boldsymbol{x})\psi_{M_{\mathrm{p}}}(\bar{\boldsymbol{u}})]^{\mathrm{T}}\end{aligned} \tag{5.13}$$

状态-动作基函数的总数和参数总数均为$n=N(M_{\mathrm{p}}+1)$。因此，给定相同数量N的状态基函数，M_{p}次多项式逼近器拥有与有$M=M_{\mathrm{p}}+1$个离散动作的逼近器相同数量的参数。

对于给定状态$\boldsymbol{x}$，为了找到公式（5.2）中的贪心动作，我们首先用公式（5.12）计算出$\boldsymbol{x}$处的近似Q值函数，它是关于$\bar{\boldsymbol{u}}$的多项式。然后，找到位于区间（−1, 1）中的多项式导数的根，计算出每个根及−1、1的近似Q值，并选择最大Q值对应的动作。然后将这个动作转换回$U=[\boldsymbol{u}_{\mathrm{L}},\boldsymbol{u}_{\mathrm{H}}]$上。

$$\begin{aligned}&h(\boldsymbol{x})=\boldsymbol{u}_{\mathrm{L}}+(\boldsymbol{u}_{\mathrm{H}}-\boldsymbol{u}_{\mathrm{L}})\frac{1+\arg\max_{\bar{\boldsymbol{u}}\in\bar{U}(x)}\boldsymbol{\phi}^{\mathrm{T}}(\boldsymbol{x},\bar{\boldsymbol{u}})\boldsymbol{\theta}}{2},\text{其中,}\\&\bar{U}=\{-1,1\}\cup\left\{\bar{\boldsymbol{u}}'\in(-1,1)\left|\frac{\mathrm{d}\psi(\bar{\boldsymbol{u}}')}{\mathrm{d}\bar{\boldsymbol{u}}}=0,\psi(\bar{\boldsymbol{u}})=\boldsymbol{\phi}^{\mathrm{T}}(\boldsymbol{x},\bar{\boldsymbol{u}})\boldsymbol{\theta}\right.\right\}\end{aligned} \tag{5.14}$$

在这个方程中，$\frac{\mathrm{d}\psi(\bar{\boldsymbol{u}}')}{\mathrm{d}(\bar{\boldsymbol{u}})}$表示在$\bar{\boldsymbol{u}}'$处被评估的导数$\frac{\mathrm{d}\psi(\bar{\boldsymbol{u}})}{\mathrm{d}(\bar{\boldsymbol{u}})}$。在某些情况下，多项式将在区间（−1, 1）内获得最大值，但在其他情况下可能不会获得最大值，这就是为什么也必须测试边界{−1, 1}的原因。可以用高效的算法来高精度[4]地计算多项式的根。因此，所提出的参数化可以使策略改进

[4] 在我们的实现中，使用 MATLAB 的“root”函数，其中，根由多项式$\frac{\mathrm{d}\psi(\bar{\boldsymbol{u}})}{\mathrm{d}\bar{\boldsymbol{u}}}$的伴随矩阵的特征值来计算得到（如参见 Edelman 和 Murakami，1995）。

公式（5.2）中的最大化问题得到有效、高精度的解决，并且非常适合与 LSPI 一起使用。

多项式近似可以在离线和在线 LSPI 中使用。本章将针对离线实例进行评估。

5.6 实验研究

本节通过实验评估上面介绍的关于 LSPI 算法的扩展算法。首先，在 5.6.1 节和 5.6.2 节中分别使用倒立摆问题和机器人机械臂问题对在线 LSPI 进行广泛的实证研究。然后在 5.6.3 节中，用直流电机问题研究在在线 LSPI 中使用先验知识的好处。最后，在 5.6.4 节中，用倒立摆问题来研究连续动作多项式近似对 LSPI 性能的影响。

5.6.1 用于倒立摆的在线 LSPI

倒立摆摆动问题是有挑战性的且是高度非线性的，但该问题的维数低，这意味着可以用合理的计算成本进行广泛的实验。利用这个问题，我们研究了探索衰减率、策略改进间隔和实验长度对在线 LSPI 性能的影响。然后，对在线 LSPI 的最终性能和离线 LSPI 的性能进行了比较；与此同时，还比较了在线 LSPI 和用 Q 值函数的最小二乘策略评估（LSPE-Q）代替 LSTD-Q（算法 3.9）的在线 PI 算法。最后，提供了倒立摆系统的实时学习结果。

1. 倒立摆问题

4.5.3 节介绍了倒立摆问题，这里只简要地回顾。钟摆由一个连接到直流电机驱动杆的重物组成，并在垂直平面内旋转（见图 4.11）。我们的目标是使钟摆稳定在朝上的位置。由于直流电机的扭矩有限，因此，在某些状态（如朝下），钟摆不能在一次旋转中就被推上去，而是必须前后摆动来收集能量，然后才能被推上去并稳定下来。

钟摆动态性的连续时间模型是

$$\ddot{\alpha}=\frac{1}{J}\left(mgl\sin(\alpha)-b\dot{\alpha}-\frac{K^2}{R}\dot{\alpha}+\frac{K}{R}u\right)$$

其中，J=1.91×10^{-4} kg ·m^2，m=0.055 kg，g=9.81 m/s^2，l=0.042 m，b=3 ·10^{-6} N ·m ·s/rad，K=0.0536 N ·m/A，R=9.5 Ω。角度α在区间为$[-\pi,\pi)$的弧度内“环绕”，从而如 $3\pi/2$ 的旋转对应的值为$\alpha=-\pi/2$。当α=0 时，钟摆朝上。我们使用饱和法将速度$\dot{\alpha}$限制在$[-15\pi,15\pi]$ rad/s，并把控制动作 $\boldsymbol{u}$ 限制为[−3，3] V。状态向量是 $\boldsymbol{x}=[\alpha,\dot{\alpha}]^{\mathrm{T}}$。采样时间是 T_s=0.005 s，离散时间转换是通过对连续时间动态进行数值积分得到的。稳定的目标由奖励函数表示

$$\rho(\boldsymbol{x},\boldsymbol{u}) = -\boldsymbol{x}^{\mathrm{T}}\boldsymbol{Q}_{\mathrm{rew}}\boldsymbol{x} - R_{\mathrm{rew}}\boldsymbol{u}^2$$

$$\boldsymbol{Q}_{\mathrm{rew}} = \begin{bmatrix} 5 & 0 \\ 0 & 0.1 \end{bmatrix},\ R_{\mathrm{rew}} = 1$$

折扣因子$\gamma = 0.98$。这个折扣因子很大，因此，围绕目标状态（朝上）的奖励会影响轨迹早期状态的值。这会带来一个能成功摆动并稳定钟摆的最佳策略。

图 5.1 给出了这个问题的一个近最优解（Q 值函数和策略）。它是使用状态空间中隶属度函数的精细网格和动作空间的精细离散化，并用模糊 Q 值迭代（第 4 章）计算得到的。

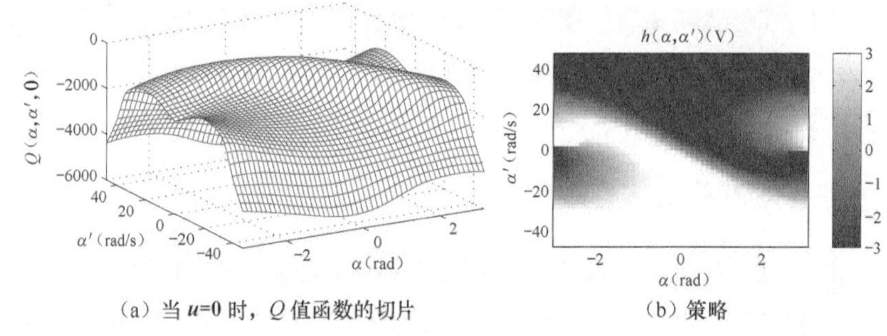

（a）当 u=0 时，Q 值函数的切片　　（b）策略

图5.1　倒立摆的一个近最优解

2．逼近器和性能标准

为了近似 Q 值函数，这里使用了在第 3 章示例 3.1 中介绍的离散动作逼近器。如前所述，对于这样的逼近器，定义了 N 个状态-依赖的基函数 $\bar{\phi}_1,\cdots,\bar{\phi}_N : X \to \mathbb{R}$，并将其复制用于离散集合 $U_{\mathrm{d}} = \{\boldsymbol{u}_1,\cdots,\boldsymbol{u}_M\}$ 中的每个动作。可以为任何离散状态-动作对计算近似 Q 值。

$$\hat{Q}(\boldsymbol{x},\boldsymbol{u}_j) = \boldsymbol{\phi}^{\mathrm{T}}(\boldsymbol{x},\boldsymbol{u}_j)\boldsymbol{\theta}$$

这里在状态-动作基函数向量$\boldsymbol{\phi}(\boldsymbol{x},\boldsymbol{u}_j)$中，不对应当前离散动作的基函数设置为 0。

$$\boldsymbol{\phi}(\boldsymbol{x},\boldsymbol{u}_j) = \left[\underbrace{0,\cdots,0}_{\boldsymbol{u}_1},\cdots,0,\underbrace{\bar{\phi}_1(\boldsymbol{x}),\cdots,\bar{\phi}_N(\boldsymbol{x})}_{\boldsymbol{u}_j},0,\cdots,\underbrace{0,\cdots,0}_{\boldsymbol{u}_M}\right]^{\mathrm{T}} \in \mathbb{R}^{NM} \tag{5.15}$$

我们使用由归一化高斯径向基函数［公式（3.6）］构成的规格为 11×11 的等距网格来近似状态空间上的 Q 值函数，且把动作空间离散成 3 个值：$U_{\mathrm{d}} = \{-3,0,3\}$。这导致状态-动作基函数的总数为$n = 11^2 \times 3 = 363$。径向基函数是轴对齐和同形的，且每个维度 d 上的宽度$b_d = b_d'^2/2$，其中，b_d'是沿该维度（网格步长）的相邻径向基函数之间的距离。这些径向基函数在状态空间上生成 Q 值函数的平滑插值。如前所述，角度的定义域跨距为 2π，且角速度的定义域跨距为 30π，从而可得$b_1' = \dfrac{2\pi}{11-1} \approx 0.63$和$b_2' = \dfrac{30\pi}{11-1} \approx 9.42$，这导致 $b_1 \approx 0.20$、$b_2 \approx 44.41$。

我们首先定义一个性能指标，它根据跨越整个状态空间的一组具有代表性的初始状态来评估在线计算出的策略的效果。特别地，在完成每个在线 LSPI 实验之后，以 $\varepsilon_{MC}=0.1$ 为精度，通过估计在初始状态网格上的平均回报（得分），来估计当前策略在递增时刻上的快照。

$$X_0=\{-\pi,-\pi/2,0,\pi/2\}\times\{-10\pi,-3\pi,-\pi,0,\pi,3\pi,10\pi\} \tag{5.16}$$

在性能评估过程中，我们未进行学习和探索。这会生成一条记录不同时刻策略控制性能的曲线。每个初始状态的回报是通过仅模拟轨迹的前 K 步估计得到的，这里 K 由公式（2.41）给出。

上述性能指标是在没有探索的情况下计算出的。因此，在评估有探索的情况时，需要另外定义一个考虑了探索效应的性能指标。为了获得这个指标，系统在学习过程中定期地被重置为初始状态 $\boldsymbol{x}_0=[-\pi,0]^{\mathrm{T}}$（指向下）；在进行探索和学习的情况下，系统记录从该状态开始的学习实验中获得的经验回报。在学习过程中多次重复此评估会得出一条曲线，表示在使用探索的过程中获得回报的演化过程。

这两个性能指标在后续分别被称为“得分”和“探索回报”。它们不可以直接比较。首先是因为它们处理探索的方式不同；其次是因为得分评估了 X_0 的性能，而探索回报只考虑单一的状态 $\boldsymbol{x}_0$。尽管如此，如果两个实验采用相同的探索设置，那么利用得分就可以在探索回报方面对它们进行定性比较。正因为如此，且为了与本书其他章节中使用的性能标准保持一致，我们将把得分作为主要性能指标，且只有在必须评估不同探索设置的影响时才会使用探索回报。注意，由于奖励函数为负值，因此，这两种性能指标均将为负，这些指标的绝对值越小，对应的性能越好。

3．可调参数的影响

本节研究改变可调参数对在线 LSPI 的影响，特别是，我们改变了探索衰减率 ε_d、连续策略改进之间的迁移次数 K_θ 和实验长度 T_{trial}。每个在线实验运行 600 s，并被分为长度为 T_{trial} 的实验组。这里使用衰减探索设置［公式（5.3）］和初始探索概率 $\varepsilon_0=1$，以便开始时使用完全随机的策略。参数 β_Γ 被设置为 0.001。此外，每个实验进行 20 次独立运行以获得统计上显著的结果。

为了研究 ε_d 的影响，选择 ε_d=0.8913、0.9550、0.9772、0.9886、0.9924 和 0.9962，以使 ε_k 分别在 20 s、50 s、100 s、200 s、300 s 和 600 s 之后变为 0.1。较大的 ε_d 值对应着更多的探索。每当 K_θ=10 次迁移时，策略就改进一次。实验长度为 T_{trial}=1.5 s，以保证有足够的时间向上摆动倒立摆直至稳定。每个实验的初始状态都是从 X 的均匀随机分布中抽取的。图 5.2 显示了在线 LSPI 得到的策略得分（X_0 的平均回报）是如何演变的。特别地，图 5.2（a）中的曲线表示的是 20 次运行的平均性能，而图 5.2（b）显示了 95%的置信区间，但它只考虑了 ε_d 的极值以避免混乱。得分收敛于模拟时间的 120 s 左右。最后的得分随着更多的探索而提高，且大的探索设置和小的探索设置的得分之间的差异在统计上是显著的，如图 5.2（b）所示。这些结果并不令人意外，因为在 5.3 节的分析已经表明，在线 LSPI 需要有效的探索。

然而，过多的探索可能会降低在学习过程中得到的控制性能。由于在计算得分时停止了探索，所以在图 5.2 中看不到这种效果。为了检查探索的效果，重复上述实验，但是这次在每 10 次实验中的某一次（15 秒/次），把系统重置为初始状态 $\boldsymbol{x}_0=[-\pi,0]^{\mathrm{T}}$，并记录在每次这样的实验中的探索回报。图 5.3 给出了结果，从中可以看出，探索设置太大对这种性能度量的改进速度有负面影响。小的探索设置和大的探索设置之间的差异具有统计显著性，如图 5.3（b）所示。这意味着在选择探索设置时，必须解决策略得分与探索回报之间平衡的问题。对于这个示例，这两种性能度量之间可以接受的折中是 $\varepsilon_{\mathrm{d}}=0.9886$，对应于在 200 s 后 ε_k=0.1。因此，在接下来的倒立摆模拟实验中，我们为在线 LSPI 选用这个探索设置。

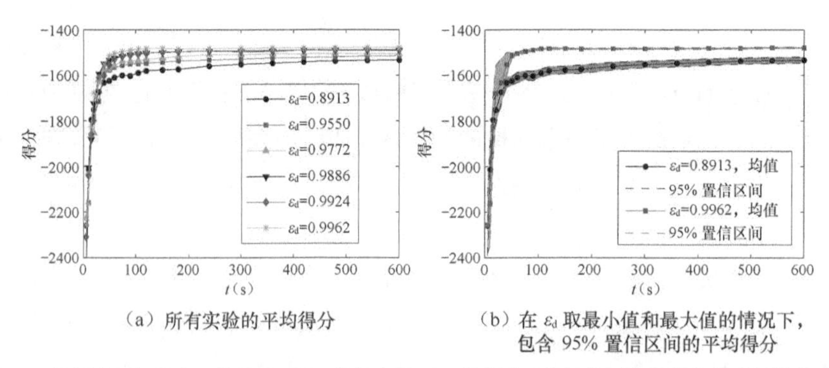

（a）所有实验的平均得分

（b）在 ε_{d} 取最小值和最大值的情况下，包含 95% 置信区间的平均得分

图5.2 在倒立摆问题中，使用了不同ε_{d}值的在线LSPI的得分。标记位置表示进行策略评估的时刻

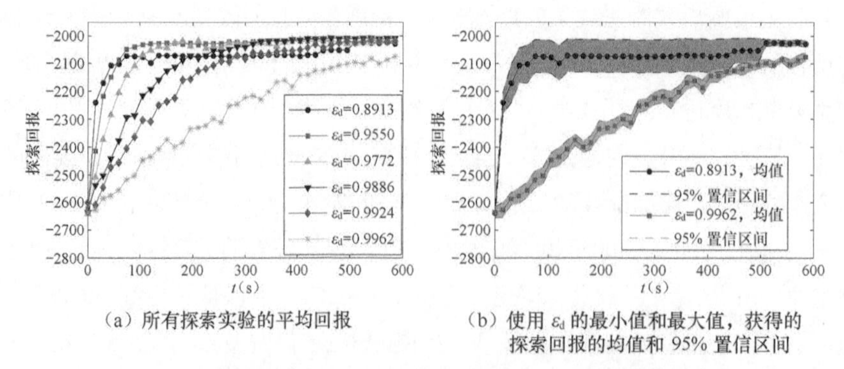

（a）所有探索实验的平均回报

（b）使用 ε_{d} 的最小值和最大值，获得的探索回报的均值和 95% 置信区间

图5.3 在倒立摆问题中，使用不同ε_{d}值的在线LSPI获得的探索回报

为了研究策略改进之间迁移次数 K_θ 的影响，使用下列值：$K_\theta=1$、10、100、1000 和 5000。当 $K_\theta=1$时，该算法是完全乐观的，即每次采样后策略就得到改进。实验时间是 T_{trial}=1.5 s，每

次实验的初始状态是从 X 的均匀随机分布中抽取的。如前所述，探索衰减率 $\varepsilon_{\rm d}=0.9886$ 。图 5.4 显示了在线 LSPI 学习策略的演进情况。[5] 在图 5.4（a）中，除了极少的策略更新情况外，K_θ 的所有值都导致类似的性能。例如，当 $K_\theta=5000$ 时，性能更差，且与较小 K_θ 的性能差异具有统计显著性，如图 5.4（b）所示。这表明策略改进不应该在在线 LSPI 中执行得过少。

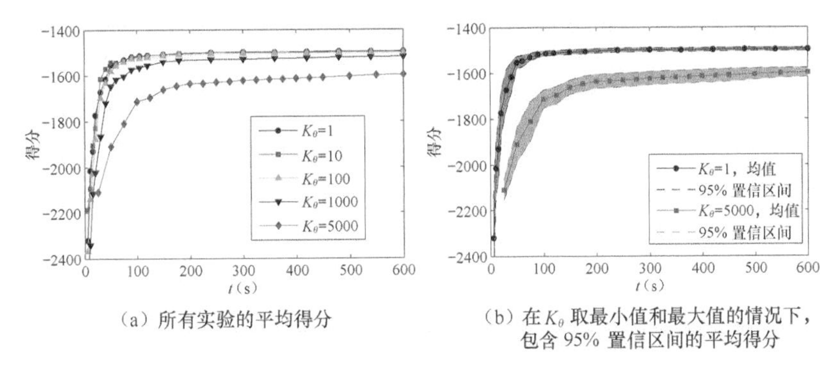

（a）所有实验的平均得分　　（b）在 K_θ 取最小值和最大值的情况下，包含 95% 置信区间的平均得分

图5.4　在倒立摆问题中，使用不同 K_θ 值的在线LSPI的性能

为了研究实验长度的影响，使用值 $T_{\rm trial}$=0.75 s、1.5 s、3 s、6 s 及 12 s，分别对应 600 s 学习中的 800、400、200、100 及 50 次学习实验。每次实验的初始状态取自 X 上的均匀随机分布，每 $K_\theta=10$ 个样本就改进策略一次，探索衰减率 $\varepsilon_{\rm d}=0.9886$ 。这些设置在上面的实验中给出了很好的性能。图 5.5 给出了在线 LSPI 的性能。长期实验（6 s 和 12 s）对学习速率及最终表现都是有害的。短期实验对性能是有益的，因为更频繁地重置到随机状态为学习算法提供了更多的信息。短期实验和长期实验之间的性能差异具有统计显著性，见图 5.5（b）。

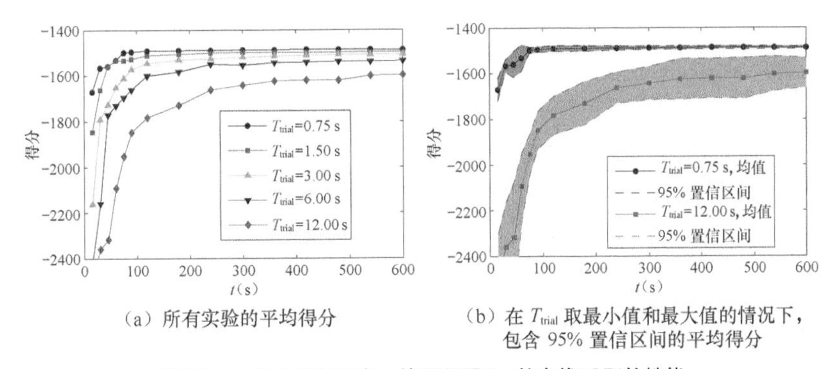

（a）所有实验的平均得分　　（b）在 $T_{\rm trial}$ 取最小值和最大值的情况下，包含 95% 置信区间的平均得分

图5.5　在倒立摆问题中，使用不同 $T_{\rm trial}$ 的在线LSPI的性能

[5] 在该图中，性能是用得分来衡量的，因为所有的实验都使用相同的探索设置，所以得分是具有代表性的。出于类似的原因，本章剩余部分将得分作为性能度量。

图 5.6 显示了在每个实验的 20 次独立运行中，对于不同ε_d、K_θ和 T_{trial} 的在线 LSPI 平均执行时间。[6] 图中忽略了 95%的置信区间，因为它们太小而不能在图的比例尺中可见。K_θ越小，执行时间越长，因为计算上最耗时的操作是求解线性方程组（算法 5.2 的第 11 行），每 K_θ步必须完成一次。由于选择随机动作和重置状态是计算廉价的操作，所以执行时间不会随着探索设置或实验长度而发生明显变化。

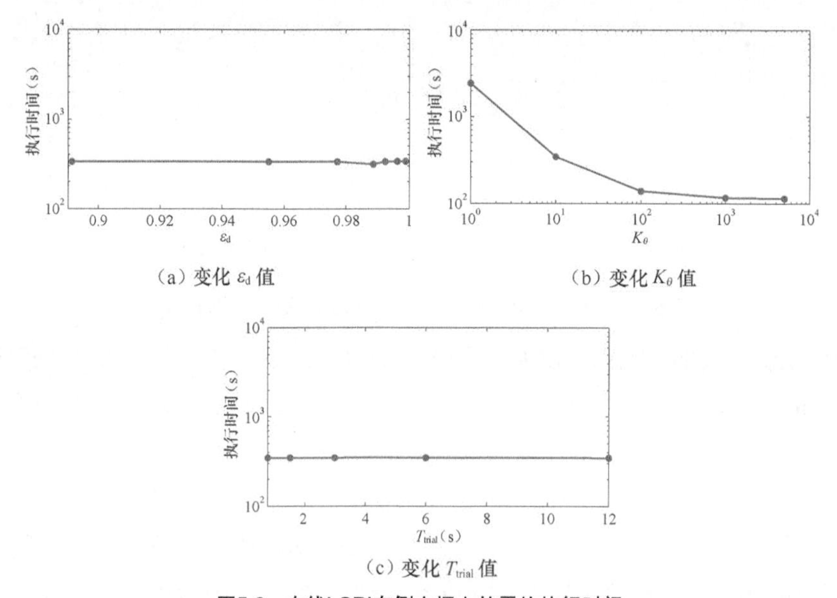

（a）变化 ε_d 值　　（b）变化 K_θ 值

（c）变化 T_{trial} 值

图5.6　在线LSPI在倒立摆上的平均执行时间

注意，对于完全乐观的更新，即 $K_\theta=1$，执行时间大约为 2430 s，比模拟实验的长度（600 s）长。因此，对于此 K_θ值，在线 LSPI 不能实时运行。5.6.2 节将讨论解决这个问题的一些可行方法。

4．在线 LSPI 和离线 LSPI 的比较

本节将比较在线 LSPI 和原始的离线 LSPI 算法。在比较中，将重用上面描述的在线实验。为了使用离线 LSPI，采用与在线案例相同的逼近器。虽然在线算法在学习期间生成自己的样本，但对于离线 LSPI，使用 n_s=20000 个预生成随机样本，这些样本均匀分布在离散状态－动作空间 $X\times U_d$ 中。离线 LSPI 使用独立样本集运行 20 次。表 5.1 比较了离线策略的得分（在 X_0上的平均回报）与在线实验结束时最终策略的评分，及离线 LSPI 和在线 LSPI 的执行时间。我们从ε_d

[6] 本章给出的所有执行时间都是在 Intel Core 2 Duo E6550 2.33 GHz CPU 和 3 GB RAM 的 PC 上用 MATLAB 7 运行算法代码时记录下的。

的研究中选择两个代表性的在线实验作比较：具有最好平均性能的实验和具有最差平均性能的实验，并以类似的方式选择来自 K_θ 和 T_{trial} 研究的代表性实验。

表 5.1　离线 LSPI 和在线 LSPI 的比较（均值；95%置信区间）

实验	性能（得分）	运行时间（s）
离线	−1496.8; [−1503.6, −1490.0]	82.7; [79.6, 85.8]
ε_{d}=0.9962（最好）	−1479.0; [−1482.3, −1475.7]	335.9; [332.8, 339.1]
ε_{d}=0.8913（最差）	−1534.0; [−1546.9, −1521.1]	333.6; [331.6, 335.7]
K_θ=1（最好）	−1494.3; [−1501.5, −1487.2]	2429.9; [2426.2, 2433.5]
K_θ=5000（最差）	−1597.8; [−1618.1, −1577.4]	114.0; [113.7, 114.2]
T_{trial}=0.75 s（最好）	−1486.8; [−1492.4, −1481.2]	346.3; [345.1, 347.5]
T_{trial}=12 s（最差）	−1598.5; [−1664.2, −1532.8]	346.6; [345.5, 347.7]

表 5.1 表明，在线 LSPI 的最终性能与其离线版本的性能相当。另外，在线 LSPI 在计算上更昂贵，因为它执行更多的策略改进。离线算法采用 20000 个样本，而在线 LSPI 在 100 s 的模拟时间内处理相同数量的样本，在整个学习过程中处理 120000 个样本。尽管如此，如图 5.2（a）所示，对于合理的参数设置，在 120 s 后，即在处理 24000 个样本之后，在线 LSPI 发现的策略得分已经很好了。因此，当样本数量对找到良好策略来说足够时，在线 LSPI 也可与离线 LSPI 相媲美。注意，在线 LSPI 只对样本处理一次，而离线算法在每次迭代中对样本遍历一次。

与离线算法的典型解相比，图 5.7 给出了一个典型的在线 LSPI 最终解。它是使用参数 K_θ=10、$\varepsilon_{\text{d}} = 0.9886$ 及 T_{trial}=1.5 s 来计算得到的。图 5.7（a）和图 5.7（b）所示的两种策略有相似的大尺度结构，但在某些情况下有所不同。在线算法发现的 Q 值函数［图 5.7（c）］比离线算法发现的 Q 值函数［图 5.7（d）］更接近图 5.1（a）的近最优 Q 值函数，因为离线算法发现的 Q 值函数在状态空间的原点处有一个额外的高峰。图 5.7（e）和图 5.7（f）所示的摆动轨迹是相似的，但在线解会导致更多的抖动。

5．在线 LSPI 和使用 LSPE-Q 的在线 PI 的比较

本节考虑在线 PI 算法，该算法使用 LSPE-Q（算法 3.9）评估策略，而不像在线 LSPI 那样使用 LSTD-Q。如前所述，LSPE-Q 以与 LSTD-Q 相同的方式更新矩阵 $\boldsymbol{\Gamma}$、$\boldsymbol{\Lambda}$ 和向量 $\boldsymbol{z}$。然而，与通过求解一次线性问题来找到参数向量 $\boldsymbol{\theta}$ 的 LSTD-Q 不同，LSPE-Q 在每次采样后递增地更新参数向量。在在线环境中，第 k 步的更新形式如下。

$$\boldsymbol{\theta}_{k+1} = \boldsymbol{\theta}_k + \alpha_{\text{LSPE}}(\boldsymbol{\theta}^{\ddagger}_{k+1} - \boldsymbol{\theta}_k)，\text{其中，}$$
$$\frac{1}{k+1}\boldsymbol{\Gamma}_{k+1}\boldsymbol{\theta}^{\ddagger}_{k+1} = \gamma\frac{1}{k+1}\boldsymbol{\Lambda}_{k+1}\boldsymbol{\theta}_k + \frac{1}{k+1}\boldsymbol{z}_{k+1} \tag{5.17}$$

其中，α_{LSPE}是步长参数。算法每K_θ次迁移就乐观地改进策略一次。算法 5.4 显示了使用 LSPE-Q 的在线 PI，其采用了ε贪心探索，该版本将在后续中使用。

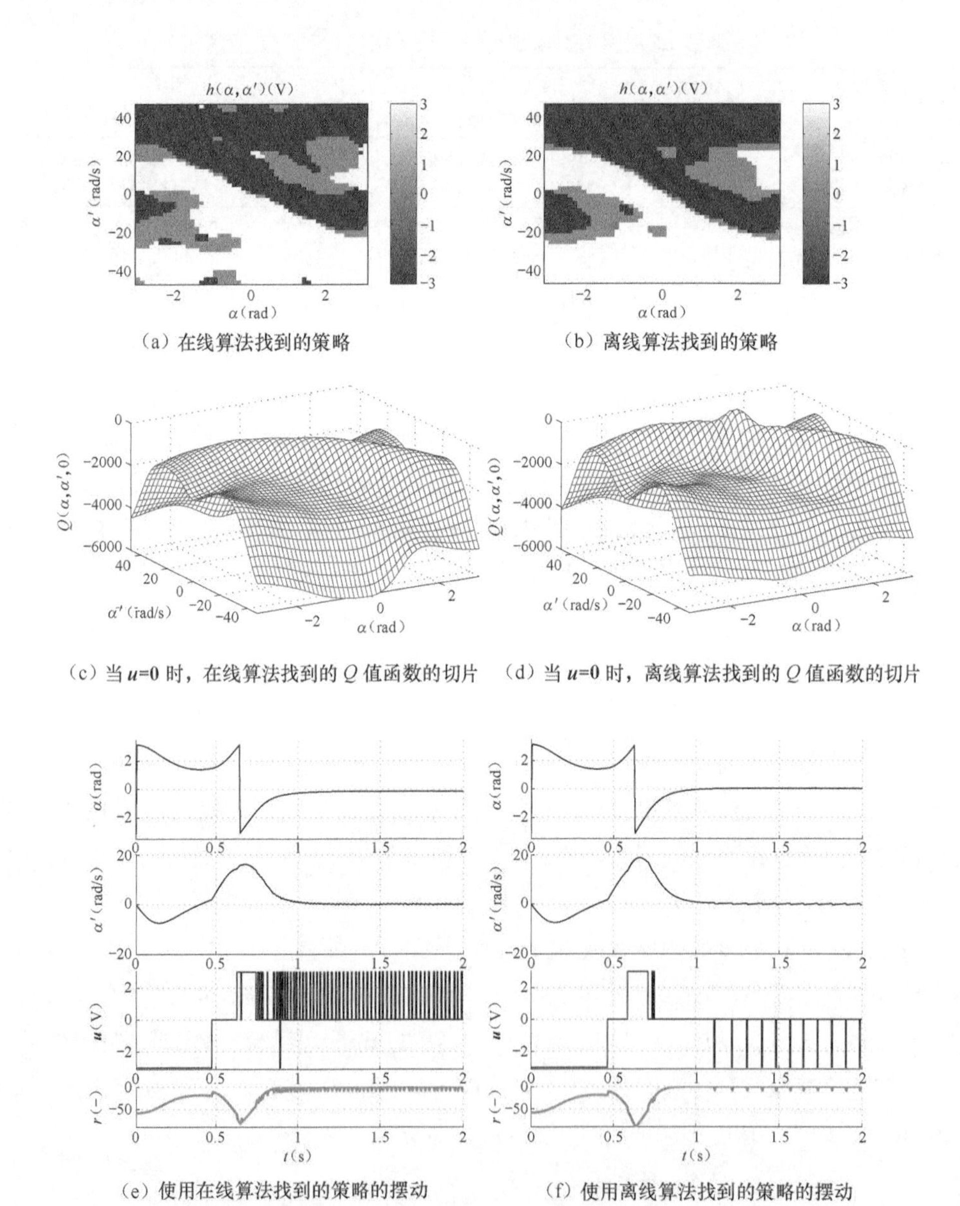

（a）在线算法找到的策略　（b）离线算法找到的策略

（c）当 u=0 时，在线算法找到的 Q 值函数的切片　（d）当 u=0 时，离线算法找到的 Q 值函数的切片

（e）使用在线算法找到的策略的摆动　（f）使用离线算法找到的策略的摆动

图5.7　在倒立摆问题中，由在线LSPI（左）和离线LSPI（右）找到的典型解

算法 5.4 使用 LSPE-Q 和ε贪心探索的在线策略迭代

Input: 折扣因子γ，基函数$\phi_1,\cdots,\phi_n : X\times U\to\mathbb{R}$，策略改进间隔$K_\theta$，探索设置$\{\varepsilon_k\}_{k=0}^{\infty}$，步长$\alpha_{\text{LSPE}}>0$，一个小的常数$\beta_\Gamma>0$

1. $\ell\leftarrow 0$，初始化策略h_0，初始化参数$\boldsymbol{\theta}_0$
2. $\boldsymbol{\Gamma}_0\leftarrow\beta_\Gamma\boldsymbol{I}_{n\times n},\boldsymbol{\Lambda}_0\leftarrow\boldsymbol{0},z_0\leftarrow\boldsymbol{0}$
3. 观察初始状态$\boldsymbol{x}_0$
4. **for** 每一步 k=0, 1, 2⋯ **do**
5. $\quad\boldsymbol{u}_k\leftarrow\begin{cases}h_\ell(\boldsymbol{x}_k), & \text{概率为}1-\varepsilon_k\text{(利用)}\\ U\text{中的一个均匀随机动作, 概率为}\varepsilon_k\text{(探索)}\end{cases}$
6. $\quad$使用$\boldsymbol{u}_k$，观察下一个状态$\boldsymbol{x}_{k+1}$和奖赏r_{k+1}
7. $\quad\boldsymbol{\Gamma}_{k+1}\leftarrow\boldsymbol{\Gamma}_k+\boldsymbol{\phi}(\boldsymbol{x}_k,\boldsymbol{u}_k)\boldsymbol{\phi}^{\mathrm{T}}(\boldsymbol{x}_k,\boldsymbol{u}_k)$
8. $\quad\boldsymbol{\Lambda}_{k+1}\leftarrow\boldsymbol{\Lambda}_k+\boldsymbol{\phi}(\boldsymbol{x}_k,\boldsymbol{u}_k)\boldsymbol{\phi}^{\mathrm{T}}(\boldsymbol{x}_{k+1},h_\ell(\boldsymbol{x}_{k+1}))$
9. $\quad z_{k+1}\leftarrow z_k+\boldsymbol{\phi}(\boldsymbol{x}_k,\boldsymbol{u}_k)r_{k+1}$
10. $\quad\boldsymbol{\theta}_{k+1}\leftarrow\boldsymbol{\theta}_k+\alpha_{\text{LSPE}}(\boldsymbol{\theta}_{k+1}^{\ddagger}-\boldsymbol{\theta}_k)$，这里$\frac{1}{k+1}\boldsymbol{\Gamma}_{k+1}\theta_{k+1}^{\ddagger}=\gamma\frac{1}{k+1}\boldsymbol{\Lambda}_{k+1}\boldsymbol{\theta}_k+\frac{1}{k+1}z_{k+1}$
11. $\quad$**if** $k=(\ell+1)K_\theta$ **then**
12. $\quad\quad h_{\ell+1}(\boldsymbol{x})\leftarrow\arg\max_{\boldsymbol{u}}\boldsymbol{\phi}^{\mathrm{T}}(\boldsymbol{x},\boldsymbol{u})\boldsymbol{\theta}_{k+1},\forall\boldsymbol{x}$
13. $\quad\quad\ell\leftarrow\ell+1$
14. $\quad$**end if**
15. **end for**

例如，Jung 和 Polani（2007a）研究了使用 LSPE-Q（K_θ=1）的在线策略迭代的完全乐观版本。Bertsekas（2007）、Jung 和 Polani（2007a）认为对在线策略迭代而言，使用 LSPE-Q 比使用 LSTD-Q 更有前景，这是由其增量性质决定的。

接下来，使用包含 LSPE-Q 的在线策略迭代来应对摆动问题。这里不研究所有参数的影响，只关注参数K_θ，并通过运行一系列实验来并行研究在线 LSPI 中的K_θ。逼近器、探索设置和实验长度与该实验相同，并使用相同的K_θ值。矩阵$\boldsymbol{\Gamma}$被初始化为$0.001\cdot\boldsymbol{I}_{n\times n}$。使用 LSPE-Q 的在线 PI 还有额外的步长参数α_{LSPE}，而在线 LSPI 不存在该参数。为了选择α_{LSPE}，这里使用了几个α_{LSPE}值：0.001、0.01、0.1 和 1，对K_θ的每个值进行了 20 次独立运行的初步实验。实验发现，α_{LSPE}取下列值：0.001、0.01、0.001、0.01 和 0.1，且对应的K_θ分别为 1、10、100、1000 和 5000 时，性能表现合理。

图 5.8 展示了在这 20 次运行中使用 LSPE-Q 的在线策略迭代的性能，可将它与图 5.4 比较。仅当 K_θ=1、α_{LSPE}=0.001 时，我们才获得可靠的改进性能。在这个实验中，由于步长非常小，学习速率较图 5.4 中的在线 LSPI 更慢。对于其他实验，使用 LSPE-Q 的在线策略迭代比在线 LSPI 的可靠性低：在 20 次运行中，性能变化较大。如在图 5.8（b）中，K_θ=5000 时，有 95% 置信区间。没有显示置信区间的实验具有相似的性质。为了解释为什么会出现这种情况，让我们回顾 3.5.2 节，为了保证 LSPE-Q 的收敛，需要根据当前策略下的稳态概率生成状态-动作样本。在在线 PI 中，策略经常被改变，且采取许多探索性动作。上述做法严重违背了需求，导致更新公式（5.17）不稳定。虽然在线 LSPI 也受到$\boldsymbol{\Gamma}$、$\boldsymbol{\Lambda}$和 z 值不精确的影响，但它可以更稳定，因为它仅使用$\boldsymbol{\Gamma}$、$\boldsymbol{\Lambda}$和 z 来计算一次性解，而不是像使用 LSPE-Q 的在线 PI 那样，递归地更新参数向量。尽管在使用 LSPE-Q 的在线 PI 中，非常小的步长可以恢复一个稳定的性能改进（如 K_θ=1、α_{LSPE}=0.001），但这并不能得到保证（如 K_θ=100 使用了相同的α_{LSPE}值，但仍然不稳定）。

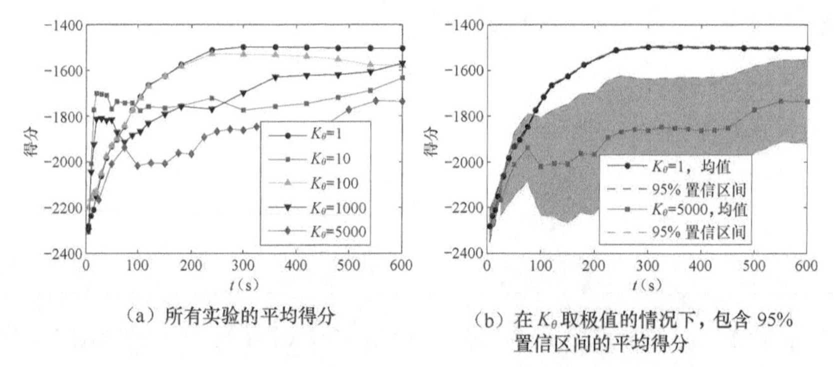

（a）所有实验的平均得分

（b）在 K_θ 取极值的情况下，包含 95% 置信区间的平均得分

图5.8 在倒立摆问题中，使用LSPE-Q的在线PI在不同K_θ下的性能

图 5.9 显示了使用 LSPE-Q 的在线 PI 的平均执行时间，并再一次绘制了图 5.6（b）中在线 LSPI 的执行时间，以便于比较。使用 LSPE-Q 的在线 PI 在每一步都求解了一个线性方程组，因此，对于 K_θ>1，它比在线 LSPI 在计算上更昂贵。在线 LSPI 仅在策略改进之前求解线性方程组。

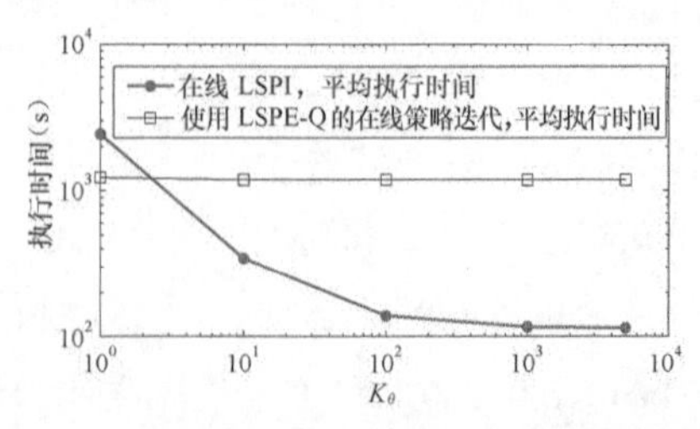

图5.9 在倒立摆问题中，与在线LSPI的执行时间相比，使用LSPE-Q的在线策略迭代在不同K_θ下的执行时间

6．用于实时倒立摆的在线 LSPI

接下来，我们使用在线 LSPI 来实时控制倒立摆系统，而不是像前面的章节那样进行模拟。为使学习控制器的问题稍微容易一些，将采样时间从 T_s=0.005 s 增加到 T_s=0.02 s，最大可用控制电压从 3 V 增加到 3.2 V。即便如此，钟摆在能直立之前仍必须来回摆动以收集能量。我们使用与模拟实验相同的逼近器，在线 LSPI 运行 300 s，被分为时长 2 s 的实验组。一半实验从稳定平衡开始（指向下），另一半实验是从随机初始状态开始，这些随机初始状态是通过应用一系列随机动作获得的。初始探索概率为 $\varepsilon_0 = 1$，并按衰减率 $\varepsilon_{\mathrm{d}} = 0.9848$ 指数衰减，导致最终的探索概率为 0.01。这里只在每次实验后才进行策略改进，因为在任意时间步中，求解线性方程组（算法 5.2 的第 11 行）可能需要比采样更长的时间。

图 5.10（a）给出了学习实验的子序列，包含每 10 次实验中的 1 次。所有这些实验都是从钟摆指向下时开始的。这些轨迹包括探索的影响。图 5.10（b）显示了使用最终策略，且没有探索时的钟摆摆动。控制器在经过大约 120 s 的学习后，有了良好的性能，即它成功地学习了如何摆动并稳定钟摆。这与模拟实验中观察到的学习速率相似。图 5.10（c）显示了获得的最终策略，同时也显示了在学习期间收集的一些状态样本，并与图 5.1（b）的近最优策略进行了比较。对于低速来说（在垂直轴上的零坐标附近），由在线发现的策略类似于近最优策略，但对高速来说这是不正确的。这是因为，使用上述过程在每次实验开始时重置状态，样本将集中在状态空间的低速区域。如果可以重置一个（次优）控制器的状态为任意值，则性能会提高。

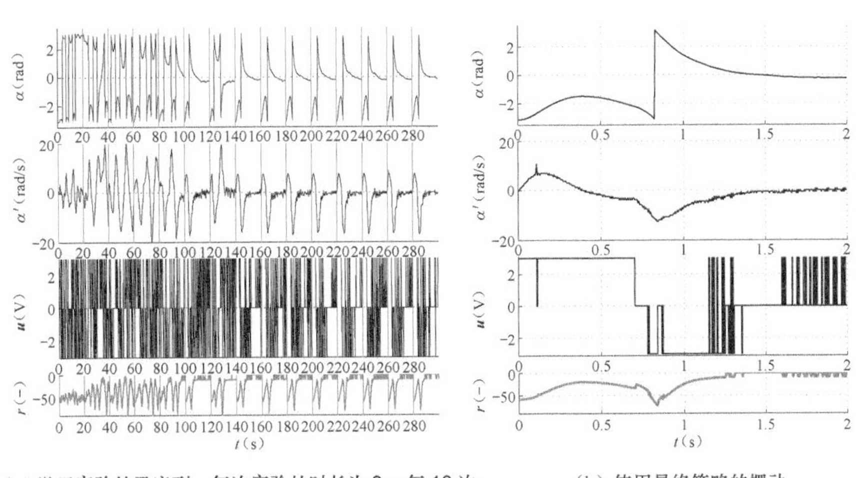

（a）学习实验的子序列。每次实验的时长为 2 s，每 10 次实验中只有 1 次被显示出来。每次实验的开始时间在水平轴上给出，不同实验用垂直线隔开

（b）使用最终策略的摆动

图5.10　在线LSPI在倒立摆问题中的实时结果

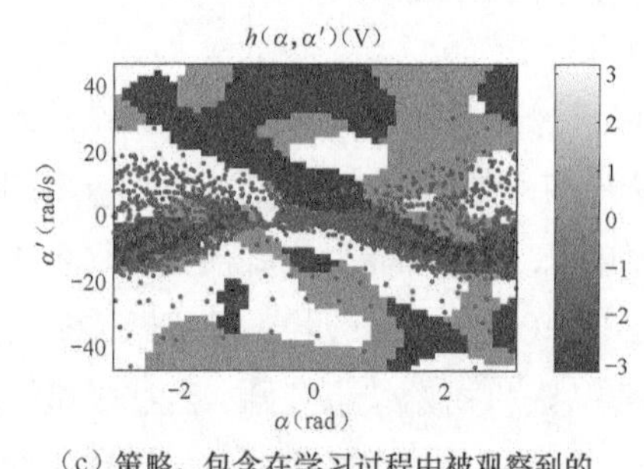

(c) 策略，包含在学习过程中被观察到的一些状态样本（灰点）

图5.10　在线LSPI在倒立摆问题中的实时结果（续）

5.6.2　用于双连杆机械臂的在线 LSPI

本节通过一个在水平面内操作的双连杆机械臂问题，考察在维度高于倒立摆的系统上，在线 LSPI 的性能。

1．双连杆机械臂问题

由于在 4.5.2 节已经描述了双连杆机械臂问题，因此，这里只是简要地概括一下。双连杆机械臂有 4 个状态变量、2 个动作变量及以下连续时间动态性模型。

$$M(\boldsymbol{\alpha})\ddot{\boldsymbol{\alpha}}+C(\boldsymbol{\alpha},\dot{\boldsymbol{\alpha}})\dot{\boldsymbol{\alpha}}=\boldsymbol{\tau}$$

其中，$\boldsymbol{\alpha}=[\alpha_1,\alpha_2]^{\mathrm{T}}$ 包含两个连杆的角度位置，$\boldsymbol{\tau}=[\tau_1,\tau_2]^{\mathrm{T}}$ 包含两个电机的扭矩，$M(\boldsymbol{\alpha})$是质量矩阵，$C(\boldsymbol{\alpha},\dot{\boldsymbol{\alpha}})$ 是科氏力和离心力矩阵。有关这些矩阵的值，请参见 4.5.2 节，也另请参见机械臂的示意图（图 4.8）。状态信号包括角度和角速度：$\boldsymbol{x}=[\alpha_1,\dot{\alpha}_1,\alpha_2,\dot{\alpha}_2]^{\mathrm{T}}$，控制信号是 $\boldsymbol{u}=\boldsymbol{\tau}$。利用饱和法，角度$\alpha_1$，$\alpha_2$限制在区间$[-\pi,\pi)$（单位为弧度），角速度$\dot{\alpha}_1,\dot{\alpha}_2$被限制在区间$[-2\pi,2\pi]$（单位为 rad/s）。扭矩被约束如下：$\tau_1\in[-1.5,1.5]\,(\mathrm{N\cdot m})$，$\tau_2\in[-1,1]\,(\mathrm{N\cdot m})$。离散时间步长被设置为 T_s=0.05 s，离散时间动态 f 是通过在连续时间步长之间对公式（4.49）数值积分得到的。

我们的目标是使系统稳定在$\boldsymbol{\alpha}=\dot{\boldsymbol{\alpha}}=\mathbf{0}$附近，可以表示为二次奖励函数的形式。

$$\rho(\boldsymbol{x},\boldsymbol{u})=-\boldsymbol{x}^{\mathrm{T}}\boldsymbol{Q}_{\mathrm{rew}}\boldsymbol{x}\text{，其中，}\boldsymbol{Q}_{\mathrm{rew}}=\mathrm{diag}[1,\ 0.05,\ 1,\ 0.05]$$

折扣因子γ= 0.98。

2．逼近器、参数设置和性能标准

与倒立摆一样，Q 值函数逼近器把状态-依赖的径向基函数与离散动作结合起来。我们在四维状态空间上定义了规格为 5×5×5×5 的、同形轴对齐的径向基函数等距网格。离散动作是 $[\tau_1,\tau_2]^{\mathrm{T}}\in\{-1.5,0,1.5\}\times\{-1,0,1\}$，共产生 $5^4\times 9=5625$ 个状态-动作基函数。学习实验的持续时间为 7200 s，被分为长度为 10 s（这足以使系统稳定）的实验，实验从均匀分布的随机初始状态开始，每 K_θ=50 次迁移后策略就被改进，β_Γ被设为 0.001。初始探索速率为ε_0=1，并按衰减率 $\varepsilon_d = 0.999041$指数衰减，导致实验结束时的探索概率为 0.001。

在包含连杆角度的常规网格中，使用一组初始状态的平均回报（得分）来评估在线计算出的策略的性能。

$$X_0 = \{-\pi, -2\pi/3, -\pi/3, \cdots, \pi\} \times \{0\} \times \{-\pi, -2\pi/3, -\pi/3, \cdots, \pi\} \times \{0\}$$

回报的估计精度为 $\varepsilon_{MC} = 0.1$。

3. 在线 LSPI 的结果

图 5.11 显示了 10 次独立运行的在线 LSPI 的性能。该算法在 1200 s 后首次达到最后性能的近似值，在此期间算法收集了 24000 个样本，这与二维倒立摆需要的样本数量相同。因此，在线 LSPI 的学习速率可以很好地扩展到更高维的机械臂问题。

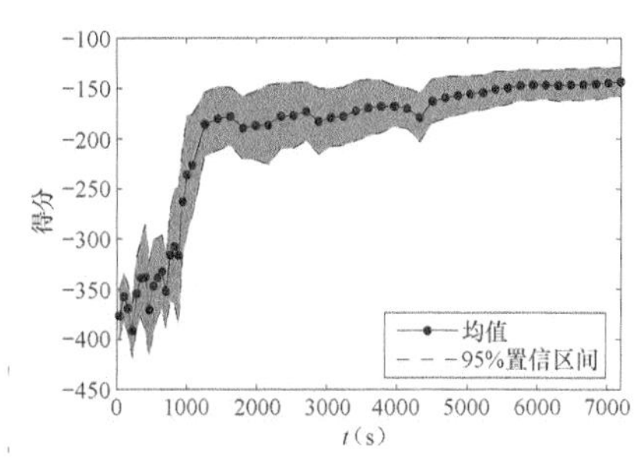

图5.11 在机械臂问题中，在线LSPI的性能

图 5.12 显示了一个由在线 LSPI 找到的策略，以及由该策略控制的一条典型轨迹。我们将这个解与模糊 Q 值迭代得到的解相比较，参见图 4.9。图 5.12（a）中的策略的整体结构大致类似于模糊 Q 值迭代策略，但细节不同且可能是次优的。在图 5.12（a）中，系统在 2 s 后稳定下来，但轨迹显示出控制动作的抖动，并因此引起状态的振荡。相比之下，图 4.9 的模糊 Q 值迭代轨迹并没有表现出如此多的抖动。

在线 LSPI 的性能较差主要是由所选择的逼近器的局限性造成的。虽然增加径向基函数或离散动作的数量会有所帮助，但也可能导致过高的计算成本。[7] 如前所述，在线 LSPI 每（策略改进）步的时间复杂度为 $O(n^3) = O(N^3M^3)$，其中，$N = 5^4$ 是状态-依赖的基函数的数量，$M = 9$ 是离散动作的数量。在线 LSPI 的实际执行时间为每次运行约 20 h，比模拟时间的 1200 s 更长，因此，实验不能实时再现。这说明了在高维问题中使用通用的、均匀分辨率的逼近器的困难。另外，拥有更多径向基函数意味着必须确定更多的参数，这又需要更多的数据。当数据成本高昂时，这可能会造成问题。

避免这些困难的一个方法是自动确定适合问题的少量基函数。尽管这里没有作相关研究，但我们已经在 3.6 节中阐述了一些用于自动发现基函数的方法，并将其用于实现策略评估的最小二乘算法中。这些方法大多数都是基于批处理、离线方式工作的（Menache 等，2005；Mahadevan 和

[7] 相比之下，模糊 Q 值迭代可以使用更准确的逼近器而不会导致过高的计算成本，因为它只需要存储和更新参数向量，而 LSPI 需要存储矩阵并求解线性方程组。

Maggioni，2007；Xu 等，2007；Kolter 和 Ng，2009），并且需要被修改才能在线工作。基于逐个样本的实现方法更容易用于在线 LSPI（Engel 等，2005；Jung 和 Polani，2007a）。减少计算需求的另一种可能是采用参数的增量更新，而不是求解线性方程组（Geramifard 等，2006，2007），但是这种方法不能减少算法的数据需求。

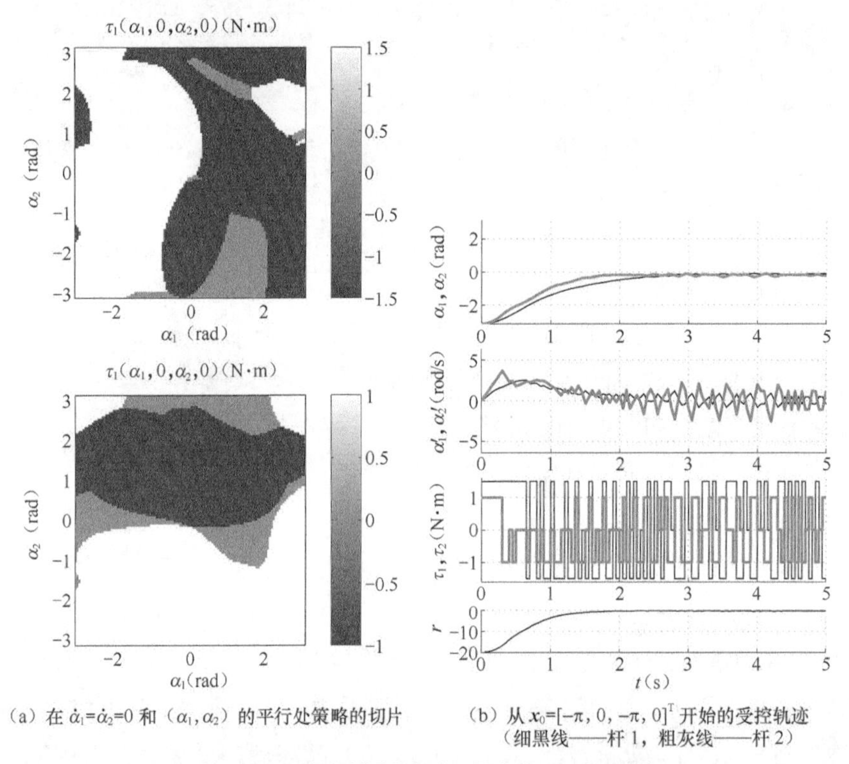

（a）在 $\dot{\alpha}_1=\dot{\alpha}_2=0$ 和（α_1,α_2）的平行处策略的切片　（b）从 $x_0=[-\pi, 0, -\pi, 0]^T$ 开始的受控轨迹（细黑线——杆 1，粗灰线——杆 2）

图5.12　在双连杆机械臂问题中，用在线LSPI找到的解

为了实验的完整性，我们还尝试将离线 LSPI 和使用 LSPE-Q 的在线策略迭代应用于机械臂问题。但即使提供 10^5 个样本，离线 LSPI 也不会收敛，而使用 LSPE-Q 的在线策略迭代超过了机器的内存资源，[8] 因此，根本无法运行。回顾 5.3 节，实际上，在线 LSPI 只需要存储单个 $n\times n$ 的 $\boldsymbol{\Gamma}-\gamma\boldsymbol{\Lambda}$ 估计，而使用 LSPE-Q 的在线 PI 必须分别估计 $\boldsymbol{\Gamma}$ 和 $\boldsymbol{\Lambda}$。

5.6.3　使用直流电机先验知识的在线 LSPI

本节将研究在在线 LSPI 中使用关于策略的先验知识的影响。如 5.4 节所述，我们考虑关于

[8] 我们的机器配备了 3 GB 的 RAM，并配置了 2 GB 的置换空间。

策略单调性的先验知识，并对直流电机问题进行实验研究。在 3.4.5 节和 4.5.1 节中曾介绍过该问题。

1．直流电机问题

直流电机通过离散时间模型来描述。

$$f(\boldsymbol{x},\boldsymbol{u})=\boldsymbol{A}\boldsymbol{x}+\boldsymbol{B}\boldsymbol{u}$$
$$\boldsymbol{A}=\begin{bmatrix}1 & 0.0049\\ 0 & 0.9540\end{bmatrix},\ \boldsymbol{B}=\begin{bmatrix}0.0021\\ 0.8505\end{bmatrix}$$

其中，$x_1=\alpha\in[-\pi,\pi]$（单位：rad）是轴角，$x_2=\dot{\alpha}\in[-16\pi,16\pi]$（单位：rad/s）是角速度，$\boldsymbol{u}\in[-10,10]$（单位：V）是控制输入（电压）。使用饱和法将状态变量限制在所允许的定义域中。我们的目标是使系统稳定在 $\boldsymbol{x}=\boldsymbol{0}$ 附近，用二次奖励函数来描述。

$$\rho(\boldsymbol{x},\boldsymbol{u})=-\boldsymbol{x}^{\mathrm{T}}\boldsymbol{Q}_{\mathrm{rew}}\boldsymbol{x}-R_{\mathrm{rew}}\boldsymbol{u}^2$$
$$\boldsymbol{Q}_{\mathrm{rew}}=\begin{bmatrix}5 & 0\\ 0 & 0.01\end{bmatrix},\ R_{\mathrm{rew}}=0.01$$

折扣因子 $\gamma=0.95$ 。

因为动态方程是线性的且奖励函数是二次的，所以如果忽略状态和动作变量的约束，最优策略将是线性状态反馈（Bertsekas，2007，3.2 节）。如 3.7.3 节脚注所解释的那样，最优反馈增益可以使用线性二次控制对折扣案例的扩展来计算。直流电机的反馈增益为 $[-12.92,-0.68]^{\mathrm{T}}$ 。通过使用饱和法将控制输入额外地限制在允许范围 $[-10,10]$ 之间，可获得以下策略。

$$h(\boldsymbol{x})=\mathrm{sat}\{[-12.92,-0.68]^{\mathrm{T}}\cdot\boldsymbol{x},-10,10\} \tag{5.18}$$

它沿状态空间的两个轴单调递减。这种单调性将在后续中用于加速在线 LSPI 的学习速率。注意，为了获得此先验知识，并不需要知道线性状态反馈增益的实际值，但需要知道它们的符号。策略（公式（5.18））如图 5.13（a）所示。

为了进行比较，图 5.13（b）给出了一个近最优策略，它由使用精确逼近器的模糊 Q 值迭代计算得到（此策略在图 3.5（b）中重复）。在状态空间的一个大区域中，这个策略是线性的，因此是单调的。唯一的非线性、非单调区域出现在图 5.13 的左上角和右下角，这可能是由状态变量的约束导致的。因此，限制在线 LSPI 的单调策略中确实包含近最优解。

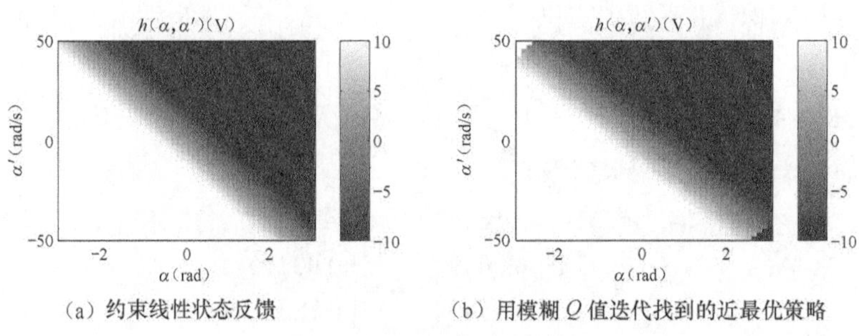

（a）约束线性状态反馈　　（b）用模糊 Q 值迭代找到的近最优策略

图5.13　直流电机的近最优策略

2．逼近器、参数设置和性能标准

为了将使用单调策略的在线 LSPI 应用于直流电机问题，Q 值函数使用状态–依赖的径向基函数和离散动作来近似，如同在上面的倒立摆和机械臂问题中一样。径向基函数是轴对齐的，它们的中心在状态空间中以等距的 9×9 网格布置，且每个维度 d 上的宽度 $b_d = b_d'^2/2$，这里 b_d' 是该维度相邻径向基函数之间的距离。使用这些径向基函数插值可得到状态空间上光滑的 Q 值函数。由于状态变量的定义域为 $[-\pi,\pi]$，角速度的定义域为 $[-16\pi,16\pi]$，可以得到 $b_1' = \frac{2\pi}{9-1} \approx 0.79$、$b_2' = \frac{32\pi}{9-1} \approx 12.57$，从而 $b_1 \approx 0.31$、$b_2 \approx 78.96$。离散动作空间是 $U_\mathrm{d} = \{-10, 0, 10\}$，从而状态–动作基函数的总数为 $9^2 \times 3 = 243$。

如 5.4 节所述，我们采用线性策略参数化方法［公式（5.4）］，并在策略改进公式（5.10）中强加单调性约束。策略径向基函数与 Q 值函数径向基函数相同，因此，该策略有 81 个参数。该参数化方法的另一个好处是可以产生连续动作。虽然如此，正如 5.4.1 节所解释的那样，这些动作在学习过程中必须被离散化，因为 Q 值函数逼近器只适用于离散动作。为了执行策略改进公式（5.10），这里生成了 1000 个均匀分布的随机状态样本。由于这些样本不包含关于动态性或奖赏的信息，因此，不需要使用模型来生成。

学习实验的总时长为 600 s，被分成单个时长为 1.5 s 的实验组，实验使用的是均匀分布的随机初始状态。策略改进间隔为 $K_\theta = 100$，探索设置从 $\varepsilon_0 = 1$ 开始，以 $\varepsilon_\mathrm{d} = 0.9886$ 的速率衰减，导致在 $t = 200$ s 时，$\varepsilon = 0.1$。我们在初始状态网格上以 $\varepsilon_\mathrm{MC} = 0.1$ 的精度估计策略的平均回报（得分），由此来评估策略。

$$X_0 = \{-\pi, -\pi/2, 0, \pi/2, \pi\} \times \{-10\pi, -5\pi, -2\pi, -\pi, 0, \pi, 2\pi, 5\pi, 10\pi\}$$

3．使用先验知识的在线 LSPI 的结果，及其与未使用先验知识的在线 LSPI 的比较

图 5.14 显示了使用策略单调性先验知识的在线 LSPI 的学习性能，并与不使用先验知识的原

始在线 LSPI 算法进行了比较。图 5.14 给出了 40 次独立运行的均值，以及这些均值的 95%置信区间。使用先验知识导致了更快、更可靠的学习：得分稳定地收敛于大约 50 s 的模拟时间内。相反，未使用先验知识的在线 LSPI 需要超过 300 s 的模拟时间才能达到近最优性能，并且在 40 次运行中的性能变化较大，这可以由宽度为 95%的置信区间看到。

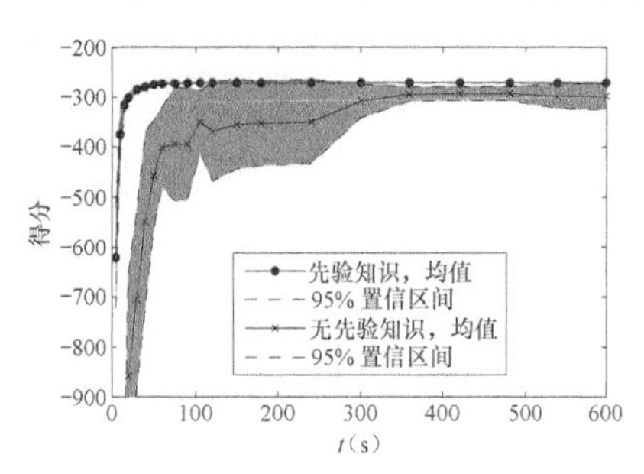

图5.14　在直流电机问题中，使用先验知识的在线 LSPI算法与原始的在线LSPI算法的比较

使用先验知识的在线 LSPI 的平均执行时间为 1034.2 s，95%的置信区间为 [1019.6, 1048.7] s。对于原始的在线 LSPI 算法，其平均执行时间为 87.6 s，置信区间为 [84.0, 91.3] s。对于使用先验知识的在线 LSPI，其执行时间更长，这是因为受限的策略改进公式（5.10）比原始的策略改进公式（5.2）需要更多的计算量。注意，使用先验知识的在线 LSPI 的执行时间大于模拟持续时间（600 s），因此，该算法不能被实时应用。

图 5.15 比较了使用先验知识获得的典型解与原始在线 LSPI 算法获得的典型解。未使用先验知识而得到的策略 [图 5.15（b）] 在几个领域中没有遵循单调性原则。在图 5.15（e）的控制轨迹中，单调策略的控制性能更好，这主要是因为它输出的是连续动作。然而，在学习过程中，当这些动作必须被离散化以使它们适用于 Q 值函数逼近器时，则无法利用该优势（如前所述，在未使用先验知识的实验和使用先验知识的实验中，都采用了相同的动作离散化方法）。

5.6.4　在倒立摆中使用带有连续动作逼近器的 LSPI

第四个也是最后一个实验将用倒立摆问题来评估 5.5 节所介绍的连续动作逼近器。为此，我们在倒立摆中使用带有连续动作逼近器的离线 LSPI，并将结果与使用离散动作的离线 LSPI 进行比较。

1．逼近器、参数设置和性能标准

Q 值函数的连续动作表示和离散动作表示都使用一组状态-依赖的径向基函数。这些径向基函数的使用与 5.6.1 节在线 LSPI 实验相同，即它们是同形轴对齐的，且分布在等距的 11×11 网格上。这个状态空间逼近器在整个实验中保持不变，而动作空间逼近器有如下变化。

如公式（5.12）和公式（5.13）所示，连续动作逼近器将径向基函数和第一类切比雪夫多项式结合起来。多项式的次数 M_p 取集合{2，3，4}中的值。如公式（5.15）所示，离散动作逼近器将径向基函数与离散动作结合起来。这里使用等距的离散动作，它们的数量 M 取两个值：3 和 5。我们仅使用奇数来保证零动作属于离散集合，认为 M_p 次的多项式逼近器与有 $M=M_p+1$ 个动作

的离散动作逼近器等价，因为它们具有相同数量的参数（见 5.5 节）。

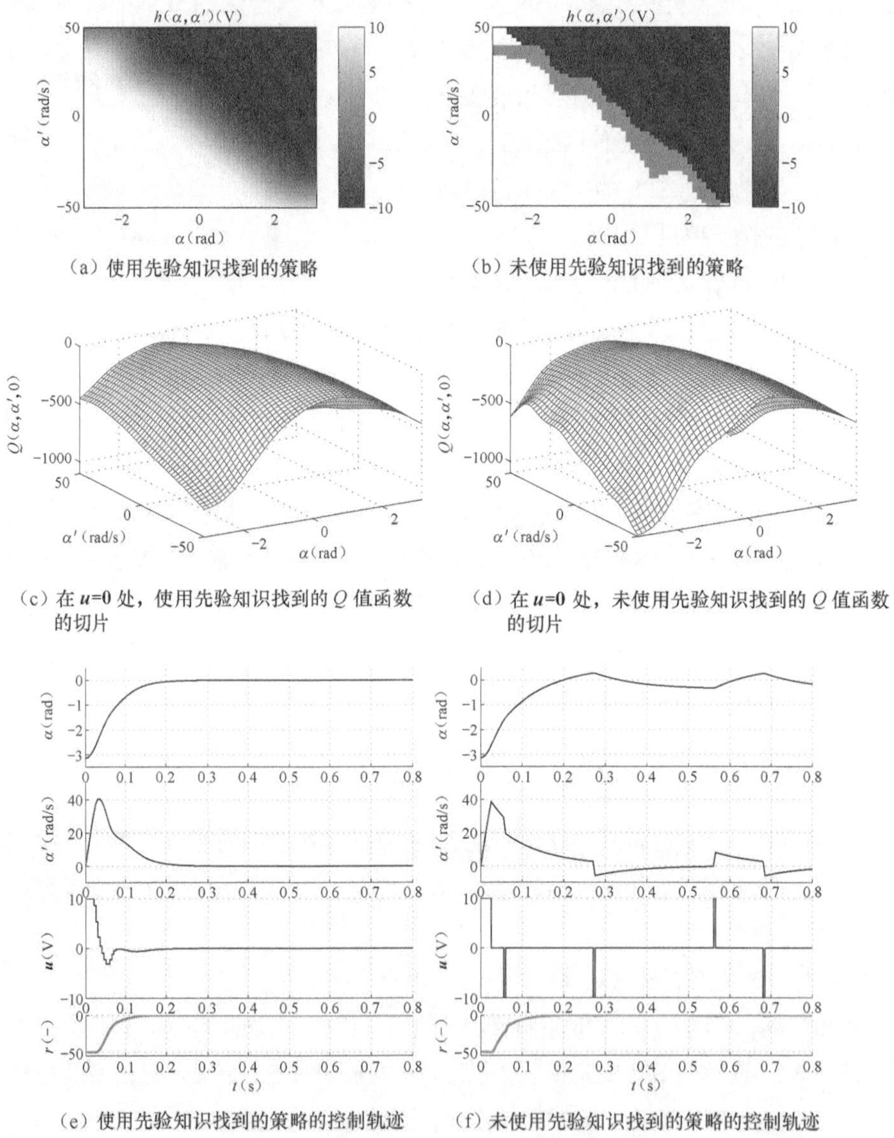

（a）使用先验知识找到的策略

（b）未使用先验知识找到的策略

（c）在 u=0 处，使用先验知识找到的 Q 值函数的切片

（d）在 u=0 处，未使用先验知识找到的 Q 值函数的切片

（e）使用先验知识找到的策略的控制轨迹

（f）未使用先验知识找到的策略的控制轨迹

图5.15 在直流电机问题中，使用先验知识（左）和没有使用先验知识（右）找到的典型解

对于多项式逼近器，用于策略评估的样本来自于连续状态-动作空间 $X \times U$ 上的均匀分布，同样，对于离散动作逼近器，样本来自于离散状态-动作空间 $X \times U_{\mathrm{d}}$ 的均匀分布。为了公平比较，设置样本总数 n_{s} 正比于参数总数 n，使得提供给每个 Q 值函数参数的样本数量为常数。由于状态

空间逼近器保持不变，所以事实上，n_s 在连续情况下与 M_p+1 成正比，在离散情况下与 M 成正比。对于 $M=M_p+1=3$ 的逼近器，选择 $n_s=10000$，从而当 $M_p=3$ 时，$n_s=13334$，当 $M=M_p+1=5$ 时，$n_s=16667$。

当两个连续参数向量之差的欧式范数不超过 $\varepsilon_{\text{LSPI}}=0.01$ 时，或当在参数序列中检测到极限环时，我们认为离线 LSPI 算法已经收敛。通过估计在初始状态的网格上策略的平均回报（公式（5.16））来评估每个收敛实验生成的策略。

2. 采用连续动作的 LSPI 的结果，并与离散动作的结果进行比较

图 5.16 显示与离散动作近似相比，使用连续动作近似的 LSPI 的性能和执行时间。这些图给出了 20 次独立运行的均值和置信区间，[9] 并在同一水平坐标上显示了这些有等量 Q 值函数参数的实验结果。在图 5.16（a）中，对于低次多项式（$M_p=2$）而言，多项式和离散动作近似之间的性能差异是不确定的。当次数增加时，多项式逼近器的性能会变差，这可能是由过拟合造成的。多项式近似会带来更高的计算成本，其也随多项式次数增加而增长，如图 5.16（b）所示。除其他原因外，这也是因为多项式近似的策略改进［公式（5.14）］比离散动作的策略改进有更高的计算需求。

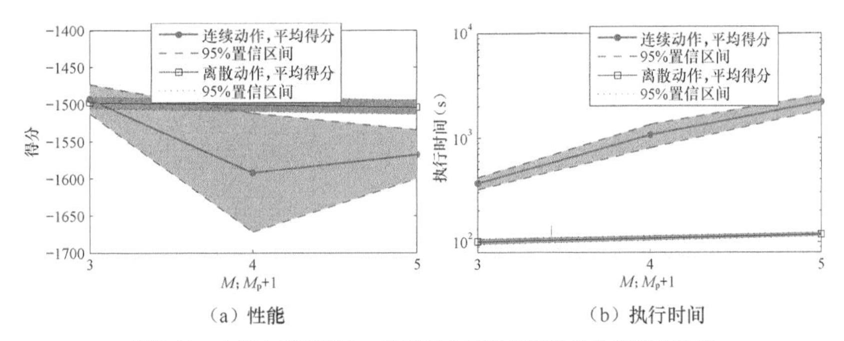

（a）性能　　（b）执行时间

图5.16　在倒立摆问题中，连续动作近似与离散动作近似的比较

图 5.17 将一个典型的连续动作解与一个典型的离散动作解进行了比较。我们选择使用二次多项式近似的连续动作解，因为其受过拟合的影响较小（见图 5.16（a））。选择 $M=3$ 的离散动作解决方案来进行比较，因为它有等量的参数。这两种策略有相似的结构，而且 Q 值函数也类似。即使这种优势在图 5.16（a）所示的数值得分中不明显，连续动作对于消除图 5.17（e）中的抖动实际上也是有用的。这种差异可以通过查看摆动的轨迹来加以证实。它们的第一部分可以用一个“砰—砰”的控制律来很好地近似（Kirk，2004，5.5 节），该控制律可以仅用 3 个离散动作（任一方向的最大

[9] 注意，在使用 3 次多项式近似的实验中，20 次运行中有 2 次不收敛，我们在计算均值和置信区间时忽略了不收敛的情况。

动作或零动作）来实现。由于奖励的指数式折损，在轨迹最后部分的任何抖动虽然不受欢迎，但对总回报几乎没有影响。因为起摆是许多初始状态所必需的，所以在这个问题中很难改进离散动作所获得的回报。[10]如果必须避免抖动，则应重新定义问题以使奖励函数对于抖动给予更大的惩罚。

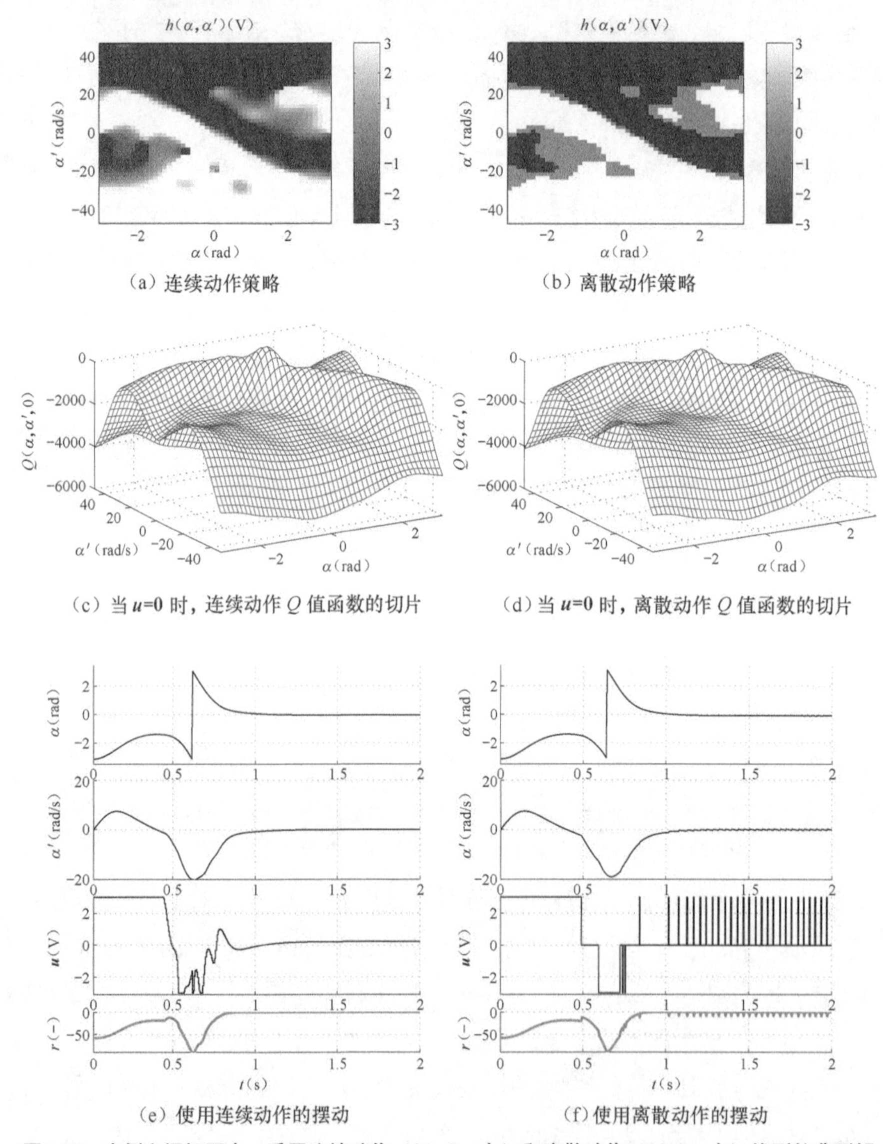

（a）连续动作策略

（b）离散动作策略

（c）当 u=0 时，连续动作 Q 值函数的切片

（d）当 u=0 时，离散动作 Q 值函数的切片

（e）使用连续动作的摆动

（f）使用离散动作的摆动

图5.17 在倒立摆问题中，采用连续动作（M_p=2；左）和离散动作（M=3；右）找到的典型解

[10] 注意，沿着图 5.17（e）的连续动作轨迹获得的回报略低于图 5.17（f）。这是因为在区间[0.5，0.7] s 中有伪最大动作。另外，即使连续动作轨迹表现出一个稳态误差，它对于回报的负面影响也不如离散动作轨迹中抖动的负面影响那么重要。

5.7 总结与讨论

本章考虑了 LSPI 的一些扩展算法。原始的 LSPI 是一种离线算法，它使用线性参数化方法来表示 Q 值函数，并通过 LSTD-Q 策略评估来查找参数。更具体地说，本章介绍了 LSPI 的在线版本，并将先验知识和用于 LSPI 的连续动作逼近器整合到了该版本中。

在线 LSPI 在倒立摆的模拟和实时实验中都有较快的学习速度。在同样的问题中，在线 LSPI 与其离线版本相比表现一般，并且离线比使用 LSPE-Q 的在线策略迭代更稳定，这可能是因为 LSTD-Q 比 LSPE-Q 更能适应在在线环境中经常需要的策略改进。在线 LSPI 也学会了稳定双连杆机械臂，但由于所选逼近器只使用了等距的基函数，算法求得的解并不理想。

事实上，本章的所有示例都使用了这样的等距逼近器，以便专注于公平地评估所引入的 LSPI 的扩展算法，这避免了设计基函数的困难。尽管如此，一般来说，为获得高精度而需要的等距基函数数量可能会过多，因而最好选用较少数量的合适的基函数。这也有助于减少算法的计算需求。例如，在线 LSPI 的一些模拟实验要花费比它们模拟的时间间隔更长的时间来执行，因此它们无法在实时问题中进行复现。虽然本章没有考虑过基函数的设计问题，但第 3.6 节已经介绍了一些方法，这些方法可以在最小二乘法中自动地找到合适的基函数来进行策略评估，并适用于在线 LSPI。

离线 PI 的性能保证依赖于有界的策略评估误差。然而，这些保证不能应用于在线情况，因为在线 LSPI 只有乐观地改进策略，才能完成准确的策略评估。理论上需要一种不同的方法来分析在线乐观 LSPI 的性能。这种方法对于分析使用 LSPE-Q 的在线 PI 也是有用的。

我们提出将先验知识整合到在线 LSPI 的方法，考虑了已知策略在状态变量中是单调的问题。对于所涉及的直流电机控制问题，使用这类先验知识会导致更快（在模拟时间方面）、更可靠的学习。也可以降低单调性要求的限制，例如，只要求在平衡点附近的策略是单调的。还可以考虑对策略提出更一般的限制，但其在策略改进的步骤中可能更难实施。

为 LSPI 设计的连续动作 Q 值函数逼近器结合了状态–依赖的基函数和动作空间中的正交多项式。我们在倒立摆问题中评估了这种方法，其二次多项式逼近器有助于消除控制动作的抖动，尽管它并没有获得比离散动作解更好的数值性能（回报）。高次多项式可能会导致过拟合，所以一种有用的方法是设计能抵抗这种有害影响的连续动作 Q 值函数逼近器。但是，必须注意确保可以使用这些逼近器有效地计算贪心动作。

到目前为止，本书已详细地研究了一种近似值迭代方法（见第 4 章），以及一种近似策略迭代方法（本章）。第 6 章和附录将深入讨论一种基于第三类 DP/RL 方法的算法，即近似策略搜索。

参考书目

Lagoudakis 和 Parr（2003a）以及 Bertsekas（2007）等提出了在线使用最小二乘法的算法，但是在撰写本书时，我们对他们的方法知之甚少。Jung 和 Polani（2007a）使用了包含 LSPE-Q 的在线乐观 PI。Li 等（2009）使用在线样本集来评估 LSPI，并研究了探索问题。他们的方法没有执行乐观策略改进，反而在连续的样本收集期间完全执行 LSPI。就我们所知，在撰写本书时，尚无人研究在 LSPI 中使用关于策略的先验知识的方法。在连续动作方面，Pazis 和 Lagoudakis（2009）提出了一种在 LSPI 中使用连续动作的方法，但它依靠迭代地细化离散动作，而不是本章中使用的多项式近似。

第6章 基于交叉熵基函数优化的近似策略搜索

本章介绍一种可用于连续状态、离散动作问题的近似策略搜索算法。该算法可用于直接求解最优策略，其中策略通常可以用一组给定数量的、与离散动作相关联的基函数来表示。基函数的位置和形状以及动作分配均通过交叉熵（CE，Cross-Entropy）方法进行优化，从而使得初始状态的代表集的经验回报最大化。最后，利用包含 2 ~ 6 个状态变量的问题来评估该 CE 策略搜索算法。

6.1 介绍

前两章介绍了可用于连续空间问题的值迭代和策略迭代方法。虽然这些方法有很多优点，但也存在着一些局限，可能无法适用于某些特定问题。一个核心的难点就是当问题的维数增加时，难以准确地表示值函数。这种困难尤其体现在值函数的表示方法是基于均匀分辨率的情况，参阅第 4、5 章，因为这种表示法的复杂性随着分辨率维数的增长而呈指数级增长。通常，构造自适应分辨率逼近器的方法也只能用于相对低维的问题（Munos 和 Moore，2002；Ernst 等，2005；Mahadevan 和 Maggioni，2007）。

在本书的最后一章，我们通过设计不需要值函数的策略搜索算法来避免上述情况。这种算法对策略进行参数表示，并且搜索产生最大回报的最优参数（参见第 3.7 节）。这里我们关注的是策略先验知识无法获得的情况，这意味着必须采用一种弹性的策略参数化方法。由于这种弹性参数化方法可能产生多局部最优的不可微优化问题，因此，需要使用一种梯度无关的全局优化技术。在第 3.7.2 节中所讨论的梯度无关策略搜索框架的基础上，结合第 4、5 章的内容，本章将介绍第 3 章结尾涉及的 3 类重要方法——近似值迭代、近似策略迭代以及近似策略搜索。

为了得到一种弹性的策略参数化方法，我们采用了值函数近似中基函数优化的思想（见 3.6.2 节）。特别地，我们使用与离散动作以多对一形式关联的 N 个状态依赖的、优化的基函数来表示策略，因此，需要一个离散（离散化的）动作空间。预先确定的基函数的类型和数量 N 决定了参数化方法的求解复杂性以及表示能力，其中，基函数的位置与形状以及动作分配都通过策略搜索进行优化。优化目标是一组典型初始状态的回报加权和，其中，每个回报可以使用蒙特卡洛模拟获得。通过典型状态以及权重函数使得算法更加关注部分重要的状态空间。

这种方法可以解决高维状态空间问题，因为它的运算需求与状态变量的数量无关。运算需求取决于所选择的典型初始状态的数量（模拟必须从这些状态开始）以及从这些初始状态获得近最优回报策略的难度（因为这表明了优化问题的复杂程度）。注意，这种策略比全局最优策略更容易获得，因为它仅仅需要在状态空间的子空间中选取最优动作，该子空间是通过从典型状态开始的近最优轨迹获得的。与之不同的是，一个全局优化策略必须在全部状态空间中选取最优动作，该空间明显大于子空间。

我们选用 CE 方法来优化策略参数（Rubinstein 和 Kroese，2004）。为了对使用自适应基函数的 CE 策略搜索算法进行评价，这里选择了 3 个维数逐渐增加的问题：二重积分的优化控制问题、自行车平衡问题以及人类免疫缺陷病毒（HIV）传染病的治疗控制问题。二维的二重积分问题用来研究在整个状态空间中，如何利用 CE 策略搜索找到一个表现良好的策略。在该问题中，将 CE 策略搜索与基于均匀分辨率的近似值迭代和近似策略迭代进行比较，同时还与一种采用了 DIRECT（Jones，2009）优化算法的策略搜索方法进行比较。在四维的自行车平衡问题中，我们研究了典型状态集和随机迁移函数对搜索结果的影响。最后，将 CE 搜索方法用于更为真实的、六维 HIV 传染病控制问题。

6.2 节主要介绍 CE 优化方法。6.3 节介绍策略参数化方法以及用来优化参数的 CE 算法。6.4 节将给出上文所提到的多个实验的结果。6.5 节进行总结与讨论。

6.2 交叉熵优化方法

本节将对 CE 优化方法（Rubinstein 和 Kroese，2004）进行简要的介绍，特别讨论了与本章相关的 CE 背景知识。这些介绍主要是针对略过第 4 章内容的读者，因为第 4 章已经对 CE 方法做过介绍。其他读者可以直接从公式（6.5）开始阅读。对 CE 方法的详细描述可以参考附录 B。

考虑如下优化问题。

$$\max_{\boldsymbol{a}\in\mathcal{A}} s(\boldsymbol{a}) \tag{6.1}$$

这里，$s:\mathcal{A}\to\mathbb{R}$ 是用于最大化的评分函数（优化准则），变量 a 在空间 $\mathcal{A}$ 中取值。将 s 的最大值表示为 s^*。CE 优化方法主要求解支撑 $\mathcal{A}$ 上的概率密度[1]。在每轮迭代，根据当前概率密度，获取一组随机样本，并且计算样本所对应的评分函数的分值。保留其中分值较大的部分样本，丢弃其他样本。根据所选择的样本，更新概率密度，使得在下一次迭代期间增加更好样本的选择概率。当最差选定样本的分数不再显著提高时，算法停止。

形式上，可以选择空间 $\mathcal{A}$ 上的任意概率密度簇 $\{p(\cdot;\boldsymbol{v})\}$，由 $\boldsymbol{v}$ 参数化。在 CE 算法的每次迭代 $\tau\geqslant 1$ 中，利用概率密度 $p(\cdot;\boldsymbol{v}_{\tau-1})$ 选择 N_{CE} 个样本，计算其分值，并且给定样本分值的 $(1-\rho_{\text{CE}})$ 分位数[2] λ_τ，其中，$\rho_{\text{CE}}\in(0,1)$。因此，可以将原问题转化为一个关联随机问题，即需要估计从 $p(\cdot;\boldsymbol{v}_{\tau-1})$ 中所选择样本分值至少为 λ_τ 的概率。

$$\mathrm{P}_{\boldsymbol{a}\sim p(\cdot;\boldsymbol{v}_{\tau-1})}[s(\boldsymbol{a})\geqslant\lambda_\tau]=\mathrm{E}_{\boldsymbol{a}\sim p(\cdot;\boldsymbol{v}_{\tau-1})}\{I[s(\boldsymbol{a})\geqslant\lambda_\tau]\} \tag{6.2}$$

其中，I 为指示函数，当参数为真时，值为 1；反之，值为 0。

公式（6.2）中的概率可以通过重要性采样方法进行估计。对于关联随机问题，通过重要性采样密度，可以提高兴趣事件 $s(a)\geqslant\lambda_\tau$ 的概率。从最小 CE（最小 Kullback-Leibler 散度）角度来看，概率密度簇 $\{p(\cdot;\boldsymbol{v})\}$ 中的一个最优化重要性采样密度可以通过公式（6.3）的解确定。

$$\arg\max_{\boldsymbol{v}} \mathrm{E}_{\boldsymbol{a}\sim p(\cdot;\boldsymbol{v}_{\tau-1})}\{I[s(\boldsymbol{a})\geqslant\lambda_\tau]\ln p(\boldsymbol{a};\boldsymbol{v})\} \tag{6.3}$$

公式（6.3）的近似解 $\hat{v}_\tau$ 可以通过如下的随机对应求得。

$$\hat{\boldsymbol{v}}_\tau=\boldsymbol{v}_\tau^\ddagger,\ \text{其中},\ v_\tau^\ddagger\in\arg\max_{\boldsymbol{v}}\frac{1}{N_{\text{CE}}}\sum_{i_s=1}^{N_{\text{CE}}}I[s(\boldsymbol{a}_{i_s})\geqslant\lambda_\tau]\ln p(\boldsymbol{a}_{i_s};\boldsymbol{v}) \tag{6.4}$$

这里，只有满足 $s(\boldsymbol{a}_{i_s})\geqslant\lambda_\tau$ 的样本才可以参与有效运算，因为，其他样本的指示函数的值都为 0。因此，可以认为密度参数更新仅仅依赖于这些相对较好的样本，其他样本被舍弃。

CE 优化在下一轮迭代中将使用新的密度参数 $\boldsymbol{v}_\tau=\hat{\boldsymbol{v}}_\tau$［注意，概率公式（6.2）从未真正被计算］。与旧的密度相比，更新后的密度可以有更高的概率生成好的样本，使得 $\lambda_{\tau+1}$ 进一步趋近最优 s^*。目标是最终收敛于某一密度，其将以较高概率生成接近 $\boldsymbol{a}$ 的最优值的样本的密度。对于次数为 $d_{\text{CE}}>1$ 的连续迭代，样本的 $(1-\rho_{\text{CE}})$ 分位数将不断改善，当更新量不大于一个很小的确定常数 ε_{CE} 时，算法停止；另外，当算法达到最大迭代次数 $\tau_{\max}$ 时，算法也停止。在所有迭

[1] 简单来说，我们用“密度”泛指概率密度函数（连续随机变量）以及概率质量函数（离散随机变量），在后续的介绍中不作区分。

[2] 如果样本的分值被升序排序，如 $s_1\leqslant\cdots\leqslant s_{N_{\text{CE}}}$，则 $(1-\rho_{\text{CE}})$ 分位数为：$\lambda_\tau=s_{\lceil(1-\rho_{\text{CE}})N_{\text{CE}}\rceil}$。

代产生的样本中的最好分数作为优化问题（6.1）的近似解，相应的样本作为最优解的近似位置。

不再将新的密度参数直接设置为公式（6.4）的解 $\hat{\boldsymbol{v}}_\tau$，密度参数可以通过增量方式进行更新：

$$\boldsymbol{v}_\tau = \alpha_{\mathrm{CE}}\hat{\boldsymbol{v}}_\tau + (1-\alpha_{\mathrm{CE}})\boldsymbol{v}_{\tau-1} \tag{6.5}$$

其中，$\alpha_{\mathrm{CE}} \in (0, 1]$。该做法也被称为平滑过程，这样可以防止 CE 优化陷入局部最优解（Rubinstein 和 Kroese, 2004）。

在 $\mathscr{A}$ 和 $p(\cdot;\boldsymbol{v})$ 满足某些假设的情况下，随机对应［公式（6.4）］可以通过解析方法求解。一个很重要的例子就是当 $p(\cdot;\boldsymbol{v})$ 属于自然指数簇时（Morris，1982），例如，$\{p(\cdot;\boldsymbol{v})\}$ 是高斯密度簇，其中，均值为 η，标准差为 σ（$\boldsymbol{v}=[\eta,\sigma]^{\mathrm{T}}$），（6.4）中的解 $\boldsymbol{v}_\tau$ 可以表示为最优样本的均值和标准差，这里的最优样本就是满足 $s(\boldsymbol{a}_{i_s}) \geqslant \lambda_\tau$ 的样本 $\boldsymbol{a}_{i_s}$。

CE 优化在许多优化问题中表现良好，且常常优于其他随机算法（Rubinstein 和 Kroese，2004），并逐步应用于多个领域，包括生物医学（Mathenya 等，2007）、电力系统（Ernst 等，2007）、交通疏导（Chepuri 和 deMello，2005）、向量量化（Boubezoul 等，2008）和聚类（Rubinstein 和 Kroese，2004）。虽然 CE 优化的收敛性还没有得到一般性的证明，但算法在实际应用中通常是收敛的（Rubinstein 和 Kroese，2004）。对于组合优化（离散变量），CE 方法能够以概率 1 收敛至一个单位质量密度，即收敛至某单一样本点。此外，当平滑参数 α_{CE} 足够小时，该收敛点即是最优解（Costa 等，2007）。

6.3 交叉熵策略搜索

本节介绍使用 CE 对策略进行优化的方法。下面主要阐述采用径向基函数对策略进行参数化表示的一般算法。

6.3.1 一般方法

考虑一个随机或者确定的 MDP。后续内容主要使用随机 MDP 的符号，但是所有结果可以很容易地用于确定性情况。用 D 表示 MDP 中状态变量的数量（X 的维度）。假定 MDP 的动作空间是离散的，且包含 M 个不同的动作，$U_{\mathrm{d}}=\{\boldsymbol{u}_1,\cdots,\boldsymbol{u}_M\}$。集合 U_{d} 可以从原始大（例如连续的）动作空间 U 中通过离散化得到。

下面首先介绍策略参数化方法，然后介绍评分函数以及用于参数优化的 CE 方法。

1．策略参数化

策略主要是通过定义在状态空间中 $\mathcal{N}$ 个基函数来表示，并通过参数向量 $\boldsymbol{\xi} \in \Xi$ 进行参数化：

$$\varphi_i(\cdot;\boldsymbol{\xi}): X \to \mathbb{R}, \quad i = 1, \cdots, \mathcal{N}$$

这里，点号表示状态参数 $\boldsymbol{x}$。参数向量 $\boldsymbol{\xi}$ 通常给出 BF 的位置与形状。BF 以多对一的关系实现状态到离散动作的映射，可以表示为一个向量 $\boldsymbol{\vartheta} \in \{1, \cdots, M\}^{\mathcal{N}}$，该向量将每个 BF ϕ_i 与一个离散动作索引 ϑ_i 或等价的离散动作 $\boldsymbol{u}_{\vartheta_i}$ 进行关联。策略参数化表示的示意如图 6.1 所示。

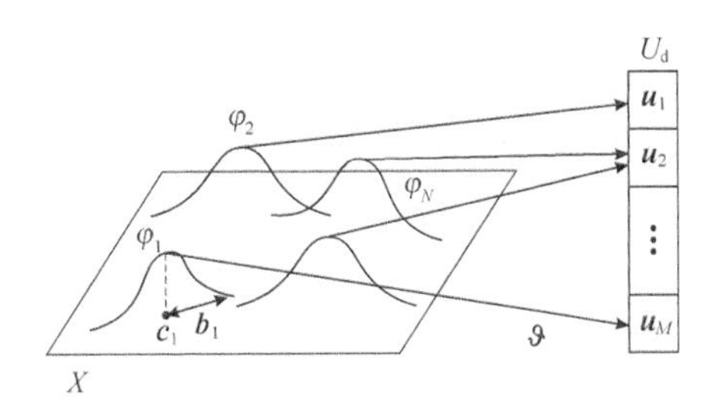

图6.1　策略参数化表示的示意

（注：向量 $\boldsymbol{\vartheta}$ 将 BF 与离散动作关联。本例中，BF 通过中心 $\boldsymbol{c}_i$ 和宽度 $\boldsymbol{b}_i$ 进行参数化表示，即 $\boldsymbol{\xi} = [\boldsymbol{c}_1^{\mathrm{T}}, \boldsymbol{b}_1^{\mathrm{T}}, \cdots, \boldsymbol{c}_{\mathcal{N}}^{\mathrm{T}}, \boldsymbol{b}_{\mathcal{N}}^{\mathrm{T}}]^{\mathrm{T}}$）

因此，一个完整的策略参数向量可以表示为 $[\boldsymbol{\xi}^{\mathrm{T}}, \boldsymbol{\vartheta}^{\mathrm{T}}]^{\mathrm{T}}$，取值范围为集合 $\Xi \times \{1, \cdots, M\}^{\mathcal{N}}$。　对于任何 $\boldsymbol{x}$，策略选取与 BF 关联并取得最大值的动作：

$$h(\boldsymbol{x}; \boldsymbol{\xi}, \boldsymbol{\vartheta}) = \boldsymbol{u}_{\vartheta_{i^{\ddagger}}}, \text{ 其中，} i^{\ddagger} \in \arg\max_i \varphi_i(\boldsymbol{x}; \boldsymbol{\xi}) \tag{6.6}$$

2．评分函数

CE 策略搜索的目标是：找到最优参数，使得从有穷的典型初始状态集 X_0 开始可以获得的加权平均回报最大化。每个典型状态的回报使用蒙特卡罗模拟估计得出。在第 3.7.2 节中，介绍与梯度无关的策略搜索时已经讨论过上述问题，这里仅作简要的概括，后续将具体介绍 CE 策略搜索。

评分函数（优化标准）可以写成公式（3.63）的形式。

$$s(\boldsymbol{\xi}, \boldsymbol{\vartheta}) = \sum_{\boldsymbol{x}_0 \in X_0} w(\boldsymbol{x}_0) \hat{R}^{h(\cdot;\boldsymbol{\xi},\boldsymbol{\vartheta})}(\boldsymbol{x}_0) \tag{6.7}$$

其中，X_0 是典型状态集合，权重是 $w: X_0 \to (0, 1]$[3]。用蒙特卡罗模拟估计每个状态 $\boldsymbol{x}_0 \in X_0$ 的回

[3] 更一般地，$\tilde{w}$ 被认为是初始状态的密度，则评分函数可表示为 $\mathrm{E}_{\boldsymbol{x}_0 \sim \tilde{w}(\cdot)}\left\{R^{h(\cdot;\boldsymbol{\xi},\boldsymbol{\vartheta})}(\boldsymbol{x}_0)\right\}$，即当 $\boldsymbol{x}_0 \sim \tilde{w}(\cdot)$ 时的回报期望值。这样的评分函数可以用评估蒙特卡罗方法进行评估。本章中，我们仅考虑与权重函数 w 相关的有限集 X_0，如公式（6.7）所示。

报值［公式（3.64）］。

$$\hat{R}^{h(\cdot;\boldsymbol{\xi};\boldsymbol{\vartheta})}(\boldsymbol{x}_0)=\frac{1}{N_{\mathrm{MC}}}\sum_{i_0=1}^{N_{\mathrm{MC}}}\sum_{k=0}^{K}\gamma^k\tilde{\rho}\ [\boldsymbol{x}_{i_0,k},h(\boldsymbol{x}_{i_0,k};\boldsymbol{\xi},\boldsymbol{\vartheta}),\boldsymbol{x}_{i_0,k+1}]$$

其中，$\boldsymbol{x}_{i_0,0}=\boldsymbol{x}_0$，$\boldsymbol{x}_{i_0,k+1}\sim\tilde{f}\ [\boldsymbol{x}_{i_0,k+1}\sim\tilde{f}(\boldsymbol{x}_{i_0,k},h(\boldsymbol{x}_{i_0,k};\boldsymbol{\xi},\boldsymbol{\vartheta}),\cdot]$，且 N_{MC} 是蒙特卡罗模拟执行的次数。每次模拟 i_0 都使用由策略 $h(\cdot;\boldsymbol{\xi},\boldsymbol{\vartheta})$ 生成的 K 步长的系统轨迹。由于系统轨迹是独立生成的，所以分数计算也是无偏的。给定期望精度 $\varepsilon_{\mathrm{MC}}>0$，$K$ 的长度可以通过公式（3.65）选择，以保证沿着原始无限长的轨迹上的轨迹截断不会产生大于 $\varepsilon_{\mathrm{MC}}$ 的误差。

典型初始状态集合 X_0 及权重函数 w 共同决定了所得策略的性能。一些问题只是要求按照一个限定的初始状态集合对系统进行优化控制；那么 X_0 就应该等于该集合，而如果初始状态集合过大时，X_0 则是该集合的子集。另外，比较重要的初始状态可以被指定更大的权重。当所有的初始状态同等重要时，X_0 中的状态将均匀覆盖整个状态空间，并且 X_0 中的每个状态的权重都被设定为 $\frac{1}{|X_0|}$（注意，此处$|\cdot|$表示集合的基数）。我们将会在 6.4.2 节针对自行车平衡问题讨论 X_0 的影响。

3. 交叉熵策略搜索的一般算法

一个全局的、梯度无关的混合整数优化问题必须找到使评分函数［公式（6.7）］最大化的最优参数 $\boldsymbol{\xi}^*$，$\boldsymbol{\vartheta}^*$。可以使用多种技术解决这样的问题。本章我们选择 CE 方法作为这些技术中的一个例子进行说明。在第 6.4.1 节中，针对策略搜索问题，我们对 CE 优化和 DIRECT 优化算法（Jones，2009）进行了比较。

为了定义 CE 优化的关联随机问题［公式（6.2）］，首先需要选择支撑 $\Xi\times\{1,\cdots,M\}^N$ 的密度簇。一般地，Ξ 可能不是一个离散集合，所以，通常用不同的密度表示参数向量的两个部分 $\boldsymbol{\xi}$ 和 $\boldsymbol{\vartheta}$。使用支撑 Ξ 并由 $\boldsymbol{v}_\xi$ 参数化的 $p_\xi(\cdot;\boldsymbol{v}_\xi)$ 来表示 $\boldsymbol{\xi}$ 的密度，使用支撑 $\{1,\cdots,M\}^N$ 并由 $\boldsymbol{v}_\vartheta$ 参数化的 $p_\vartheta(\cdot;\boldsymbol{v}_\vartheta)$ 来表示 $\boldsymbol{\vartheta}$ 的密度。用 N_{v_ξ} 表示向量 $\boldsymbol{v}_\xi$ 中元素的数目，N_{v_ϑ} 表示向量 $\boldsymbol{v}_\vartheta$ 中元素的数目。值得注意的是，通常选择容易采样的密度（Press 等，1986，第 7 章）。例如，后续章节我们将使用高斯密度表示连续变量，伯努利密度表示二元变量。

算法 6.1 给出了用于策略搜索的 CE 方法。为了方便阅读，表 6.1 中列出了算法中涉及的参数和变量的含义，由于样本已经按照其分数升序排序，所以算法 6.1 中的 11 和 12 行的随机对应式被简化了。当经过 d_{CE} 次连续迭代，λ 的变化不超过 $\varepsilon_{\mathrm{CE}}$，或者达到最大迭代数量 $\tau_{\max}$ 时，算法结束。当 $\varepsilon_{\mathrm{CE}}=0$ 时，则在 d_{CE} 次连续迭代，只有当 λ 不发生变化时，算法才结束。整数 $d_{\mathrm{CE}}>1$ 用于保证在小于 $\varepsilon_{\mathrm{CE}}$ 时，性能的降低不是偶然的（如随机影响）。

算法 6.1 CE 策略搜索。转载许可（Buşoniu 等, 2009），©2009 IEEE。

Input 动态性 $\tilde{f}$，奖励函数 $\tilde{\rho}$，折扣率 γ，典型状态 X_0，权重函数 w，密度簇 $\{p_\xi(\cdot;\boldsymbol{v}_\xi)\}$，$\{p_\vartheta(\cdot;\boldsymbol{v}_\vartheta)\}$，密度参数数量 N_{v_ξ}，N_{v_ϑ}，其他参数，$\mathcal{N}$，ρ_{CE}，c_{CE}，α_{CE}，d_{CE}，$\varepsilon_{\mathrm{CE}}$，$\varepsilon_{\mathrm{MC}}$，$N_{\mathrm{MC}}$，$\tau_{\max}$

1. 初始化密度参数 $\boldsymbol{v}_{\xi,0}$，$\boldsymbol{v}_{\vartheta,0}$
2. $N_{\mathrm{CE}} \leftarrow c_{\mathrm{CE}}(N_{v_\xi}+N_{v_\vartheta})$
3. $\tau \leftarrow 0$
4. **repeat**
5. $\quad\tau \leftarrow \tau+1$
6. $\quad$从 $p_\xi(\cdot;\boldsymbol{v}_{\xi,\tau-1})$ 中生成样本 $\boldsymbol{\xi}_1,\cdots,\boldsymbol{\xi}_{N_{\mathrm{CE}}}$
7. $\quad$从 $p_\vartheta(\cdot;\boldsymbol{v}_{\vartheta,\tau-1})$ 中生成样本 $\boldsymbol{\vartheta}_1,\cdots,\boldsymbol{\vartheta}_{N_{\mathrm{CE}}}$
8. $\quad$用公式（6.7）计算 $s(\boldsymbol{\xi}_{i_s},\boldsymbol{\vartheta}_{i_s})$，$i_s=1,\cdots,N_{\mathrm{CE}}$
9. $\quad$记录并重新索引 s.t. $s_1\leqslant\cdots\leqslant s_{N_{\mathrm{CE}}}$
10. $\quad\lambda_\tau \leftarrow s_{\lceil(1-\rho_{\mathrm{CE}})N_{\mathrm{CE}}\rceil}$
11. $\quad\hat{\boldsymbol{v}}_{\xi,\tau} \leftarrow \boldsymbol{v}^\ddagger_{\xi,\tau}$，其中，$\boldsymbol{v}^\ddagger_{\xi,\tau}\in\arg\max_{\boldsymbol{v}_\xi}\sum_{i_s=\lceil(1-\rho_{\mathrm{CE}})N_{\mathrm{CE}}\rceil}^{N_{\mathrm{CE}}}\ln p_\xi(\boldsymbol{\xi}_{i_s};\boldsymbol{v}_\xi)$
12. $\quad\hat{\boldsymbol{v}}_{\vartheta,\tau} \leftarrow \boldsymbol{v}^\ddagger_{\vartheta,\tau}$，其中，$\boldsymbol{v}^\ddagger_{\vartheta,\tau}\in\arg\max_{\boldsymbol{v}_\vartheta}\sum_{i_s=\lceil(1-\rho_{\mathrm{CE}})N_{\mathrm{CE}}\rceil}^{N_{\mathrm{CE}}}\ln p_\vartheta(\boldsymbol{\xi}_{i_s};\boldsymbol{v}_\vartheta)$
13. $\quad\boldsymbol{v}_{\xi,\tau} \leftarrow \alpha_{\mathrm{CE}}\hat{\boldsymbol{v}}_{\xi,\tau}+(1-\alpha_{\mathrm{CE}})\boldsymbol{v}_{\xi,\tau-1}$
14. $\quad\boldsymbol{v}_{\vartheta,\tau} \leftarrow \alpha_{\mathrm{CE}}\hat{\boldsymbol{v}}_{\vartheta,\tau}+(1-\alpha_{\mathrm{CE}})\boldsymbol{v}_{\vartheta,\tau-1}$
15. **Until** $\tau > d_{\mathrm{CE}}$ **和** $|\lambda_{\tau-\tau'}-\lambda_{\tau-\tau'-1}|\leqslant\varepsilon_{\mathrm{CE}}$, for $\tau'=0,\cdots,d_{\mathrm{CE}}-1)$ **或** $\tau=\tau_{\max}$

output：$\hat{\boldsymbol{\xi}}^*$，$\hat{\boldsymbol{\vartheta}}^*$，最佳样本，以及 $\hat{s}^*=s(\hat{\boldsymbol{\xi}}^*,\hat{\boldsymbol{\vartheta}}^*)$

表 6.1 CE 策略搜索的参数和变量转载许可（Buşoniu 等，2009），©2009 IEEE

符号	意义
$\mathcal{N};M$	BF 的数量；离散动作的数量
$\boldsymbol{\xi};\boldsymbol{\vartheta}$	BF 参数；BF 离散动作参数
$\boldsymbol{v}_\xi;\boldsymbol{v}_\vartheta$	$\boldsymbol{\xi}$ 和 $\boldsymbol{\vartheta}$ 的密度参数
N_{CE}	每次 CE 迭代使用的样本数量
ρ_{CE}	用于进行 CE 更新的样本比例
λ	样本性能的$(1-\rho_{\mathrm{CE}})$分位数
c_{CE}	样本数量 N_{CE} 大于密度参数数量的次数

续表

符号	意义
α_{CE}	平滑参数
N_{MC}	每个状态的蒙特卡罗模拟的次数
ε_{MC}	估计回报的精度
ε_{CE}	收敛阈值
d_{CE}	λ 的变化不超过 ε_{CE}，且算法停止时的迭代次数
$\tau;\tau_{max}$	迭代索引；迭代的最大次数

当基函数的参数为连续时，通常很方便地使用无限支撑的密度（例如，高斯密度）。集合 Ξ 必须是有界的，例如，当$\boldsymbol{\xi}$包含 RBF 的中心时，必须保留在一个限定的状态空间中。无论何时，样本可以从一个很大的（无界）支撑能力的密度中生成，并且不属于 Ξ 的样本会被拒绝。这个过程连续进行直到生成 N_{CE} 个有效的样本，并且算法的其余部分保持不变。这种情况与离散动作$\boldsymbol{\vartheta}$完全类似，使用一个比 $\{1,\cdots,M\}^{\mathcal{N}}$ 支持更大的密度簇 $p_{\vartheta}(\cdot;\boldsymbol{v}_{\vartheta})$ 是很方便的。当采用拒绝样本时，CE 优化的理论基础仍然成立，通过采用如下两项修正，可以得到一个使用所有样本的等价算法。

（1）修正评分函数，对超出域的样本（远远大于任何有效样本）给定很大的负分数。

（2）每次迭代中，调整参数 N_{CE} 和 ρ_{CE} 以生成固定数量的有效样本，并且将固定数量的最优样本用于参数更新。

像一般的 CE 优化方法一样，CE 策略搜索最重要的参数是样本的数量 N_{CE} 和用于更新密度的最优样本比例 ρ_{CE} 。参数 c_{CE} 选择大于或等于 2 的数，所以样本数量是密度参数个数的倍数。对于样本数量较大的情况，参数 ρ_{CE} 取值在 0.01 左右；当样本数量较小（ $N_{CE}<100$ ）时（Rubinstein 和 Kroese，2004），参数 ρ_{CE} 取值可以稍大一些，约为$(\ln N_{CE})/N_{CE}$。BF 的数量 $\mathcal{N}$ 决定了策略逼近器的表示能力，优的 $\mathcal{N}$ 值的选取通常依赖于具体问题。在 6.4 节中，我们将在两个例子中研究 $\mathcal{N}$ 值变化的影响。对于确定的 MDP，X_0 中的每个初始状态模拟一条单独轨迹就足够了，所以 $N_{MC}=1$，然而在随机性情况下，需要模拟多条轨迹，即 $N_{MC}>1$。优的 N_{MC} 取值依赖于具体问题。参数 $\varepsilon_{MC}>0$ 应当小于良好轨迹与不期望轨迹两者的回报之差，从而使优化算法可以有效地区分出这些轨迹。当然，这样的选择是比较困难的，可能需要通过一些试错来实现。作为默认初始值，ε_{MC} 可以选用比回报绝对值的边界值 $\|\rho\|_\infty/_{1-\gamma}$ 小多个数量级的数值。因为强加一个比评分函数精度更小的收敛阈值是无意义的，因此，$\varepsilon_{CE}\geqslant\varepsilon_{MC}$ ，一个较好的默认值是 $\varepsilon_{CE}=\varepsilon_{MC}$ 。

6.3.2　基于径向基函数的交叉熵策略搜索

本节介绍一种用状态依赖的、轴向对齐高斯 RBF 表示策略的 CE 策略搜索算法。选择高斯 RBF 是因为它经常被用于近似 MDP 问题，参见本书第 5 章和其他相关文档（Tsitsiklis 和 Van Roy，1996；Ormoneit 和 Sen，2002；Lagoudakis 和 Parr，2003a；Menache 等，2005）。许多其他类型的 BF 也是可以使用的，例如样条和多项式。

我们假设状态空间是一个以 $X=\left\{\boldsymbol{x}\in\mathbb{R}^D \| \boldsymbol{x}| \leqslant \boldsymbol{x}_{\max}\right\}$ 为中心的 D 维超盒，其中，$\boldsymbol{x}_{\max}\in(0,\infty)^D$。在该公式以及后续关于向量的数学运算和条件中，如绝对值和关系运算，都是应用于元素级的。这里的超盒假设主要是为了简化问题，但也是可以被放宽的，例如，一种简单的放宽情况就是允许状态空间不以原点为中心，如用于第 6.4.3 节的 HIV 治疗控制问题。

1．径向基函数及其概率密度

高斯 RBF 定义为[4]

$$\phi_i(\boldsymbol{x};\boldsymbol{\xi})=\exp\left[-\sum_{d=1}^{D}\frac{\left(x_d-c_{i,d}\right)^2}{b_{i,d}^2}\right] \tag{6.8}$$

其中，D 是状态变量的数量，$\boldsymbol{c}_i=\left[c_{i,1},\cdots,c_{i,D}\right]^{\mathrm{T}}$ 是第 i 个 RBF 的 D 维中心，宽度向量是 $\boldsymbol{b}_i=\left[b_{i,1},\cdots,b_{i,D}\right]^{\mathrm{T}}$。用 $\boldsymbol{c}=\left[\boldsymbol{c}_1^{\mathrm{T}},\cdots,\boldsymbol{c}_N^{\mathrm{T}}\right]^{\mathrm{T}}$ 表示中心向量；用 $\boldsymbol{b}=\left[\boldsymbol{b}_1^{\mathrm{T}},\cdots,\boldsymbol{b}_N^{\mathrm{T}}\right]^{\mathrm{T}}$ 表示宽度向量。因此 $c_{i,d}$ 和 $b_{i,d}$ 是标量。$\boldsymbol{c}_i$ 和 $\boldsymbol{b}_i$ 是 D 维向量，集合了所有 D 维的标量。$\boldsymbol{c}$ 和 $\boldsymbol{b}$ 是 $D\mathcal{N}$ 维向量，合了所有 $\mathcal{N}$ 个 RBF 的 D 维向量。RBF 的参数向量是 $\boldsymbol{\xi}=\left[\boldsymbol{c}^{\mathrm{T}},\boldsymbol{b}^{\mathrm{T}}\right]^{\mathrm{T}}$。因为 RBF 的中心必须落在状态空间边界 $\boldsymbol{c}\in\boldsymbol{x}^{\mathcal{N}}$ 上，并且它们的宽度必须是严格为正的，$\boldsymbol{b}\in(0,\infty)^{D\mathcal{N}}$，因此，$\boldsymbol{\xi}$ 在 $\Xi\in X^N\times(0,\infty)^{D\mathcal{N}}$ 中取值。

为了将 RBF 参数优化定义为随机关联问题［公式（6.2）］，为参数向量 $\boldsymbol{\xi}$ 的每个元素选择单独的高斯密度。注意，这种密度的拼接可以收敛于一个退化的分布，这种分布总是产生单个值的样本，例如精确的最优位置。每个中心 $c_{i,d}$ 的密度通过均值 $\eta_{i,d}^c$ 和标准差 $\sigma_{i,d}^c$ 进行参数化表示，宽度 $b_{i,d}$ 的密度通过 $\eta_{i,d}^b$ 和 $\sigma_{i,d}^b$ 进行参数化表示。与中心和宽度类似，我们表示成均值和标准差的 $D\mathcal{N}$ 维向量，分别用 $\boldsymbol{\eta}^c$、$\boldsymbol{\sigma}^c$ 表示中心；$\boldsymbol{\eta}^b$、$\boldsymbol{\sigma}^b$ 表示宽度。所有这些向量集中在一起表示 RBF 参数密度的参数。

$$\boldsymbol{v}_\xi=\left[(\boldsymbol{\eta}^c)^{\mathrm{T}},(\boldsymbol{\sigma}^c)^{\mathrm{T}},(\boldsymbol{\eta}^b)^{\mathrm{T}},(\boldsymbol{\sigma}^b)^{\mathrm{T}}\right]^{\mathrm{T}}\in\mathbb{R}^{4D\mathcal{N}}$$

---

[4] 注意，此处的 RBF 宽度参数的定义与第 3 章 RBF 公式（3.6）不同。这个新变体使形式化优化算法更容易，但是它与轴向对齐 RBF 的原始描述是完全等同的。

注意，关于 RBF 参数密度的支撑是 $\mathbb{R}^{2D\mathcal{N}}$，大于参数域 $\Xi \in X^{N} \times (0,\infty)^{D\mathcal{N}}$，并且不属于 Ξ 的样本必须被拒绝并重新生成。

对于所有 i，相应的均值和标准差初始化如下。

$$\boldsymbol{\eta}_i^c = 0, \boldsymbol{\sigma}_i^c = \boldsymbol{x}_{\max}, \boldsymbol{\eta}_i^b = \frac{\boldsymbol{x}_{\max}}{2(\mathcal{N}+1)}, \boldsymbol{\sigma}_i^b = \boldsymbol{\eta}_i^b$$

其中，“**0**”表示 D 维零向量。关于 RBF 中心的初始密度参数必须要能够保证很好地覆盖状态空间，此外 RBF 宽度的参数也要进行启发式初始化，以使得对于不同的 $\mathcal{N}$，不同的 RBF 之间能够产生类似的关于状态空间的覆盖。高斯密度属于自然指数簇，所以可以精确算出算法 6.1 的第 11 行的随机对应的解 $\hat{\boldsymbol{v}}_{\xi,t}$，并作为最佳样本的均值和标准差（见 6.2 节）。例如，不失一般性，假设样本按照它们的分数升序排到，RBF 中心的密度参数可以用如下公式进行更新。

$$\hat{\boldsymbol{\eta}}_{\tau}^c = \frac{1}{N_{\text{CE}} - i_{\tau} + 1}\sum_{i_s=i_{\tau}}^{N_{\text{CE}}} \boldsymbol{c}_{i_s}\ ,\quad \hat{\boldsymbol{\sigma}}_{\tau}^c = \sqrt{\frac{1}{N_{\text{CE}} - i_{\tau} + 1}\sum_{i_s=i_{\tau}}^{N_{\text{CE}}} (\boldsymbol{c}_{i_s} - \hat{\boldsymbol{\eta}}_{\tau}^c)^2}$$

其中，$i_{\tau} = \lceil (1-\rho_{\text{CE}})N_{\text{CE}} \rceil$表示第一个最优样本的索引。如前所述，$\boldsymbol{\eta}_{\tau}^c$、$\boldsymbol{\sigma}_{\tau}^c$ 和 $\boldsymbol{c}_{i_s}$ 都是 $D\mathcal{N}$ 维向量，且数学运算是应用于元素级的。

2．离散动作设定及其相应的概率密度

使用二进制代码表示包含 BF 离散动作的向量$\boldsymbol{\vartheta}$，每个元素 ϑ_i 用 $\mathcal{N}^{\text{bin}} = \lceil \log_2 M \rceil$ 位来表示。因此，完整的$\boldsymbol{\vartheta}$一共包含 $\mathcal{N}\ \mathcal{N}^{\text{bin}}$ 个二进制位。二进制表示是比较方便的，因为它允许使用伯努利分布，具体阐述如下。

为了定义关于 ϑ 优化的关联随机问题［公式（6.2）］，每一位都来自均值为 $\eta^{\text{bin}} \in [0, 1]$ 参数化的伯努利分布（η^{bin} 给出选择 1 的概率，反之，选择 0 的概率是$1-\eta^{\text{bin}}$）。因为每一位都有其对应的伯努利参数，伯努利参数 $\boldsymbol{v}_{\vartheta}$ 的总数是 $\mathcal{N}\ \mathcal{N}^{bin}$。与上面的高斯密度相似，这些独立伯努利分布的组合可以收敛到关于某一个单值的退化分布，例如最优值。注意，如果 M 不是 2 的指数次幂，对应无效索引的位组合会被拒绝，并再次生成。例如，如果 $M=3$，$\mathcal{N}^{bin}$=2，二进制值 00 指向第一个离散动作 $\boldsymbol{u}_1$（二进制表示是从零开始的），01 指向 $\boldsymbol{u}_2$，10 指向 $\boldsymbol{u}_3$，而 11 是无效的，因此将被拒绝。

每位的均值η^{bin} 都被初始化为 0.5，即意味着位 0 和 1 是等概率的。由于伯努利分布属于自然指数簇，算法 6.1 第 12 行中随机对应的 $\hat{\boldsymbol{v}}_{\vartheta,\tau}$ 也是可以被精确计算的，作为二进制表示中最优样本的元素级均值。

3. 计算复杂性

现在简要地讨论 CE 策略搜索算法的复杂性。关于 RBF 中心和宽度的密度参数的个数是 $N_{v\xi}=4D\mathcal{N}$，动作的参数个数是 $N_{v\vartheta}=\mathcal{N}\mathcal{N}^{bin}$。因此，所需样本的总数量为 $N_{\mathrm{CE}}=c_{\mathrm{CE}}(4D\mathcal{N}+\mathcal{N}\mathcal{N}^{bin})$。最大的运算开销来自于对每个样本分数估计的模拟。因此，忽略其他的运算开销，一次 CE 迭代的复杂性是

$$t_{\mathrm{step}}[c_{\mathrm{CE}}\mathcal{N}(4D+\mathcal{N}^{bin})\cdot|X_0|\cdot N_{\mathrm{MC}}K] \tag{6.9}$$

其中，K 是每条轨迹的最大长度，t_{step} 是对一个给定的状态来计算策略和模拟控制系统的一个时间步所需的时间。当然，如果一些轨迹终止于 K 步以内，那么开销会降低。

复杂性［公式（6.9）］与典型状态的数量 $|X_0|$ 线性相关，因此，这也提供了一个控制 CE 策略搜索复杂性的途径：将初始状态的数量限定到必要的最低值。算法的复杂性也与状态变量 D 的数量线性相关。但是，这不意味着 CE 策略搜索的运算开销（仅仅）随着问题的维度线性地增长，因为运算开销还受到其他方面的影响，例如要表示一个好的策略所要求的 RBF 的数量 $\mathcal{N}$。

在后续的例子中，名词“CE 策略搜索”主要是指算法 6.1 中的基于 RBF 的算法版本。

6.4 实验研究

下面为了评估 CE 策略搜索的性能，在 3 个问题中进行了广泛的数字实验，这 3 个问题的维数是逐渐增加的。它们是：二重积分的优化控制问题（二维）、以恒等速度行驶的自行车平衡问题（四维）、HIV 传染病的治疗控制问题（六维）。

6.4.1 离散时间二重积分

本节中，当在整个状态空间寻找表现良好的策略时，使用一个二重积分的优化控制问题来评估 CE 策略搜索的有效性。在此设置下，将 CE 策略搜索与模糊 Q 值迭代、最小二乘策略迭代和采用了一种称为 DIRECT 优化算法的策略搜索方法进行比较。二重积分问题的提出，使得从任何状态开始，（近）最优轨迹会在很少的步数结束。这样每次评估都允许运行大量的模拟实验，而不需要过多的运算开销就能找到最优解。

1. 二重积分问题

二重积分是确定的，且有一个连续状态空间 $X=[-1,\ 1]\times[-0.5,\ 0.5]$，以及一个离散动作空间

$U_\mathrm{d}=\{-0.1,\ 0.1\}$，其动态性为

$$\boldsymbol{x}_{k+1}=f(\boldsymbol{x}_k,\boldsymbol{u}_k)=\mathrm{sat}\left\{[x_{1,k}+x_{2,k},x_{2,k}+\boldsymbol{u}_k]^\mathrm{T},-\boldsymbol{x}_{\max},\boldsymbol{x}_{\max}\right\} \tag{6.10}$$

这里，$\boldsymbol{x}_{\max}=[1,\ 0.5]^\mathrm{T}$，通过饱和度将状态变量限定到域 X 中。每个$|\boldsymbol{x}_1|=1$的状态是终止状态，这里不考虑 $\boldsymbol{x}_2$ 的值（在终止状态，无论采用什么动作都会返回当前状态，且奖励为零）。目标是使得位置 $\boldsymbol{x}_1$ 到达区间$[-1,1]$的任一边界，例如，到达终止状态；当 $\boldsymbol{x}_1$ 到达边界时，速度 $\boldsymbol{x}_2$ 要尽可能小。该目标用如下奖励函数表示：

$$\boldsymbol{r}_{k+1}=\rho(\boldsymbol{x}_k,\boldsymbol{u}_k)=-(1-|\ \boldsymbol{x}_{1,k+1}\ |)^2-\boldsymbol{x}_{2,k+1}^2\boldsymbol{x}_{1,k+1}^2 \tag{6.11}$$

乘积项 $-\boldsymbol{x}_{2,k+1}^2\boldsymbol{x}_{1,k+1}^2$ 会对过大的 $\boldsymbol{x}_2$ 值进行惩罚，除非当 $\boldsymbol{x}_1$ 接近 1 时，即到达终止状态。折扣因子 γ 设置为 0.95。

图 6.2 给出本问题的一个最优解。特别地，图 6.2（a）给出了该最优策略的精确表示，包含覆盖状态空间中 101×101 点的规则网格的最优动作。这些最优动作是通过穷举法得到的。所有可能足够长的动作序列都将被生成，并且从网格上的每个状态开始，系统将会受到这些动作序列控制。对于每个状态，一个产生最优折扣回报的序列被定义为最优序列，并且它的第一个动作是最优动作。注意，这种穷举方法仅仅适用于具有终止状态的问题，且最优轨迹可以在较少步数之后获得。例如，图 6.2（b）显示了通过最优动作序列找到的一个从初始状态 $\boldsymbol{x}_0=[0,0]^\mathrm{T}$ 开始的最优轨迹，经过 8 步以后，以零速率到达了一个终止状态。

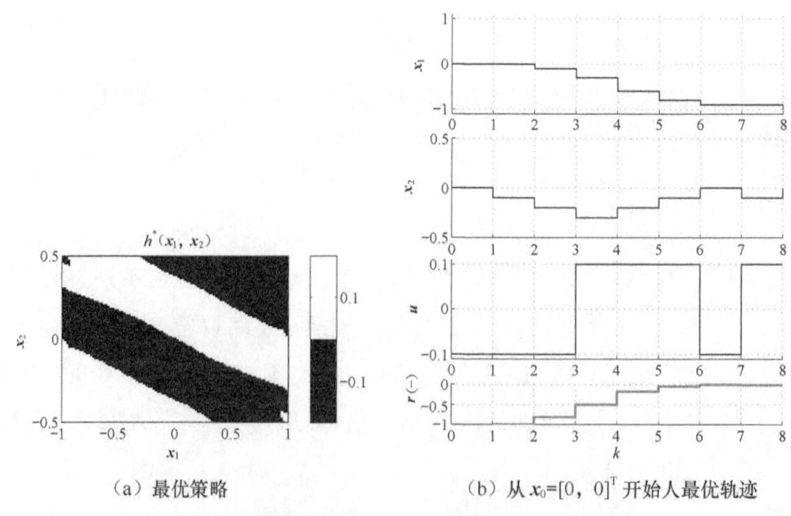

（a）最优策略　　（b）从 $x_0=[0,\ 0]^\mathrm{T}$ 开始人最优轨迹

图6.2　二重积分问题中通过穷举搜索得到的最优解

2．交叉熵策略搜索的结果

为了应用 CE 策略搜索，我们挑选了分布于整个状态空间且权重相等的典型状态。因此，要求算法在整个状态空间中表现良好。典型状态集合为

$$X_0 = \{-1, -0.9, \cdots, 1\} \times \{-0.5, -0.3, -0.1, 0, 0.1, 0.3, 0.5\}$$

并且对于任意 $\boldsymbol{x}_0$，权重函数为 $w(\boldsymbol{x}_0)=1/|X_0|$。这个集合包含 21×7=147 个状态，比图 6.2（a）中少很多。在执行 CE 策略搜索算法时，将 BF 的个数 $\mathcal{N}$ 从 4 逐渐增加到 18。算法的参数做如下设置（少许或不做调整）：$c_{\text{CE}}=10$，$\rho_{\text{CE}}=0.01$，$\alpha_{\text{CE}}=0.7$，$\varepsilon_{\text{CE}}=\varepsilon_{\text{MC}}=0.001$，$d_{\text{CE}}=5$，$\tau_{\max}=100$。因为系统是确定的，因此，仅需要从每个初始状态模拟一条轨迹，即 $N_{\text{MC}}=1$。对于每个 $\mathcal{N}$ 值，独立执行 20 次，其中算法总是在达到最大迭代次数前收敛。

图 6.3（a）给出了通过 CE 策略搜索得到的策略性能（20 次独立运行的均值，结合 95%的置信区间）。为了方便比较，图中也给出了关于 X_0 的精确最优分值，该分值由前面提到的穷举法寻找到的最优动作序列计算所得。对于 $\mathcal{N}\geqslant 10$，CE 搜索可以稳定达到近优解。当 $\mathcal{N}$ 下降到 7 时，有时候也可以找到较好的解。图 6.3（b）给出了算法的平均执行时间，可以简单认为与 $\mathcal{N}$ 构成仿射关系，就像在式（6.9）中我们预期的那样。[5] 95%的置信区间太小以至于在该图上不可见，所以置信区间也直接被忽略了。

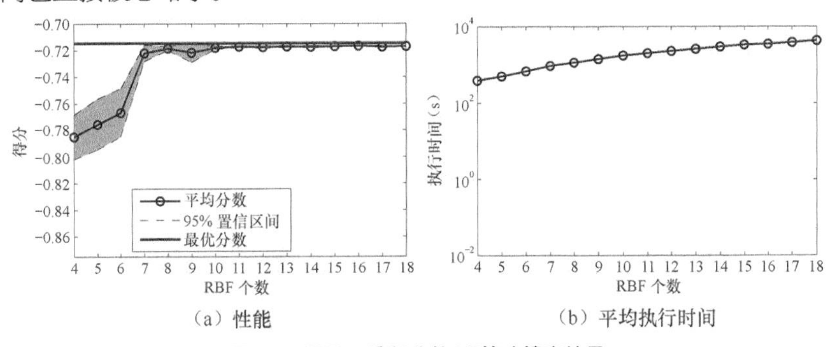

（a）性能　　（b）平均执行时间

图6.3　用于二重积分的CE策略搜索结果

图 6.4 给出了在 $\mathcal{N}$ =10 个 RBF 的情况下，CE 策略搜索找到的一个典型解（与图 6.2 进行比较）。这个策略与最优策略类似，但动作改变的边缘更加弯曲，这是它们对 RBF 的依赖性引起的。从 $\boldsymbol{x}_0=[0,0]^{\mathrm{T}}$ 开始并由该策略控制的轨迹是最优的。更具体地说，状态和动作的轨迹与图 6.2（b）中给出的相反，尽管它是关于水平轴对称，但仍是最优的，因为二重积分的动态性和奖励函数也是关于原点对称的。

[5] 本章中所有提及的运算时间，都是当算法执行在配置了 Intel Core 2 Duo E6550 2.33 GHz CPU 和 3 GB RAM 的 PC 机的 MATLAB®7 上而得出的。

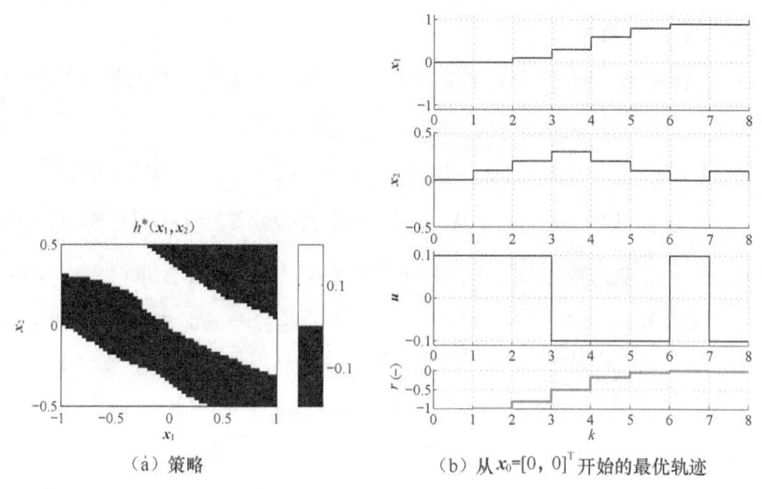

（a）策略　（b）从 $x_0=[0, 0]^T$ 开始的最优轨迹

图6.4 基于二重积分的CE策略搜索找到的一个典型解

3．值迭代和策略迭代的比较

本节将 CE 策略搜索与近似值迭代和策略迭代中的典型算法进行比较。关于近似值迭代类算法，选择在第 4 章已经做过详细讨论的模糊 Q 值迭代。关于策略迭代类算法，最小二乘策略迭代（LSPI）算法在第 3.5.5 节中介绍过，第 5 章进一步详细讨论。

模糊 Q 值迭代依赖于一个线性参数化 Q 值函数逼近器，该逼近器由 N 个状态–依赖、归一化隶属函数 $\varphi_1, \cdots, \varphi_N : X \to \mathbb{R}$ 和离散动作集合 $U_d = \{\boldsymbol{u}_1, \cdots, \boldsymbol{u}_M\}$ 组成。近似 Q 值通过公式（6.12）计算得出。

$$\hat{Q}(\boldsymbol{x}, \boldsymbol{u}_j) = \sum_{i=1}^{N} \varphi_i(\boldsymbol{x}) \theta_{[i,j]} \tag{6.12}$$

这里，$\boldsymbol{\theta} \in \mathbb{R}^{NM}$ 是一个参数向量，$[i, j] = i + (j-1)N$ 表示与 i 和 j 对应的标量索引。模糊 Q 值迭代计算出一个公式（6.12）形式的近似最优 Q 值函数，并基于 Q 值函数输出一个贪心策略。如 4.5 节所述，所求得的 Q 值函数以及策略具有有界次优性。对于二重积分问题，动作空间［$U_d = U = \{-0.1, 0.1\}$ 且 $M = 2$］已经是离散的，因此，不需要对动作进行离散化。沿着状态空间的每一维，三角 MF（见例 4.1）被定义分布于包含 N' 个点的等距网格上。因此，总共有 $N = N'^2$ 个状态依赖 MF，相应地包含 $2N'^2$ 个参数。MF 这种有规律的布局，在整个状态空间中形成了一种均匀的分辨率。当最优 Q 值函数的先验知识无法得到时，这是最好的选择。在这些实验中，当连续参数向量的（无穷范数）差异减小到小于 $\varepsilon_{QI} = 10^{-5}$ 时，就认为一次模糊 Q 值函数的执行收敛了。

对于 LSPI，构造类似的 Q 值函数逼近器，其中包含状态–依赖的标准高斯 RBF 以及两个离散动作。RBF 是轴向对齐且同形状的，其中心位于沿着 X 的每一维的 N' 个点的等距网格上。沿

着每一维 d 上的 RBF，其宽度 $b_{i,d}$ 取值为这一维上的网格间距［使用本章 RBF 公式（6.8）］。因此，共有 N'^2 个 RBF 及 $2N'^2$ 个参数。在每次迭代过程中，LSPI 使用一批迁移样本逼近当前策略的 Q 值函数，随后基于该 Q 值函数获得一个改进的贪心策略。接下来再估计该改进的贪心策略的 Q 值函数，以此类推。通过这种方法生成的策略序列，最终收敛于一个子序列，其中所有的策略都具有有界次优性。但是最终可能无法收敛于一个固定的策略。对于 LSPI，当连续参数向量之间的（二范数）差异下降到小于 $\varepsilon_{\text{LSPI}}=10^{-3}$ 时，或者参数序列数量达到上界时，可以认为算法收敛。

对于每个状态变量，MF（模糊 Q 值迭代）或者 BF（LSPI）的个数 N' 逐渐从 4 增加到 18。由于模糊 Q 值迭代是一个确定的算法，因此，对于每个 N'，仅需要执行一次。而 LSPI 需要一组随机样本，因此，对于每批独立样本，LSPI 实验需要执行 20 次。当 $N'=4$ 时，需要 1000 个样本，对于更大的 N'，样本的数量增长与参数的个数 $2N'^2$ 成正比，这意味着对于每一个 N'，需要 $1000N'^2/4^2$ 个样本，实验证实这些样本数量是足够的，且过多的样本并不会导致性能的提升。图 6.5（a）给出了模糊 Q 值迭代和 LSPI 计算出的策略分数，正如 CE 策略搜索中一样［与图 6.3（a）进行比较］，也是用典型状态 X_0 集合的平均回报值来衡量。图 6.5（b）中给出了算法的执行时间［与图 6.3（b）进行比较］。当 $N'\leqslant 8$ 时，部分 LSPI 在 100 次迭代中没有收敛，因此在图 6.5 中没有参与计算。

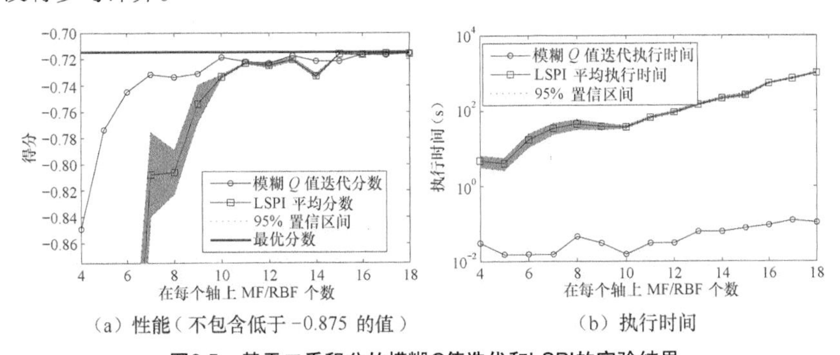

（a）性能（不包含低于 −0.875 的值）　　（b）执行时间

图6.5　基于二重积分的模糊Q值迭代和LSPI的实验结果

BF 的总数从 $\mathcal{N}=10$ 开始，CE 策略搜索就可以稳定地得到近最优性能。而对于每个状态，当 BF 的数量在 $N'=10$ 左右时，模糊 Q 值迭代和 LSPI 才开始达到较好的性能，需要的 MF 或 BF 的总数是 N'^2，这明显要大于 CE 策略搜索的 BF 总数。此外，对于较大的 $\mathcal{N}$ 值，CE 策略搜索具有稳定的性能。然而随着 MF 或 BF 数量的增加，模糊 Q 值迭代和 LSPI 经常导致性能下降。这些差异主要来自这样的事实：一方面，模糊 Q 值迭代的 MF 和 LSPI 的 BF 是等距且同形状的，而 CE 算法优化了 BF 位置和形状的参数；另一方面，基于值函数算法的计算代价小于 CE 策略搜索（对于模糊 Q 值迭代，差几个数量级）。这说明当在全部状态空间中达到最优性能时，值迭代或者策略迭代可能在计算量方面优于 CE 策略搜索，至少在二重积分这样的低维问题中是这样的。在这样的问题中，当性能的优化是基于少量初始状态，或者求解策略逼近器的复杂度是固定以及不考虑优化的计算代价时，CE 策略搜索是有优势的。

图 6.6 给出的是当 $N'=10$ 时，模糊 Q 值迭代和 LSPI 所得到的典型解。当这些策略与 CE 算法找到的策略［图 6.4（a）］和最优策略［图 6.2（a）］类似时，从$[0, 0]^T$开始的轨迹是次优的。例如，模糊 Q 值迭代［图 6.6（c）］得到的轨迹，在经过 7 步之后，以非零的最终速率到达终止状态。这条轨迹的次优性表现在其回报值为 −2.45 。相比而言，图 6.2（b）和 6.4（b）中的最优轨迹达到了零最终速率，积累了一个较好的回报值为 −2.43 。图 6.6（d）以一个更大的最终速率在 6 步后终止，这导致了一个回报值为 −2.48 的次优回报。但是，以上情况不能确定模糊 Q 值迭代比 LSPI 更好，很可能是模糊 Q 值迭代使用的三角 MF 近似器比 LSPI 使用的 RBF 近似器更适合于解决本问题。

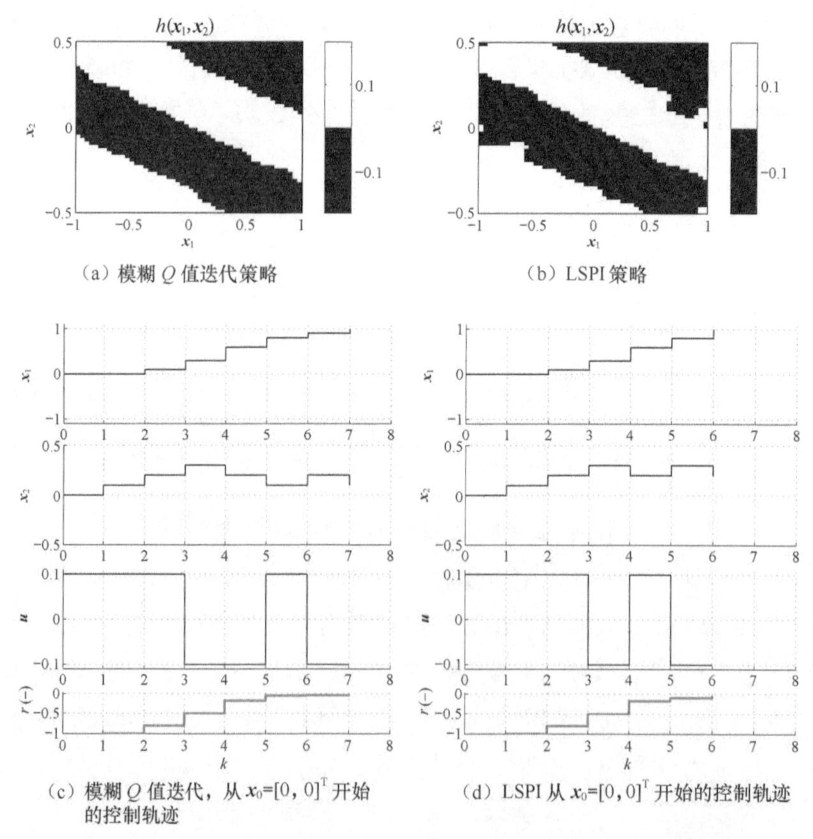

（a）模糊 Q 值迭代策略

（b）LSPI 策略

（c）模糊 Q 值迭代，从 $x_0=[0, 0]^T$ 开始的控制轨迹

（d）LSPI 从 $x_0=[0, 0]^T$ 开始的控制轨迹

图6.6 对于二重积分问题采用模糊Q值迭代（左）和LSPI（右）找到的典型解

4．交叉熵与 DIRECT 优化的比较

对于策略搜索方法（见 6.3 节），需要解决一个全局的、混合整数的、梯度无关的优化问题。DIRECT（Jones, 2009）是一种可以解决该问题的算法。在本节中，在策略搜索背景下，将该算法与 CE 优化进行比较。[6] DIRECT 工作在超盒参数空间，它将超盒递归分割为 3 个，并对每个结果超盒的中心进行采样。超盒选择过程不仅促成了一个在参数空间的全局探索，还导致了在目前发现的最优区域中进行局部搜索。该算法特别适合于评估分值函数计算代价较高的问题，例如策略搜索。

注意，RBF 策略表示的原始参数空间不是一个有限的超盒，因为每个 RBF 的宽度 $b_i \in (0, \infty)^D$ 可以是任意大的。然而在实际应用中，采用比整个状态空间还宽的 RBF 是无用的。因此，为了应用 DIRECT，我们把 RBF 的宽度限定为最大等于状态空间的宽度，即 $b_i \leqslant 2 \cdot \boldsymbol{x}_{\max}$，这样就得到一个超盒参数空间。与 CE 策略搜索的另一个不同点在于，对于 DIRECT，不需要使用二进制方法表示动作，而是使用范围在 $1,\cdots, M$ 中的整数变量来直接表示动作。所以优化参数的数量是 $\mathcal{N}+2D\mathcal{N}=5\mathcal{N}$，其中包括 $2D\mathcal{N}$ 个 RBF 参数和 $\mathcal{N}$ 个整数动作分配。

同前面的 CE 优化一样，当 $\mathcal{N}$ 从 4 逐渐增加到 18 时，使用 DIRECT 来优化策略［公式（6.6）］的参数。当评分函数［公式（6.7）］被进行给定次数的评价后，算法停止。对于每个 $\mathcal{N}$，该停止参数设置为 $2000 \cdot 5\mathcal{N}$，即优化参数的 2000 倍。由于 DIRECT 是一个确定算法，所以每个实验只要执行一次。图 6.7 给出 DIRECT 算法所得策略的性能以及算法的执行时间。为了便于比较，图 6.3 中的 CE 策略搜索的结果也被重复给出。

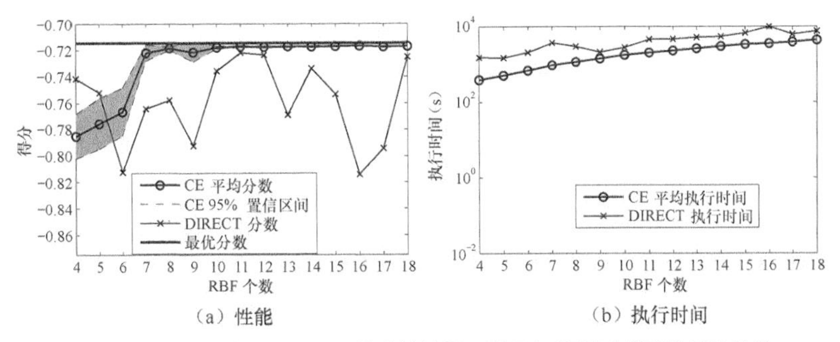

（a）性能　　（b）执行时间

图6.7　二重积分问题DIRECT算法的结果，以及与CE策略搜索结果的比较

对于多数 $\mathcal{N}$ 值，DIRECT 比 CE 优化的性能差，而且对于所有的 $\mathcal{N}$ 值，DIRECT 需要更多的计算开销。增加分数评估的数量可以改善 DIRECT 的性能，但是这也会使它的运算开销更大，因此，与 CE 优化是没有可比性的。DIRCET 的糟糕结果可能是因为它依赖于参数空间所分割的超盒：该方法在处理类似于策略参数化的高维参数空间问题时性能较差。

[6] 我们用 MATLAB 中的 TOMLAB®7 优化工具包实现 DIRECT。

6.4.2 自行车平衡

本节中，CE 策略搜索用于解决一个比二重积分更复杂的问题，即在水平面上匀速行驶的自行车平衡问题。自行车的转向杆是垂直的，这意味着它不是自我稳定的，需要主动稳定以防止倾倒［一辆普通的自行车在一定条件下是自我稳定的，（Åström 等，2005）］。这是自行车平衡和行驶问题的一个变化，被广泛用于强化学习算法基准测试（Randløv 和 Alstrøm，1998；Lagoudakis 和 Parr，2003a；Ernst 等，2005）。我们将利用自行车平衡问题来研究典型状态集改变以及迁移动态性噪声对 CE 策略搜索的影响。

1. 自行车问题

图 6.8 给出了自行车问题的示意图，其中包括状态变量和控制变量。状态变量包括从垂直轴测量的自行车的侧倾角 ω [rad]；车把的角度 α [rad]，当车把在中间位置时，值为 0；以及各自的角速度 $[\dot{\omega}, \dot{\alpha}]^{\mathrm{T}}$ [rad/s]。控制变量包括自行车—骑手的公共质心到自行车所在平面的垂直位移 $\delta \in [-0.02, 0.02]$ m，以及施加在车把上的扭矩 $\tau \in [-2, 2]$（N · m）。因此状态向量是 $[\omega, \dot{\omega}, \alpha, \dot{\alpha}]^{\mathrm{T}}$，动作向量是 $\boldsymbol{u}=[\delta, \tau]^{\mathrm{T}}$。位移 δ 受到在区间[−0.02, 0.02] m 上来自均匀分布的附加噪声 z 的影响。自行车问题的连续时间动态性如下（Ernst 等，2005）。

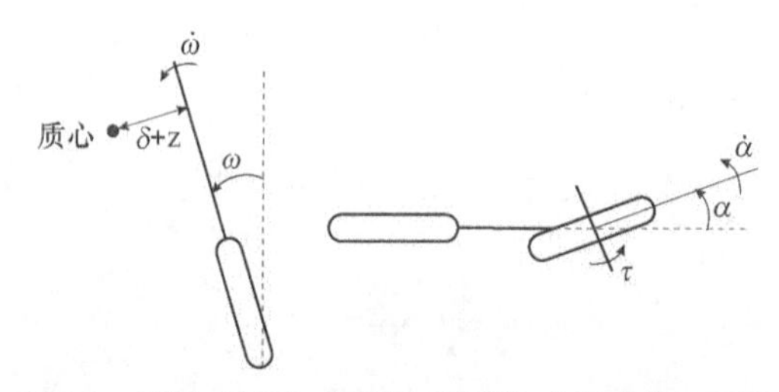

图6.8 后视（左图）和俯视（右图）自行车的示意图

$$\ddot{\omega} = \frac{1}{J_{\mathrm{bc}}}\left[\sin(\beta)(M_{\mathrm{c}}+M_{\mathrm{r}})gh - \cos(\beta)\left[\frac{J_{\mathrm{bc}}v}{r}\alpha + sign(\alpha)v^2\left(\frac{M_{\mathrm{d}}r}{l}(|\sin(\alpha)|+|\tan(\alpha)|) + \frac{M_{\mathrm{c}}+M_{\mathrm{r}}}{r_{\mathrm{CM}}}\right)\right]\right] \tag{6.13}$$

$$\ddot{\alpha} = \frac{1}{J_{\mathrm{dl}}}\left(\tau - \frac{J_{\mathrm{dv}}v}{r}\dot{\omega}\right) \tag{6.14}$$

其中，

$$J_{\mathrm{bc}} = \frac{13}{3}M_{\mathrm{c}}h^2 + M_{\mathrm{r}}\left(h + d_{\mathrm{CM}}\right)^2 \qquad J_{\mathrm{dc}} = M_{\mathrm{d}}r^2$$

$$J_{\mathrm{dv}}=\frac{3}{2}M_{\mathrm{d}}r^{2} \qquad J_{\mathrm{dl}}=\frac{1}{2}M_{\mathrm{d}}r^{2}$$

$$\beta=\omega+\arctan\frac{\delta+z}{h} \qquad \frac{1}{r_{\mathrm{CM}}}=\begin{cases}\left[(l-c)^{2}+\dfrac{l^{2}}{\sin^{2}(\alpha)}\right]^{-1/2}, & \text{如果 } \alpha\neq 0\\ 0, & \text{否则}\end{cases}$$

注意，噪声通过 β 项引入模型［公式（6.13）］。为了得到离散时间迁移函数（如 Ernst 等，2005），使用欧拉方法对动态性［公式（6.13）至公式（6.14）］进行数值积分，采样时间为 $T_{\mathrm{s}}=0.01$ s（详见 Ascher 和 Petzold，1998，第 3 章）。当自行车的侧倾角大于 $\frac{12\pi}{180}$，则认为自行车已经倾倒，并达到终止失败状态。另外，为了反映车把的物理约束，利用饱和度将转向角 α 限定在区间 $\left[\frac{-80\pi}{180},\frac{80\pi}{180}\right]$ 内，角速度 $\dot{\omega}$，$\dot{\alpha}$ 限定在区间 $[-2\pi, 2\pi]$ 内。

表 6.2 列出了自行车问题模型中参数的意义和取值。

表 6.2　自行车的参数

符号	值	单位	意义
M_{c}	15	kg	自行车的质量
M_{d}	1.7	kg	一个轮胎的质量
M_{r}	60	kg	骑手的质量
g	9.81	m/s^2	重力加速度
v	10/3.6	m/s	自行车的速度
h	0.94	m	自行车和骑手的公共质心（CoM）到地面的距离
l	1.11	m	前后轮与地面接触点之间的距离
r	0.34	m	车轮半径
d_{CM}	0.3	m	自行车质心和骑手质心之间的垂直距离
c	0.66	m	前轮与地面的接触点与公共质心之间的水平距离

在平衡问题中，自行车需要保持平衡，即侧倾角必须保持在区间 $\left[\frac{-12\pi}{180},\frac{12\pi}{180}\right]$ 内。使用下列奖励函数来表示该目标：

$$r_{k+1}=\begin{cases}0, & \text{如果 } \omega_{k+1}\in\left[\dfrac{-12\pi}{180},\dfrac{12\pi}{180}\right]\\ -1, & \text{否则}\end{cases} \tag{6.15}$$

这里，在一般情况下，奖励为 0；当达到终止失败状态时，奖励为−1。折扣因子为 $\gamma=0.98$。

为了使用 CE 策略搜索，骑手的位移动作被离散化为 $\{-0.02,\ 0,\ 0.02\}$，施加到车把上的扭矩被离散化为$\{-2, 0, 2\}$，这样就产生了包含 9 个元素的离散动作空间，对于平衡自行车这些足够了（就像我们在后续实验中看到的一样）。

2．典型状态

我们开始考虑不同的初始倾角和角速度的自行车的行为，初始转向角α_0和角速度$\dot{\alpha}_0$均设置为 0。为了研究典型状态下对 CE 策略搜索性能的影响，这里采用了两组不同的典型状态的集合。

第一个典型状态集合包含几个均匀间隔的倾角值，其他状态变量均为 0：

$$X_{0,1}=\left\{\frac{-10\pi}{180},\frac{-5\pi}{180},\cdots,\frac{10\pi}{180}\right\}\times\{0\}\times\{0\}\times\{0\}$$

考虑的倾角值覆盖了整个可接受的倾角域$\left[\frac{-12\pi}{180},\frac{12\pi}{180}\right]$，除了那些过于靠近边界的值，因为处于边界附近的状态，难以避免最终的失败。第二个集合是较精细的倾角与几个倾斜角速度值的乘积：

$$X_{0,2}=\left\{\frac{-10\pi}{180},\frac{-8\pi}{180},\cdots,\frac{10\pi}{180}\right\}\times\left\{\frac{-30\pi}{180},\frac{-15\pi}{180},\cdots,\frac{30\pi}{180}\right\}\times\{0\}\times\{0\}$$

对于这两个集合，每个典型状态的权重都是一样的，即对于任何的$\boldsymbol{x}_0\in X_0$，$w(\boldsymbol{x}_0)=1/|X_0|$。

对于$X_{0,1}$中的任何状态，一个好的策略总是可以阻止自行车倾倒，因此，这个集合中的最优分数［公式（6.7）］为 0。但这种情况对于$X_{0,2}$就不成立了：当ω和$\dot{\omega}$具有相同的符号并且值很大时，任何的策略都无法阻止自行车倾倒。所以$X_{0,2}$的最优分数是严格为负的。为了防止在$X_{0,2}$中包含过多的此类状态（从它们开始，倾倒不可避免），初始的倾斜角速度取值不能太大。

3．确定性自行车的平衡

对于第一组自行车实验：对每个时间步k，通过取$z_k=0$来消除模拟过程中的噪声。CE 策略搜索的参数与二重积分问题中的取值一样，即$c_{\mathrm{CE}}=10$，$\rho_{\mathrm{CE}}=0.01$，$\alpha_{\mathrm{CE}}=0.7$，$\varepsilon_{\mathrm{CE}}=\varepsilon_{\mathrm{MC}}=0.001$，$d_{\mathrm{CE}}=5$，$\tau_{\max}=100$。因为系统是确定的，对于$X_0$中的每个状态，只需要模拟出一条轨迹，即$N_{\mathrm{MC}}=1$。RBF 的数量$\mathcal{N}$逐渐从 3 增加到 8，分别执行 CE 策略搜索。对于两个典型状态集合中的每一个状态以及每个$\mathcal{N}$值，独立执行 10 次实验，在此过程中，算法总是在达到最大迭代次数之前收敛。

图 6.9 给出了 CE 策略搜索的性能和执行时间（取 10 次独立实验的均值和 95%的置信区间）。图 6.9（a）中，对于$X_{0,1}$，当$\mathcal{N}\geqslant 4$时，所有的实验都达到了最优分数 0。在图 6.9（b）中，对于$X_{0,2}$，性能大约是−0.21，且不会随着$\mathcal{N}$的增加而提高，这表明它已经近最优值了。因此，如果是这种情况，只需要 3 个 RBF，CE 策略搜索就能得到很好的结果。图 6.9（c）给出了算法的执行时间，其中，

$X_{0,2}$ 的执行时间理应比 $X_{0,1}$ 的执行时间长，因为 $X_{0,2}$ 比 $X_{0,1}$ 包含了更多的初始状态。[7]

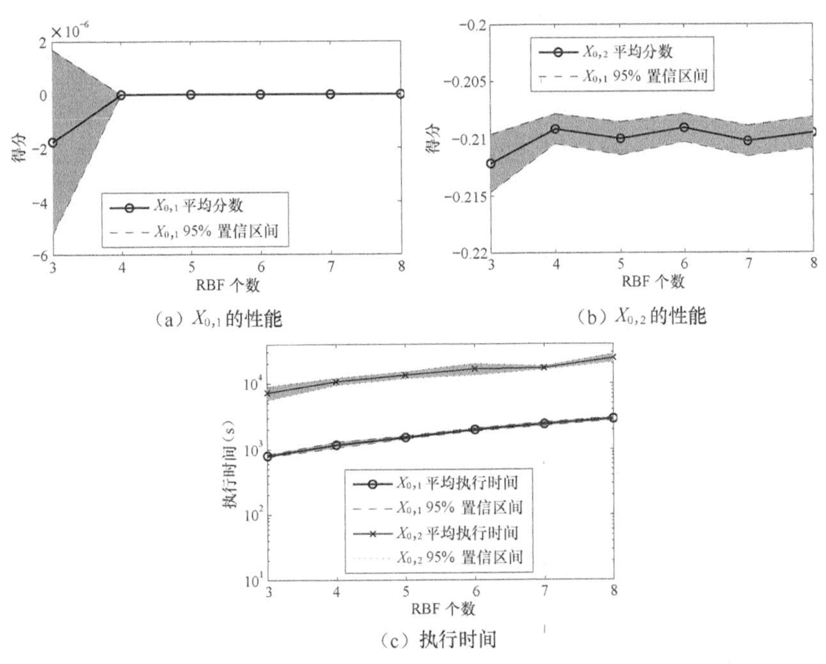

（a）$X_{0,1}$ 的性能　（b）$X_{0,2}$ 的性能

（c）执行时间

图6.9　确定性自行车的CE策略搜索结果

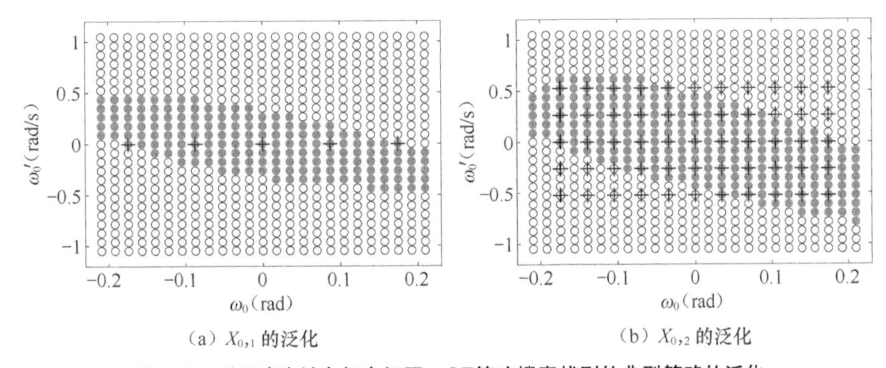

（a）$X_{0,1}$ 的泛化　（b）$X_{0,2}$ 的泛化

图6.10　对于确定性自行车问题，CE策略搜索找到的典型策略的泛化

（注：白色标记表示自行车从初始就跌倒的状态；灰色标记表示成功平衡 50 s 的状态；
黑色十字标记表示典型初始状态）

[7] 虽然典型状态的数量更小，但是自行车问题的执行时间类似于或者高于与二重积分问题的执行时间。这是由两个问题的不同性质决定的。对于二重积分问题，目标需要结束任务，所以更好的策略导致更早的结束和更短的轨迹，这反而要求较少的蒙特卡罗模拟，以优化并改进策略。与此相反，对于自行车问题轨迹结束表示失败，所以更好的策略导致更长的轨迹，这需要更多的模拟运算时间。总的来说，在整个优化过程中，这也导致了每个状态都需要较大的运算开销，而每个初始状态都需要更大的运算开销的情况贯穿了整个优化过程。

图 6.10 给出在 $\mathcal{N}=7$ 时，CE 策略搜索到的两个典型策略：一个是关于 $X_{0,1}$ 的；另一个是关于 $X_{0,2}$ 的。该图显示了如何将这些策略推广到未知的初始状态，即当从一个不属于 X_0 的初始状态开始时，策略是怎样执行的。这些新初始状态由 $(\omega, \dot{\omega})$ 平面中的值网格组成，α_0 和 $\dot{\alpha}_0$ 总是为 0。从给定的初始状态开始，执行策略能够使自行车至少保持平衡 50 s，那么认为该策略是成功的。这个持续时间（50 s）用来检验自行车是否可以在很长一段时间内保持平衡，它大约是在优化过程中用于评估轨迹长度的状态得分所需时间（大约是 5.36 s）的 10 倍（对应于 $K=536$，这是在估计回报过程中为了达到 $\varepsilon_{\mathrm{MC}}=0.001$ 的精度而需要的步数）。通过较小的集合 $X_{0,1}$ 得到的策略也可以获得一个较为合理的泛化，因为它也能平衡一辆比 $X_{0,1}$ 具有更多初始状态的自行车。使用较大的集合 $X_{0,2}$ 则更有优势，因为它增加了能够使自行车平衡的状态集合。注意，当 ω 和 $\dot{\omega}$ 太大且同符号时，自行车根本不能平衡，即处于 $(\omega, \dot{\omega})$ 平面的左下角和右上角。

4．确定性自行车问题与模糊 Q 值迭代的比较

为了便于比较，考虑在一个等距三角 MF 网格条件下，且采用与 CE 策略搜索一样的离散动作，执行模糊 Q 值迭代。在每个轴上的 MF 的数量 N' 逐渐增加，第一个能获得较好性能的 N' 值为 12。对于 $X_{0,1}$，对应的分数是 0；对于 $X_{0,2}$，对应的分数是–0.2093。这导致了共有 $12^4=20376$ 个等距 MF，极大地超过了 CE 策略搜索所要求的被优化的 BF 的数量。在 $N'=12$ 的情况下，模糊 Q 值迭代的执行时间是 1354 s，与关于 $X_{0,1}$ 的 CE 策略搜索的执行时间类似［见图 6.9（c）］。相比之下，在二重积分问题中，模糊 Q 值迭代的执行时间要比 CE 策略搜索小得多。出现这种差异的原因是，当从二维的二重积分问题转移到四维的自行车问题时，模糊 Q 值迭代的复杂度的增长要快于 CE 策略搜索。一般地，基于三角 MF 的模糊 Q 值迭代的复杂度随着问题的维数呈指数增长，然而，CE 策略搜索的复杂度［公式（6.9）］与问题的维数线性相关（虽然它还与其他关键的变量相关，例如典型状态的数量）。因此，当问题的维度增加时，从计算量的角度考虑，CE 策略搜索可能会优于值迭代技术。

5．随机性自行车平衡

第二组实验包含噪声的影响。如前所述，噪声 z 被添加到自行车—骑行者质心的位移 δ 中，且通过 β 项引入 $\dot{\omega}$ 到动态性模型［公式（6.13）］。对于每个时间步 k，噪声 z_k 来自区间为 $[-0.02, 0.02]$ m 的均匀密度。为了使用 CE 策略搜索，采用 $\mathcal{N}=7$ 个 RBF，且从每个初始状态模拟 $N_{\mathrm{MC}}=10$ 条轨迹来计算分数（这个 N_{MC} 值没有选择过大是为了防止过大的计算代价）。其他参数与确定性情况相同。对于两个典型状态集合中的每一个状态，执行 10 次独立实验。

表 6.3 给出生成策略的性能以及算法的执行时间。为了便于比较，在确定性情况下，$\mathcal{N}=7$ 时的结果也被重复列出。所有 $X_{0,1}$ 的分数都是最优的，且 $X_{0,2}$ 的分数与确定性情况相似，这说明在本问题中，噪声的加入不会大幅度地减小获得较好积累回报的潜能。但是，执行时间比确定性情况大了一个数量级，这是符合预期的，因为 $N_{\mathrm{MC}}=10$ 远大于确定性情况下的 1。

表 6.3 确定性与随机性自行车问题中 CE 策略搜索结果比较（均值；95%置信空间）

实验	分数	执行时间（s）
随机性情况，$X_{0,1}$	0; [0, 0]	22999; [21716, 24282]
确定性情况，$X_{0,1}$	0; [0, 0]	2400; [2248, 2552]
随机性情况，$X_{0,2}$	−0.2093; [−0.2098, −0.2089]	185205; [170663, 199748]
确定性情况，$X_{0,2}$	−0.2102; [−0.2115, −0.2089]	17154; [16119; 18190]

图 6.11 说明了如何将典型策略泛化到不属于 X_0 状态的方法。然而在确定性情况下（图 6.10），$X_{0,1}$ 和 $X_{0,2}$ 之间的泛化性能有一些不同，但是这在随机性情况下发生了改变。使用较小的初始状态集合 $X_{0,1}$ 产生的能够平衡自行车的策略在 $(\omega,\ \dot{\omega})$ 平面中所占的部分比采用 $X_{0,2}$ 的更小。这是由于噪声的影响，随机性情况比确定性情况访问的状态空间的比例更大，但在从 $X_{0,1}$ 开始的轨迹中，一些新的状态可能还没有遇到。

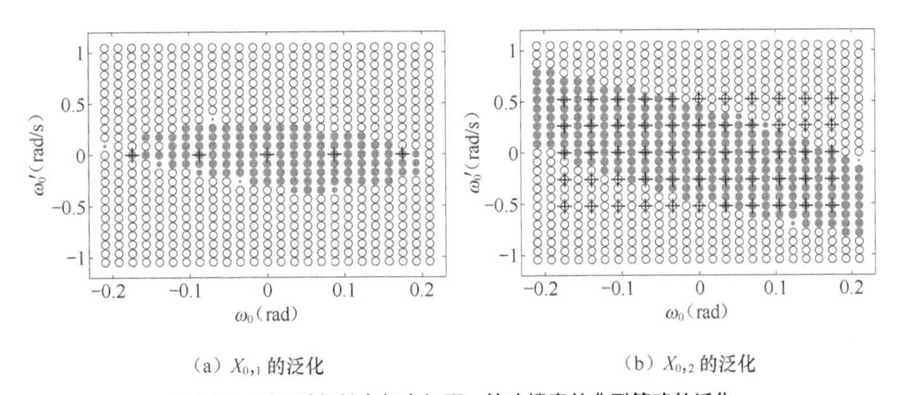

（a）$X_{0,1}$ 的泛化　　（b）$X_{0,2}$ 的泛化

图6.11 对于随机性自行车问题，策略搜索的典型策略的泛化

（注：白色标记表示从开始自行车就无法平衡的状态；灰色标记的范围大小与 10 次实验中自行车被正确平衡的次数成比例）

图 6.12 给出了通过 $X_{0,2}$ 找到的一个策略是如何使随机性情况下自行车保持平衡的。这一策略虽然成功地阻止了自行车倾倒，但它仍然没有进入垂直位置 $\omega=0$，因为奖励函数［公式（6.15）］对于侧倾角是否为零是没有区别的，它只是简单地指明自行车是否倾倒。仅仅用离散动作来控制一个类似于自行车平衡这样的不稳定系统，控制动作显示出抖动是必然的。

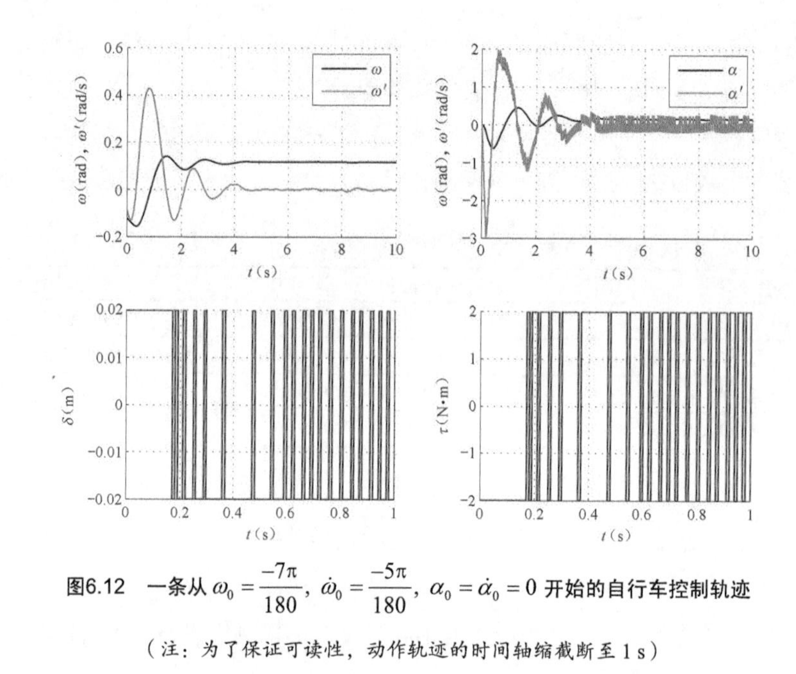

图6.12 一条从 $\omega_0 = \frac{-7\pi}{180}$，$\dot{\omega}_0 = \frac{-5\pi}{180}$，$\alpha_0 = \dot{\alpha}_0 = 0$ 开始的自行车控制轨迹

（注：为了保证可读性，动作轨迹的时间轴缩截断至 1 s）

6.4.3 HIV 传染病控制的计划性间断治疗

本节将 CE 策略搜索用于一个极具挑战性的模拟问题，该问题是关于 HIV 传染病治疗的最优控制。普遍的 HIV 治疗策略涉及两种药品，分别是逆转录酶抑制剂和蛋白酶抑制剂；在后续讨论中，我们分别用 D1 和 D2 来简化表示这两种药物。长期使用这些药品所产生的负作用促使了对这些药品的优化使用策略的研究。这些策略也可以增加患者对疾病的免疫控制（Wodarz 和 Nowak，1999）。其中的策略之一是计划性间断治疗（STI），该策略要求患者循环地开始、停止使用 D1 和 D2 来治疗（详见 Adams 等，2004）。

1. HIV 传染病的动态性和 STI 问题

考虑以下六维、非线性的 HIV 传染病的连续时间动态模型（Adams 等，2004）:

$$\dot{T}_1 = \lambda_1 - d_1 T_1 - (1-\varepsilon_1) k_1 V T_1$$
$$\dot{T}_2 = \lambda_2 - d_2 T_2 - (1-f\varepsilon_1) k_2 V T_2$$
$$\dot{T}_1^{\mathrm{t}} = (1-\varepsilon_1) k_1 V T_1 - \delta T_1^{\mathrm{t}} - m_1 E T_1^{\mathrm{t}}$$
$$\dot{T}_2^{\mathrm{t}} = (1-f\varepsilon_1) k_2 V T_2 - \delta T_2^{\mathrm{t}} - m_2 E T_2^{\mathrm{t}}$$
$$\dot{V} = (1-\varepsilon_2) N_{\mathrm{T}} \delta \left(T_1^{\mathrm{t}} + T_2^{\mathrm{t}}\right) - cV - \left[(1-\varepsilon_1)\rho_1 k_1 T_1 + (1-f\varepsilon_1)\rho_2 k_2 T_2\right] V$$

$$\dot{E} = \lambda_{\mathrm{E}} + \frac{b_{\mathrm{E}}(T_1^{\mathrm{t}} + T_2^{\mathrm{t}})}{(T_1^{\mathrm{t}} + T_2^{\mathrm{t}}) + K_{\mathrm{b}}} E + \frac{b_{\mathrm{E}}(T_1^{\mathrm{t}} + T_2^{\mathrm{t}})}{(T_1^{\mathrm{t}} + T_2^{\mathrm{t}}) + K_{\mathrm{d}}} E - \delta_E E$$

该模型描述了两类靶细胞，称为 1 型和 2 型。状态向量是 $\boldsymbol{x} = [T_1, T_2, T_1^{\mathrm{t}}, T_2^{\mathrm{t}}, V, E]^{\mathrm{T}}$，其中：

（1）$T_1 \geqslant 0$ 和 $T_2 \geqslant 0$ 是健康的 1 型和 2 型靶细胞的数量[细胞数/毫升]；

（2）$T_1^{\mathrm{t}} \geqslant 0$ 和 $T_2^{\mathrm{t}} \geqslant 0$ 是被感染的 1 型和 2 型靶细胞的数量[细胞数/毫升]；

（3）$V \geqslant 0$ 是自由病毒副本的数量[副本数/毫升]；

（4）$E \geqslant 0$ 是免疫反应细胞的数量[细胞数/毫升]。

在模拟过程中，通过使用饱和度来保证状态变量为正数。变量 $\varepsilon_1 \in [0, 0.7]$ 和 $\varepsilon_2 \in [0, 0.3]$ 表示 D1 和 D2 两种药物的效果。

表 6.4 给出了模型中参数的取值和意义。若读者要了解本模型的更多细节以及参数背后的基本原理，请参考 Adams 等（2004）。

表 6.4　HIV 传染病模型的参数

符号	值	单位	意义
λ_1, λ_2	10000; 31.98	$\frac{细胞数}{毫升\cdot天}$	1 型和 2 型靶细胞的生产率
d_1, d_2	0.01; 0.01	$\frac{1}{天}$	1 型和 2 型靶细胞的死亡率
k_1, k_2	$8\cdot10^{-7}$; 10^{-4}	$\frac{毫升}{副本数\cdot天}$	1 型和 2 型群体的感染率
δ	0.7	$\frac{1}{天}$	感染细胞的死亡率
f	0.34	—	2 型群体治疗效果的消减
m_1, m_2	10^{-5}; 10^{-5}	$\frac{毫升}{细胞数\cdot天}$	1 型和 2 型群体的免疫反应清除率
N_{T}	100	$\frac{病毒粒子数}{细胞}$	每个传染细胞的病毒粒子数
c	13	$\frac{1}{天}$	病毒自然死亡率
$\rho_1; \rho_2$	1; 1	$\frac{病毒粒子数}{细胞}$	1 型和 2 型细胞中感染的病毒粒子的平均数
λ_{E}	1	$\frac{细胞数}{毫升\cdot天}$	免疫效应物生产率
b_{E}	0.3	$\frac{1}{天}$	免疫效应物的最大出生率
K_b	100	$\frac{细胞数}{毫升}$	免疫效应物出生的饱和度常量

续表

符号	值	单位	意义
d_E	0.25	$\frac{1}{天}$	免疫效应物的最大死亡率
δ_E	0.1	$\frac{1}{天}$	免疫反应物的自然死亡率
K_d	500	$\frac{细胞数}{毫升}$	免疫效应物死亡的饱和度常量

我们没有对服用药物的数量与效果之间的关系进行建模，但是我们假设 ε_1 和 ε_2 可以直接被控制，因此，得到一个二维的控制向量 $u = [\varepsilon_1, \varepsilon_2]^T$。在 STI 中，药物是按照足量（开始状态）或者完全不用（停止状态）的方法使用的。足量使用 D1 相应的效果是 $\varepsilon_1 = 0.7$，足量使用 D2 相应的效果是 $\varepsilon_2 = 0.3$。因此，给出一个包含 4 个可能离散动作的集合 $U_d = \{0, 0.7\} \times \{0, 0.3\}$。在临床上，不可能每天调整治疗方案，因此，每 5 天对状态进行评估且循环开始或停止药物（Adams 等, 2004）。因此，考虑离散时间情况下的系统控制问题，其中采样时间是 5 天。离散时间的状态转移是在连续时间步之间通过对连续时间动态性进行数值积分而得到的。

HIV 的动态性有 3 个不受控制的平衡。未感染平衡 $\boldsymbol{x}_n = [1\,000\,000, 3\,198, 0, 0, 0, 10]^T$ 是不稳定的：一旦由于病毒副本的介入使 V 变成非零，患者就会被感染且状态也会远离 $\boldsymbol{x}_n$。非健康平衡 $\boldsymbol{x}_u = [163573, 5, 11945, 46, 63919, 24]^T$ 是稳定的且表示患者具有较低的免疫能力，他们的病情已经达到了危险的程度。健康平衡 $\boldsymbol{x}_h = [967839, 621, 76, 6, 415, 353108]^T$ 是稳定的且表示患者的免疫系统在无须药物的情况下就能控制病情。

我们考虑以下问题：在非健康初始状态 $\boldsymbol{x}_u$ 时使用 STI，使患者的免疫反应最大化且病毒副本数量最小化，并考虑药物的副作用，对药物服用量进行惩罚。使用如下奖励函数来表示上述目标（Adams 等，2004）：

$$\rho(\boldsymbol{x}, \boldsymbol{u}) = -QV - R_1\varepsilon_1^2 - R_2\varepsilon_2^2 + SE \tag{6.16}$$

其中，$Q = 0.1$，$R_1 = R_2 = 20000$，$S = 1000$。SE 表示对免疫响应总数的奖赏，$-QV$ 是对病毒副本总数的惩罚，而 $-R_1\varepsilon_1^2$ 和 $-R_2\varepsilon_2^2$ 是对药品使用的惩罚。

2. 交叉熵策略搜索的结果

为了使用 CE 策略搜索，设折扣因子 $\gamma = 0.99$。为了计算分数，模拟步的数量设置为 $K = T_f/T_s = 800/5 = 160$，其中，$T_f = 800$ 天，对于一个能够控制病情的优策略而言，这是一个足够长的时间范围（见 Adams 等，2004；Ernst 等，2006b）。与前面的实验不同，这里首先指定估计回报的精度 ε_{MC}，并据此计算轨迹长度。为了限制状态变量的值可能跨越多个数量级而导致的影响，这里使用一个修正的状态向量，它是对初始状态向量进行以 10 为底的对数计算所得。策略使用 $\mathcal{N}=8$ 个 RBF 表示，并且因为我们只对非健康初始状态 $\boldsymbol{x}_u$ 下使用 STI 感兴趣，所以只有这个状态被用于计算分数：$X_0=\{\boldsymbol{x}_u\}$。其他的参数与先前的实验保持一致（见 6.4.1 节和第 6.4.2 节）：$c_{\mathrm{CE}}=10$，$\rho_{\mathrm{CE}}=0.01$，$\alpha_{\mathrm{CE}}=0.7$，$\varepsilon_{\mathrm{CE}}=\varepsilon_{\mathrm{MC}}=0.001$，$d_{\mathrm{CE}}=5$，$\tau_{\max}=100$。

图 6.13 给出了 HIV 系统从 $\boldsymbol{x}_u$ 开始所获得的轨迹，其中策略是使用 CE 策略搜索得到的。获得这个策略所用的执行时间是 137864 s。为了比较，图中还显示了无治疗和全面执行治疗的轨迹。CE 策略搜索的解（策略）在接近 300 天以后将药物 D2 关闭，但是药物 D1 在稳定状态中被保留下来，这意味着没有达到健康平衡 $\boldsymbol{x}_{\mathrm{h}}$。然而，对病情的处理要比没有 STI 的情况更好，且在稳定状态下，免疫反应 E 是强烈的。

注意，因为 HIV 问题是高维的，因此无法使用等距 BF 近似的值函数。

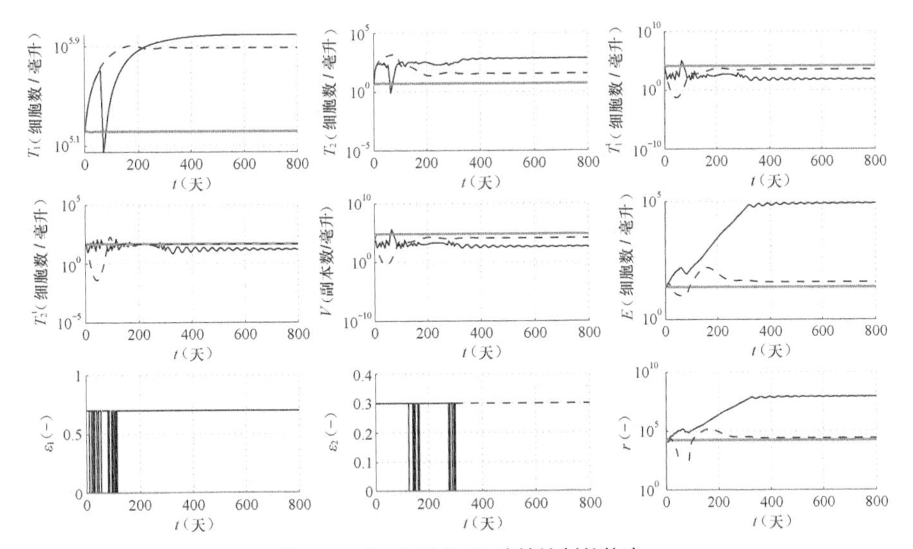

图6.13　从x_u开始的HIV病情控制的轨迹

（注：黑色连续的实线：CE 策略搜索计算得到的策略；灰色实线：没有治疗的情况；黑色虚线：全面执行治疗的轨迹。状态和奖励都是以对数精度显示，且负的奖励被忽略）

6.5　总结与讨论

在本书的最后一章，我们讨论了用于连续状态、离散动作问题的 CE 策略搜索算法。受到近似值函数中 BF 优化的启发，该算法使用一种弹性的策略参数化方法。通过 CE 方法进行优化，且利用初始状态的典型状态集合的经验回报对策略进行评估。对 CE 策略搜索已经做了详细的数值研究，比较重要的结果如下所述。算法仅用少量的 BF 表示策略就能达到良好的性能。当必须在整个状态空间中进行优化时，CE 策略搜索比值迭代和策略迭代需要更多的计算开销，至少在小维度（例如，二维）问题中存在这种情况。然而，在给出一个精简的典型状态集合的情况下，当维数增加时（例如，六维或更多），CE 策略搜索会取得优于值迭代和策略迭代的运算性能。

虽然在本章的实验中，CE 策略搜索具有收敛性，但关于其收敛性的一般性证明还是一个尚未解决的问题。由于 CE 策略搜索涉及连续变量和离散变量的优化，因此，无法直接借用 Rubinstein 和 Kroese（2004）、Costa 等（2007）给出的仅在离散情况下的收敛证明。对于相关模型参考自适应搜索（Chang 等，2007），其收敛结果包含了更一般的情况，包括通过蒙特卡罗积分（如 CE 策略搜索）评估的随机优化标准，但它们需要一个限制性的假设，即优化策略参数是唯一的。

在本章中，仅仅考虑了离散动作问题，但是通过使用 BF 值在分配给 BF 的动作之间进行插值，就可以自然地将动作策略的参数化扩展应用于连续动作空间问题。将 CE 和 DIRECT 优化与其他出现在策略搜索中能够解决全局、混合整数、梯度无关问题的技术进行比较是有意义的，这些技术包括遗传算法、模拟退火和禁忌搜索等。

本章扩展了作者早期在策略搜索方面的工作（Busoniu 等，2009），在这些早期的工作的基础上，简化了策略参数化方法，通过平滑过程优化了算法，同时扩展了实验。

我们的策略参数化的灵感来自于值函数中 BF 优化技术（详见 Singh 等，1995；Menache 等，2005；Whiteson 和 Stone，2006；Bertsekas 和 Yu，2009）。

使用 CE 方法去优化策略的想法是由 Mannor 等（2003）最先提出。Chang 等（2007，第 4 章）使用模型参考自适应搜索来优化策略，这与 CE 优化紧密相关。Mannor 等（2003）和 Chang 等（2007，第 4 章）主要集中于解决有限的、小规模 MDP，尽管他们也提出使用参数化策略解决大规模 MDP 的问题。

附录 A

极端随机树

附录 A 主要介绍一种基于极端随机树集合（通常可简称为极端树）的无参函数逼近器，该无参函数逼近器由 Geurts 等（2006）提出，并由 Ernst 等（2005）将其与拟合 Q 值迭代方法相结合。后续内容将主要参考上述两篇文章展开介绍。在本书中，3.4.5 节第一次使用了基于极端树逼近器的拟合 Q 值迭代算法，并将其作为近似值迭代的一个实例。接着在第 4.5.2 节中，将其作为基准算法，与模糊 Q 值迭代算法进行比较。此外，将极端树逼近器与强化学习成功结合的一些应用可以参考相关文献（Ernst 等，2005，2006a，b；Jodogne 等，2006）。

A.1 逼近器的结构

极端树逼近器主要由回归树集合构成，集合中每一颗树的构建都基于一组预先提供的训练样本集，构建及训练细节可以参考 A.2 节。每棵树都将输入空间分割成多个不相交的区域，并通过对属于该区域的样本的输出值求平均来确定每个区域中的常量预测值。

假设给定一组包含 N_s 个训练样本的样本集：

$$\mathscr{S} = \{(\boldsymbol{x}_{i_s}, y_{i_s}) \mid i_s = 1, \cdots, N_s\}$$

其中，$\boldsymbol{x}_{i_s} \in \mathbb{R}^D$ 是第 i_s 个输入样本，$y_{i_s} \in \mathbb{R}$ 是与之相对应的输出样本值。对于回归问题的求解，则需要存在一个逼近器 $\hat{y}(\boldsymbol{x})$，且要求该逼近器必须能够从样本中推断出输入值 $\boldsymbol{x}$ 与输出值 y 之间的潜在关系。这种近似关系可能是确定的也可能是随机的。对于随机性情况，给定 $\boldsymbol{x}$，目标是逼近 y 的期望值。

考虑极端随机树集合中第 i_{tr} 棵子树，定义函数 $p_{i_{tr}}(\boldsymbol{x})$，将输入 $\boldsymbol{x}$ 与其在树所给定分区中的所属区域关联起来。因此，该子树的预测值 $\hat{y}_{i_{\text{tr}}}(\boldsymbol{x})$（近似输出）则是来自区域 $p_{i_{\text{tr}}}(\boldsymbol{x})$ 中所有样本输出值的平均值，可以作如下表示。

$$\sum_{i_s}^{N_s} \kappa(\boldsymbol{x}, \boldsymbol{x}_{i_s}) y_{i_s} \tag{A.1}$$

这里 $\kappa(\boldsymbol{x}, \boldsymbol{x}_{i_s})$ 可以由公式（A.2）给出

$$\kappa(\boldsymbol{x}, \boldsymbol{x}_{i_s}) = \frac{I[\boldsymbol{x}_{i_s} \in p_{i_{\text{tr}}}(\boldsymbol{x})]}{\sum_{i_s'=1}^{N_s} I[\boldsymbol{x}_{i_s'} \in p_{i_{\text{tr}}}(\boldsymbol{x})]} \tag{A.2}$$

其中，I 是指示函数，若输入条件为真，值为 1；反之，值为 0。

因此，一个完整的组合逼近器包含 N_{tr} 棵子树。通过对所有子树的预测值求平均得到最终的总体预测值。

$$\hat{y}(\boldsymbol{x}) = \frac{1}{N_{\text{tr}}} \sum_{i_{\text{tr}}=1}^{N_{\text{tr}}} \hat{y}_{i_{\text{tr}}}(\boldsymbol{x})$$

它的最终预测值可以由公式（A.1）给出，在该公式中，函数 $\kappa(\boldsymbol{x}, \boldsymbol{x}_{i_s})$ 可由公式（A.3）给出。

$$\kappa(\boldsymbol{x}, \boldsymbol{x}_{i_s}) = \frac{1}{N_{\text{tr}}} \sum_{i_{\text{tr}}=1}^{N_{\text{tr}}} \frac{I[\boldsymbol{x}_{i_s} \in p_{i_{\text{tr}}}(\boldsymbol{x})]}{\sum_{i_s'=1}^{N_s} I[\boldsymbol{x}_{i_s'} \in p_{i_{\text{tr}}}(\boldsymbol{x})]} \tag{A.3}$$

这里，子树的数量 N_{tr} 是算法中很重要的参数。通常，子树的数量越多，算法的效果越好。然而，实际经验表明，通常在子树的数量超过 50 之后，子树数量的增加对函数逼近器精度的提升效果并不明显（Geurts 等，2006）。

公式（A.1）强调了极端数逼近器与基于核的逼近器之间的关系。后者的表示类似于公式（A.1），具体可以参考 3.3.2 节。单棵子树可以理解为一个基于核方法的逼近器，其中核函数如公式（A.2）所示，而对于极端随机树集合，核函数由公式（A.3）给出。

A.2 树的构建与应用

算法 A.1 通过递归的方式给出了极端树集合中单棵树的构建过程。初始时，存在一个包含整个样本集的根节点。在算法执行的每一步中，添加一个至少包含 $n_{\text{tr}}^{\min}$ 个样本的叶子节点，其中 $n_{\text{tr}}^{\min} > 2$ 是一个给定的整数型参数。简要地描述添加叶子节点所使用的方法，首先选择一个切割方向（输入维度）d，以及一个切割点 $\bar{x}_d$（沿着切割方向上的一个输入样本值）。切割方向和切割点构成了所谓的测试。然后，与当前节点相关的样本集合 $\mathscr{S}$ 分割为两个互不相交的子集 $\mathscr{S}_{\text{left}}$

和 $\mathcal{S}_{\text{right}}$，两个子集分别表示当前切割点 $\overline{x}_d$ 的“左侧”样本集和“右侧”样本集。

$$\begin{aligned}\mathcal{S}_{\text{left}} &= \{(\boldsymbol{x}_{i_s}, y_{i_s}) \in \mathcal{S} \mid x_{i_s,d} < \overline{x}_d\} \\ \mathcal{S}_{\text{right}} &= \{(\boldsymbol{x}_{i_s}, y_{i_s}) \in \mathcal{S} \mid x_{i_s,d} \geqslant \overline{x}_d\}\end{aligned} \tag{A.4}$$

算法 A.1 极端随机树的构造算法

Input. 样本集 $\mathcal{S}$，参数 N_{tr}，K_{tr}，$n_{\text{tr}}^{\min}$

Output. $\mathcal{T}$ = BUILDTREE($\mathcal{S}$)

1. **procedure** BUILDTREE($\mathcal{S}$)
2. **if** $|\mathcal{S}| < n_{\text{tr}}^{\min}$ **then**
3. **return** 值标记为 $\frac{1}{|\mathcal{S}|}\sum_{(x,y)\in\mathcal{S}} y$ 的叶子节点 $\mathcal{T}$
4. **else**
5. $(d, \overline{x}_d) \leftarrow$ SELECTTEST($\mathcal{S}$)
6. 根据 $(d, \overline{x}_d)$ 将 $\mathcal{S}$ 分割为 $\mathcal{S}_{\text{left}}$ 和 $\mathcal{S}_{\text{right}}$ ［参考公式（A.4）］
7. $\mathcal{T}_{\text{left}} \leftarrow$ BUILDTREE ($\mathcal{S}_{\text{left}}$)，$\mathcal{T}_{\text{right}} \leftarrow$ BUILDTREE ($\mathcal{S}_{\text{right}}$)
8. $\mathcal{T} \leftarrow$ 测试 $(d, \overline{x}_d)$ 的切割点，左子树 $\mathcal{T}_{\text{left}}$，以及右子树 $\mathcal{T}_{\text{right}}$
9. **return** $\mathcal{T}$
10. **end if**
11. **end procedure**
12. **procedure** SELECTTREE ($\mathcal{S}$)
13. 在 $\{1, \cdots, D\}$ 中均匀随机地选择 K_{tr} 个切割方向 $\{d_1, \cdots, d_{K_{\text{tr}}}\}$
14. **for** k=1, $\cdots$ K_{tr} **do**
15. $x_{d_k,\min} \leftarrow \min_{(x,y)\in\mathcal{S}} x_{d_k}, x_{d_k\max} \leftarrow \min_{(x,y)\in\mathcal{S}} x_{d_k}$
16. 从 $\left(x_{d_k,\min}, x_{d_k,\max}\right]$ 中均匀随机地选择一个切割点 $\overline{x}_{d_k}$
17. **end for**
18. **return** 使得 $k' \in \arg\max_k s(d_k, \overline{x}_{d_k}, \mathcal{S})$ 的测试 $(d_{k'}, \overline{x}_{d_{k'}})$ ［参考公式（A.5）］
19. **end procedure**

为当前节点创建左孩子节点与右孩子结点，分别包含上述两个样本集。此外，所选择的用于分割样本集的测试也被存储在当前节点中。算法以递归的方式执行，直至所有的叶子节点所包含的样本数少于 $n_{\text{tr}}^{\min}$。每一个叶子节点所对应的值都是其所包含的样本输出值的平均值。

为了确定关于某一节点的测试，算法随机生成 $K_{tr}\geqslant 1$ 个切割方向，对于每一个切割方向都随机选择一个切割点。对于所生成的 K_{tr} 个测试，为每一个测试计算一个分值，并选择分值最大的进行测试。该分值是相对方差缩减的，对于任意一个测试 $(d,\overline{x}_d)$，公式如下所示。

$$s(d,\overline{x}_d,\mathcal{S})=\frac{\mathrm{var}(\mathcal{S})-\dfrac{|\mathcal{S}_{\mathrm{left}}|}{N_{\mathrm{s}}}\mathrm{var}(\mathcal{S}_{\mathrm{left}})-\dfrac{|\mathcal{S}_{\mathrm{right}}|}{N_{\mathrm{s}}}\mathrm{var}(\mathcal{S}_{\mathrm{right}})}{\mathrm{var}(\mathcal{S})} \tag{A.5}$$

其中，$\mathcal{S}$ 是当前节点所包含的一组样本集合，$\mathrm{var}(\cdot)$ 是样本所对应输出值 y 的方差，$|\cdot|$ 表示集合基数。注意，如果 $K_{tr}=1$，则对切割方向以及切割点的选择是完全随机的。

Geurts 等（2006）提出对 K_{tr} 值的选择可以等同于当前输入空间的维度 D。此外，若输入输出之间关系是确定的，那么，$n_{tr}^{\min}$ 的默认值可以取 2，在该情况下，可以获得一棵完全树；而当输入输出之间的关系是随机的，$n_{tr}^{\min}$ 的默认值为 5。注意，对于上述问题的参数优化可以提高最终函数逼近器的精度。通常，可以采用 CE 方法对该问题进行优化求解（Duda 等，2000）。

算法 A.2 给出了从所建立的树中获得预测值（近似输出）的执行过程。为了计算该预测值，算法开始于根节点，并应用与该节点相关的测试。根据测试结果，算法沿着左子树或右子树继续扩展，直至到达叶子节点。最后，该算法返回该叶子节点的标签值，即所有相关样本的平均输出值。

算法 A.2　极端随机树预测

Input. 树 $\mathcal{S}$，输入点 $\boldsymbol{x}$

1. **while** $\mathcal{S}$ 不是叶子节点 **do**
2. 　　$(d,\overline{x}_d)\leftarrow$ 关于 $\mathcal{S}$ 根节点的一个测试
3. 　　**if** $x_d\leqslant\overline{x}_d$ then $\mathcal{S}\leftarrow\mathcal{S}_{\mathrm{left}}$，$\mathcal{S}$ 的左子树
4. 　　**else** $\mathcal{S}\leftarrow\mathcal{S}_{\mathrm{right}}$，$\mathcal{S}$ 的右子树
5. 　　**end if**
6. **end while**

Output：叶子节点 $\mathcal{S}$ 的标签值

为了阐明与 A.1 节中公式的关系，首先必须对树所对应的输入空间的划分（或者是函数 p）进行定义。该划分包含与树中叶子节点数量相同的区域，其中，每个区域都由算法 A.2 中所能达到的叶子节点组成。因此，对于任意 $\boldsymbol{x}$，$p(\boldsymbol{x})$所给出的所有点也等价于算法 A.2 在将 $\boldsymbol{x}$ 作为输入时所能到达的所有叶子节点。

附录B

交叉熵方法

附录B主要介绍交叉熵方法（CE，Cross-Entropy），首先给出了针对极端事件模拟的极端事件CE算法，然后是CE优化算法。该部分的介绍主要参考本书2.3～2.4节，以及 *The Cross Entropy Method: A Unified Approach to Combinatorial Optimization, Monte-Carlo Simulation, and MachineLearning* 的4.2节（Rubinstein和Kroese, 2004）。

B.1 用于交叉熵方法的极端事件模拟

考虑使用采样方法来估计极端事件的概率问题。由于此类事件很少发生，所以它的概率极小，又因为它需要太多样本，所以直接使用蒙特卡罗采样方法不切实际。因此，需要考虑选择一个合适的重要性采样密度函数[1]，以增加极端事件发生（采样）的概率。在模拟极端事件时，通过使用迭代操作，CE方法可以从给定的参数化密度类中寻找合适的重要性采样密度。在第一次迭代中，算法根据初始概率密度进行采样获得一组样本。利用这些样本，定义一个比原始问题更容易的问题，人为地增加极端事件发生的概率，以便更容易找到合适的重要性采样密度。然后，在下一次迭代中使用该密度来获得更好的样本（通过这种方式可以用来定义更困难的问题），最终，通过多轮迭代，使得当前采样密度接近原始问题的最优重要性采样密度。如果在每次迭代中，所考虑问题的求解难度不低于原始问题，则可以将当前的密度用于原始问题中的重要性采样密度。

下面我们将形式化地描述用于极端事件模拟的CE方法。设 $\boldsymbol{a}$ 为向量空间 $\mathscr{A}$ 中的一个随机向

[1] 简单来说，我们用“密度”泛指概率密度函数（连续随机变量）以及概率质量函数（离散随机变量），在后续的介绍中不做区分。

量。$\{p(\cdot;\boldsymbol{v})\}$是向量空间$\mathscr{A}$上的概率密度簇，使用向量$\boldsymbol{v}\in\mathbb{R}^{N_v}$参数化，并给定一个名义上的参数向量$\bar{\boldsymbol{v}}\in\mathbb{R}^{N_v}$。给定一个评分函数$s:\mathscr{A}\to\mathbb{R}$，目标是估计$s(\boldsymbol{a})>\lambda$的概率，其中，$\lambda\in\mathbb{R}$预先给定，且输入$\boldsymbol{a}$来自于概率密度$\{p(\cdot;\bar{\boldsymbol{v}})\}$。该概率可以写成

$$\boldsymbol{v}=P_{\boldsymbol{a}\sim p(\cdot;\bar{\boldsymbol{v}})}(s(\boldsymbol{a})\geqslant\lambda)=\mathrm{E}_{\boldsymbol{a}\sim p(\cdot;\bar{\boldsymbol{v}})}(I(s(\boldsymbol{a})\geqslant\lambda)\} \tag{B.1}$$

这里$I(s(\boldsymbol{a})\geqslant\lambda)$是指示函数，当$s(\boldsymbol{a})\geqslant\lambda$时，值为1，反之，值为0。当公式（B.1）中的概率非常小时（比如10^{-6}，或者更小），则可以称事件$\{s(\boldsymbol{a})\geqslant\lambda\}$为极端事件。

用于估计$\boldsymbol{v}$的最直接方法就是使用蒙特卡罗模拟。首先，从$p(\cdot;\bar{\boldsymbol{v}})$中获得一组随机样本，$\{\boldsymbol{a}_1,\cdots,\boldsymbol{a}_{N_{\mathrm{CE}}}\}$，则$\boldsymbol{v}$的估计值可以使用公式（B.2）进行计算。

$$\hat{\boldsymbol{v}}=\frac{1}{N_{\mathrm{CE}}}\sum_{i_s=1}^{N_{\mathrm{CE}}}I(s(\boldsymbol{a}_{i_s})\geqslant\lambda) \tag{B.2}$$

然而，当$\{s(\boldsymbol{a})\geqslant\lambda\}$是极端事件时，这种估计方法的计算效率非常低，因为该方法需要大量的样本N_{ce}才能够准确计算$\boldsymbol{v}$的估计值。因此，相对更好的方法是根据向量空间$\mathscr{A}$上的某一重要性采样密度$q(\cdot)$进行采样，而不是直接从$p(\cdot;\bar{\boldsymbol{v}})$中获取样本。所选择的$q(\cdot)$可以提高极端事件$\{s(\boldsymbol{a})\geqslant\lambda\}$的采样概率，因此，仅仅需要少量的样本就可以计算$\boldsymbol{v}$的估计值。参数$\boldsymbol{v}$可以通过重要性采样方法进行估计。

$$\hat{\boldsymbol{v}}=\frac{1}{N_{\mathrm{CE}}}\sum_{i_s=1}^{N_{\mathrm{CE}}}I[s(\boldsymbol{a}_{i_s})\geqslant\lambda]\frac{p[(\boldsymbol{a}_{i_s};\bar{\boldsymbol{v}})]}{q(\boldsymbol{a}_{i_s})} \tag{B.3}$$

根据公式（B.3），重要性采样密度可以表示为：

$$q^*(\boldsymbol{a})=\frac{I[s(\boldsymbol{a})\geqslant\lambda]p(\boldsymbol{a};\bar{\boldsymbol{v}})}{\boldsymbol{v}} \tag{B.4}$$

将公式（B.4）代入公式（B.3），求和部分的值为$\boldsymbol{v}$。因此，只要存在一个样本$\boldsymbol{a}$使得$I[s(\boldsymbol{a})\geqslant\lambda]$不为0就足以找到$\boldsymbol{v}$，而此时概率密度$q^*(\boldsymbol{a})$也是最优的。注意，在整个求解过程中，所有推导过程都依赖于存在一个名义上的参数$\bar{\boldsymbol{v}}$。因此，公式中所有的q、q^*以及$\boldsymbol{v}$都依赖于参数$\bar{\boldsymbol{v}}$。

很显然，整个推导过程的难点就在于$\boldsymbol{v}$是未知的。此外，q^*的形式可能很复杂，因此，也提高了求解难度。通常更倾向于直接从$\{p(\cdot;\ \boldsymbol{v})\}$的概率密度簇中寻找一个合适的重要性采样密度。因此，最佳的重要性采样密度可以通过最小化两个关于$\boldsymbol{v}$的概率分布，$p(\cdot;\boldsymbol{v})$和$q^*(\cdot)$之间的距离获得。在CE方法中，该距离可以通过CE表示，也就是Kullback-Leibler散度，其公式如下。

$$\begin{aligned}\mathscr{D}[q^*(\cdot),p(\cdot;\boldsymbol{v})]&=\mathrm{E}_{\boldsymbol{a}\sim q^*(\cdot)}\left\{\ln\frac{q(\boldsymbol{a})}{p(\boldsymbol{a};\boldsymbol{v})}\right\}\\&=\int q^*(\boldsymbol{a})\ln q^*(\boldsymbol{a})\mathrm{d}\boldsymbol{a}-\int q^*(\boldsymbol{a})\ln p(\boldsymbol{a};\boldsymbol{v})\mathrm{d}\boldsymbol{a}\end{aligned} \tag{B.5}$$

这里第一项不依赖于 $\boldsymbol{v}$，同时，将公式（B.4）代入第二项，可得最小化 CE 的最优参数，公式如下。

$$\boldsymbol{v}^* = \boldsymbol{v}^{\ddagger}, \text{其中}, \boldsymbol{v}^{\ddagger} \in \arg\max_{\boldsymbol{v}} \int \frac{I[s(\boldsymbol{a}) \geqslant \lambda] p(\boldsymbol{a}; \bar{\boldsymbol{v}})}{\boldsymbol{v}} \ln p(\boldsymbol{a}; \boldsymbol{v}) d\boldsymbol{a}, \\ \text{例如}, \quad \boldsymbol{v}^{\ddagger} \in \arg\max_{\boldsymbol{v}} \mathrm{E}_{\boldsymbol{a} \sim p(\cdot; \boldsymbol{z})} \{I[s(\boldsymbol{a}) \geqslant \lambda] \ln p(\boldsymbol{a}; \boldsymbol{v})\} \tag{B.6}$$

然而，期望 $\mathrm{E}_{\boldsymbol{a} \sim p(\cdot; \bar{\boldsymbol{v}})} \{I[s(\boldsymbol{a}) \geqslant \lambda] \ln p(\boldsymbol{a}; \boldsymbol{v})\}$ 无法直接通过蒙特卡罗模拟求得，因为对于大多数样本而言，$I[s(\boldsymbol{a}) \geqslant \lambda]$ 的值为 0。因此，该期望值也要利用重要性采样方法求得。假定在一个重要性采样密度中，参数为 $\boldsymbol{z}$，公式（B.6）可改写为

$$\boldsymbol{v}^* = \boldsymbol{v}^{\ddagger}, \text{其中}, \boldsymbol{v}^{\ddagger} \in \arg\max_{\boldsymbol{v}} E_{\boldsymbol{a} \sim p(\cdot; \boldsymbol{z})} \{I[s(\boldsymbol{a}) \geqslant \lambda] W(\boldsymbol{a}; \bar{\boldsymbol{v}}, \boldsymbol{z}) \ln p(\boldsymbol{a}; \boldsymbol{v})\} \tag{B.7}$$

这里 $w(\boldsymbol{a}; \bar{\boldsymbol{v}}, z) = p(\boldsymbol{a}; \bar{\boldsymbol{v}}) / p(\boldsymbol{a}; \boldsymbol{z})$ 。因此，近似解 $\hat{\boldsymbol{v}}^*$ 可以通过来自重要性采样分布 $p(\boldsymbol{a}; \boldsymbol{z})$ 的样本 $\{\boldsymbol{a}_1, \cdots, \boldsymbol{a}_{N_{\mathrm{CE}}}\}$ 求得。

$$\boldsymbol{v}^* = \boldsymbol{v}^{\ddagger}; \text{其中}, \boldsymbol{v}^{\ddagger} \in \arg\max_{\boldsymbol{v}} \frac{1}{N_{\mathrm{CE}}} \sum_{i_s=1}^{N_{\mathrm{CE}}} I[s(\boldsymbol{a}_{i_s}) \geqslant \lambda] W(\boldsymbol{a}; \bar{\boldsymbol{v}}, \boldsymbol{z}) \ln p(\boldsymbol{a}_{i_s}; \boldsymbol{v}) \tag{B.8}$$

公式（B.8）也被称为公式（B.7）的随机对应。

关于向量空间 $\mathscr{A}$ 以及概率密度 $p(\cdot; \boldsymbol{v})$，在某些特定的假设前提下，该随机对应是可以精确求解的。其中，一个很重要的例子就是当 $p(\cdot; \boldsymbol{v})$ 属于自然指数簇时，该随机对应可以精确求解。例如，当 $p(\cdot; \boldsymbol{v})$ 属于高斯簇时，其中，均值为 $\boldsymbol{\eta}$ 以及标准差为 $\boldsymbol{\sigma}$（所以 $\boldsymbol{v}=[\boldsymbol{\eta}, \boldsymbol{\sigma}]^{\mathrm{T}}$），该随机对应可以表示为

$$\hat{\boldsymbol{\eta}} = \frac{\sum_{i_s=1}^{N_{\mathrm{CE}}} I[s(\boldsymbol{a}_{i_s}) \geqslant \lambda] \boldsymbol{a}_{i_s}}{\sum_{i_s=1}^{N_{\mathrm{CE}}} I[s(\boldsymbol{a}_{i_s}) \geqslant \lambda]} \tag{B.9}$$

$$\hat{\boldsymbol{\sigma}} = \sqrt{\frac{\sum_{i_s=1}^{N_{\mathrm{CE}}} I[s(\boldsymbol{a}_{i_s}) \geqslant \lambda] (\boldsymbol{a}_{i_s} - \hat{\boldsymbol{\eta}})^2}{\sum_{i_s=1}^{N_{\mathrm{CE}}} I[s(\boldsymbol{a}_{i_s}) \geqslant \lambda]}} \tag{B.10}$$

直接选择一个好的重要性抽样参数 $\boldsymbol{z}$ 很困难。如果 $\boldsymbol{z}$ 选择不当，则公式（B.8）中的大多数 $I[s(\boldsymbol{a}_{i_s}) \geqslant \lambda]$ 将为 0，因此，$\hat{\boldsymbol{v}}^*$ 难以有效逼近最优参数 $\boldsymbol{v}^*$ 。为了解决这一问题，CE 方法通过迭代逐步求解该近似值。每次迭代 τ 可以被视为上述方法的应用，参数为 λ_τ ，且每轮迭代后，重要性密度参数 $\boldsymbol{z} = \boldsymbol{v}_{\tau-1}$ ，其中：

- 在每轮迭代中，对 λ_τ 的取值要使得在概率密度 $p(\cdot; \boldsymbol{v}_{\tau-1})$ 下，事件 $\{s(\boldsymbol{a}) \geqslant \lambda_\tau\}$ 的概率近似

等于 $\rho_{\text{CE}} \in (0,1)$， ρ_{CE} 的选值通常不能太小（例如， $\rho_{\text{CE}} = 0.05$ ）。

- 当 $\tau > 2$ 时， $\boldsymbol{v}_{\tau-1}$ 是前一轮迭代中随机应对的解； $\boldsymbol{v}_0$ 的初始值是 $\bar{\boldsymbol{v}}$ 。

参数 λ_τ 可以选取随机样本 $\{\boldsymbol{a}_1,\cdots,\boldsymbol{a}_{N_{\text{CE}}}\}$ 对应分值的 $(1-\rho_{\text{CE}})$ 分位数，随机样本来自概率分布 $p(\cdot;\boldsymbol{v}_{\tau-1})$。将样本对应分值按照从小到大进行排序， $s_1 \leqslant \cdots \leqslant s_{N_{\text{CE}}}$ ， $(1-\rho_{\text{CE}})$ 分位数可表示为

$$\lambda_\tau = s\lceil (1-\rho_{\text{CE}})N_{\text{CE}} \rceil \tag{B.11}$$

其中，$\lceil \cdot \rceil$ 是上界函数。

对于 $\tau^* \geqslant 1$，当不等式 $\lambda_{\tau^*} \geqslant \lambda$ 成立，对于重要性采样 $N_1 \in \mathbb{N}^*$，可以通过概率密度 $p(\cdot;\boldsymbol{v}_{\tau^*})$ 估计极端事件概率：

$$\hat{\boldsymbol{v}} = \frac{1}{N_1}\sum_{i_s=1}^{N_1} I[s(\boldsymbol{a}_{i_s}) \geqslant \lambda] w(\boldsymbol{a}_{i_s};\bar{\boldsymbol{v}},\boldsymbol{v}_{\tau^*}) \tag{B.12}$$

B.2 交叉熵优化方法

考虑以下优化问题：

$$\max_{\boldsymbol{a}\in\mathcal{A}} s(\boldsymbol{a}) \tag{B.13}$$

这里，$s:\mathcal{A} \to \mathbb{R}$ 是用于最大化的评分函数（优化准则），$\boldsymbol{a}$ 是在空间 $\mathcal{A}$ 中取值。将上述最大值表示为 s^* 。CE 优化方法主要求解 $\mathcal{A}$ 上的一个概率密度。在每轮迭代中，根据当前概率密度获取一组随机样本，并且计算样本所对应的分值。保留其中分值较大的部分样本，并丢弃其他样本。根据所选择的样本，更新概率密度，使得在下一次迭代期间提高选择更好样本的概率。当最差选定样本的分数不再显著提高时，算法停止。

形式上，必须选择空间 $\mathcal{A}$ 上且由 $\boldsymbol{v}$ 参数化的概率密度函数 $p(\cdot;\boldsymbol{v})$。与公式（B.13）相关的随机问题就是找到一个最优的概率密度。

$$\boldsymbol{v}(\lambda) = \mathrm{P}_{\boldsymbol{a}\sim p(\cdot;\boldsymbol{v})}[s(\boldsymbol{a}) \geqslant \lambda] = \mathrm{E}_{\boldsymbol{a}\sim p(\cdot;\boldsymbol{v}')}\{I[s(\boldsymbol{a}) \geqslant \lambda]\} \tag{B.14}$$

这里随机向量 $\boldsymbol{a}$ 服从概率分布 $p(\cdot;\boldsymbol{v}')$，$\boldsymbol{v}'$是参数向量。因此，现在的问题是估计 $\boldsymbol{v}(\lambda)$ ，其中，λ 的值接近 s^* 。通常，$\{s(\boldsymbol{a}) \geqslant \lambda\}$ 是一个极端事件。因此，CE 方法可以用来求解公式（B.14）。

与针对极端事件模拟 CE 优化方法不同的是，这里没有一个名义上的 λ 值，而是存在一个未知的评分值 s^* 。针对该问题，CE 优化方法在每轮迭代 τ 中，利用上轮迭代后所求解的参数 $\mathrm{v}_{\tau-1}$ 重新定义相关的随机问题，随着迭代次数 τ 的增加，λ_τ 将逐渐逼近 s^* 。最后，对于 CE 优化算法，第 τ 轮的随机对应可以表示为

$$\hat{\boldsymbol{v}}_\tau = \boldsymbol{v}_\tau^\ddagger,\ \text{其中},\ \boldsymbol{v}_\tau^\ddagger \in \arg\max_{\boldsymbol{v}} \frac{1}{N_{\mathrm{CE}}} \sum_{i_s=1}^{N_{\mathrm{CE}}} I[s(\boldsymbol{a}_{i_s}) \geqslant \lambda] \ln p(\boldsymbol{a}_{i_s}; \boldsymbol{v}) \tag{B.15}$$

公式（B.15）不同于公式（B.8）中的极端事件模拟，对应于最大化关于 $\boldsymbol{v}$ 的期望 $E_{\boldsymbol{a}\sim p(\cdot;\boldsymbol{v}_{\tau-1})}\{I[s(\boldsymbol{a}_{i_s}) > \lambda]\ln[p(\boldsymbol{a}_{i_s};\boldsymbol{v})]\}$。这也决定了在极端事件模拟中，所求解的最优参数与 $P_{\boldsymbol{a}\sim p(\cdot;\boldsymbol{v}_{\tau-1})}[s(\boldsymbol{a}) > \lambda_\tau]$有关，而不是与$P_{\boldsymbol{a}\sim p(\cdot;\bar{\boldsymbol{v}})}[s(\boldsymbol{a}) \geqslant \lambda_\tau]$有关。因此，公式（8.7）和公式（B.8）中的$W$在这里不再重要。此外，在极端事件模拟中，所给定的评估极端事件概率的名义参数$\bar{\boldsymbol{v}}$在这里也不再重要。但是，在 CE 优化过程中，必须初始化概率密度参数$\boldsymbol{v}_0$并将其应用到第一轮迭代计算，其中，参数$\boldsymbol{v}_0$的值可以任意给定。

在 CE 优化方法中，并非是通过公式（B.15）直接设定密度参数，而是通过增量更新的方式迭代求解：

$$\boldsymbol{v}_\tau = \alpha_{\mathrm{CE}}\hat{\boldsymbol{v}}_\tau + (1-\alpha_{\mathrm{CE}})\boldsymbol{v}_{\tau-1} \tag{B.16}$$

这里，平滑参数$\alpha_{\mathrm{CE}} \in (0, 1]$。这种做法通常也称为“平滑过程”，它可以非常有效地防止 CE 优化方法陷入局部最优问题（Rubinstein 和 Kroese，2004）

在 CE 优化方法中，最重要的参数是样本数量N_{CE}以及分位数参数ρ_{CE}。样本的数量应该至少是参数数量N_v的倍数，即$N_{\mathrm{CE}} = c_{\mathrm{CE}}N_v$，其中，$c_{\mathrm{CE}} \in \mathbb{N}$，且$c_{\mathrm{CE}} \geqslant 2$。当样本数量比较大时，$\rho_{\mathrm{CE}}$可以在 0.01 附近取值，而当样本数量比较小时（$N_{\mathrm{CE}} < 100$），ρ_{CE}可以在$(\ln N_{\mathrm{CE}})/N_{\mathrm{CE}}$附近取值（Rubinstein 和 Kroese，2004）。平滑参数α_{CE}通常在 0.7 附近取值。

CE 优化算法的流程如算法 B.1 所示。注意，在第 8 行，随机对应公式（B.15）已经被简化处理，其中样本已经按照对应的分值进行升序排列。当$\varepsilon_{\mathrm{CE}} = 0$时，在$d_{\mathrm{CE}}$轮连续迭代中，当$\lambda$保持不变时，算法终止。当$\varepsilon_{\mathrm{CE}} > 0$时，在$d_{\mathrm{CE}}$轮连续迭代中，对于$\lambda$的更新量不超过$\varepsilon_{\mathrm{CE}}$时，算法终止。$d_{\mathrm{CE}} > 1$体现了算法的随机特性，以保证算法在$d_{\mathrm{CE}}$轮连续迭代中，$\lambda$的更新量在持续降低，且其更新量不会意外地降低到$\varepsilon_{\mathrm{CE}}$以下（可能由于一些随机因素导致该情况的发生）。同时，设定一个最大迭代轮数$\tau_{\max}$，以保证算法能够在有限时间内终止。

算法 B.1 CE 优化

Input. 概率密度簇$\{p(\cdot;\boldsymbol{v})\}$，评分函数$s$，参数$\rho_{\mathrm{CE}}$、$N_{\mathrm{CE}}$、$\varepsilon_{\mathrm{CE}}$、$\alpha_{\mathrm{CE}}$、$\tau_{\max}$

1. $\tau \leftarrow 1$
2. 初始化密度参数$\boldsymbol{v}_0$
3. **repeat**
4. 　根据$p(\cdot;\boldsymbol{v}_{\tau-1})$生成样本$\boldsymbol{a}_1 = \boldsymbol{a}_1,\cdots,\boldsymbol{a}_{N_{\mathrm{CE}}}$
5. 　计算评分$s(\boldsymbol{a}_{i_s})$，$i_s = 1,\cdots,N_{\mathrm{CE}}$

续表

6.	重新排序并进行索引，使得 $s_1 \leqslant \cdots \leqslant s_{N_{CE}}$
7.	$\lambda_\tau \leftarrow s_{\lceil (1-\rho_{CE}) N_{CE} \rceil}$
8.	$\hat{\boldsymbol{v}}_\tau = \boldsymbol{v}_\tau^\ddagger$，这里，$\boldsymbol{v}_\tau^\ddagger \in \arg\max_{\boldsymbol{v}} \sum_{i_s=\lceil (1-\rho_{CE}) N_{CE} \rceil}^{N_{CE}} \ln p(\boldsymbol{a}_{i_s}; \boldsymbol{v})$
9.	$\boldsymbol{v}_\tau \leftarrow \alpha_{CE} \hat{\boldsymbol{v}}_\tau + (1-\alpha_{CE}) \boldsymbol{v}_{\tau-1}$
10.	$\tau \leftarrow \tau + 1$
11.	**until** （$\tau > d_{CE}$ **and** $\lvert \lambda_{\tau-\tau'} - \lambda_{\tau-\tau'-1} \rvert \leqslant \varepsilon_{CE}$, for $\tau' = 0, \cdots, d_{CE}-1$）**or** $\tau = \tau_{\max}$
Output.	任意 τ 轮迭代中的最优样本 $\hat{\boldsymbol{a}}^*$，且 $\hat{s}^* = s(\hat{\boldsymbol{a}}^*)$

CE 优化方法已被证明具有良好的性能，通常优于其他随机算法（Rubinstein 等 Kroese，2004），近年来也已经被应用于多个领域，如生物医学（Mathenya 等，2007）、电力系统（Ernst 等）、车辆路径优化（Chepuri 和 de Mello，2005）、矢量量化（Boubezoul 等，2008）和聚类（Rubinstein 和 Kroese，2004）。虽然 CE 优化方法的收敛性尚未得到证实，但该算法通常在实践中收敛（Rubinstein 和 Kroese，2004）。对于组合（离散变量）优化，CE 方法已被证明以概率 1 收敛到单位质量密度，即它总是可以生成等同于单个点的样本。此外，通过设定足够小的平滑参数 α_{CE}，最终将以接近 1 的概率使得该收敛点等价于最优解（Costa 等，2007）。

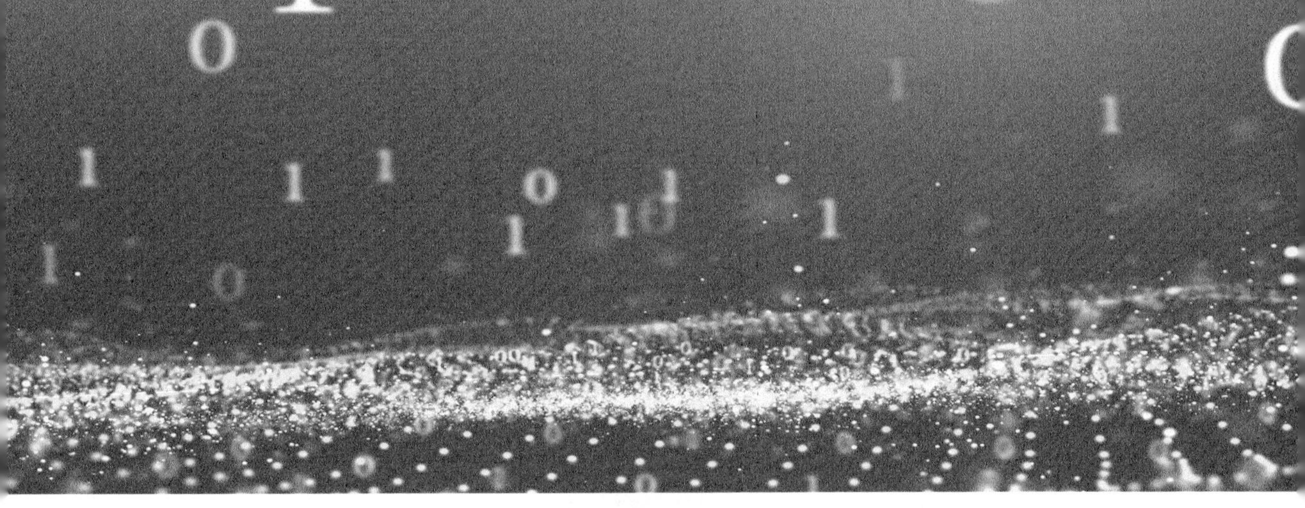

缩略语

一般符号

$\lvert\cdot\rvert$	绝对值（数值参数）；基数（数据集）
$\lVert\cdot\rVert_p$	p 范数
$\lfloor\cdot\rfloor$	小于或等于参数的最大整数（向下取整）
$\lceil\cdot\rceil$	大于或等于参数的最小整数（向上取整）
$g(\cdot;\boldsymbol{\theta})$	关于参数“·”和 $\boldsymbol{\theta}$ 的泛型函数 g
L_g	泛型函数 g 的利普希茨常数

概率论

p	概率密度
$a\sim p(\cdot)$	随机样本 a 服从概率密度 p 的分布
$\mathrm{P}(\cdot)$	随机变量的概率
$\mathrm{E}\{\cdot\}$	随机变量的期望值
η; σ	高斯分布的均值；高斯分布的标准差
η^{bin}	伯努利分布的参数（均值，成功概率）

经典动态规划与强化学习

$\boldsymbol{x}$; X	状态；状态空间
$\boldsymbol{u}$; U	动作；动作空间
r	奖赏
f; $\tilde{f}$	确定迁移函数；随机迁移函数
ρ; $\tilde{\rho}$	确定奖励函数；随机奖励函数

$h;\tilde{h}$	确定策略；随机策略
R	回报
γ	折扣因子
$k;K$	离散时间索引；离散时间范围
T_{s}	采样时间
$Q;V$	Q 值函数；V 值函数
$Q^{h};V^{h}$	关于策略 h 的 Q 值函数；关于策略 h 的 V 值函数
$Q^{*};V^{*}$	最优 Q 值函数；最优 V 值函数
h^{*}	最优策略
$\mathcal{Q}$	Q 值函数集合
T	Q 值迭代映射
T^{h}	遵循策略 h 的策略评估映射
$\ell;L$	主迭代索引；主迭代次数
τ	次迭代索引
α	学习率（步长）
ε	探索概率
$\varepsilon_{\mathrm{QI}};\varepsilon_{\mathrm{PE}}$	收敛阈值，一般将算法类型作为阈值下标，例如：$\varepsilon_{\mathrm{QI}}$ 表示 Q 值迭代算法的收敛阈值；$\varepsilon_{\mathrm{PE}}$ 表示策略评估算法的收敛阈值

近似动态规划和强化学习

$\widehat{Q};\widehat{V}$	近似 Q 值函数；近似 V 值函数
$\hat{h}$	近似策略
$d;D$	状态维度索引（变量）；状态空间维数
F	近似映射
P	投影映射
U_{d}	离散动作集
$\boldsymbol{\theta};\phi$	值函数参数向量；值函数逼近的基函数
$\boldsymbol{\vartheta};\varphi$	策略参数向量；策略逼近的基函数
$\bar{\phi}$	Q 值函数逼近的状态依赖基函数
κ	核函数
n	Q 值函数逼近中参数数量以及状态–动作基函数的数量

$\mathcal{N}$	策略逼近的参数个数以及状态-依赖基函数数量
N	Q 值函数逼近的状态-依赖基函数数量
M	离散动作数量
n_s	Q 值函数逼近的状态-动作对的样本数量
$\mathcal{N}_s$	策略逼近的状态样本数量
l	Q 值函数参数以及状态-动作基函数的索引
i	状态基函数、策略参数以及离散状态的索引
j	离散动作的索引
$[i, j]$	两维参数 (i, j) 对应的标量参数；通常 $[i, j]=i+(j-1)N$
l_s	状态-动作样本的索引
i_s	状态样本索引，或者是任意样本索引
$\boldsymbol{\xi}; \Xi$	基函数的参数向量；基函数参数向量集
$\boldsymbol{c}$	基函数的中心，用向量表示
$\boldsymbol{b}; \boldsymbol{B}$	基函数宽度，用矢量表示；用矩阵表示
ς	逼近误差
$\boldsymbol{\Gamma}$	投影贝尔曼方程的左侧矩阵
$\boldsymbol{\Lambda}$	投影贝尔曼方程的右侧矩阵
$\boldsymbol{z}$	投影贝尔曼方程的右侧向量
w	近似误差或者状态的权重函数
s	评分函数
X_0	初始状态集
N_{MC}	蒙特卡罗模拟的次数
ε_{MC}	轨迹中回报估计的允许误差

模糊 Q 值迭代

$\chi; \mu$	模糊集；隶属度函数
ϕ	归一化的隶属度函数（满足程度）
x_i	第 i 个模糊集的中心
S	异步模糊 Q 值迭代的映射
$\delta_x; \delta_u$	状态分辨率步长；动作分辨率步长

在线连续动作最小二乘策略迭代

K_θ 两个连续策略改进之间的迁移数量

ε_{d} 探索概率的衰减率

T_{trial} 实验长度

δ_{mon} 单调性方向

ψ 多项式

M_{p} 多项式逼近器的程度

交叉熵策略搜索与交叉熵优化

$\boldsymbol{v}$ 概率密度的参数向量

$I\{\cdot\}$ 指示函数，当参数为真时等于 1，否则为 0

N_{CE} 每轮迭代中样本数量

ρ_{CE} CE 更新时的可用样本比例

λ 样本性能的概率指标或$(1-\rho_{\text{CE}})$分位数

c_{CE} 样本数量比密度参数数量大的次数

α_{CE} 平滑参数

ε_{CE} CE 算法的收敛阈值

d_{CE} λ 变量达到停止算法的收敛阈值 ε_{CE} 需要迭代的次数

实验研究

t 连续时间变量

α 角度

τ 电机扭矩

$\boldsymbol{Q}_{\text{rew}}$ 奖励函数中，关于状态的权重矩阵

R_{rew} 奖励函数中，关于动作的权重矩阵或标量

此外，在本书中采用了下列规定：

- 使用的所有向量都是列向量，向量的转置都在向量右上角标注 T，例如，向量$\boldsymbol{\theta}$的转置是$\boldsymbol{\theta}^{\text{T}}$。
- 黑体符号表示函数和映射的向量或矩阵，例如$\boldsymbol{Q}$表示 Q 值函数中 Q 值的向量。
- 书法符号用于区分策略逼近相关的变量和值函数逼近相关的变量。例如，策略参数为$\boldsymbol{\vartheta}$，而值函数参数为$\boldsymbol{\theta}$。

缩略语

BF	基函数
CE	交叉熵
DC	直流
DP	动态规划
HIV	人类免疫缺陷病毒
LSPE（LSPE-Q）	最小二乘策略评估（Q 值函数）
LSPI	最小二乘策略迭代
LSTD（LSTD-Q）	最小二乘时间差分（Q 值函数）
MDP	马尔可夫决策过程
MF	隶属度函数
PI	策略迭代
RBF	径向基函数
RL	强化学习
STI	计划性间断治疗
TD（TD-Q）	时间差分（关于 Q 值函数）

参考文献

[1] ÅstrÖm, K. J., Klein, R. E., and Lennartsson, A. (2005). Bicycle dynamics and control. IEEE *Control Systems Magazine*, 24(4):26-47.

[2] Abonyi, J., Babuška, R., and Szeifert, F. (2001). Fuzzy modeling with multivariate membership functions: Gray-box identification and control design. IEEE *Transactionson Systems, Man, and Cybernetics—Part B: Cybernetics*, 31(5):755-767.

[3] Adams, B., Banks, H., Kwon, H.-D., and Tran, H. (2004). Dynamic multidrug therapiesfor HIV: Optimal and STI control approaches. *Mathematical Biosciences and Engineering*, 1(2):223-241.

[4] Antos, A., Munos, R., and Szepesvári, Cs. (2008a). Fitted Q-iteration in continuousaction-space MDP. In Platt, J. C., Koller, D., Singer, Y., and Roweis, S. T., editors, *Advances in Neural Information Processing Systems* 20, pages 9-16. MIT Press.

[5] Antos, A., Szepesvári, Cs., and Munos, R. (2008b). Learning near-optimal policies with Bellman-residual minimization based fitted policy iteration and a single sampleath. *Machine Learning*, 71(1):89-129.

[6] Ascher, U. and Petzold, L. (1998). *Computer methods for ordinary differential equations and differential-algebraic equations*. Society for Industrial and Applied Mathematics (SIAM).

[7] Audibert, J.-Y., Munos, R., and Szepesvári, Cs. (2007). Tuning bandit algorithms instochastic environments. *In Proceedings 18th International Conference on Algorithmic Learning Theory (ALT-07)*, pages 150-165, Sendai, Japan.

[8] Auer, P., Cesa-Bianchi, N., and Fischer, P. (2002). Finite time analysis of multiarmed bandit problems. *Machine Learning*, 47(2-3):235-256.

[9] Auer, P., Jaksch, T., and Ortner, R. (2009). Near-optimal regret bounds for reinforcement learning. In Koller, D., Schuurmans, D., Bengio, Y., and Bottou, L., editors,*Advances in Neural Information Processing Systems 21*, pages 89-96. MIT Press.

[10] Baird, L. (1995). Residual algorithms: Reinforcement learning with function approximation. In *Proceedings 12th International Conference on Machine Learning(ICML-95)*, pages 30-37, Tahoe City, US.

[11] Balakrishnan, S., Ding, J., and Lewis, F. (2008). Issues on stability of ADP feedback controllers for dynamical systems. IEEE *Transactions on Systems, Man, and Cybernetics—Part B: Cybernetics*, 4(38):913-917.

[12] Barash, D. (1999). A genetic search in policy space for solving Markov decision processes.In AAAI *Spring Symposium on Search Techniques for Problem Solvingunder Uncertainty and Incomplete Information*, Palo Alto, US.

[13] Barto, A. and Mahadevan, S. (2003). Recent advances in hierarchical reinforcement learning. *Discrete Event Dynamic Systems: Theory and Applications*, 13(4):341-379.

[14] Barto, A. G., Sutton, R. S., and Anderson, C. W. (1983). Neuronlike adaptive elementsthat can solve difficult learning control problems. IEEE *Transactions onSystems, Man, and Cybernetics,* 13(5):833-846.

[15] Berenji, H. R. and Khedkar, P. (1992). Learning and tuning fuzzy logic controller sthrough reinforcements. IEEE *Transactions on Neural Networks*, 3(5):724-740.

[16] Berenji, H. R. and Vengerov, D. (2003). A convergent actor-critic-based FRL algorithm with application to power management of wireless transmitters. IEEE *Transactions on Fuzzy Systems*,11(4):478-485.

[17] Bertsekas, D. P. (2005a). *Dynamic Programming and Optimal Control*, volume 1. Athena Scientific, 3rd edition.

[18] Bertsekas, D. P. (2005b). Dynamic programming and suboptimal control: A surveyfrom ADPto MPC. *European Journal of Control*, 11(4-5):310-334. Special issuefor the CDC-ECC-05 in Seville, Spain.

[19] Bertsekas, D. P. (2007). *Dynamic Programming and Optimal Control*, volume 2. Athena Scientific, 3rd edition.

[20] Bertsekas, D. P., Borkar, V., andNedić, A. (2004). Improved temporal difference methods with

linear function approximation. In Si, J., Barto, A., and Powell, W.,editors, *Learning and Approximate Dynamic Programming*. IEEE Press.

[21] Bertsekas, D. P. and Castañon, D. A. (1989). Adaptive aggregation methods forinfinite horizon dynamic programming. IEEE *Transactions on Automatic Control*,34(6):589-598.

[22] Bertsekas, D. P. and Ioffe, S. (1996). Temporal differences-based policy iterationand applications in neuro-dynamic programming. Technical Report LIDSP-2349, Massachusetts Institute of Technology, Cambridge, US.

[23] Bertsekas, D. P. and Shreve, S. E. (1978). Stochastic Optimal Control: *The DiscreteTime Case*. Academic Press.

[24] Bertsekas, D. P. and Tsitsiklis, J. N. (1996). *Neuro-Dynamic Programming*. Athena Scientific.

[25] Bertsekas, D. P. and Yu, H. (2009). Basis function adaptation methods for cost approximationin MDP. *In Proceedings* 2009 IEEE *Symposium on Approximate Dynamic Programming and Reinforcement Learning (ADPRL-09)*, pages 74-81, Nashville, US.

[26] Bethke, B., How, J., and Ozdaglar, A. (2008). Approximate dynamic programming using support vector regression. *In Proceedings 47th* IEEE *Conference on Decisionand Control (CDC-08)*, pages 3811-3816, Cancun, Mexico.

[27] Bhatnagar, S., Sutton, R., Ghavamzadeh, M, and Lee,M. (2009). Natural actor-critic algorithms. *Automatica*, 45(11):2471-2482.

[28] Birge, J. R. and Louveaux, F. (1997). *Introduction to Stochastic Programming*.Springer.

[29] Borkar, V. (2005). An actor-critic algorithm for constrained Markov decision processes.*Systems & Control Letters*, 54(3):207-213.

[30] Boubezoul, A., Paris, S., and Ouladsine, M. (2008). Application of the cross entropy method to the GLVQ algorithm. *Pattern Recognition*, 41(10):3173-3178.

[31] Boyan, J. (2002). Technical update: Least-squares temporal difference learning. *Machine Learning,* 49:233-246.

[32] Bradtke, S. J. and Barto, A. G. (1996). Linear least-squares algorithms for temporal difference learning. *Machine Learning*, 22(1-3):33-57.

[33] Breiman, L. (2001). Random forests. *Machine Learning*, 45(1):5-32.

[34] Breiman, L., Friedman, J., Stone, C. J., and Olshen, R. (1984). *Classification and Regression Trees*. Wadsworth International.

[35] Brown,M. and Harris, C. (1994). *Neurofuzzy Adaptive Modeling and Control*. Prentice Hall.

[36] Bubeck, S., Munos, R., Stoltz, G., and Szepesvári, C. (2009). Online optimizationin X-armed bandits. In Koller, D., Schuurmans, D., Bengio, Y., and Bottou, L.,editors, *Advances in Neural Information Processing Systems 21*, pages 201-208.MIT Press.

[37] Buşoniu, L., Babuška, R., and De Schutter, B. (2008a). A comprehensive survey of multi-agent reinforcement learning. IEEE *Transactions on Systems, Man, and Cybernetics. Part C: Applications and Reviews*, 38(2):156-172.

[38] Buşoniu, L., Ernst, D., De Schutter, B., and Babuška, R. (2007). Fuzzy approximationfor convergent model-based reinforcement learning. In Proceedings 2007 IEEE *International Conference on Fuzzy Systems (FUZZ-IEEE-07)*, pages 968-973, London, UK.

[39] Buşoniu, L., Ernst, D., De Schutter, B., and Babuška, R. (2008b). Consistency of fuzzy model-based reinforcement learning. In *Proceedings* 2008 IEEE *International Conference on Fuzzy Systems (FUZZ-IEEE-08)*, pages 518-524.

[40] Buşoniu, L., Ernst, D., De Schutter, B., and Babuška, R. (2008c). Continuous-state reinforcement learning with fuzzy approximation. In Tuyls, K., Nowé, A., Guessoum, Z., and Kudenko, D., editors, *Adaptive Agents and Multi-Agent Systems III, volume 4865 of Lecture Notes in Computer Science*, pages 27-43. Springer.

[41] Buşoniu, L., Ernst, D., De Schutter, B., and Babuška, R. (2008d). Fuzzy partition optimization for approximate fuzzy Q-iteration. *In Proceedings 17th IFAC World Congress (IFAC-08)*, pages 5629-5634, Seoul, Korea.

[42] Buşoniu, L., Ernst, D., De Schutter, B., and Babuška, R. (2009). Policy search with cross-entropy optimization of basis functions. In *Proceedings* 2009 IEEE *International Symposium on Adaptive Dynamic Programming and Reinforcement Learning (ADPRL-09)*, pages 153-160, Nashville, US.

[43] Camacho, E. F. and Bordons, C. (2004). *Model Predictive Control*. Springer-Verlag.

[44] Cao, X.-R. 2007 *Stochastic Learning and Optimization: A Sensitivity-Based Approach*. Springer.

[45] Chang, H. S., Fu, M. C., Hu, J., and Marcus, S. I. (2007). *Simulation-Based Algorithms for Markov Decision Processes*. Springer.

[46] Chepuri, K. and de Mello, T. H. (2005). Solving the vehicle routing problem with stochastic

demands using the cross-entropy method. *Annals of Operations Research*, 134(1):153-181.

[47] Chin, H. H. and Jafari, A. A. (1998). Genetic algorithm methods for solving the best stationary policy of finite Markov decision processes. *In Proceedings 30th Southeastern Symposium on System Theory*, pages 538-543, Morgantown, US.

[48] Chow, C.-S. and Tsitsiklis, J. N. (1991). An optimal one-way multigrid algorithm for discrete-time stochastic control. IEEE *Transactions on Automatic Control*, 36(8):898-914.

[49] Costa, A., Jones, O. D., and Kroese, D. (2007). Convergence properties of the cross-entropy method for discrete optimization. *Operations Research Letters*, 35(5):573-580.

[50] Cristianini, N. and Shawe-Taylor, J. (2000). *An Introduction to Support Vector Machines and Other Kernel-Based Learning Methods*. Cambridge University Press.

[51] Davies, S. (1997). Multidimensional triangulation and interpolation for reinforcement learning. In Mozer, M. C., Jordan, M. I., and Petsche, T., editors, *Advances in Neural Information Processing Systems 9*, pages 1005-1011. MIT Press.

[52] Defourny, B., Ernst, D., and Wehenkel, L. (2008). Lazy planning under uncertainties by optimizing decisions on an ensemble of incomplete disturbance trees. In Girgin, S., Loth, M., Munos, R., Preux, P., and Ryabko, D., editors, *Recent Advances in Reinforcement Learning*, volume 5323 of Lecture Notes in Computer Science, pages 1-14. Springer.

[53] Defourny, B., Ernst, D., and Wehenkel, L. (2009). Planning under uncertainty, ensembles of disturbance trees and kernelized discrete action spaces. In *Proceedings 2009 IEEE International Symposium on Adaptive Dynamic Programming and Reinforcement Learning (ADPRL-09)*, pages 145-152, Nashville, US.

[54] Deisenroth, M. P., Rasmussen, C. E., and Peters, J. (2009). Gaussian process dynamic programming. *Neurocomputing*, 72(7-9):1508-1524.

[55] Dietterich, T. G. (2000). Hierarchical reinforcement learning with the MAXQ value function decomposition. *Journal of Artificial Intelligence Research*, 13:227-303.

[56] Dimitrakakis, C. and Lagoudakis, M. (2008). Rollout sampling approximate policy iteration. *Machine Learning*, 72(3):157-171.

[57] Dorigo, M. and Colombetti, M. (1994). Robot shaping: Developing autonomous agents through learning. *Artificial Intelligence*, 71(2):321-370.

[58] Doya, K. (2000). Reinforcement learning in continuous time and space. *Neural Computation*,

12(1):219-245.

[59] Duda, R. O., Hart, P. E., and Stork, D. G. (2000). *Pattern Classification*. Wiley, 2nd edition.

[60] Dupacová, J., Consigli, G., and Wallace, S. W. (2000). Scenarios for multistage stochastic programs. *Annals of Operations Research*, 100(1-4):25-53.

[61] Edelman, A. and Murakami, H. (1995). Polynomial roots from companion matrix eigenvalues. *Mathematics of Computation*, 64:763-776.

[62] Engel, Y., Mannor, S., and Meir, R. (2003). Bayes meets Bellman: The Gaussian process approach to temporal difference learning. In *Proceedings* 20th *International Conference on Machine Learning (ICML-03)*, pages 154-161, Washington, US.

[63] Engel, Y., Mannor, S., and Meir, R. (2005). Reinforcement learning with Gaussian processes. In *Proceedings 22nd International Conference on Machine Learning (ICML-05)*, pages 201-208, Bonn, Germany.

[64] Ernst, D. (2005). Selecting concise sets of samples for a reinforcement learning agent. In *Proceedings* 3rd *International Conference on Computational Intelligence, Robotics and Autonomous Systems (CIRAS-05)*, Singapore.

[65] Ernst, D., Geurts, P., and Wehenkel, L. (2005). Tree-based batch mode reinforcement learning. *Journal of Machine Learning Research*, 6:503-556.

[66] Ernst, D., Glavic, M., Capitanescu, F., and Wehenkel, L. (2009). Reinforcement learning versus model predictive control: A comparison on a power system problem. IEEE *Transactions on Systems, Man, and Cybernetics—Part B: Cybernetics*, 39(2):517-529.

[67] Ernst, D., Glavic, M., Geurts, P., and Wehenkel, L. (2006a). Approximate value iteration in the reinforcement learning context. Application to electrical power system control. *International Journal of Emerging Electric Power Systems*, 3(1). 37 pages.

[68] Ernst, D., Glavic, M., Stan, G.-B., Mannor, S., and Wehenkel, L. (2007). The crossentropy method for power system combinatorial optimization problems. In *Proceedings of Power Tech 2007*, pages 1290-1295, Lausanne, Switzerland.

[69] Ernst, D., Stan, G.-B., Gonc¸alves, J., and Wehenkel, L. (2006b). Clinical data based optimal STI strategies for HIV: A reinforcement learning approach. In *Proceedings 45th* IEEE *Conference on Decision & Control*, pages 667-672, San Diego, US.

[70] Fantuzzi, C. and Rovatti, R. (1996). On the approximation capabilities of the homogeneous

Takagi-Sugeno model. In *Proceedings* 5th IEEE *International Conference on Fuzzy Systems (FUZZ-IEEE'96)*, pages 1067-1072, New Orleans, US.

[71] Farahmand, A. M., Ghavamzadeh, M., Szepesvári, Cs., and Mannor, S. (2009a). Regularized fitted Q-iteration for planning in continuous-space Markovian decisionproblems. In *Proceedings 2009 American Control Conference (ACC-09)*, pages 725-730, St. Louis, US.

[72] Farahmand, A. M., Ghavamzadeh, M., Szepesvári, Cs., and Mannor, S. (2009b). Regularized policy iteration. In Koller, D., Schuurmans, D., Bengio, Y., and Bottou, L., editors, *Advances in Neural Information Processing Systems 21*, pages 441-448. MIT Press.

[73] Feldbaum, A. (1961). Dual control theory, Parts I and II. *Automation and Remote Control*, 21(9):874-880.

[74] Franklin, G. F., Powell, J. D., and Workman, M. L. (1998). *Digital Control of Dynamic Systems*. Prentice Hall, 3rd edition.

[75] Geramifard, A., Bowling, M., Zinkevich, M., and Sutton, R. S. (2007). iLSTD: Eligibility traces & convergence analysis. In Scholkopf, B., Platt, J., and Hofmann, T., ¨editors, *Advances in Neural Information Processing Systems 19*, pages 440-448. MIT Press.

[76] Geramifard, A., Bowling, M. H., and Sutton, R. S. (2006). Incremental least-squares temporal difference learning. In *Proceedings 21st National Conference on Artificial Intelligence and 18th Innovative Applications of Artificial Intelligence Conference (AAAI-06)*, pages 356-361, Boston, US.

[77] Geurts, P., Ernst, D., and Wehenkel, L. (2006). Extremely randomized trees. *Machine Learning*, 36(1):3-42.

[78] Ghavamzadeh, M. and Mahadevan, S. (2007). Hierarchical average reward reinforcement learning. *Journal of Machine Learning Research*, 8:2629-2669.

[79] Glorennec, P. Y. (2000). Reinforcement learning: An overview. In *Proceedings European Symposium on Intelligent Techniques (ESIT-00)*, pages 17-35, Aachen, Germany.

[80] Glover, F. and Laguna, M. (1997). *Tabu Search*. Kluwer.

[81] Goldberg, D. E. (1989). *Genetic Algorithms in Search, Optimization and Machine Learning*. Addison-Wesley.

[82] Gomez, F. J., Schmidhuber, J., and Miikkulainen, R. (2006). Efficient non-linear control through neuroevolution. In *Proceedings 17th European Conference on Machine Learning (ECML-06)*, volume 4212 of Lecture Notes in Computer Science, pages 654-662, Berlin, Germany.

[83] Gonzalez, R. L. and Rofman, E. (1985). On deterministic control problems: An approximation procedure for the optimal cost I. The stationary problem. *SIAM Journal on Control and Optimization*, 23(2):242-266.

[84] Gordon, G. (1995). Stable function approximation in dynamic programming. In *Proceedings 12th International Conference on Machine Learning (ICML-95)*, pages 261-268, Tahoe City, US.

[85] Gordon, G. J. (2001). Reinforcement learning with function approximation converges to a region. In Leen, T. K., Dietterich, T. G., and Tresp, V., editors, *Advances in Neural Information Processing Systems 13*, pages 1040-1046. MIT Press.

[86] Grüne, L. (2004). Error estimation and adaptive discretization for the discrete stochastic Hamilton-Jacobi-Bellman equation. *Numerische Mathematik*, 99(1):85-112

[87] Hassoun, M. (1995). *Fundamentals of Artificial Neural Networks*. MIT Press.

[88] Hengst, B. (2002). Discovering hierarchy in reinforcement learning with HEXQ. In *Proceedings 19th International Conference on Machine Learning (ICML-02)*, pages 243-250, Sydney, Australia.

[89] Horiuchi, T., Fujino, A., Katai, O., and Sawaragi, T. (1996). Fuzzy interpolation based Q-learning with continuous states and actions. In *Proceedings 5th IEEE International Conference on Fuzzy Systems (FUZZ-IEEE-96)*, pages 594-600, New Orleans, US.

[90] Hren, J.-F. and Munos, R. (2008). Optimistic planning of deterministic systems. In Girgin, S., Loth, M., Munos, R., Preux, P., and Ryabko, D., editors, *Recent Advances in Reinforcement Learning, volume 5323 of Lecture Notes in Computer Science*, pages 151-164. Springer.

[91] Istratescu, V. I. (2002). *Fixed Point Theory: An Introduction*. Springer.

[92] Jaakkola, T., Jordan, M. I., and Singh, S. P. (1994). On the convergence of stochastic iterative dynamic programming algorithms. *Neural Computation*, 6(6):1185- 1201.

[93] Jodogne, S., Briquet, C., and Piater, J. H. (2006). Approximate policy iteration for closed-loop learning of visual tasks. In *Proceedings 17th European Conference on Machine Learning (ECML-06)*, volume 4212 of Lecture Notes in Computer Science, pages 210-221, Berlin, Germany.

[94] Jones, D. R. (2009). DIRECT global optimization algorithm. In Floudas, C. A. and Pardalos, P. M., editors, *Encyclopedia of Optimization*, pages 725-735. Springer.

[95] Jouffe, L. (1998). Fuzzy inference system learning by reinforcement methods. IEEE *Transactions on Systems, Man, and Cybernetics—Part C: Applications and Reviews*, 28(3):338-355.

[96] Jung, T. and Polani, D. (2007a). Kernelizing LSPE(λ). In *Proceedings 2007* IEEE *Symposium on Approximate Dynamic Programming and Reinforcement Learning (ADPRL-07)*, pages 338-345, Honolulu, US.

[97] Jung, T. and Polani, D. (2007b). Learning robocup-keepaway with kernels. In *Gaussian Processes in Practice, volume 1 of JMLR Workshop and Conference Proceedings*, pages 33-57.

[98] Jung, T. and Stone, P. (2009). Feature selection for value function approximation using Bayesian model selection. In *Machine Learning and Knowledge Discovery in Databases, European Conference (ECML-PKDD-09)*, volume 5781 of *Lecture Notes in Computer Science*, pages 660-675, Bled, Slovenia.

[99] Jung, T. and Uthmann, T. (2004). Experiments in value function approximation with sparse support vector regression. In *Proceedings 15th European Conference on Machine Learning (ECML-04)*, volume 3201 of *Lecture Notes in Artificial Intelligence*, pages 180-191, Pisa, Italy.

[100] Kaelbling, L. P. (1993). Learning in Embedded Systems. MIT Press.

[101] Kaelbling, L. P., Littman, M. L., and Cassandra, A. R. (1998). Planning and acting in partially observable stochastic domains. *Artificial Intelligence*, 101(1-2):99-134.

[102] Kaelbling, L. P., Littman, M. L., and Moore, A. W. (1996). Reinforcement learning: A survey. *Journal of Artificial Intelligence Research*, 4:237-285.

[103] Kakade, S. (2001). A natural policy gradient. In Dietterich, T. G., Becker, S., and Ghahramani, Z., editors, *Advances in Neural Information Processing Systems 14*, pages 1531-1538. MIT Press.

[104] Kalyanakrishnan, S. and Stone, P. (2007). Batch reinforcement learning in a complex domain. In *Proceedings 6th International Conference on Autonomous Agents and Multi-Agent Systems*, pages 650-657, Honolulu, US.

[105] Keller, P. W., Mannor, S., and Precup, D. (2006). Automatic basis function construction for approximate dynamic programming and reinforcement learning. In *Proceedings 23rd International Conference on Machine Learning (ICML-06)*, pages 449-456, Pittsburgh, US.

[106] Khalil, H. K. (2002). *Nonlinear Systems*. Prentice Hall, 3rd edition.

[107] Kirk, D. E. (2004). *Optimal Control Theory: An Introduction*. Dover Publications.

[108] Klir, G. J. and Yuan, B. (1995). *Fuzzy Sets and Fuzzy Logic: Theory and Applications*. Prentice Hall.

[109] Knuth, D. E. (1976). Big Omicron and big Omega and big Theta.*SIGACT News* ,8(2):18-24.

[110] Kolter, J. Z. and Ng, A. (2009). Regularization and feature selection in least-squares temporal difference learning. In *Proceedings 26th International Conference on Machine Learning (ICML-09)*, pages 521-528, Montreal, Canada.

[111] Konda, V. (2002). *Actor-Critic Algorithms*. PhD thesis, Massachusetts Institute of Technology, Cambridge, US.

[112] Konda, V. R. and Tsitsiklis, J. N. (2000). Actor-critic algorithms. In Solla, S. A., Leen, T. K., and Müller, K.-R., editors, *Advances in Neural Information Processing Systems 12*, pages 1008-1014. MIT Press.

[113] Konda, V. R. and Tsitsiklis, J. N. (2003). On actor-critic algorithms.*SIAM Journal on Control and Optimization*, 42(4):1143-1166.

[114] Kruse, R., Gebhardt, J. E., and Klowon, F. (1994). *Foundations of Fuzzy Systems*. Wiley.

[115] Lagoudakis, M., Parr, R., and Littman, M. (2002). Least-squares methods in reinforcement learning for control. In *Methods and Applications of Artificial Intelligence*, volume 2308 of *Lecture Notes in Artificial Intelligence*, pages 249-260. Springer.

[116] Lagoudakis, M. G. and Parr, R. (2003a). Least-squares policy iteration.*Journal of Machine Learning Research* , 4:1107-1149.

[117] Lagoudakis, M. G. and Parr, R. (2003b). Reinforcement learning as classification: Leveraging modern classifiers. In *Proceedings 20th International Conference on Machine Learning (ICML-03)*, pages 424-431. Washington, US.

[118] Levine, W. S., editor (1996). *The Control Handbook*. CRC Press.

[119] Lewis, R. M. and Torczon, V. (2000). Pattern search algorithms for linearly constrained minimization. *SIAM Journal on Optimization*, 10(3):917-941.

[120] Li, L., Littman, M. L., and Mansley, C. R. (2009). Online exploration in least-squares policy iteration. In *Proceedings 8th International Joint Conference on Autonomous Agents and Multiagent Systems (AAMAS-09)*, volume 2, pages 733-739, Budapest, Hungary.

[121] Lin, C.-K. (2003). A reinforcement learning adaptive fuzzy controller for robots.*Fuzzy Sets and Systems*, 137(3):339-352.

[122] Lin, L.-J. (1992). Self-improving reactive agents based on reinforcement learning,planning and teaching. *Machine Learning*, 8(3-4):293-321. Special issue on reinforcement learning.

[123] Liu, D., Javaherian, H., Kovalenko, O., and Huang, T. (2008). Adaptive critic learning techniques for engine torque and air-fuel ratio control. IEEE *Transactions on Systems, Man, and Cybernetics—Part B: Cybernetics*, 38(4):988-993.

[124] Lovejoy, W. S. (1991). Computationally feasible bounds for partially observed Markov decision processes. *Operations Research*, 39(1):162-175.

[125] Maciejowski, J. M. (2002). *Predictive Control with Constraints*. Prentice Hall.

[126] Madani, O. (2002). On policy iteration as a Newton's method and polynomial policy iteration algorithms. In *Proceedings 18th National Conference on Artificial Intelligence and 14th Conference on Innovative Applications of Artificial Intelligence AAAI/IAAI-02*, pages 273-278, Edmonton, Canada.

[127] Mahadevan, S. (2005). Samuel meets Amarel: Automating value function approximation using global state space analysis. *In Proceedings 20th National Conference on Artificial Intelligence and the 17th Innovative Applications of Artificial Intelligence Conference (AAAI-05)*, pages 1000-1005, Pittsburgh, US.

[128] Mahadevan, S. and Maggioni, M. (2007). Proto-value functions: A Laplacian framework for learning representation and control in Markov decision processes. *Journal of Machine Learning Research*, 8:2169-2231.

[129] Mamdani, E. (1977). Application of fuzzy logic to approximate reasoning using linguistic systems. IEEE *Transactions on Computers*, 26:1182-1191.

[130] Mannor, S., Rubinstein, R. Y., and Gat, Y. (2003). The cross-entropy method for fast policy search. In *Proceedings 20th International Conference on Machine Learning (ICML-03)*, pages 512-519, Washington, US.

[131] Marbach, P. and Tsitsiklis, J. N. (2003). Approximate gradient methods in policyspace optimization of Markov reward processes. *Discrete Event Dynamic Systems: Theory and Applications*, 13(1-2):111-148.

[132] Matarić, M. J. (1997). Reinforcement learning in the multi-robot domain. *Autonomous Robots*, 4(1):73-83.

[133] Mathenya, M. E., Resnic, F. S., Arora, N., and Ohno-Machado, L. (2007).Effects of SVM parameter optimization on discrimination and calibration for post procedural PCI mortality. *Journal of Biomedical Informatics*, 40(6):688-697.

[134] Melo, F. S., Meyn, S. P., and Ribeiro, M. I. (2008). An analysis of reinforcement learning with function approximation. In *Proceedings 25th International Conference on Machine Learning (ICML-08)*, pages 664-671, Helsinki, Finland.

[135] Menache, I., Mannor, S., and Shimkin, N. (2005). Basis function adaptation intemporal difference reinforcement learning. *Annals of Operations Research*, 134(1):215-238.

[136] Millán, J. d. R., Posenato, D., and Dedieu, E. (2002). Continuous-action Q-learning. *Machine Learning*, 49(2-3):247-265.

[137] Moore, A. W. and Atkeson, C. R. (1995). The parti-game algorithm for variable resolution reinforcement learning in multidimensional state-spaces. *Machine Learning*, 21(3):199-233.

[138] Morris, C. (1982). Natural exponential families with quadratic variance functions. *Annals of Statistics*, 10(1):65-80.

[139] Munos, R. (1997). Finite-element methods with local triangulation refinement for continuous reinforcement learning problems. In *Proceedings 9th European Conference on Machine Learning (ECML-97)*, volume 1224 of *Lecture Notes in Artificial Intelligence*, pages 170-182, Prague, Czech Republic.

[140] Munos, R. (2006). Policy gradient in continuous time. *Journal of Machine Learning Research*, 7:771-791.

[141] Munos, R. and Moore, A. (2002). Variable-resolution discretization in optimal control. *Machine Learning*, 49(2-3):291-323.

[142] Munos, R. and Szepesvári, Cs. (2008). Finite time bounds for fitted value iteration. *Journal of Machine Learning Research*, 9:815-857.

[143] Murphy, S. (2005). A generalization error for Q-learning. *Journal of Machine Learning Research*, 6:1073-1097.

[144] Nakamura, Y., Moria, T., Satoc, M., and Ishiia, S. (2007). Reinforcement learning for a biped robot based on a CPG-actor-critic method. *Neural Networks*, 20(6):723-735.

[145] Nedić, A. and Bertsekas, D. P. (2003). Least-squares policy evaluation algorithms with linear function approximation. *Discrete Event Dynamic Systems: Theory and Applications*, 13(1-2):79-110.

[146] Ng, A. Y., Harada, D., and Russell, S. (1999). Policy invariance under reward transformations: Theory and application to reward shaping. In *Proceedings 16th International Conference on Machine Learning (ICML-99)*, pages 278-287, Bled, Slovenia.

[147] Ng, A. Y. and Jordan, M. I. (2000). PEGASUS: A policy search method for large MDP and POMDP. In *Proceedings 16th Conference in Uncertainty in Artificial Intelligence (UAI-00)*, pages 406-415, Palo Alto, US.

[148] Nocedal, J. and Wright, S. J. (2006). *Numerical Optimization*. Springer-Verlag, 2nd edition.

[149] Ormoneit, D. and Sen, S. (2002). Kernel-based reinforcement learning. *Machine Learning*, 49(2-3):161-178.

[150] Panait, L. and Luke, S. (2005). Cooperative multi-agent learning: The state of the art. *Autonomous Agents and Multi-Agent Systems*, 11(3):387-434.

[151] Parr, R., Li, L., Taylor, G., Painter-Wakefield, C., and Littman, M. (2008). An analysis of linear models, linear value-function approximation, and feature selection for reinforcement learning. In *Proceedings 25th Annual International Conference on Machine Learning (ICML-08)*, pages 752-759, Helsinki, Finland.

[152] Pazis, J. and Lagoudakis, M. (2009). Binary action search for learning continuous action control policies. In *Proceedings of the 26th Annual International Conference on Machine Learning (ICML-09)*, pages 793-800, Montreal, Canada.

[153] Pérez-Uribe, A. (2001). Using a time-delay actor-critic neural architecture with dopamine-like reinforcement signal for learning in autonomous robots. In Wermter, S., Austin, J., and Willshaw, D. J., editors, *Emergent Neural Computational Architectures Based on Neuroscience, volume 2036 of Lecture Notes in Computer Science*, pages 522-533. Springer.

[154] Perkins, T. and Barto, A. (2002). Lyapunov design for safe reinforcement learning. *Journal of Machine Learning Research*, 3:803-832.

[155] Peters, J. and Schaal, S. (2008). Natural actor-critic. *Neurocomputing*, 71(7-9):1180-1190.

[156] Pineau, J., Gordon, G. J., and Thrun, S. (2006). Anytime point-based approximations for large POMDP. *Journal of Artificial Intelligence Research (JAIR)*, 27:335-380.

[157] Porta, J. M., Vlassis, N., Spaan, M. T., and Poupart, P. (2006). Point-based value iteration for continuous POMDP. *Journal of Machine Learning Research*, 7:2329-2367.

[158] Powell, W. B. (2007). *Approximate Dynamic Programming: Solving the Curses of Dimensionality*. Wiley.

[159] Press, W. H., Flannery, B. P., Teukolsky, S. A., and Vetterling, W. T. (1986). *Numerical Recipes: The Art of Scientific Computing*. Cambridge University Press.

[160] Prokhorov, D. and Wunsch, D.C., I. (1997). Adaptive critic designs. IEEE *Transactions on Neural Networks*, 8(5):997-1007.

[161] Puterman, M. L. (1994). *Markov Decision Processes—Discrete Stochastic Dynamic Programming*. Wiley.

[162] Randløv, J. and Alstrøm, P. (1998). Learning to drive a bicycle using reinforcement learning and shaping. In *Proceedings 15th International Conference on Machine Learning (ICML-98)*, pages 463-471, Madison, US.

[163] Rasmussen, C. E. and Kuss, M. (2004). Gaussian processes in reinforcement learning. In Thrun, S., Saul, L. K., and Sch¨olkopf, B., editors, *Advances in Neural Information Processing Systems 16*. MIT Press.

[164] Rasmussen, C. E. and Williams, C. K. I. (2006). *Gaussian Processes for Machine Learning*. MIT Press.

[165] Ratitch, B. and Precup, D. (2004). Sparse distributed memories for on-line value-based reinforcement learning. In *Proceedings 15th European Conference on Machine Learning (ECML-04), volume 3201 of Lecture Notes in Computer Science*, pages 347-358, Pisa, Italy.

[166] Reynolds, S. I. (2000). Adaptive resolution model-free reinforcement learning: Decision boundary partitioning. In *Proceedings Seventeenth International Conference on Machine Learning (ICML-00)*, pages 783-790, Stanford University, US.

[167] Riedmiller, M. (2005). Neural fitted Q-iteration - first experiences with a data efficient neural reinforcement learning method. In *Proceedings 16th European Conference on Machine Learning* (ECML-05), volume 3720 of *Lecture Notes in Computer Science*, pages 317-328, Porto, Portugal.

[168] Riedmiller, M., Peters, J., and Schaal, S. (2007). Evaluation of policy gradient methods and variants on the cart-pole benchmark. In *Proceedings 2007 IEEE Symposium on Approximate Dynamic Programming and Reinforcement Learning (ADPRL-07)*, pages 254-261, Honolulu, US.

[169] Rubinstein, R. Y. and Kroese, D. P. (2004). *The Cross Entropy Method: A Unified Approach to Combinatorial Optimization, Monte-Carlo Simulation, and Machine Learning*. Springer.

[170] Rummery, G. A. and Niranjan, M. (1994). On-line Q-learning using connectionist systems. Technical Report CUED/F-INFENG/TR166, Engineering Department, Cambridge University, UK.

[171] Russell, S. and Norvig, P. (2003). *Artificial Intelligence: A Modern Approach*. Prentice Hall, 2nd edition.

[172] Russell, S. J. and Zimdars, A. (2003). Q-decomposition for reinforcement learning agents. In *Proceedings 20th International Conference of Machine Learning (ICML-03)*, pages 656-663, Washington, US.

[173] Santamaria, J. C., Sutton, R. S., and Ram, A. (1998). Experiments with reinforcement learning in problems with continuous state and action spaces. *Adaptive Behavior*, 6(2):163-218.

[174] Santos, M. S. and Vigo-Aguiar, J. (1998). Analysis of a numerical dynamic programming algorithm applied to economic models. *Econometrica*, 66(2):409-426.

[175] Schervish, M. J. (1995). *Theory of Statistics*. Springer.

[176] Schmidhuber, J. (2000). Sequential decision making based on direct search. In Sun, R. and Giles, C. L., editors, *Sequence Learning*, volume 1828 of *Lecture Notes in Computer Science*, pages 213-240. Springer.

[177] Schölkopf, B., Burges, C., and Smola, A. (1999). *Advances in Kernel Methods: Support Vector Learning*. MIT Press.

[178] Shawe-Taylor, J. and Cristianini, N. (2004). *Kernel Methods for Pattern Analysis*. Cambridge University Press.

[179] Sherstov, A. and Stone, P. (2005). Function approximation via tile coding: Automating parameter choice. In *Proceedings 6th International Symposium on Abstraction, Reformulation and Approximation (SARA-05)*, volume 3607 of *Lecture Notes in Computer Science*, pages 194-205, Airth Castle, UK.

[180] Shoham, Y., Powers, R., and Grenager, T. (2007). If multi-agent learning is the answer, what is the question? *Artificial Intelligence*, 171(7):365-377.

[181] Singh, S., Jaakkola, T., Littman, M. L., and Szepesvári, Cs. (2000). Convergence results for single-step on-policy reinforcement-learning algorithms. *Machine Learning*, 38(3):287-308.

[182] Singh, S. and Sutton, R. (1996). Reinforcement learning with replacing eligibility traces. *Machine Learning*, 22(1-3):123-158.

[183] Singh, S. P., Jaakkola, T., and Jordan, M. I. (1995). Reinforcement learning with soft state aggregation. In Tesauro, G., Touretzky, D. S., and Leen, T. K., editors, *Advances in Neural Information Processing Systems 7*, pages 361-368. MIT Press.

[184] Singh, S. P., James, M. R., and Rudary, M. R. (2004). Predictive state representations: A new theory for modeling dynamical systems. In *Proceedings 20th Conference in Uncertainty in Artificial*

Intelligence (UAI-04), pages 512-518, Banff, Canada.

[185] Smola, A. J. and Schölkopf, B. (2004). A tutorial on support vector regression. *Statistics and Computing*, 14(3):199-222.

[186] Sutton, R., Maei, H., Precup, D., Bhatnagar, S., Silver, D., Szepesvari, Cs., and Wiewiora, E. (2009a). Fast gradient-descent methods for temporal-difference learning with linear function approximation. In *Proceedings 26th International Conference on Machine Learning (ICML-09)*, pages 993-1000, Montreal, Canada.

[187] Sutton, R. S. (1988). Learning to predict by the method of temporal differences. *Machine Learning*, 3:9-44.

[188] Sutton, R. S. (1990). Integrated architectures for learning, planning, and reacting based on approximating dynamic programming. In *Proceedings 7th International Conference on Machine Learning (ICML-90)*, pages 216-224, Austin, US.

[189] Sutton, R. S. (1996). Generalization in reinforcement learning: Successful examples using sparse coarse coding. In Touretzky, D. S., Mozer, M. C., and Hasselmo, M. E., editors, *Advances in Neural Information Processing Systems 8*, pages 1038-1044. MIT Press.

[190] Sutton, R. S. and Barto, A. G. (1998). *Reinforcement Learning: An Introduction*. MIT Press.

[191] Sutton, R. S., Barto, A. G., and Williams, R. J. (1992). Reinforcement learning is adaptive optimal control. IEEE *Control Systems Magazine*, 12(2):19-22.

[192] Sutton, R. S., McAllester, D. A., Singh, S. P., and Mansour, Y. (2000). Policy gradient methods for reinforcement learning with function approximation. In Solla, S. A., Leen, T. K., and Müller, K.-R., editors, *Advances in Neural Information Processing Systems 12*, pages 1057-1063. MIT Press.

[193] Sutton, R. S., Szepesvári, Cs., andMaei, H. R. (2009b). A convergent O(n) temporal difference algorithm for off-policy learning with linear function approximation. In Koller, D., Schuurmans, D., Bengio, Y., and Bottou, L., editors, *Advances in Neural Information Processing Systems 21*, pages 1609-1616. MIT Press.

[194] Szepesvári, Cs. and Munos, R. (2005). Finite time bounds for sampling based fitted value iteration. In *Proceedings 22nd International Conference on Machine Learning (ICML-05)*, pages 880-887, Bonn, Germany.

[195] Szepesvári, Cs. and Smart, W. D. (2004). Interpolation-based Q-learning. *In Proceedings*

21st International Conference on Machine Learning (ICML-04), pages 791-798, Bannf, Canada.

[196] Takagi, T. and Sugeno, M. (1985). Fuzzy identification of systems and its applications to modeling and control. IEEE *Transactions on Systems, Man, and Cybernetics*, 15(1):116-132.

[197] Taylor, G. and Parr, R. (2009). Kernelized value function approximation for reinforcement learning. In *Proceedings 26th International Conference on Machine Learning (ICML-09)*, pages 1017-1024, Montreal, Canada.

[198] Thrun, S. (1992). The role of exploration in learning control. In White, D. and Sofge, D., editors, *Handbook for Intelligent Control: Neural, Fuzzy and Adaptive Approaches*. Van Nostrand Reinhold.

[199] Torczon, V. (1997). On the convergence of pattern search algorithms. *SIAM Journal on Optimization*, 7(1):1-25.

[200] Touzet, C. F. (1997). Neural reinforcement learning for behaviour synthesis. *Robotics and Autonomous Systems*, 22(3-4):251-281.

[201] Tsitsiklis, J. N. (1994). Asynchronous stochastic approximation and Q-learning. *Machine Learning*, 16(1):185-202.

[202] Tsitsiklis, J. N. (2002). On the convergence of optimistic policy iteration. *Journal of Machine Learning Research*, 3:59-72.

[203] Tsitsiklis, J. N. and Van Roy, B. (1996). Feature-based methods for large scale dynamic programming. Machine Learning, 22(1-3):59-94.

[204] Tsitsiklis, J. N. and Van Roy, B. (1997). An analysis of temporal difference learning with function approximation. IEEE *Transactions on Automatic Control*, 42(5):674-690.

[205] Tuyls, K., Maes, S., and Manderick, B. (2002). Q-learning in simulated robotic soccer - large state spaces and incomplete information. In *Proceedings 2002 International Conference on Machine Learning and Applications (ICMLA-02)*, pages 226-232, Las Vegas, US.

[206] Uther, W. T. B. and Veloso, M. M. (1998). Tree based discretization for continuous state space reinforcement learning. In *Proceedings 15th National Conference on Artificial Intelligence and 10th Innovative Applications of Artificial Intelligence Conference (AAAI-98/IAAI-98)*, pages 769-774, Madison, US.

[207] Vrabie, D., Pastravanu, O., Abu-Khalaf, M., and Lewis, F. (2009). Adaptive optimal control for continuous-time linear systems based on policy iteration. *Automatica*, 45(2):477-484.

[208] Waldock, A. and Carse, B. (2008). Fuzzy Q-learning with an adaptive representation. In *Proceedings 2008 IEEE World Congress on Computational Intelligence (WCCI-08)*, pages 720-725.

[209] Watkins, C. J. C. H. (1989). *Learning from Delayed Rewards*. PhD thesis, King's College, Oxford, UK.

[210] Watkins, C. J. C. H. and Dayan, P. (1992). Q-learning. *Machine Learning*, 8:279- 292.

[211] Whiteson, S. and Stone, P. (2006). Evolutionary function approximation for reinforcement learning. *Journal of Machine Learning Research*, 7:877-917.

[212] Wiering, M. (2004). Convergence and divergence in standard and averaging reinforcement learning. In *Proceedings 15th European Conference on Machine Learning (ECML-04)*, volume 3201 of Lecture Notes in Artificial Intelligence, pages 477-488, Pisa, Italy.

[213] Williams, R. J. and Baird, L. C. (1994). Tight performance bounds on greedy policies based on imperfect value functions. In *Proceedings 8th Yale Workshop on Adaptive and Learning Systems*, pages 108-113, New Haven, US.

[214] Wodarz, D. and Nowak, M. A. (1999). Specific therapy regimes could lead to long term immunological control of HIV. *Proceedings of the National Academy of Sciences of the United States of America*, 96(25):14464-14469.

[215] Xu, X., Hu, D., and Lu, X. (2007). Kernel-based least-squares policy iteration for reinforcement learning. IEEE *Transactions on Neural Networks*, 18(4):973-992.

[216] Xu, X., Xie, T., Hu, D., and Lu, X. (2005). Kernel least-squares temporal difference learning. *International Journal of Information Technology*, 11(9):54-63.

[217] Yen, J. and Langari, R. (1999). *Fuzzy Logic: Intelligence, Control, and Information*. Prentice Hall.

[218] Yu, H. and Bertsekas, D. P. (2006). Convergence results for some temporal difference methods based on least-squares. Technical Report LIDS 2697, Massachusetts Institute of Technology, Cambridge, US.

[219] Yu, H. and Bertsekas, D. P. (2009). Convergence results for some temporal difference methods based on least squares. IEEE *Transactions on Automatic Control*, 54(7):1515-1531.